U0191082

几类Kirchhoff方程的动力学性态

林国广◎著

重庆大学出版社

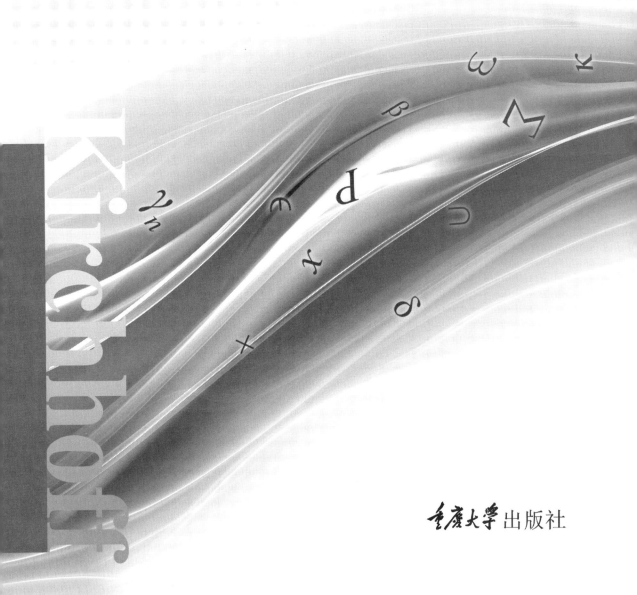

内容提要

本书系统介绍了无穷维动力系统(特别是二阶波方程)的动力学性态的数学知识,主要阐述 Kirchhoff 方程的动力学性态相关数学理论和最新研究成果。内容包括动力系统的数学基础,整体解、整体吸引子及其维数估计,惯性解集与惯性流形。

本书可供理工科研究生、大学教师、工程师及相关专业的科学工作者参考。

图书在版编目(CIP)数据

几类 Kirchhoff 方程的动力学性态 / 林国广著. --
重庆 : 重庆大学出版社, 2019.5
ISBN 978-7-5689-1411-6

Ⅰ. ①几… Ⅱ. ①林… Ⅲ. ①无限维-动力系统(数学) Ⅳ. ①O19

中国版本图书馆 CIP 数据核字(2019)第 014243 号

几类 Kirchhoff 方程的动力学性态

林国广 著

策划编辑:范 琪 何 梅

责任编辑:陈 力 版式设计:范 琪 何 梅

责任校对:王 倩 责任印制:张 策

*

重庆大学出版社出版发行

出版人:易树平

社址:重庆市沙坪坝区大学城西路 21 号

邮编:401331

电话:(023)88617190 88617185(中小学)

传真:(023)88617186 88617166

网址:http://www.cqup.com.cn

邮箱:fxk@cqup.com.cn (营销中心)

全国新华书店经销

重庆升光电力印务有限公司印刷

*

开本:787mm×1092mm 1/16 印张:13.25 字数:333 千

2019 年 5 月第 1 版 2019 年 5 月第 1 次印刷

ISBN 978-7-5689-1411-6 定价:48.00 元

本书如有印刷、装订等质量问题,本社负责调换

版权所有,请勿擅自翻印和用本书

制作各类出版物及配套用书,违者必究

前　言

1883 年,德国物理学家 Kirchhoff 研究自由弦振动建立了 Kirchhoff 方程,此方程一直广泛应用于工程物理学中衡量桥梁振动、牛顿力学、海洋声学、宇宙物理、生物学血浆问题等领域,对国家工程和工业建设发挥了重要作用。100 多年来,随着科学技术的日益发展,人们对 Kirchhoff 方程的应用领域不断扩大,Kirchhoff 方程的表达式也在不断地推广,越来越多关于 Kirchhoff 方程的数学物理模型得以建立,在建筑和交通工程领域得到了较好应用,人们获得了大量数学物理模型的数学理论和研究成果。

无穷维动力系统是研究非线性偏微分方程的重要领域,20 世纪 80 年代是无穷维动力系统和非线性偏微分发展较迅速的时期。由于 Kirchhoff 方程中 Kirchhoff 应力项的复杂性,给人们对方程解一致先验估计带来了困难,阻碍了关于该方程的相关动力学研究。本书作者通过分段函数法克服了这一难点,获得了解的一致先验估计,建立了整体解的存在唯一性、有界吸收集、整体吸引子、整体吸引子的维数估计、指数吸引子、惯性流形等动力学形态。这对无穷维动力系统的发展及应用有一定的理论意义和应用价值。

本书反映了作者近年来对 Kirchhoff 方程的一些研究成果,想与各位同人进行交流与共勉。研究几种不同的 Kirchhoff 方程的动力学性态,体现研究的数学理论、研究方法和最新研究结果。并系统介绍了无穷维动力系统动力学性态的数学知识,主要阐述了 Kirchhoff 方程的动力学性态相关数学理论和最新研究成果。内容主要包括几种广义 Kirchhoff 方程、整体吸引子、整体吸引子的维数估计、时滞系统的反向吸引子、指数吸引子、近似惯性流形、惯性流形。

由于作者水平有限,书中难免存在一些疏漏之处,敬请各位读者批评指正。衷心感谢云南大学数学与统计学院对本书出版的资助;特别感谢吕鹏辉、娄瑞金、艾成飞、朱会仙、卢京鑫、孙玉婷、高云龙、汪卫、陈玲为本书出版所提供的帮助与支持。

林国广
2018 年春于昆明

目 录

书刊检验 合格证 05

第 1 章　动力系统的数学基础

1.1　Sobolev 空间

一个非线性偏微分方程的解通常在一个或几个 Sobolev 空间中,要研究方程的解,首先必须学习解存在的空间,即 Sobolev 空间.

1　$L^p(G)$ 空间

设 $G\subset R^n$ 是一个开集,$p\geqslant 1$,$L^p(G)$ 表示 G 中 P 次幂可积的可测函数的集合;$p=\infty$,$L^\infty(G)$ 表示 G 中有界的可测函数的集合.

关于范数 $\|u\|_{L^p(G)}=\left(\int_G |u|^p \mathrm{d}x\right)^{\frac{1}{p}}$,$u\in L^p(G)$,空间 $L^p(G)$ 成为一个 banach 空间.

在 $L^p(G)$ 空间中有 Holder 不等式和 Minkowski 不等式是常用的积分不等式. 在证明过程中首先需要用到 Young 不等式.

(1) Young 不等式

对任何实数 $a,b\geqslant 0$,有

$$ab\leqslant\frac{a^p}{p}+\frac{b^{p'}}{p'}\left(\frac{1}{p}+\frac{1}{p'}=1,p>1,p'>1\right).\tag{1.1}$$

证明　只要 a,b 中有一个等于 0,那么 $ab=0$,因而式(1.1)自然地满足. 故只对 $a>0,b>0$ 的情形证明即可. 令 $\alpha=\frac{1}{p}$,$1-\alpha=\frac{1}{p'}$,由微分学中的定理易证

$$x^\alpha\leqslant\alpha(x-1)+1=\alpha x+(1-\alpha),0<\alpha<1,x>0\tag{1.2}$$

成立. 特别当 $A>0,B>0$ 时,取 $x=\frac{A}{B}$,由式(1.2)得

$$A^\alpha B^{1-\alpha}\leqslant\alpha A+(1-\alpha)B,$$

代入 $a=A^\alpha,b=B^{1-\alpha}$,即式(1.1)得证.

(2) Holder 不等式

设 $\frac{1}{p}+\frac{1}{p'}=1(p>1,p'>1)$,$\forall f(x)\in L^p(G)$ 和 $g(x)\in L^{p'}(G)$,则

$$\int_G |f(x)g(x)|\mathrm{d}x\leqslant\left(\int_G |f(x)|^p\mathrm{d}x\right)^{\frac{1}{p}}\left(\int_G |g(x)|^{p'}\mathrm{d}x\right)^{\frac{1}{p'}}.\tag{1.3}$$

证明 由 Young 不等式(1.1),取 $a = |f(x)|\left(\int_G |f(x)|^p \mathrm{d}x\right)^{\frac{1}{p}}, b = |g(x)|\left(\int_G |g(x)|^{p'} \mathrm{d}x\right)^{\frac{1}{p'}}$,可得 $\dfrac{|f(x)g(x)|}{\left(\int_G |f(x)|^p \mathrm{d}x\right)^{\frac{1}{p}}\left(\int_G |g(x)|^{p'} \mathrm{d}x\right)^{\frac{1}{p'}}} \leqslant \dfrac{|f(x)|^p}{p\left(\int_G |f(x)|^p \mathrm{d}x\right)} + \dfrac{|g(x)|^{p'}}{p'\left(\int_G |g(x)|^{p'} \mathrm{d}x\right)}$,在 G 上积分上式两端,即得式(1.3).

运用归纳法,对任何 N 个函数 $f_1(x),\cdots,f_N(x)$,若 $\sum\limits_{i=1}^{N} p_i^{-1} = 1, p_i > 1$,那么

$$\int_G |f_1(x)\cdots f_N(x)| \mathrm{d}x \leqslant \prod_{i=1}^{N}\left(\int_G |f_i(x)|^{p_i} \mathrm{d}x\right)^{\frac{1}{p_i}}, \tag{1.4}$$

其中要求出现在式(1.4)右端的每一个积分都是有限的.

(3) Minkowski 不等式

设 $p>1$, $\forall f(x), g(x) \in L^p(G)$,那么

$$\left(\int_G |f(x) + g(x)|^p \mathrm{d}x\right)^{\frac{1}{p}} \leqslant \left(\int_G |f(x)|^p \mathrm{d}x\right)^{\frac{1}{p}} + \left(\int_G |g(x)|^p \mathrm{d}x\right)^{\frac{1}{p}}. \tag{1.5}$$

证明 利用 Holder 不等式,则对 $\dfrac{1}{p} + \dfrac{1}{p'} = 1$,有

$$\begin{aligned}\left(\int_G |f(x) + g(x)|^p \mathrm{d}x\right) &\leqslant \int_G |f(x) + g(x)|^{p-1} |f(x)| \mathrm{d}x + \int_G |f(x) + g(x)|^{p-1} |g(x)| \mathrm{d}x \\ &\leqslant \left(\int_G |f(x) + g(x)|^{(p-1)p'} \mathrm{d}x\right)^{\frac{1}{p'}}\left[\left(\int_G |f(x)|^p \mathrm{d}x\right)^{\frac{1}{p}} + \left(\int_G |g(x)|^p \mathrm{d}x\right)^{\frac{1}{p}}\right] \\ &= \left(\int_G |f(x) + g(x)|^p \mathrm{d}x\right)^{1-\frac{1}{p}}\left[\left(\int_G |f(x)|^p \mathrm{d}x\right)^{\frac{1}{p}} + \left(\int_G |g(x)|^p \mathrm{d}x\right)^{\frac{1}{p}}\right],\end{aligned}$$

即式(1.5)得证.

由归纳法,对任何 N 个函数 $f_1(x),\cdots,f_N(x) \in L^p(G)$,若 $p>1$,那么 $\left(\int_G \left|\sum\limits_{i=1}^{N} f_i(x)\right|^p \mathrm{d}x\right)^{\frac{1}{p}} \leqslant \sum\limits_{i=1}^{N}\left(\int_G |f_i(x)|^p \mathrm{d}x\right)^{\frac{1}{p}}$ 成立.

特别地,当 $p=2$, $L^2(G)$ 在内积和范数,

$$(f(x), g(x)) = \int_G f(x)g(x)\mathrm{d}x, f(x), g(x) \in L^2(G),$$

$$\|f(x)\|_{L^2(G)}^2 = (f(x), f(x)) = \int_G f^2(x)\mathrm{d}x, f(x) \in L^2(G).$$

空间 $L^2(G)$ 是 Hilbert 空间.

(4) Gronwall 不等式

设 $t \in [t_0, +\infty)$, $y(t) \geqslant 0$,并且

$$\frac{\mathrm{d}y}{\mathrm{d}t} + gy \leqslant h,$$

其中 $g>0, h\geqslant 0$ 是常数 ,则

$$y(t) \leqslant y(t_0)\mathrm{e}^{-g(t-t_0)} + \frac{h}{g}, t \geqslant t_0.$$

证明　利用 e^{gt} 乘不等式 $\frac{dy}{dt}+gy\leqslant h$，有 $e^{gt}\frac{dy}{dt}+ge^{gt}y\leqslant e^{gt}h$，从而得 $\frac{d}{dt}(e^{gt}y)\leqslant e^{gt}h$，两边从 t_0 到 t 积分得

$$
\begin{aligned}
e^{gt}y(t)-e^{gt_0}y(t_0)&\leqslant h\int_{t_0}^{t}e^{gt}dt\\
&\leqslant \frac{h}{g}(e^{gt}-e^{gt_0}),
\end{aligned}
$$

由于 $1-e^{-g(t-t_0)}\leqslant 1$，可得

$$y(t)\leqslant y(t_0)e^{-g(t-t_0)}+\frac{h}{g},t\geqslant t_0.$$

定理 1.1　（弱收敛的结果）设 $p>1$，那么

（ⅰ）$L^p(G)$ 中的弱收敛列是有界的；

（ⅱ）$L^p(G)$ 是弱完备的，亦即 $L^p(G)$ 中的任何在弱收敛意义下的 Cauchy 列必有弱极限；

（ⅲ）$L^p(G)$ 是可分的；

（ⅳ）在 $L^p(G)$ 中的任何有界无穷元素集合中可以找到弱收敛的子列.

证明　（ⅰ）的证明：设 $f_n(x)$ 在 $L^p(G)$ 中弱收敛于 $f(x)\in L^p(G)$，要证明存在常数 $M>0$，使

$$\|f_n(x)\|_{L^p(G)}\leqslant M, \tag{1.6}$$

假设不然，那么不失一般性，可以假定

$$\|f_n(x)\|_{L^p(G)}\geqslant 2^n+\sum_{k=1}^{n-1}\|f_k(x)\|_{L^p(G)},n=2,3,\cdots \tag{1.7}$$

否则可以通过选择 $f_n(x)$ 的子列来达到，用反证法.

事实上，由于 $f_n(x)$ 在 $L^p(G)$ 中弱收敛于 $f(x)\in L^p(G)$，可以选取子列

$$\{f_{n_k}(x)\}\subset\{f_n(x)\},n_k>k, \tag{1.8}$$

使当 $k\to\infty$ 时，

$$\frac{1}{k}[f_{n_1}(x)+f_{n_2}(x)+\cdots+f_{n_k}(x)]$$

在 $L^p(G)$ 中强收敛于 $f(x)$，于是当 k 充分大时，有

$$\left\|\frac{1}{k}[f_{n_1}(x)+f_{n_2}(x)+\cdots+f_{n_k}(x)]\right\|_{L^p(G)}\leqslant 1+\|f(x)\|_{L^p(G)} \tag{1.9}$$

另一方面，由式(1.7)和式(1.8)得

$$
\begin{aligned}
\left\|\frac{1}{k}[f_{n_1}(x)+f_{n_2}(x)+\cdots+f_{n_k}(x)]\right\|_{L^p(G)}&\geqslant\frac{1}{k}\|f_{n_k}(x)\|_{L^p(G)}-\frac{1}{k}\|f_{n_1}(x)+\cdots+f_{n_{k-1}}(x)\|_{L^p(G)}\\
&\geqslant\frac{1}{k}\|f_{n_k}(x)\|_{L^p(G)}-\frac{1}{k}\sum_{m}^{n-1}\|f_{n_m}(x)\|_{L^p(G)}\geqslant\frac{1}{k}2^{n_k}\to\infty(k\to\infty).
\end{aligned}
$$

因与式(1.9)矛盾，（ⅰ）于是获证.

（ⅱ）的证明：设 $f_n(x)$ 为在 $L^p(G)$ 中弱收敛意义下的 Cauchy 列，那么

$g(x)\in L^{p'}(G)\left(\frac{1}{p}+\frac{1}{p'}=1\right)$，$(f_n,g)=\int_G f_n(x)g(x)dx$ 是 Cauchy 列，因此它有极限，记为 $l(g)=\lim\limits_{n\to\infty}(f_n,g)$.

由于(ⅰ),$l(g)$是定义在$L^{p'}(G)$中的有界线性泛函数. 于是有唯一$f(x)\in L^p(G)$,使$l(g)=(f,g)=\int_G f(x)g(x)\mathrm{d}x,\forall g(x)\in L^{p'}(G)$,即$f_n(x)$在$L^p(G)$中弱收敛于$f(x)$.

此外,如果$\|f_n(x)\|_{L^p(G)}\leqslant M$,那么

$$|(f,g)|\leqslant M\|g\|_{L^{p'}(G)},\forall g\in L^{p'}(G).$$

包含了$\|f(x)\|_{L^p(G)}\leqslant M$,即

$$\|f(x)\|_{L^p(G)}\leqslant\lim_{n\to\infty}\|f_n(x)\|_{L^p(G)}.$$

(ⅲ)的证明:由于$L^p(G)$中的任一函数可用具有紧支集的有界可测函数按$L^p(G)$范数来逼近,后者又可用连续函数来逼近,连续函数则可用多项式来逼近,而任意实系数多项式又可用有理数系数的多项式来逼近,而所有有理数系数多项式的全体是可分的,从而$L^p(G)$是可分的.

(ⅳ)的证明:设$f_n(x)\in L^p(G)$且在$L^p(G)$中有界,那么

$g(x)\in L^{p'}(G)\left(\frac{1}{p}+\frac{1}{p'}=1\right)$,$(f_n,g)$有界. 因而由 Bolzano-Weierstrass 定理,对于$\varphi_1(x)\in L^{p'}(G)$,存在$\{f_n^{(1)}(x)\}\subset\{f_n(x)\}$,使$(f_n^{(1)}(x),\varphi_1(x))$收敛,同理$\varphi_2(x)\in L^{p'}(G)$,存在$\{f_n^{(2)}(x)\}\subset\{f_n^{(1)}(x)\}$,使$[f_n^{(2)}(x),\varphi_2(x)]$收敛,如此下去,$\forall\varphi_k(x)\in L^{p'}(G)$,$k=1,2,\cdots,m$,存在相应的

$\{f_n^{(k)}(x)\}\subset\{f_n^{(k-1)}(x)\}\subset\cdots\subset\{f_n^{(1)}(x)\}\subset\{f_n(x)\}$,使$(f_n^{(k)}(x),\varphi_k(x))$,$k=1,2,\cdots,m$收敛. 现按对角线位置取出$\{f_n(x)\}$的子列$\{f_n^{(n)}(x)\}$,易知$(f_n^{(n)}(x),\varphi_k(x))$对一切$k=1,2,\cdots$都收敛.

由于$L^{p'}(G)$可分,因此可以找到$L^{p'}(G)$的可数稠密网$\{\varphi_k(x)\}\subset L^{p'}(G)$,$\forall g(x)\in L^{p'}(G)$均可用$(\varphi_k(x))$中的有限个函数的线性组合以任意准确度在$L^{p'}(G)$中去逼近它. 由于$\forall\varepsilon>0$,$g(x)\in L^{p'}(G)$,选择$\sum_k C_k\varphi_k$(其中只有有限个$C_k\neq0$),使

$$\left\|g(x)-\sum_k C_k\varphi_k(x)\right\|_{L^{p'}(G)}\leqslant\frac{\varepsilon}{1+M},$$

其中$M=\sup_n\|f_n(x)\|_{L^p(G)}$.

于是

$$\forall n,\left|\left(f_n^{(n)}(x),g(x)-\sum_k C_k\varphi_k(x)\right)\right|\leqslant\varepsilon.$$

另一方面,当$n\to\infty$时,$(f_n^{(n)},\sum_k C_k\varphi_k)$是收敛的,于是$(f_n^{(n)},g)$亦收敛,根据(ⅱ),$\{f_n^{(n)}(x)\}$在$L^p(G)$中弱收敛于某个$f(x)\in L^p(G)$,于是(ⅳ)获证.

定理 1.2 设$0<p_1<p<p_2$,函数同时u属于$L^{p_1}(G)$和$L^{p_2}(G)$,那么$\forall\varepsilon>0$,

$$\|u\|_{L^p(G)}\leqslant\varepsilon\|u\|_{L^{p_2}(G)}+k\varepsilon^{\frac{-p_2(p-p_1)}{p_1(p_2-p)}}\|u\|_{L^{p_1}(G)},\tag{1.10}$$

其中$k>0$是与ε,u无关的常数,同时有

$$\|u\|_{L^p(G)}\leqslant\|u\|_{L^{p_2}(G)}^{\alpha}\|u\|_{L^{p_1}(G)}^{1-\alpha},\tag{1.11}$$

其中$\alpha>0,\frac{1}{p}=\frac{\alpha}{p_2}+\frac{1-\alpha}{p_1}$.

证明　只需证明式(1.11)成立即可. 注意到 $p_1<p<p_2$ 和 $\alpha=\dfrac{p(p-p_1)}{p(p_2-p_1)}$,由 Young 不等式,$\int_G|u|^p\mathrm{d}x=\int_G|u|^{\frac{p_1(p_2-p)}{p_2-p_1}}|u|^{\frac{p_2(p-p_1)}{p_2-p_1}}\mathrm{d}x\leqslant\left(\int_G|u|^{p_1}\mathrm{d}x\right)^{\frac{p_2-p}{p_2-p_1}}\left(\int_G|u|^{p_2}\mathrm{d}x\right)^{\frac{p-p_1}{p_2-p_1}}$.

故定理 1.2 得证.

2　Sobolev 空间

设 $G\subset R^n$ 是一个开集,$C^k(G)(k\geqslant 0)$是所有 G 上 k 次连续可微的函数空间,其范数定义为

$$\|u\|_{C^k(G)}=\sum_{|\alpha|\leqslant k}\sup_{x\in G}|D^\alpha u|,u\in C^k(G),$$

其中 $\alpha=(\alpha_1,\cdots,\alpha_n)$,$\alpha_i\geqslant 0(1\leqslant i\leqslant n)$是整数,$|\alpha|=\sum_{i=1}^n\alpha_i$,并且 $D^\alpha u=\dfrac{\partial^{|\alpha|}u}{\partial x_1^{\alpha_1}\cdots\partial x_n^{\alpha_n}}$,$D_i u=\dfrac{\partial u}{\partial x_i}$,$D_{ij}u=\dfrac{\partial^2 u}{\partial x_i\partial x_j}$.

记 $C_0^k(G)=\{u\in C^k(G)\mid$ 支集 $\operatorname{supp} u\subset G\}$,其中 $\operatorname{supp} u=\overline{\{x\in G\mid u(x)\neq 0\}}$表示 u 在 G 内的紧支集.

设 $1\leqslant p\leqslant\infty$ 和 k 是非负整数,故称 $W^{k,p}(G)$空间为 Sobolev 空间.

$$W^{k,p}(G)=\{u\in L^p(G)\mid D^\alpha u\in L^p(G),|\alpha|\leqslant k\},$$

其范数为

$$\|u\|_{W^{k,p}(G)}=\sum_{|\alpha|\leqslant k}\|D^\alpha u\|_{L^p(G)},u\in W^{k,p}(G),$$

特别地,当 $p=2$ 时,记 $H^k(G)=W^{k,2}(G)$,这是 Hilbert 空间,其内积为

$$(u,v)_{H^k(G)}=\sum_{|\alpha|\leqslant k}\int_G D^\alpha u\cdot D^\alpha v\mathrm{d}x,u,v\in H^k(G).$$

又设 $W_0^{k,p}(G)=C_0^\infty(G)$在 $W^{k,p}(G)$中的闭包,$H_0^k(G)=W_0^{k,2}(G)$.

当 $k=1,p=2$ 时,Hilbert 空间 $H_0^2(G)=W_0^{1,2}(G)$与平方可积空间 $L^2(G)$ Hilbert 空间的关系如下.

引理 2.1　(Friedrichs 不等式)设函数集合

$B_0^k=\{u\in C^1(G)\cap C^0(\overline{G})\mid u(x)=0,x\in\partial G\}$,则

$\int_G u^2\mathrm{d}x\leqslant C\int_G|Du|^2\mathrm{d}x$,$\|u\|_{L^2(G)}\leqslant C\|Du\|_{L^2(G)}(\forall u\in B_0^1)$,其中 C 是与 u 无关而与 G 有关的常数.

证明　n 维有界区域 G 必包含在棱平行于坐标轴的 n 维正立方体 Q 中,设

$$G\subset Q=\{x=(x_1,\cdots,x_n)\mid a_i\leqslant x_i\leqslant a_i+h,i=1,2,\cdots,n\}.$$

在 $Q\backslash G$ 中令 $u=0$,$\forall x\in Q$ 有

$$u(x)=u(x_1,x_2,\cdots,x_n)-u(a_1,x_2,\cdots,x_n)=\int_{a_1}^{x_1}D_1u(t,x_2,\cdots,x_n)\mathrm{d}t,$$

利用 Schwarz 不等式得

$$|u(x)|^2\leqslant\left(\int_{a_1}^{x_1}|D_1u(t,x_2,\cdots,x_n)|\mathrm{d}t\right)^2\leqslant\left(\int_{a_1}^{a_1+h}|D_1u(x)|\mathrm{d}x_1\right)^2\leqslant\left(\int_{a_1}^{a_1+h}\mathrm{d}x_1\right)\left(\int_{a_1}^{a_1+h}|D_1u(x)|^2\mathrm{d}x_1\right)$$

$$= h\int_{a_1}^{a_1+h} |D_1 u(x)|^2 dx_1.$$

在 Q 上积分上式得

$$\int_Q |u(x)|^2 dx \leqslant h\int_{a_1}^{a_1+h}\cdots\int_{a_n}^{a_n+h}\left(\int_{a_1}^{a_1+h}|D_1 u(x)|^2 dx_1\right)dx_1 dx_2\cdots dx_n = h^2\int_Q |D_1 u(x)|^2 dx.$$

因为在 G 外 $u=0$,故由上式推出

$$\int_Q |u(x)|^2 dx \leqslant h^2\int_G |D_1 u(x)|^2 dx \leqslant h^2\int_G |Du(x)|^2 dx.$$

引理 2.2 (Friedrichs 不等式)设 $u\in W_0^{1,2}(G)$,则

$$\int_Q u^2 dx \leqslant C\int_G |Du(x)|^2 dx, \|u\|_{L^2(G)} \leqslant C\|Du\|_{L^2(G)},$$

其中是与 u 无关而只与 G 有关的常数.

证明 对 $u\in W_0{}^{1,2}(G)$,存在 $\{u_k\}\subset C_0^1(G)$,且 $u\in L^2(G)$,$D_i u\in L^2(G)$ 使得在 $L^2(G)$ 中,$u_k\to u(k\to\infty)$,在 $L^2(G)$ 中,$D_i u_k\to D_i u(i=1,2,\cdots,n,k\to\infty)$.
因此有

$$\|u_k\|_{L^2(G)}\to\|u\|_{L^2(G)}(k\to\infty),$$
$$\|D_i u_k\|_{L^2(G)}\to\|D_i u\|_{L^2(G)}(k\to\infty, i=1,2,\cdots,n).$$

由于 $u_k\in C_0^1(G)\subset B_0^1$,根据引理 1.1 得

$$\|u_k\|_{L^2(G)}\leqslant C\|Du_k\|_{L^2(G)},$$

对上式两端取极限 $k\to\infty$,引理 1.2 得证.

Friedrichs 不等式在特殊的上界常数 $C=\lambda_1^{-\frac{1}{2}}$ 时,称为 Poincare 不等式.

引理 2.3 (Poincare 不等式)设 $G\subset R^n$ 有界开子集,则

$$\|u\|_{L^2(G)}\leqslant\lambda_1^{-\frac{1}{2}}\|Du\|_{L^2(G)}, \forall u\in H_0^1(G),$$

其中 λ_1 是拉普拉斯算子 $-\Delta$ 在 G 上带有齐次 Dirchlet 边界条件的第一特征值.

引理 2.4 $H_0^1(G)=W_0^{1,2}(G)$ 中的有界集是 $L^2(G)$ 中的列紧集.

证明 由 F. Riesz 定理及 $C_0^1(G)$ 在 $W_0^{1,2}(G)$ 中的稠密性知道,只需证明不等式

$$\int_G |u(x+h)-u(x)|^2 dx \leqslant \|u\|_{W^{1,2}(G)}^2\cdot|h|^2,$$

$\forall u\in C_0^1(G)$,当 $x\in R^n\backslash G$ 时,$u=0$.

由 Schwarz 不等式有

$$|u(x+h)-u(x)|^2 = \left|\int_0^1 \frac{d}{dt}u(x+th)\right|^2 = \left|\int_0^1\sum_{i=1}^n D_i u(x+th)h_i dt\right|^2 \leqslant$$

$$\left(\int_0^1 |Du(x+th)\|h|dt\right)^2 \leqslant \int_0^1 |Du(x+th)|^2 dt\int_0^1 |h|^2 dt = h^2\int_0^1 |Du(x+th)|^2 dt.$$

对上式两边在 G 上积分

$$\int_G |u(x+h)-u(x)|^2 dx \leqslant h^2\int_G\int_0^1 |Du(x+th)|^2 dt dx \leqslant h^2\int_0^1\int_G |Du(x+th)|^2 dx dt \leqslant$$

$$h^2\int_0^1\int_G |Du(y)|^2 dy dt = h^2\int_0^1 \|Du\|_{L^2(G)}^2 dt = \|u\|_{W^{1,2}(G)}^2\cdot|h|^2.$$

引理 2.4 证毕.

以下重点介绍 Sobolev 嵌入定理,只把定理的条件和结论写出,将证明过程略去,会使用定理来解决具体问题.

设整数 $k\geqslant 0$ 和 $0<\alpha<1$,定义空间

$$C^{k,\alpha}(G)=\{u\in C^k(G)\mid [D^m u]_\alpha<\infty,|m|=k\},$$

其范数为

$$\|u\|_{C^{k,\alpha}(G)}=\|u\|_{C^k(G)}+\sum_{|m|=k}[D^m u]_\alpha,$$

其中$[D^m u]_\alpha=\sup\limits_{\substack{x,y\in G\\ x\neq y}}\dfrac{|D^m u(x)-D^m u(y)|}{|x-y|^\alpha}$.

定理 2.1(连续嵌入定理)　设 $G\subset R^n$ 是一有界区域,$1\leqslant p<\infty$,那么

(i) $W_0^{k,p}(G)\subset L^q(G)$, $\forall 1\leqslant q\leqslant\dfrac{np}{n-kp}, n>kp$;

(ii) $W_0^{k,p}(G)\subset L^q(G)$, $\forall 1\leqslant q<\infty, n=kp$;

(iii) $W_0^{k,p}(G)\subset C^{m,\alpha}(G)$, $\forall m+\alpha=k-\dfrac{n}{p}, n<kp$.

从集合关系是连续包含,空间拓扑还满足下列不等式

$$\|u\|_{L^q(G)}\leqslant C\|u\|_{W_0^{k,p}(G)},q\leqslant\frac{np}{n-kp};$$

$$\|u\|_{C^{m,\alpha}(G)}\leqslant C\|u\|_{W_0^{k,p}(G)},m+\alpha=k-\frac{n}{p},n<kp.$$

其中 $C=C(n,G,q)$是常数.

定理 2.2(连续嵌入定理)　设 $G\subset R^n$ 是 Lipschitz 的,不一定有界,那么

(i) $W^{k,p}(G)\subset L^q(G)$, $p\leqslant q\leqslant\dfrac{np}{n-kp}, n>kp$;

(ii) $W^{k,p}(G)\subset C^{m,\alpha}(G)$, $\forall m+\alpha=k-\dfrac{n}{p}, n<kp$.

并且包含是连续的.

定理 2.3(Rellich-Kondrachov 紧嵌入定理)　设 $G\subset R^n$ 是有界区域,下面的嵌入是紧的.

(i) $W_0^{1,p}(G)\subset L^q(G)$, $q<\dfrac{np}{n-p}, n>p$;

(ii) $W_0^{1,p}(G)\subset L^q(G)$, $q<\infty, n=p$;

(iii) $W_0^{1,p}(G)\subset C^{0,\alpha}(G)$, $\alpha<1-\dfrac{n}{p}, n<p$.

定理 2.4[Sobolev 空间 $W^{k,p}(G)$中的内插不等式]　设 $G\subset R^n$ 是有界开集,$1\leqslant q<\infty$,j,k 是整数,满足 $0\leqslant j<k$,$\dfrac{j}{k}\leqslant\alpha\leqslant 1$,以及下列三条件:

(i) $\dfrac{1}{q}=\dfrac{j}{n}+\alpha\left(\dfrac{1}{p}-\dfrac{k}{n}\right)+\dfrac{1-\alpha}{r}$;

(ii) $\begin{cases} r\leqslant\dfrac{np}{n-pk}(n>pk),\\ r\leqslant\infty\ (n\leqslant pk);\end{cases}$

$$(\text{iii})\begin{cases}\dfrac{nr}{n+rj}\leqslant q\leqslant\dfrac{np}{n-p(k-j)}(n>p(k-j)),\\ \dfrac{nr}{n+rj}\leqslant q\leqslant\infty\ (n\leqslant p(k-j)).\end{cases}.$$

那么存在常数 $C=C(p,r,j,k,\alpha,n,G)$使得

$$\|D^ju\|_{L^q(G)}\leqslant C\|D^ku\|_{L^p(G)}^{\alpha}\|u\|_{L^r(G)}^{1-\alpha},\ \forall u\in W_0^{k,p}(G).$$

定理 2.5 (Gagliardo-Nirenberg 不等式)设 $G\subset R^n$ 是一个区域(不一定有界),$n\geqslant 2$,$\forall u\in W_0^{1,m}(G)$,$m\geqslant 1$,$p\geqslant 1$,则下列不等式成立:

$$\|u\|_{L^p(G)}\leqslant C\|\nabla u\|_{L^m(G)}^{\alpha}\|u\|_{L^r(G)}^{1-\alpha},$$

其中 $\alpha=\left(\dfrac{1}{r}-\dfrac{1}{p}\right)\cdot\left(\dfrac{1}{r}-\dfrac{n-m}{nm}\right)^{-1}=\dfrac{\dfrac{1}{r}-\dfrac{1}{p}}{\dfrac{1}{r}-\dfrac{1}{m}+\dfrac{1}{n}}$,$C$ 是与 G 有关的常数.

设 $G\subset R^n$ 是 C^{k+1} 区域,则 $\forall u\in W_0^{k,m}(G)$,$p\geqslant 1$,有

$$D^{\alpha}u\big|_{\partial G}=0(a.e.\ \forall\ |\alpha|\leqslant k-1).$$

1.2 整体吸引子

1 解半群

一个动力系统是指一个完备距离空间 H 和 H 的连续映射族 $S(t)$ 的组对,对一个偏微分方程的解 $u(t)$ 和初值 $u_0\in H$,有

$$u(t)=S(t)u_0.$$

映射族 $S(t)$,$t\geqslant 0$ 称为发展算子或解半群,从 H 映到 H 满足半群性质:

$$\begin{cases}S(t+s)=S(t)\cdot S(s),\ \forall s,t\geqslant 0\\ S(0)=I\end{cases}$$

$u_0\in H$,从 u_0 出发的方程的解轨道是集 $\bigcup\limits_{t\geqslant 0}S(t)u_0$;$\omega(u_0)=\bigcap\limits_{s\geqslant 0}\overline{\bigcup\limits_{t\geqslant s}S(t)u_0}$ 称为 u_0 点的 ω-极限集;$\omega(d)=\bigcap\limits_{s\geqslant 0}\overline{\bigcup\limits_{t\geqslant s}S(t)d}(d\subset H)$ 称为 d 点的 ω-极限集.

易知 $\varphi\in\omega(d)\Leftrightarrow$ 存在一列 $\varphi_n\in d$ 和序列 $t_n\to+\infty$ 使得

$$S(t_n)\varphi_n\to\varphi(n\to\infty).$$

定义 1.1 设 $X\subset H$,半群 $S(t)$ 满足

$$S(t)X=X,\ \forall t\geqslant 0,$$

称 X 是一个不变集.

引理 1.1 设子集 $d\subset H$,$d\neq\varnothing$,存在 $t_0>0$,集合 $\bigcup\limits_{t\geqslant t_0}S(t)d$ 在 H 中相对紧,那么 $\omega(d)$ 是非空紧不变集.

证明 由于 d 非空,$\forall s\geqslant 0$,$\bigcup\limits_{t\geqslant s}S(t)d$ 非空,因此 $\overline{\bigcup\limits_{t\geqslant s}S(t)d}$ 非空紧集,s 随着增大而递减. 由 $\omega(d)$ 的性质 $S(t)\omega(d)=\omega(d)$,$\forall t\geqslant 0$,设 $\Psi\in S(t)\omega(d)$,则 $\Psi=S(t)\varphi$,$\varphi\in\omega(d)$,存在序列 φ_n,t_n 使

$$S(t)S(t_n)\varphi_n = S(t+t_n)\varphi_n \to S(t)\varphi = \Psi,$$

即 $\Psi \in \omega(d)$.

反之,设 $\varphi \in \omega(d)$,存在序列 φ_n, t_n,对 $t_n \geqslant t$,序列 $S(t_n - t)\varphi_n$ 在 H 中相对紧,存在子列 $t_{n_i} \to \infty$ 和 $\Psi \in H$,

$$S(t_{n_i} - t)\varphi_{n_i} \to \Psi (t \to \infty),$$

$$S(t_{n_i})\varphi_{n_i} = S(t)S(t_{n_i} - t)\varphi_{n_i} \to S(t)\Psi = \varphi (n_i \to \infty)$$

表明 $\varphi \in S(t)\omega(d)$. 引理 1.1 证毕.

2 吸收集和吸引子

定义 2.1 设集合 $A \subset H$ 满足

(ⅰ) A 是不变集:$S(t)A = A$, $\forall t \geqslant 0$;

(ⅱ) A 有一个开邻域 U, $\forall u_0 \in U$, $S(t)u_0$ 收敛到 $A(t \to \infty)$;

$\mathrm{dist}(S(t)u_0, A) \to 0 (t \to \infty)$,

其中点到集合的距离定义为 $\mathrm{dist}(x,A) = \inf\limits_{y \in A} \mathrm{d}(x,y)$,$\mathrm{d}(x,y)$ 表示在 H 中 x 到 y 的距离,则称 A 是一个吸引子. 大开集 U 称为吸引子 A 的吸引槽.

设两个集合 B_0, B_1 的半距离为 $\mathrm{d}(B_0, B_1) = \sup\limits_{x \in B_0} \inf\limits_{y \in B_1} d(x,y)$,如果 $\mathrm{d}[S(t)B, A] \to 0 (t \to \infty)$,称 A 是一致吸引集合 $B \subset U$.

定义 2.2 设集合 $A \subset H$,对半群 $\{S(t)\}_{t \geqslant 0}$,A 是吸引 H 中有界集的紧吸引子,那么 A 称为整体吸引子.

定义 2.3 设 B 是 H 的子集,U 是包含 B 的开集,如果 $\forall B_0 \subset U$ 有界集,$\exists t_1(B_0)$ 使得 $S(t)B_0 \subset B$, $\forall t \geqslant t_1(B_0)$,称 B 是 U 的有界吸收集.

假设解半群 $S(t)$ 对充分大 t 是一致紧,即 $\forall B \subset H$ 有界集,存在 $t_0(B)$ 使得 $\bigcup\limits_{t \geqslant t_0} S(t)B$ 在 H 中相对紧. (2.1)

假设 $S(t) = S_1(t) + S_2(t)$,其中 $S_1(t)$ 对充分大 t 是一致紧,$S_2(t)$ 是 H 到 H 连续映射,并且 $\forall C \subset H$ 有界集,

$$r_C(t) = \sup_{\varphi \in C} |S_2(t)\varphi|_H \to 0 (t \to \infty). \tag{2.2}$$

定理 2.1(吸引子的存在定理) 设距离空间 H,解半群 $S(t)$ 满足式(2.1)或式(2.2),存在开集 U 的有界吸收集 B,那么 $A = \omega(B) = \bigcap\limits_{s \geqslant 0} \overline{\bigcup\limits_{t \geqslant s} S(t)B}$($B$ 的 ω-极限集)是吸引 U 中有界集的紧极大吸引子. 进而若 H 是 Banach 空间,U 是凸连通集,那么吸引子 A 也是连通集.

在证明定理 2.1 之前,需要下列引理:

引理 2.1 设半群 $\{S(t)\}_{t \geqslant 0}$ 满足式(2.1)或式(2.2)及任意 $B_0 \subset H$ 有界集,则 $\omega(B_0)$ 是非空紧不变集.

证明 假设式(2.1)成立,$\bigcup\limits_{t \geqslant t_0} S(t)B_0$ 相对紧,由引理 2.1 直接得引理 2.2 的证明. 假设式(2.2)成立,首先注意到,φ_n 有界,$t_n \to \infty$,则 $S_2(t_n)\varphi_n \to 0$,并且 $S_1(t_n)\varphi_n$ 收敛性与 $S(t_n)\varphi_n$ 收敛性相同. 结合 ω-极限集的特性可证明 $\omega(B_0) = \omega_1(B_0)$,其中 $\omega_1(B_0) = \bigcap\limits_{s \geqslant 0} \overline{\bigcup\limits_{t \geqslant s} S_1(t)B_0}$. 事实上,$\varphi \in \omega_1(B_0)$ 等价于存在序列 $\varphi_n \in B_0$ 和 $t_n \to \infty$ 使 $S_1(t_n)\varphi_n \to \varphi (n \to \infty)$.

$$S(t_n)\varphi_n \to \varphi (n \to \infty), \varphi \in \omega(B_0)$$

故 $\omega_1(B_0) \in \omega(B_0)$.

同理可证 $\omega(B_0) \in \omega_1(B_0)$,因此 $\omega(B_0) = \omega_1(B_0)$ 成立.

类似引理 2.1 的证明，由于$\overline{\bigcup_{t\geqslant s}S_1(t)B_0}$是非空闭递减集及假设条件，$\overline{\bigcup_{t\geqslant s}S_1(t)B_0}$是紧集，因此 $\omega_1(B_0)$是非空紧集，即 $\omega(B_0)$是非空紧集. 下面需证明 $\omega(B_0)$是 $S(t)$的不变集.

类似于引理 2.1，我们可得 $S(t)\omega(B_0)\subset\omega(B_0)$，$\forall t>0$，设 $\Psi\in S(t)\omega(B_0)$，$\Psi=S(t)\varphi$，$\Psi\in\omega(B_0)$，有序列 φ_n，t_n 使

$$S(t)S(t_n)\varphi_n=S(t+t_n)\varphi_n\to S(t)\varphi=\Psi,$$

故 $\Psi\in\omega(B_0)$，另一方面 $\omega(B_0)\subset S(t)\omega(B_0)$，$\forall t>0$.

设 $\varphi\in\omega(B_0)$，存在序列 $\varphi_n\in B_0$ $t_n\to\infty$ 使

$$S(t_n)\varphi_n\to\varphi(n\to\infty).$$

对 $t_n\geqslant t$，$S(t_n-t)\varphi_n=S_1(t_n-t)\varphi_n+S_2(t_n-t)\varphi_n$.

序列 $S_1(t_n-t)\varphi_n$ 在 H 中是相对紧，有收敛子列

$$S_1(t_{n_i}-t)\varphi_{n_i}\to\Psi(n_i\to\infty)$$

由 $S_2(t_{n_i}-t)\varphi_{n_i}\to0(n_i\to\infty)$得

$$S(t_{n_i}-t)\varphi_{n_i}\to\Psi(n_i\to\infty).$$

因此 $\Psi\in\omega(B_0)$且 $\varphi=\lim\limits_{n_i\to\infty}S(t)S(t_{n_i}-t)\varphi_{n_i}=S(t)\Psi\in S(t)\omega(B_0)$.

引理 2.1 得证.

引理 2.2 设 U 是开凸连通集，$K\subset U$ 紧不变集并且 K 吸引紧集，那么 K 是连通集.

证明 K 的闭凸集$\overline{\mathrm{Conv}K}=B\subset U$ 紧连通集，并且 K 吸引 B，假设 K 不是连通集，可以找到两个开集 $U_1\cap U_2=\varnothing$，由于 $K\subset B$，$K=S(t)K\subset S(t)B$，B 是连通集和 $S(t)$ 连续映射，因此 $S(t)B$是连通集. $U_i\cap S(t)B\neq\varnothing$，$i=1,2$ 且 $U_1\cup U_2$ 不能覆盖 $S(t)B$，于是 $\forall x_t\in S(t)B$，$x_t\notin U_1\cup U_2$.

在式(2.3)假设下，序列 x_n，$n\in\mathbf{N}(t=n)$，

$$x_n=S(n)y_n,y_n\in B$$

即 $x_n=S_1(n)y_n+S_2(n)y_n$，其中 $S_1(n)y_n$ 是相对紧的，从而知 x_n 也是相对紧的，因此 K 吸引$\{x_n\}$并且 x_n 有子列(仍记为 x_n)收敛到点 $x\in K$，但 $x\notin U_1\cup U_2$ 矛盾.

定理 2.1 的证明：由于$\bigcup_{t\geqslant t_0}S(t)B$ 相对紧，引理 2.1 和引理 2.2 表明 $\omega(B)$非空紧不变集，于是可得 $A=\omega(B)$是 U 中一个吸引子，它吸引 U 中的有界集.

事实上，由反证法，假设有有界集 $B_0\subset U$，使得

$\mathrm{dist}(S(t)B_0,A)$不趋于 $0(t\to\infty)$，于是存在 $\delta>0$ 和序列 $t_n\to\infty$ 使得

$$\mathrm{dist}(S(t_n)B_0,A)\geqslant\delta>0,\forall n.$$

每个 n 有 $b_0\in B_0$ 满足

$$\mathrm{dist}(S(t_n)b_0,A)\geqslant\frac{\delta}{2}>0. \tag{2.3}$$

由于 B 是吸收集，对 n 充分大($t_n\geqslant t_1(B_0)$)时

$$S(t_n)B_0\subset B,S(t_n)b_n\in B.$$

又 $S(t_n)b_n$ 相对紧，至少有一点 a，

$$a=\lim_{n_i\to\infty}S(t_{n_i})b_{n_i}=\lim_{n_i\to\infty}S(t_{n_i}-t_1)S(t_1)b_{n_i},$$

因此 $S(t_1)b_n\in B$，$a\in A=\omega(B)$与式(2.3)矛盾.

吸引子 A 的极大性：设 $A'\supset A$ 是一个较大有界吸引子，则 $A'\subset B$ 和 $S(t)A'=A'$，对充分大的 t，$\omega(A')=A'\subset\omega(B)=A$.

最后根据引理 2.2 得 A 是连通集，定理 2.1 得证.

1.3　整体吸引子的维数估计

1　解半群的可微性

设 H 是 Hilbert 空间,内积为$(\cdot,\cdot)$和模$|\cdot|$,$\mathbf{A}$ 是线性闭正自伴无界算子,$D(A)\subset H$,记 $V=D(\mathbf{A}^{\frac{1}{2}})$赋范

$$\|v\|=|\mathbf{A}^{\frac{1}{2}}v|,\ \forall v\in D(\mathbf{A}^{\frac{1}{2}}),$$

$$\|v\|=\{(\mathbf{A}v,v)\}^{\frac{1}{2}},\ \forall v\in D(\mathbf{A}).$$

已知非线性算子 $\mathrm{G}:V\to V'$,存在 $0<\sigma_0\leqslant 1$,$\forall R>0$,存在 $K_0(R)$满足

$$|(\mathrm{G}(v)-\mathrm{G}(u),v-u)|\leqslant K_0(R)|v-u|^{\sigma_0}\|v-u\|^{2-\sigma_0},\ \forall u,v\in V,\ |u|\leqslant R,\ |v|\leqslant R.\quad(1.1)$$

设 $u,v\in L^2(0,T;V)\cap L^\infty(0,T;H)$,则

$$\mathrm{G}(v(t))-\mathrm{G}(u(t))=l_0(t)\cdot(v(t)-u(t))+l_1(t;v(t)-u(t))$$

其中 $t\in(0,T)$,$l_0(t)\in l(V,V')$,并且

(ⅰ)$\|l_0(t)\|_{l(V,V')}\leqslant N_T$;

(ⅱ)$\exists 0<\varepsilon\leqslant 1$,$(l_0(t),\varphi)\leqslant(1-\varepsilon)\|\varphi\|^2+C_\varepsilon|\varphi|^2$,$\forall\varphi\in V$;

(ⅲ)$\exists\sigma_1>0$ 和 $K_0^1>0$ 使得

$$|l_1(t;v(t)-u(t))|_{-1}\leqslant K_0^1\|v(t)-u(t)\|^{1+\sigma_1}.\quad(1.2)$$

设 $u,v\in L^2(0,T;V)\cap L^\infty(0,T;H)$且满足

$$\frac{\mathrm{d}u}{\mathrm{d}t}+\mathbf{A}u+\mathrm{G}(u)=0,u(0)=u_0,\quad(1.3)$$

$$\frac{\mathrm{d}v}{\mathrm{d}t}+\mathbf{A}v+\mathrm{G}(v)=0,v(0)=v_0,\quad(1.4)$$

首先证明映射 $S(t):u_0\to u(t)$的 Lipschitz 性.

令 $w=v-u$,$|u|_{L^\infty(0,T;H)}\leqslant R$,$|v|_{L^\infty(0,T;H)}\leqslant R$.

在式(1.1)中 $K_0=K_0(R)$,则 $w=v-u$ 满足

$$\frac{\mathrm{d}w}{\mathrm{d}t}+\mathbf{A}w+\mathrm{G}(v)-\mathrm{G}(u)=0,\quad(1.5)$$

因此,由 Young 不等式,可得

$$\frac{1}{2}\frac{\mathrm{d}}{\mathrm{d}t}|w|^2+\|w\|^2=[\mathrm{G}(v)-\mathrm{G}(u),w]\leqslant K_0|w|^{\sigma_0}\|w\|^{2-\sigma_0}\leqslant\frac{1}{2}\|w\|^2+\frac{C_1'}{2}K_0^{\frac{2}{\sigma_0}}|w|^2,$$

$$\frac{\mathrm{d}}{\mathrm{d}t}|w|^2+\|w\|^2\leqslant C_1'K_0^{\frac{2}{\sigma_0}}|w|^2.\quad(1.6)$$

在式(1.6)中使用 Gronwall 不等式可得

$$|v(t)-u(t)|^2\leqslant|v_0-u_0|^2\exp(C_1'K_0^{\frac{2}{\sigma_0}}T),\ \forall t\in(0,T),\quad(1.7)$$

$$\int_0^t\|u(t)-v(t)\|^2\mathrm{d}t\leqslant|u_0-v_0|^2\exp(C_1'K_0^{\frac{2}{\sigma_0}}T),\ \forall t\in(0,T),\quad(1.8)$$

然后考虑线性化方程

$$\frac{\mathrm{d}U}{\mathrm{d}t}+\mathbf{A}U+L_0(t)U=0, U(0)=\xi=v_0-u_0. \tag{1.9}$$

由式(1.2)的(ⅰ)和(ⅱ)假设,可证线性化问题存在唯一解

$$U\in L^2(0,T;V)\cap L^\infty(0,T;H).$$

设 $\varphi=v-u-U=w-U$,则 φ 满足

$$\frac{\mathrm{d}\varphi}{\mathrm{d}t}+\mathbf{A}\varphi+L_0(t)\varphi=-L_1(t;w(t)), U(0)=0, \tag{1.10}$$

用 φ 与式(1.10)取内积得

$$\frac{1}{2}\frac{\mathrm{d}}{\mathrm{d}t}|\varphi|^2+\|\varphi\|^2+(L_0(t)\varphi,\varphi)=-(L_1(t;w(t)),\varphi),$$

$$\frac{1}{2}\frac{\mathrm{d}}{\mathrm{d}t}|\varphi|^2+\varepsilon\|\varphi\|^2\leqslant C_\varepsilon|\varphi|^2+K_0^1\|w(t)\|^{1+\sigma_1}\|\varphi(t)\|\leqslant C_\varepsilon|\varphi|^2+\frac{\varepsilon}{2}\|\varphi(t)\|^2+\frac{(K_0^1)^2}{2\varepsilon}\|w(t)\|^{2(1+\sigma_1)},$$

$$\frac{\mathrm{d}}{\mathrm{d}t}|\varphi|^2+\varepsilon\|\varphi\|^2\leqslant C_\varepsilon|\varphi|^2+\frac{(K_0^1)^2}{\varepsilon}\|w(t)\|^{2(1+\sigma_1)},$$

$$\frac{\mathrm{d}}{\mathrm{d}t}|\varphi|^2\leqslant C_\varepsilon|\varphi|^2+\frac{(K_0^1)^2}{\varepsilon}\|w(t)\|^{2(1+\sigma_1)}. \tag{1.11}$$

由 Gronwall 不等式及 $\varphi(0)=0$

$$|\varphi|^2\leqslant\frac{(K_0^1)^2}{\varepsilon}\int_0^T\|w(s)\|^{2(1+\sigma_1)}\mathrm{d}s,$$

$$|\varphi|^2\leqslant\frac{(K_0^1)^2}{\varepsilon}\exp\left(C_1'K_0^{\frac{2}{\sigma_0}}T(1+\sigma_1)|v_0-u_0|^{2(1+\sigma_1)}\right).$$

因此

$$\frac{|v(t)-u(t)-U(t)|^2}{|v_0-u_0|^2}\leqslant C_2\|v_0-u_0\|^{2\sigma_1}\to 0, \tag{1.12}$$

当 $v_0\to u_0$ 时,映射 $S(t):u_0\to u(t)$ 在 H 中可微分,在 $u_0\in H$ 点微分映射为 $U_0=\xi\to U(t)$,U 是式(1.9)的解.

2 分数维数 $d_F(X)$ 和 Hausdorff 维数 $d_H(X)$

考虑覆盖 X 的固定半径为 ε 闭球最小个数 $N(X,\varepsilon)$.

定义 2.1 设为紧集$\overline{X}$,称

$$\mathrm{d}_F(x)=\lim_{\varepsilon\to 0}\sup\frac{\ln N(X,\varepsilon)}{\ln\left(\frac{1}{\varepsilon}\right)}$$

为 X 的分形维数.

上述极限容许取到 $+\infty$.

由此定义知,对充分小的 ε,如果 $d>d_F(X)$,那么

$$N(X,\varepsilon)\leqslant\varepsilon^{-d}. \tag{2.1}$$

性质 2.1(分数维数的性质)

①$d_F(\bigcup_k^N X_k)\leqslant\max_k d_F(X_k)$.

②设 $f:H\to H$ 满足 θ 次幂的 Holder 连续：

$$|f(x)-f(y)|\leqslant L|x-y|^{\theta},$$

则 $d_F(f(x))\leqslant\dfrac{d_F(x)}{\theta}$.

③$d_F(X\times Y)\leqslant d_F(X)+d_F(Y)$.

④设 $\overline{X}$ 是 X 在 H 中闭包，则 $d_F(\overline{X})\leqslant d_F(X)$.

证明　①由于 $N(\bigcup\limits_{k=1}^{N}X_k,\varepsilon)\leqslant\sum\limits_{k=1}^{N}N(X_k,\varepsilon)$，对充分小的 ε，式(2.1)对 $\forall d>\max\limits_{k}d_F(X_k)$ 有

$$N(\cup X_k,\varepsilon)\leqslant N\varepsilon^{-d},$$

因此 $d_F(\cup X_k)\leqslant d$，对一切 $d>\max\limits_{k}d_F(X_k)$ 成立，于是①得证.

②取 $N(X,\varepsilon)$ 个半径为 ε 的球覆盖 X，这些球在映射 f 下的像半径最多为 $L\varepsilon^{\theta}$，因此

$N(f(x),L\varepsilon^{\theta})\leqslant N(X,\varepsilon)$,

$$d_F(f(x))\leqslant\limsup_{\varepsilon\to0}\frac{\ln N(f(x),L\varepsilon^{\theta})}{-\ln(L\varepsilon^{\theta})}\leqslant\limsup_{\varepsilon\to0}\frac{\ln N(X,\varepsilon)}{-\ln(L)-\theta\ln(\varepsilon)}=\frac{d_F(X)}{\theta}.$$

③设 $N(X,\varepsilon)$，$N(Y,\varepsilon)$ 分别表示半径为 ε 的覆盖 X 和 Y 的球数，则 $X\times Y$ 就可以由可能积的球对所覆盖，至多有 $N(X,\varepsilon)\cdot N(Y,\varepsilon)$ 对，且半径不超过 2ε，因此

$$N(X\times Y,2\varepsilon)\leqslant N(X,\varepsilon)\cdot N(Y,\varepsilon),$$

由分数维数定义③得证.

④设 B_k 是覆盖 X 的半径为 ε 的闭球，则 B_k 也必然覆盖 $\overline{X}$，因此④得证.

性质 2.1 证毕.

例 2.1　设 $\{e_n\}_{n=1}^{\infty}$ 是 H 中一组标准正交基，$H_k=\{n^{-k}e_n\}_{n=1}^{\infty}$，则 $d_F(H_k)=\dfrac{1}{k}$.

证明　给定 $\varepsilon>0$，N 是使 $n^{-k}<\varepsilon$ 成立的第一个 n，于是 $N\sim\varepsilon^{-\frac{1}{k}}$.

半径为 ε 中心在原点的一个球可以覆盖所有点 $j^{-k}e_j$，$j\geqslant N$.

由于

$$|n^{-k}e_n-m^{-k}e_m|=n^{-k}+m^{-k}\geqslant2\varepsilon(n,m<N),$$

必有

$$N(X,\varepsilon)\sim\varepsilon^{-\frac{1}{k}},$$

故

$$d_F(x)=\frac{1}{k}.$$

例 2.2　康托三等分集 $C=\bigcap\limits_{n=0}^{\infty}C_n$ 的分数维数

$$d_F(C)=\frac{\ln 2}{\ln 3}.$$

证明　由 C 的构造，用 2^j 个长为 3^{-j} 区间覆盖 C，这也是最小的覆盖，由分数维数的计算

$d_F(C)=\limsup\limits_{j\to\infty}\dfrac{\ln 2^j}{\ln 3^j}=\dfrac{\ln 2}{\ln 3}$.

设 X 的 d-维体可由有限个球 $B(x_i,r_i)(r_i\leqslant\varepsilon)$ 覆盖，

$$\mu(X,d,\varepsilon)=\inf\left\{\sum_i r_i^d:r_i\leqslant\varepsilon\text{ 且 }X\subseteq\bigcup_i B(x_i,r_i)\right\}.$$

定义 2.2　$H^d(X)=\lim\limits_{\varepsilon\to0}\mu(X,d,\varepsilon)$ 称为 X 的 d-维 Hausdorff 测度.

定义 2.2 设 X 是紧集，$d_H(X)=\inf\limits_{d>0}\{d:H^d(X)=0\}$称为 X 的 Hausdorff 维数.

如果 $d_H(X)=d$，可得 $H^d(X)=0$ 或 $H^d(X)$有限但非零.

性质 2.2(Hausdorff 维数的性质)

①$d_H(\bigcup\limits_k^N X_k)\leqslant\sup\limits_k d_H(X_k)$.

②设$f:H\to H$ 满足 θ 次幂的 Holder 连续，则 $d_H(f(X))\leqslant\dfrac{d_H(X)}{\theta}$.

③$d_H(X\times Y)\leqslant d_H(X)+d_H(Y)$.

证明 ①设 $d>\sup\limits_k d_H(X_k)$，则

$$H^d(X)=0,\ \forall k,$$

$$H^d(\bigcup_{k=1}^{\infty}X_k)\leqslant\sum_{k=1}^{\infty}H^d(X_k),$$

故 $d_H(\cup X_k)\leqslant d$，于是①得证.

②设 $B(x_i,r_i)(r_i\leqslant\varepsilon)$覆盖 X，则 $B(f(x_i),Lr_i^\theta)$覆盖$f(x)$，$\tilde{r}=Lr^\theta\leqslant LC^\theta$，因此

$$\sum_i\left[Lr_i^\theta\right]^{\frac{s}{\theta}}=L^{\frac{s}{\theta}}\sum_i r_i^s,$$

$$\mu\left(f(X),\frac{s}{\theta},L\varepsilon^\theta\right)\leqslant L^{\frac{s}{\theta}}\mu(X,s,\varepsilon),$$

$$H^{\frac{s}{\theta}}[f(X)]\leqslant L^{\frac{s}{\theta}}H^s(X)(\varepsilon\to 0).$$

结合 $d_H[f(X)]$定义，②得证.

③取 $s>d_H(X)$，$t>d_f(Y)$，则存在 $\delta_0>0$ 使得

$N(Y,\delta)\leqslant\delta^{-t}$，$\delta\leqslant\delta_0$，设 $B(x_i,r_i)$覆盖 X，$\sum\limits_i r_i^s<1$，对 i，$N(Y,r_i)$ 个球 $B(y_{ij},r_i)$ 覆盖 Y. 则 $N(Y,r_i)$ 个球 $B(x_i,r_i)\times B(y_{ij},r_i)$ 可覆盖 $B(x_i,r_i)\times Y$，于是 $X\times Y\subset\bigcup\limits_i\bigcup\limits_j B(x_i,r_i)\times B(y_{ij},r_i)$.

$$\mu(X\times Y,s+t,2\delta)\leqslant\sum_i\sum_i(2r_i)^{s+t}\leqslant\sum_i N(Y,r_i)2^{s+t}r_i^{s+t}\leqslant 2^{s+t}\sum_i r_i^{-t}r_i^{s+t}<2^{s+t},$$

推出 $H^{s+t}(X\times Y)<\infty\ (s>d_H(X),t>d_f(Y))$，

因此 $d_H(X\times Y)\leqslant s+t$.

性质 2.2 证毕.

由于 $\mu(X,d,\varepsilon)\leqslant\varepsilon^d N(X,\varepsilon)$，因此 $d_H(X)\leqslant d_F(X)$.

3 吸引子的有限维数

为估计整体吸引子 A 的分数维数 $d_F(A)$和 Hausdorff 维数 $d_H(A)$，考虑一阶抽象问题

$$\frac{\mathrm{d}u}{\mathrm{d}t}=F(u(t)),u(0)=u_0,$$

其中 $u_0\in H$，范数记为$|\cdot|$. 假设方程有唯一解 $u(t)=S(t)u_0$ 和紧的整体吸引子 A，而$S(t)$是方程的解半群，也是动力系统.

线性化方程

$$\frac{\mathrm{d}U}{\mathrm{d}t}=F'(S(t)u_0)U(t),U(0)=\xi,$$

有解 $U(t)=L(t,u_0)\xi$，其中 $L(t,u_0)$ 是 $S(t)$ 的微分，$F'(S(t)u_0)$ 表示 $F(u)$ 的 Frechet 微分. 对给定 $u_0\in H$，设 $\xi_1,\cdots,\xi_m$ 是 H 的 m 个元素，而 $U_1,\cdots,U_m$ 相应线性问题解，则有

$$|L(t,u_0)\xi_1\wedge\cdots\wedge L(t,u_0)\xi_m|_{\wedge^m H}=|U_1(t)\wedge\cdots\wedge U_m(t)|_{\wedge^m H}.$$

关于时间 t 求导

$$\begin{aligned}
\frac{1}{2}\frac{\mathrm{d}}{\mathrm{d}t}|U_1(t)\wedge\cdots\wedge U_m(t)|^2_{\wedge^m H}&=\left(\frac{\mathrm{d}}{\mathrm{d}t}(U_1(t)\wedge\cdots\wedge U_m(t)),U_1(t)\wedge\cdots\wedge U_m(t)\right)_{\wedge^m H}\\
&=(U'_1(t)\wedge U_2(t)\wedge\cdots\wedge U_m(t),U_1(t)\wedge\cdots\wedge U_m(t))_{\wedge^m H}\\
&\quad+\cdots+(U_1(t)\wedge U_2(t)\wedge\cdots\wedge U'_m(t),U_1(t)\wedge\cdots\wedge U_m(t))_{\wedge^m H}\\
&=(F'(u)U_1(t)\wedge U_2(t)\wedge\cdots\wedge U_m(t),U_1(t)\wedge\cdots\wedge U_m(t))_{\wedge^m H}\\
&\quad+\cdots+(U_1(t)\wedge U_2(t)\wedge\cdots\wedge F'(u)U_m(t),U_1(t)\wedge\cdots\wedge U_m(t))_{\wedge^m H}\\
&=(F'(u))_m(U_1(t)\wedge U_2(t)\wedge\cdots\wedge U_m(t),U_1(t)\wedge\cdots\wedge U_m(t))_{\wedge^m H}\\
&=|U_1(t)\wedge\cdots\wedge U_m(t)|^2_{\wedge^m H}Tr(F'(u(t))\cdot Q_m),
\end{aligned}$$

其中 $Q_m=Q_m(t,u_0;\xi_1,\cdots,\xi_m)$ 是 H 到 $U_1(t),\cdots,U_m(t)$ 张成空间上的投影. 因此

$$\frac{1}{2}\frac{\mathrm{d}}{\mathrm{d}t}|U_1\wedge U_2\wedge\cdots\wedge U_m|^2_{\wedge^m H}=|U_1(t)\wedge\cdots\wedge U_m(t)|^2_{\wedge^m H}Tr(F'(u(t))\cdot Q_m),$$

$$\frac{\mathrm{d}}{\mathrm{d}t}|U_1\wedge\cdots\wedge U_m|_{\wedge^m H}=|U_1\wedge\cdots\wedge U_m|_{\wedge^m H}Tr(F'(u(t))\cdot Q_m),$$

$$|U_1\wedge\cdots\wedge U_m|_{\wedge^m H}=|\xi_1\wedge\cdots\wedge\xi_m|_{\wedge^m H}\exp\left(\int_0^t Tr(F'(S(s)u_0)\cdot Q_m(s))\mathrm{d}s\right).$$

估计 $w_m(L(t,u_0))=\sup\limits_{\substack{\xi_i\in H,\ |\xi|\leqslant 1\\ i=1,\cdots,m}}|U_1\wedge\cdots\wedge U_m|_{\wedge^m H}$，

$$w_m(L(t,u_0))=\sup_{\substack{\xi_i\in H,\ |\xi|\leqslant 1\\ i=1,\cdots,m}}\exp\left(\int_0^t Tr(F'(S(s)u_0)\cdot Q_m(s))\mathrm{d}s\right).$$

记 $q_m(t)=\sup\limits_{u_0\in A}\sup\limits_{\substack{\xi_i\in H,\ |\xi|\leqslant 1\\ i=1,\cdots,m}}\left(\frac{1}{t}\int_0^t Tr(F'(S(s)u_0)\cdot Q_m(s))\mathrm{d}s\right)$，$q_m=\limsup\limits_{t\to\infty}q_m(t)$，

其中 $Q_m(s)=Q_m(s,u_0;\xi_1,\cdots,\xi_m)$，$u_0\in X$，$X$ 为不变集.

$$\overline{w_m}(t)=\sup_{u_0\in X}w_m(L(t,u_0))\leqslant\exp(tq_m(t)),$$

或

$$\overline{w_m}(t)\frac{1}{t}\leqslant\exp(q_m(t)),\frac{1}{t}\ln\overline{w_m}(t)\leqslant q_m(t).$$

当 $m\to\infty$，可得 X 的 Lyapunov 指数

$\wedge_1\cdots\wedge_m\leqslant\exp(q_m)$，$\mu_1+\cdots+\mu_m\leqslant q_m$.

可归结为如下性质：

性质 3.1　在上述的假设下，设有某个 m 和 $t_0>0$，

$q_m(t)\leqslant-\delta<0,\ \forall t\geqslant t_0$，

则当 $t\to\infty$ 时，体积 $|U_1(t)\wedge\cdots\wedge U_m(t)|_{\wedge^m H}$ 一致指数衰减，即

$|U_1(t)\wedge\cdots\wedge U_m(t)|_{\wedge^m H}\leqslant C\exp(-\delta t)$，

其中 $u_0\in X,\xi_1,\cdots,\xi_m\in H,C=|U_1(t)\wedge\cdots\wedge U_m(t)|_{\wedge^m H}\leqslant\exp(\delta t_0)$.

如果 X 是半群 $S(t)$ 的不变集，而且 $q_m<0$（某个 m），

则 $\Pi_m=\wedge_1\cdots\wedge_m<1,\mu_1+\cdots+\mu_m<0$.

表明至少有 $\wedge_m<1$，即 $\mu_m<0$.

定义 3.1 如果 $\mu\in A_0$，存在线性算子 $L(u)\in l(H)$，

$$\sup_{\substack{u,v\in A\\0<|u-v|\leqslant\varepsilon}}\frac{|S(t)u-S(t)v-L(u)(v-u)|}{|v-u|}\to 0(\varepsilon\to 0),$$

$$\sup_{u\in A}|L(u)|_{l(H)}<+\infty,$$

则称解半群 $S(t)$ 在整体吸引子 A_0 上一致可微.

定理 3.1（整体吸引子的 Hausdorff 维数） 设半群 $S(t)$ 在整体吸引子 A 上一致可微，$\sup\limits_{u\in A_0}w_d(L(u))<1$（某个 $d>0$），则 A 的 Hausdorff 维数有限而且 $d_H(A)\leqslant d$.

假设 $d=n+s$，n 是整数，$0<s\leqslant 1$，可得

$$\bar{\omega}_j\,\bar{\omega}_j^{\frac{d-j}{n+1}}<1(j=1,\cdots,n),\tag{3.1}$$

其中 $\bar{\omega}_j=\sup\limits_{u\in S}\omega_j(L(u))$.

定理 3.2（整体吸引子的分数维） 设半群 $S(t)$ 在整体吸引子 A_0 上一致可微，假设式（3.1）成立，$d>1$，这整体吸引子 A_0 的分数维有限，而且 $d_f(A_0)\leqslant d$.

根据 Lyapunov 指数的定义，可将定理 3.1 和定理 3.2 归结为如下定理.

定理 3.3（整体吸引子的维数估计） 设解半群 $S(t)$ 在整体吸引子 A_0 上一致可微，设存在 $n\geqslant 1$，$\mu_1+\cdots+\mu_{m+1}<0$，那么 $\mu_{n+1}<0$，$\dfrac{\mu_1+\cdots+\mu_n}{|\mu_{n+1}|}<1$，并且

（1）$d_H(A_0)\leqslant n+\dfrac{(\mu_1+\cdots+\mu_n)_+}{|\mu_{n+1}|}$；

（2）$d_F(A_0)\leqslant(n+1)\left\{\max\limits_{1\leqslant j\leqslant n}1+\dfrac{(\mu_1+\cdots+\mu_j)_+}{|\mu_1+\cdots+\mu_{n+1}|}\right\}$，

其中 $(\mu_1+\cdots+\mu_n)_+$ 表示 $\mu_1+\cdots+\mu_n$ 上界中所有正项之和.

4 Lorenz 方程组吸引子的维数估计

考虑 Lorenz 方程组

$$\begin{cases}x'+\sigma x-\sigma y=0,\\y'+\sigma x+y+xz=0,\\z'+bz-xy=-b(r+\sigma).\end{cases}\tag{4.1}$$

其中 $\sigma=10$，$r=28$，$b=\dfrac{8}{3}$，更一般地可设 $\sigma>0$，$r>0$，$b>1$.

设 $u=(x,y,z)$，$H=R^3$，$u(t)\in H$，则

$$\lim_{t\to\infty}\sup|u(t)|\leqslant\rho_0,\rho_0=\frac{b(r+\sigma)}{2\sqrt{l(b-1)}},\tag{4.2}$$

Lorenz 吸引子 $A\subseteq B(0,\rho_0)$，为估计 A 的 Hausdorff 维数，将式(4.1)写成

$$u'=F(u),\tag{4.3}$$

$$F(u)=F(x,y,z)=-\begin{pmatrix}\sigma x-\sigma y\\ \sigma x+y+xz\\ bz-xy+b(r+\sigma)\end{pmatrix},\tag{4.4}$$

第一变分方程(线性化方程)为

$$\frac{\mathrm{d}U}{\mathrm{d}t}=F'(u)U,\tag{4.5}$$

其中 $F'(u)$ 是 3×3 矩阵:

$-F'(u)\cdot U=A_1U+A_2U+B(u)U,$

$$A_1=\begin{pmatrix}\sigma&0&0\\0&1&0\\0&0&\sigma\end{pmatrix},A_2=\begin{pmatrix}0&\sigma&0\\0&0&0\\0&0&0\end{pmatrix},$$

$$B(u)=\begin{pmatrix}0&0&0\\z&0&x\\-y&-x&\sigma\end{pmatrix},\ \forall u=(x,y,z)\in R^3.$$

初值条件 $U(0)=\xi,\xi\in H=R^3.$ (4.6)

设 $\xi=\xi_1,\xi_2,\xi_3\in H$,相应地初值问题式(4.5)—式(4.6)有解

$U=U_1,U_2,U_3,U_i(t)=L(t,u_0)\xi_i$,线性算子

$L(t,u_0):U(0)=\xi\in R^3\rightarrow U(t)\in R^3,$

$u=u(t)=S(t)u_0$ 是方程以式(4.1)为初值 u_0 的解.

2-维或3-维体积元方程($\wedge^mH,m=2,3$),

$$\frac{\mathrm{d}}{\mathrm{d}t}|U_1\wedge U_2\wedge U_3|=|U_1\wedge U_2\wedge U_3|Tr(F'(u)),\tag{4.7}$$

$$\frac{\mathrm{d}}{\mathrm{d}t}|U_1\wedge U_2|=|U_1\wedge U_2|Tr(F'(u)\cdot Q),\tag{4.8}$$

其中 $Q=Q_2(t,u_0;\xi_1,\xi_2)$ 是 R^3 到 $U_1(t),U_2(t)$ 生成空间上正交投影.

矩阵 $F'(u)$ 的迹 $Tr(F'(u))=-(\sigma+b+1)$.

3-维体积元是指数衰减的

$$|U_1(t)\wedge U_2(t)\wedge U_3(t)|=|\xi_1\wedge\xi_2\wedge\xi_3|\exp(-(\sigma+b+1)t).\tag{4.9}$$

$$\omega_3(L(t,u_0))=\sup_{\substack{\xi_i\in H,\ |\xi_i|\leqslant1\\ i=1,2,3}}|U_1(t)\wedge U_2(t)\wedge U_3(t)|\leqslant\exp(-(\sigma+b+1)t),\tag{4.10}$$

$$\overline{\omega}_3(L(t,u_0))=\exp(-(\sigma+b+1)t),$$

$$\wedge_1\wedge_2\wedge_3=\lim_{t\to\infty}\overline{\omega}_3(t)^{\frac{1}{t}}=\exp(-(\sigma+b+1)),$$

$$\mu_1+\mu_2+\mu_3=-(\sigma+b+1),\tag{4.11}$$

其中 $\wedge_1,\wedge_2,\wedge_3$ 和 μ_1,μ_2,μ_3 分别是一致 Lyapunov 数和 Lorenz 吸引子的 Lyapunov 指数.

类似地从式(4.8)可得

$$|U_1(t)\wedge U_2(t)|=|\xi_1\wedge\xi_2|\exp\left(\int_0^t TrF(u(s))\cdot Q(s)\mathrm{d}s\right),$$

因此 $|U_1(t)\wedge U_2(t)|\neq0\Leftrightarrow|\xi_1\wedge\xi_2|\neq0$,设 $\varphi_1,\varphi_2,\varphi_3$ 是 R^3 中标准正交基,φ_1,φ_2 是 $\mathrm{span}\left[U_1(t),U_2(t)\right]$ 的基,则 $Tr(A_1+A_2)\cdot Q=TrA_1\cdot Q\geqslant1+b+\sigma-m$,其中 $m=\max(1,$

$b,\sigma),Tr(B(u)\cdot Q)=\sum_{i=1}^{2}(B(u)Q_i)\cdot Q_i$.

令 $\varphi_i=(x_i,y_i,z_i)$，则

$$Tr(B(u)\cdot Q)=\sum_{i=1}^{2}(zx_iy_i-x_iz_iy)=-zx_3y_3+x_3z_3y$$

$$|Tr(B(u)\cdot Q)|\leqslant|x_3|\sqrt{y_3^2+z_3^2}\sqrt{y^2+z^2}\leqslant\frac{1}{2}\sqrt{|x_3|^2+|y_3|^2+|z_3|^2}\sqrt{y^2+z^2}$$，由式(4.2)，

$$\leqslant\frac{1}{2}\sqrt{y^2+z^2}\leqslant\frac{1}{2}|u|=\frac{1}{2}|u(t)|.$$

$t\geqslant t_1(s)$，

$$Tr(B(u)\cdot Q)\geqslant-\frac{b(r+\sigma)}{4\sqrt{l(b-1)}}-\delta,\delta>0\text{ 充分小，}$$

$$|U_1(t)\wedge U_2(t)|\leqslant|\xi_1\wedge\xi_2|\exp((K_2+\delta)t),$$

$$K_2=-(\sigma+b+1)+m+\frac{b(r+\sigma)}{4\sqrt{l(b-1)}},$$

$$\omega_2(L(t,u_0))=\sup_{\substack{\xi_i\in H,|\xi_i|\leqslant1\\ i=1,2}}|U_1(t)\wedge U_2(t)|\leqslant\exp((K_2+\delta)t),t\geqslant t_1(\delta),$$

$$\overline{\omega}_2(t)\leqslant\exp((K_2+\delta)t),t\geqslant t_1(\delta).$$

由 $\delta>0$ 任意小，让 $t\to\infty$，

$$\wedge_1\wedge_2=\lim_{t\to\infty}\overline{\omega}_2(t)^{\frac{1}{t}}=\exp(K_2),$$

$$\mu_1+\mu_2\leqslant K_2.$$

令 $d=2+s,0<s<1,t\geqslant t_1(\delta)$，

$$K(\delta)=-s(\sigma+b+1)+(1-s)(K_2+\delta)<0,$$

$$\omega_d(L(t,u_0))\leqslant\omega_2(L(t,u_0))^{1-s}\omega_3(L(t,u_0))^s\leqslant\exp(K(\delta)t),$$

$$\overline{\omega}_d(t)=\sup_{u_0\in A}\omega_d(L(t,u_0))\leqslant\exp(K(\delta)t)<1.$$

据定理 3.1 可知，$d_H(A)\leqslant d$. 即当 $\delta>\dfrac{K_2+\delta}{\sigma+b+1+K_2+\delta}$，

$$d_H(A_0)\leqslant2+\frac{K_2+\delta}{\sigma+b+1+K_2+\delta},$$

由 $\delta>0$ 任意小，

$$d_H(A_0)\leqslant2+\frac{K_2}{\sigma+b+1+K_2}.$$

如果 $\sigma=10,r=28,b=\dfrac{8}{3},m=\max(1,b,\delta)$，则 Lorenz 吸引子 A_0 有

$$d_H(A_0)\leqslant2.538\cdots.$$

5 二阶波动方程整体吸引子维数估计

考虑抽象方程

$$u''+\alpha u'+Au+g(u)=f \tag{5.1}$$

$$u(0)=u_0,u'(0)=u_1. \tag{5.2}$$

假设①$g:V\to H$ 是 Frechet 可微且 Frechet 微分 g'；

②$g:D(A)\to V$ 和 $g:V\to H$ 是 Lipschitz 连续；

③存在 $\sigma_1>0,\forall R\geqslant 0$，存在 $C_0(\mathbf{R})$ 使得；

$$\forall \varphi\in D(A),\|\varphi\|\leqslant \mathbf{R},\|g(\varphi)\|\leqslant C_0(\mathbf{R})(1+|A\varphi|)^{1-\sigma_1},$$

$g:L_{ws}^{\infty}(0,T;V)\cap L^2(0,T;H)\to L_w^2(0,T;H)$ 连续，其中 $L_{ws}^{\infty}(0,T;V)$ 表示弱 * 拓扑，$L_w^2(0,T;H)$ 表示弱拓扑.

④$g':V\to l(V,H)$ 有界连续，并且：

$g':D(A)\to l(V_s,H)(s\in[0,1))$ 有界映射，

$g':V\to l(H,V_{-1+\sigma_2})(\sigma_2>0)$ 有界映射.

存在使得 $0<\delta<1,\forall R>0,\exists C_0^1=C_0^1(R)$ 使得

$|g'(u)-g'(v)|_{l(V,H)}\leqslant C_0^1\|u-v\|^{\delta},\forall u,v\in V,\|u\|\leqslant \mathbf{R},\|v\|\leqslant \mathbf{R},$

⑤设 $G\in C^1(V;R),G(0)=0,P\in C(V;H)$ 使得

$g(\varphi)=G'(\varphi)+P(\varphi),\forall \varphi\in V,\lim\limits_{\|\varphi\|\to\infty}\inf\dfrac{G(\varphi)}{\|\varphi\|^2}\geqslant 0$，存在 C_1，有

$\lim\limits_{\|\varphi\|\to\infty}\inf\dfrac{(\varphi,g(\varphi))-C_1G(\varphi)}{\|\varphi\|^2}\geqslant 0$，并且存在 $\sigma_3>0$ 和 C_3，使得

$$|P(\varphi)|\leqslant C_3(1+|G(\varphi)|)^{\frac{1}{2}-\sigma_3},\forall \varphi\in V.$$

在以上假设情况下，以及 $f\in C([0,T];H),u_0\in V,u_1\in H$，则问题(5.1)、(5.2)存在唯一解 $u(t)$，

$$u\in C([0,T];V),u'\in C([0,T];H).$$

进一步假设 $f'\in C([0,T];H),u_0\in D(A),u_1\in V$，则问题(5.1)、(5.2)的解 $u(t)$，

$$u\in C([0,T];D(A)),u'\in C([0,T];V).$$

在上述假设情况下，设 $f\in H$，那么发展方程(5.1)定义的动力系统 $S(t)$ 具有紧的整体吸引子 A_0.

对 $t\in\mathbf{R}$，算子 $S(t)$ 是 $E_0=V\times H$ 上连续群，

$$S(t)\{u_0,u_1\}=\{u(t),u'(t)\}.$$

$0<\varepsilon\leqslant\varepsilon_0,\varepsilon_0=\min\left(\dfrac{\alpha}{4},\dfrac{\lambda_1}{2\alpha}\right)$，算子 $S_\varepsilon(t)=\mathbf{R}_\varepsilon S(t)\mathbf{R}_{-\varepsilon},\mathbf{R}_\varepsilon:\{a,b\}\to\{a,b+\varepsilon a\}$，

于是

$S_\varepsilon(t):\{u_0,v_1=u_1+\varepsilon u_0\}\to\{u(t),v(t)=u'(t)+\varepsilon u(t)\}.$

算子 $S_\varepsilon(t),t\in\mathbf{R}$ 也是一个群，A_0 是 $S(t)$ 的极大吸引子，则 $\mathbf{R}_\varepsilon A_0$ 是 $S_\varepsilon(t)$ 的极大吸引子，它吸引着由点 $\{u_0,u_1+\varepsilon u_0\}\in E_0$ 出发的所有解轨道 $\{u(t),u'(t)+\varepsilon u(t)\}$.

首先考虑 $S(t)$ 的可微性，由式(5.1)的线性化方程可写为

$$U''+\alpha U'+AU+g'(u)U=0\tag{5.3}$$

初始条件，$U(0)=\xi,U'(0)=\zeta$.　　(5.4)

设式(5.1)、式(5.2)的解 u 给定，那么式(5.3)、式(5.4)存在唯一解 U，

$U\in C(\mathbf{R},V),U'\in C(\mathbf{R},H)$.

引理 5.1　解半群 $S(t)(t>0)$ 在 E_0 上 Frechet 可微，并在 $\varphi_0=\{u_0,u_1\}$ 的微分是 E_0 上的

线性算子

$$L(t,\varphi_0):\{\xi,\zeta\}\to\{U(t),U'(t)\},$$

其中 U 是式(5.3)、式(5.4)的解.

证明　首先证明 $S(t)$ 在 E_0 的有界集上 Lipschitz 性.

设 $\varphi_0=\{u_0,u_1\}$, $\overline{\varphi_0}=\varphi_0+\{\xi,\zeta\}=\{u_0+\xi,u_1+\zeta\}$, $\|\varphi_0\|_{E_0}\leqslant R$, $\|\overline{\varphi_0}\|_{E_0}\leqslant R$, 令 $S(t)\varphi_0=\varphi(t)=\{u(t),u'(t)\}$, $S(t)\overline{\varphi_0}=\{\overline{\varphi}(t),\overline{\varphi}'(t)\}$. $S(t)\varphi_0$ 在 E_0 上一致有界, $t\geqslant0$ 且 R' 表示 $\|S(t)\varphi_0\|_{E_0}$ 的上确界.

令 $\Psi=\overline{u}-u$ 且满足

$$\Psi''+\alpha\Psi'+A\Psi+g(\overline{u})-g(u)=0, \tag{5.5}$$

$$\Psi(0)=\xi,\Psi'(0)=\zeta, \tag{5.6}$$

由之前的假设

$$|g(\overline{u}(t))-g(u(t))|\leqslant C'_1(R')\|\overline{u}(t)-u(t)\|,\ \forall t\geqslant0.$$

用 Ψ' 与式(5.5)取 H 中内积,

$$\frac{1}{2}\frac{\mathrm{d}}{\mathrm{d}t}\{|\Psi'|^2+\|\Psi\|^2\}+\alpha|\Psi'|^2=-(g(\overline{u})-g(u),\Psi')\leqslant C'_1\|\Psi\||\Psi'|,$$

$$\frac{\mathrm{d}}{\mathrm{d}t}\{|\Psi'|^2+\|\Psi\|^2\}\leqslant2C'\{|\Psi'|^2+\|\Psi\|^2\}.$$

因此有如下的 Lipschitz 性

$$\|\overline{\varphi}(t)-\varphi(t)\|_{E_0}^2=|\overline{u'}(t)-u'(t)|^2+\|\overline{u}(t)-u(t)\|^2\leqslant\exp(2C_1t)\cdot\{|\xi|^2+\|\xi\|^2\},\ \forall t\geqslant0 \tag{5.7}$$

其次, $\theta=\overline{u}-u-v$, $\theta(0)=0$, $\theta'(0)=0$,

$$\theta''+\alpha\theta'+A\theta+g'(u)\theta=h \tag{5.8}$$

其中 $h=g(u)-g(\bar{u})-g'(u)(u-\bar{u})$.

$$h=\int_0^1(g'(s\,\bar{u}(t)+(1-s)u(t))-g'(u(t)))\cdot(u(t)-\bar{u}(t))\mathrm{d}s.$$

注意到 $\|u(t)\|$, $\|\bar{u}(t)\|$ 一致有界 R^1, $\forall t\geqslant0$. 因此,

$$|g'(s\,\bar{u}(t)+(1-s)u(t))-g'(u(t))|_{L(V,H)}\leqslant C_0^1(R^1)s^\delta\|\bar{u}(t)-u(t)\|^\delta,\ \forall\delta\geqslant0,s\in[0,1] \tag{5.9}$$

$$|h(t)|\leqslant C_1^1(R^1)\|\bar{u}(t)-u(t)\|^{1+\delta},t\geqslant0.$$

$$|g'(u(t))|_{L(V,H)}\leqslant C_2^1,t\geqslant0. \tag{5.10}$$

用 θ' 与式(5.8)取 H 内积,

$$\frac{1}{2}\frac{\mathrm{d}}{\mathrm{d}t}[|\theta'|^2+\|\theta\|^2]+\alpha|\theta'|^2=(h-g'(u)\theta,\theta')\leqslant C_1^1|\theta'|\|\bar{u}(t)-u(t)\|^{1+\delta}+C_2^1|\theta'|\|\theta\|,$$

$$\frac{\mathrm{d}}{\mathrm{d}t}[|\theta'|^2+\|\theta\|^2]\leqslant C_2^1[|\theta'|^2+\|\theta\|^2]+C_3^1\|\bar{u}(t)-u(t)\|^{2+2\delta}.$$

由 Gronwall 不等式及式(5.7)得

$$[|\theta'|^2+\|\theta\|^2]\leqslant\frac{C_3^1}{C_2^1}\exp(C_2't)\int_0^t\|\bar{u}(t)-u(t)\|^{2+2\delta}\mathrm{d}t\leqslant C_4'\exp(C_5't)[|\xi|^2+\|\xi\|^2]^{1+\delta}.$$

它等价于

$$\|\overline{\varphi}(t)-\varphi(t)-U(t)\|_{E_0}^2\leqslant C_4'\exp(C_5't)\|\{\xi,\zeta\}\|_{E_0}^{2+2\delta},$$

即 $\dfrac{\|\overline{\varphi}(t)-\varphi(t)-U(t)\|_{E_0}^2}{\|\{\xi,\zeta\}\|_{E_0}^2}\to0(\|\{\xi,\zeta\}\|_{E_0}^2\to0)$.

因此，解算子 $S(t)$ 的可微性得证.

为估计吸引子的维数，将初值问题式(5.1)、式(5.2)写成一阶发展方程

$$\Psi' + \Lambda_\varepsilon \Psi + \bar{g}(\Psi) = \bar{f} \tag{5.11}$$

其中

$$\Psi = R_\varepsilon \varphi = \{u, v = u' + \varepsilon u\} = \{u, v\}, \bar{f} = \{0, f\}, \bar{g}(\Psi) = \{0, g(u)\},$$

$$\Lambda_\varepsilon = \begin{pmatrix} \varepsilon I & -I \\ A - \varepsilon(\alpha - \varepsilon)I & (\alpha - \varepsilon)I \end{pmatrix}.$$

进一步，令

$$\Psi' = F(\Psi) = \bar{f} - \Lambda_\varepsilon \Psi - \bar{g}(\Psi),$$

得变分方程

$$\Psi' = F'(\psi) \cdot \Psi,$$

类似式(5.3)可得

$$\Psi' + \Lambda_\varepsilon \Psi + \bar{g}'(\psi)\Psi = 0 \tag{5.12}$$

其中 $\Psi = \{U, U' + \varepsilon U\}, \bar{g}'(\psi)\Psi = \{0, g'(u)U\}$.

初始条件式(5.4)可写为

$$\bar{\Psi}(0) = \eta, \eta = \{\xi, \zeta\} \in E_0 \tag{5.13}$$

设 $m \in \mathbf{N}^+$，考虑式(5.12)、式(5.13)初始条件分别为

$\eta = \eta_1, \cdots, \eta_m, \eta_i \in E_0$ 的 m 个解 $\Psi = \Psi_1, \cdots, \Psi_m$，

$$|\Psi_1(t) \wedge \cdots \wedge \Psi_m(t)|_{\wedge^m_{E_0}} = |\eta_1(t) \wedge \cdots \wedge \eta_m(t)|_{\wedge^m_{E_0}} \exp\int_0^t TrF'(S_\varepsilon(t)\psi_0) \cdot Q_m(t)\mathrm{d}t;$$

$\psi(t) = S_\varepsilon(t)\psi_0 = \{u(t), v(t) = u'(t) + \varepsilon u(t)\}$，$u(t)$ 是式(5.1)、式(5.2)的解，$Q_m(t) = Q_m(t, \psi; \eta_1, \cdots, \eta_m)$ 是 $E_0 = V \times H$ 到 $\mathrm{span}[\Psi_1(t), \cdots, \Psi_m(t)]$ 上的正交投影.

设 $\phi_j(t) = \{\xi_j(t), \zeta_j(t)\}, (j = 1, \cdots, m)$，表示 $Q_m(t)E_0 = \mathrm{span}[\Psi_1(t), \cdots, \Psi_m(t)]$ 的标准正交基，

$$TrF'(S_\varepsilon(t)\psi_0)Q_m(t) = \sum_{j=1}^{\infty} (F'(\psi(t))Q_m(t)\phi_j(t), \phi_j(t))_{E_0} = \sum_{j=1}^{m} (F'(\psi(t))\phi_j(t), \phi_j(t))_{E_0} \tag{5.14}$$

其中 $(\cdot, \cdot)_{E_0}$ 表示 E_0 中的内积，$(\{\xi, \zeta\}, \{\bar{\xi}, \bar{\zeta}\})_{E_0} = ((\xi, \bar{\zeta})) + (\xi, \bar{\zeta})$.

设 $\{u_0, u_1\} \in A \subseteq E_1$ 有界集，则 $\psi(t) = \{u(t), u'(t) + \varepsilon u(t)\}$ 在 E_1 中有界，存在 $s \in [0, 1), g' \in \pm(V_s, H)$，

$$R'' = \sup_{\{\xi, \zeta\} \in A_0} |A\xi| < \infty \tag{5.15}$$

$$\sup_{\substack{\{\xi, \zeta\} \in A_0 \\ |Aw| \leqslant R''}} |g'(w)|_{L(V_s, H)} \leqslant \gamma < \infty \tag{5.16}$$

$$|(g'(u)\xi_j, \zeta_j)| \leqslant |g'(u)\xi_j||\zeta_j| \leqslant \gamma |\xi_j|_s |\zeta_j|.$$

忽略变量 t，

$$(F(\psi)\varphi_j, \varphi_j)_{E_0} = -(\wedge_\varepsilon \varphi_j, \varphi_j)_{E_0} - (g'(u)\xi_j, \zeta_j),$$

$$(\wedge_\varepsilon \varphi_j, \varphi_j)_{E_0} = \varepsilon \|\xi_j\|^2 + (\alpha - \varepsilon)|\zeta_j|^2 - \varepsilon(\alpha - \varepsilon)(\xi_j, \zeta_j) \geqslant \alpha_1(\|\xi_j\|^2 + |\zeta_j|^2), \alpha_1 = \frac{\varepsilon}{2}.$$

因此，

$$(F'(\psi)\varphi_j,\varphi_j)_{E_0} \leqslant -\alpha_1(\|\xi_j\|^2 + |\zeta_j|^2) + \gamma|\xi_j|_s|\zeta_j| \leqslant -\frac{\alpha_1}{2}(\|\xi_j\|^2 + |\zeta_j|^2) + \frac{\gamma^2}{2\alpha_1}|\xi_j|_s^2 \tag{5.17}$$

又$\|\xi_j\|^2 + |\zeta_j|^2 = \|\varphi_j\|_{E_0}^2 = 1$，因而

$$\sum_{j=1}^{m}(F(\psi)\varphi_j,\varphi_j)_{E_0} \leqslant -\frac{m\alpha_1}{2} + \frac{\gamma^2}{2\alpha_1}\sum_{j=1}^{m}|\xi_j|_s^2 \tag{5.18}$$

$$\sum_{j=1}^{m}|\xi_j|_s^2 \leqslant \sum_{j=1}^{m-1}\lambda_j^{s-1},\ \forall t>0$$

故
$$TrF'(\psi(t))\cdot Q_m(t) \leqslant -\frac{m\alpha_1}{2} + \frac{\gamma^2}{2\alpha_1}\sum_{j=1}^{m}\lambda_j^{s-1} \tag{5.19}$$

设$\{u_0,u_1\}\in A_0$，等价于$\psi_0=\{u_0,u_1+\varepsilon u_0\}\in \mathbf{R}_\varepsilon A_0$，

$$q_m(t) = \sup_{\psi_0\in \mathbf{R}_\varepsilon A_0}\ \sup_{\substack{\eta_i\in E_0,\|\eta_i\|_{E_0}\leqslant 1\\ i=1,\cdots,m}}\left(\frac{1}{t}\int_0^t TrF'(S_\varepsilon(t)\psi_0)\cdot Q_m(t)\mathrm{d}t\right),$$

$$q_m = \lim_{t\to\infty}\sup q_m(t).$$

根据式(5.19)，

$$q_m(t) \leqslant -\frac{m\alpha_1}{2} + \frac{\gamma^2}{2\alpha_1}\sum_{i=1}^{m}\lambda_i^{s-1},$$

$$q_m \leqslant -\frac{m\alpha_1}{2} + \frac{\gamma^2}{2\alpha_1}\sum_{i=1}^{m}\lambda_i^{s-1} \tag{5.20}$$

一致 Lyapunov 指数$\mu_j, j\in \mathbf{N}^+$，

$$\mu_1 + \cdots + \mu_j \leqslant -\frac{m\alpha_1}{2} + \frac{\gamma^2}{2\alpha_1}\sum_{i=1}^{m}\lambda_i^{s-1} \tag{5.21}$$

由于$\mathbf{A}^{-1}$紧算子，$\lambda_j\to\infty\ (j\to\infty)$，因此$\frac{1}{m}\sum_{i=1}^{m}\lambda_i^{s-1}\to 0(m\to\infty)$，并且存在$m\geqslant 1$使得

$$\frac{1}{m}\sum_{i=1}^{m}\lambda_i^{s-1} \leqslant \frac{\alpha_1^2}{2\gamma^2} \tag{5.22}$$

对此m，

$$q_m \leqslant -\frac{m\alpha_1}{2}\left(1-\frac{\gamma^2}{\alpha_1^2 m}\sum_{i=1}^{m}\lambda_i^{s-1}\right) \leqslant -\frac{3m\alpha_1}{4}(j=1,\cdots,m),$$

$$(q_j)_+ \leqslant \frac{\gamma^2}{2\alpha_1}\sum_{i=1}^{j}\lambda_i^{s-1} \leqslant \frac{\gamma^2}{2\alpha_1}\sum_{i=1}^{m}\lambda_i^{s-1} \leqslant \frac{m\alpha_1}{4},\ \max_{1\leqslant j\leqslant m-1}\frac{(q_j)_+}{|q_m|} \leqslant \frac{1}{3}.$$

根据定理 3.3，可得下面定理：

定理 5.1　在非线性项$g(u)$假设条件①—条件⑤成立下，问题(5.1)—问题(5.2)定义的动力系统$S(t)$有下列结论：

①整体吸引子A_0的一致 Lyapunov 指数μ_j满足式(5.21)，其中m由式(5.22)定义；

②m——维体积元在E_0空间中指数衰减；

③$d_H(A_0)\leqslant m, d_F(A_0)\leqslant \frac{4m}{3}$.

6　拉普拉斯算子

将偏微分算子

$$\Delta u = \sum_{j=1}^{m} \frac{\partial^2 u}{\partial x_j^2}$$

称为拉普拉斯算子.

记 $\mathbf{A}=\Delta u$,则 $\mathbf{A}$ 是无界线性自伴正定算子,$\mathbf{A}^{-1}$ 是 $L^2(G)$ 到 $H_0^1(G)$ 有界映射,并且由于 $H_0^1(G) \mapsto L^2(G)$ 紧嵌入,因此,$\mathbf{A}^{-1}$ 是 $L^2(G)$ 到 $L^2(G)$ 的紧算子.

①在 1-维空间区域 $G=(0,L)\subset R$,狄立克莱问题:

$$-\frac{\mathrm{d}^2 u}{\mathrm{d}x^2}=f, x\in G, \tag{6.1}$$

狄立克莱边界条件

$$u(0)=u(L)=0. \tag{6.2}$$

设 $H=L^2(G)$, $V=H_0^1(G)$, $f\in H$, $u\in V$.

在方程(6.1)两边用 v 取 H 内积,分部积分得

$$a(u,v)=(f,v),\ \forall v\in V, \tag{6.3}$$

其中 $a(u,v) = \int_0^L \frac{\mathrm{d}u}{\mathrm{d}x}\frac{\mathrm{d}v}{\mathrm{d}x}\mathrm{d}x$.

此处 $H_0^1(G)=\{u\in H^1(G), u(0)=u(L)=0\}$, $\mathbf{A}=-\frac{\mathrm{d}^2 u}{\mathrm{d}x^2}$, $D(\mathbf{A})=H^2(G)\cap H_0^1(G)$, $\mathbf{A}=-\frac{\mathrm{d}^2 u}{\mathrm{d}x^2}$ 的特征根与特征向量 $\mathbf{A}w_k=\lambda_k w_k$, $\lambda_k=\frac{\pi^2}{L^2}k^2$, $w_k=\sqrt{\frac{2}{L}}\sin\frac{k\pi}{L}x$, $k\geqslant 1$ 分别表示 $\mathbf{A}$ 的第 k 个特征值和第 k 个特征向量.

Poincare 不等式

$|u|\leqslant C_0\|u\|$, $\forall u\in H_0^1(G)$ 中的最小常数 $C_0=\frac{1}{\sqrt{\lambda_1}}$, $\inf\limits_{u\in H_0^1(G)}\frac{\|u\|^2}{|u|^2}=\lambda_1=\left(\frac{\pi}{L}\right)^2\geqslant\frac{1}{C_0}$.

②一维周期边界条件.

$$-\frac{\mathrm{d}^2 u}{\mathrm{d}x^2}=f, x\in G=(0,L), \tag{6.4}$$

$$u(0)=u(L), \frac{\mathrm{d}u(0)}{\mathrm{d}x}=\frac{\mathrm{d}u(L)}{\mathrm{d}x}, \tag{6.5}$$

令 $H=L^2(G)$, $V=\{u\in H^1(G), u(0)=u(L)\}=H_{per}^1(G)$.

设 $f\in H$, $u\in V$,那么用 v 与方程(6.4)取内积并分部积分得

$$a(u,v)=(f,v),\ \forall v\in V, \tag{6.6}$$

$$D(\mathbf{A})=H_{per}^1(G), u\in D(\mathbf{A}), \mathbf{A}=-\frac{\mathrm{d}^2 u}{\mathrm{d}x^2}.$$

$\mathbf{A}$ 的特征根与特征向量 $\mathbf{A}w_n=\lambda_n w_n$,

当 $k\geqslant 1$ 时,$w_{2k}=\sqrt{\frac{2}{L}}\cos\frac{2k\pi}{L}x$, $w_{2k+1}=\sqrt{\frac{2}{L}}\sin\frac{2k\pi}{L}x$, $\lambda_{2k}=\lambda_{2k+1}=\frac{4\pi^2}{L^2}k^2$.

问题(6.4)、(6.5)规定 $\int_0^L u(x)\mathrm{d}x = 0$,即 $f \in \bar{L}^2(G)$,$u \in \bar{H}_{per}^1(G)$,此时,令 $H = \bar{L}^2(G)$,$V = \bar{H}_{per}^1(G)$,那么 Poincare 不等式成立,并且

$$\inf_{u \in H_{per}^1(G)} \frac{\|u\|^2}{|u|^2} = \lambda_1 = \frac{4\pi^2}{L^2},\text{最小常数 } C_0 = \frac{1}{\sqrt{\lambda_1}} = \frac{L}{2\pi},\ |u| \leqslant C_0\|u\|.$$

③一维牛曼边界条件.

$$-\frac{\mathrm{d}^2u}{\mathrm{d}x^2} = f, x \in G = (0,L), \tag{6.7}$$

$$\frac{\mathrm{d}u(0)}{\mathrm{d}x} = \frac{\mathrm{d}u(L)}{\mathrm{d}x} = 0, \tag{6.8}$$

$H = L^2(G)$,$V = H^1(G)$,$f \in H$,$u \in V$,用 v 与方程(6.7)取内积并分部积分得

$$a(u,v) = (f,v),\ \forall v \in V, \tag{6.9}$$

$$D(\mathbf{A}) = \{u \in H^2(G), u'(0) = u'(L) = 0\},\ \mathbf{A} = -\frac{\mathrm{d}^2u}{\mathrm{d}x^2},\ \forall u \in D(\mathbf{A}).$$

算子 $\mathbf{A}$ 的特征根与特征向量 $\mathbf{A}w_k = \lambda_k w_k$,$\lambda_k = \frac{\pi^2}{L^2}k^2$,$w_k = \sqrt{\frac{2}{L}}\cos\frac{k\pi}{L}x$,$k \geqslant 1$.

问题(6.7)、(6.8)设 $\int_0^L u(x)\mathrm{d}x = 0$.

$\bar{H} = \bar{L}^2(G) = \left\{u \in L^2(G), \int_0^L u(x)\mathrm{d}x = 0\right\}$,$\bar{V} = \bar{H}^1(G) = H^1(G) \cap \bar{H}$,$\inf_{u \in V}\frac{\|u\|^2}{|u|^2} = \lambda_1 = \frac{\pi^2}{L^2}$, Poincare 不等式成立.

④$G \subset R^m$,m 维狄立克莱边界条件.

$$-\Delta u = f, x \in G \tag{6.10}$$

$u|_\Gamma = 0$,Γ 是 G 的边界. (6.11)

设 $f \in H = L^2(G)$,$u \in V = H_0^1(G)$,那么用 v 与方程(6.10)取内积并由格林公式:

$$-\int_G \Delta u \cdot v\mathrm{d}x = \int_\Gamma \frac{\partial u}{\partial n} \cdot v\mathrm{d}\Gamma + \int_G \nabla u \cdot \nabla v\mathrm{d}x \tag{6.12}$$

可得 $a(u,v) = (f,v)$,$\forall v \in V$,其中 $\boldsymbol{n}$ 表示边界曲面 Γ 的单位法向量.

$$\mathbf{A} = -\Delta, D(A) = H^2(G) \cap H_0^1(G).$$

算子 $\mathbf{A}$ 的特征根与特征向量满足

$$\mathbf{A}w_k = \lambda_k w_k, w_k \in H_0^1(G),$$

$0 < \lambda_1 \leqslant \lambda_2 \leqslant \cdots \leqslant \lambda_k \to +\infty\ (k \to \infty)$,$\inf_{u \in H_0^1(G)}\frac{\|u\|^2}{|u|^2} = \lambda_1$,Poincare 不等式中最小常数 $C_0 = \frac{1}{\sqrt{\lambda_1}}$.

⑤m 维牛曼边界条件.

设 $G \subseteq R^m$ 有界域,光滑边界 $\Gamma \in C^2$,

$$-\Delta u = f, x \in G \tag{6.13}$$

$$\frac{\partial u}{\partial n} = 0, x \in \Gamma \tag{6.14}$$

已知 $f \in H = L^2(G)$,$u \in V = H^1(G)$,则 $\Delta u \in L^2(G)$,即 $r_1 u = \frac{\partial u}{\partial n}|_\Gamma \in H^{-\frac{1}{2}}(\Gamma)$,其中

$H^{-\frac{1}{2}}(\Gamma)$是$H^{\frac{1}{2}}(\Gamma)$的对偶空间. $\forall u\in H^1(G)$,由格林公式(6.12)得:

$(-\Delta u,v)=-\langle r_1u,r_0u\rangle+(\nabla u,\nabla v)$,

由式(6.14)有

$$\langle r_1u,r_0u\rangle=0,a(u,v)=(\nabla u,\nabla v),\forall v\in H^1(G),$$

其中$r_1u\in(H^{\frac{1}{2}}(\Gamma))',r_0H^1(G)=H^{\frac{1}{2}}(\Gamma)$.

$D(A)=\{u\in H^2(G),\Delta u\in L^2(G),r_1u=0\}$,

算子 $\mathbf{A}=-\Delta$ 的特征根与特征向量:

$$\mathbf{A}\omega_k=\lambda_k\omega_k,\omega_k\in D(\mathbf{A}),k\geqslant 1,$$
$$0<\lambda_1\leqslant\lambda_2\leqslant\cdots\leqslant\lambda_k\to+\infty\ (k\to\infty),$$

问题(6.13)、(6.14)附加一个必要条件$\int_G u(x)\,\mathrm{d}x=0$,

$\overline{H}=\overline{L}^2(G)=\left\{u\in L^2(G),\int_G u(x)\,\mathrm{d}x=0\right\},\overline{V}=\overline{H}^1(G)=H\cap H^1(G)$,可得第一特征值$\lambda_1=\inf\limits_{u\in V}\dfrac{\|u\|^2}{|u|^2}$.

⑥m 维空间区域周期边界条件.

设$G=\prod\limits_{j=1}^{m}(0,L_j)\subseteq R^m,L_j>0,\Gamma_j$ 和 Γ_{j+m}得 G 的边界曲面 Γ.

$\Gamma_j=\Gamma\cap\{x_j=0\},\Gamma_{j+m}=\Gamma\cap\{x_j+L_j\}\ (j=1,\cdots,m)$.

界值问题

$$-\Delta u=f,x\in G \tag{6.15}$$
$$u|_{\Gamma_j}=u|_{\Gamma_{j+m}}(j=1,\cdots,m) \tag{6.16}$$
$$\frac{\partial u}{\partial x_j}\Big|_{\Gamma_j}=\frac{\partial u}{\partial x_j}\Big|_{\Gamma_{j+m}} \tag{6.17}$$

由格林公式(6.12)得:

$a(u,v)=(\mathbf{A}u,v)=(-\Delta u,v)=(\nabla u,\nabla v)=\int_G\nabla u\cdot\nabla v\,\mathrm{d}x$,在周期边界条件式(6.16)、式(6.17)下,

$$-\frac{\partial u}{\partial n}\Big|_{\Gamma_j}=\frac{\partial u}{\partial n}\Big|_{\Gamma_{j+m}}.$$

$D(\mathbf{A})=H^2_{per}(G),\mathbf{A}=-\Delta$ 的特征根与特征函数,

$\lambda_k=4\boldsymbol{\pi}^2\left(\dfrac{k_1^2}{L_1}+\cdots+\dfrac{k_m^2}{L_m}\right),\omega_k=\sqrt{\dfrac{2}{|G|}}\cos\dfrac{2k\boldsymbol{\pi}}{L}x,\overline{\omega}_k=\sqrt{\dfrac{2}{|G|}}\sin\dfrac{2k\boldsymbol{\pi}}{L}x,\lambda_{2k}=\lambda_{2k+1}=\dfrac{4\boldsymbol{\pi}^2}{L^2}k^2$,

其中

$$kx=\frac{k_1x_1}{L_1}+\cdots+\frac{k_mx_m}{L_m}.$$

附加积分平均值为零的条件,即

$$\int_G u(x)\,\mathrm{d}x=0.$$

令$H=\overline{L}^2(G)=\left\{u\in L^2(G),\int_G u(x)\,\mathrm{d}x=0\right\},V=\overline{H}^1_{per}(G)=H\cap H^1_{per}(G)$,

则 Poincare 不等式成立

$$|u| \leqslant C_0 \|u\|,$$

最小 C_0 取值为

$$C_0 = \frac{1}{2\pi\sqrt{\min\limits_{1\leqslant j\leqslant m}\left(\frac{1}{L_j^2}\right)}}, \inf_{u\in V}\frac{\|u\|^2}{|u|^2} = 4\pi^2 \min_{1\leqslant j\leqslant m}\left(\frac{1}{L_j^2}\right).$$

⑦特征值的等价关系.

（ⅰ）$\mathbf{A} = -\frac{\mathrm{d}^2}{\mathrm{d}x^2}$的第 k 个特征值 $\lambda_k \sim C_0 k^2$；

（ⅱ）$\mathbf{A} = -\sum\limits_{i=1}^{m}\frac{\partial^2}{\partial x^2}$ 的第 k 个特征值 $\lambda_k \sim C_0 k^{\frac{2}{m}}$；

（ⅲ）$\mathbf{A} = (-\Delta)^{\alpha}$，$-\Delta u = \sum\limits_{i=1}^{m} -\frac{\partial^2 u}{\partial x_i^2}$，$A$ 的第 k 个特征值（k 充分大），$\lambda_k \sim C_0 k^{\frac{2\alpha}{m}}$.

1.4 指数吸引子和惯性流形

1 挤压性

设 P 是 H 到 n 维空间上的正交投影，$Q = I - P$，对 $\mathbf{A} = -\Delta$，前 n 个特征向量生成空间Span $\{\omega_1, \omega_2, \cdots, \omega_n\}$，那么

$$P: H \to \mathrm{Span}\{\omega_1, \omega_2, \cdots, \omega_n\}, P_n u = \sum_{j=1}^{n}(u, \omega_j)\omega_j.$$

一般将解的 P 投影有限维部分称为低码，解在 Q 投影无穷维部分称为高码.

定义 1.1 对固定的 t，$S = S(t)$，$0 < \delta < 1$，存在有限维正交投影 $P(\delta)$，其中 $Q(\delta) = I - P(\delta)$，使得

$$|Q(Su - Sv)| \leqslant |P(Su - Sv)| \tag{1.1}$$

成立或不成立，就有

$$|Su - Sv| \leqslant \delta |u - v|, \forall u, v \in A_0 \tag{1.2}$$

称动力系统 $S(t)$ 具有挤压性.

性质 1.1 设系统具有挤压性，那么存在一个 Lipschitz 函数 $\Phi: PH \to QH$，

$$|\Phi(p) - \Phi(\bar{p})| \leqslant |p - \bar{p}|, \forall p, \bar{p} \in PH$$

使得吸引子 A_0 包含在 $G(\Phi) = \{u \in H: u = p + \Phi(p), p \in PH\}$的 $4\delta R$ 邻域中，$|u| \leqslant R$.

证明 设 A_0 的极大子集 X，

$$|Q(Su - Sv)| \leqslant |P(Su - Sv)|, \forall u, v \in X \tag{1.3}$$

由式(1.1)可知，如果 $Pu = Pv$，则 $Qu = Qv$. 因此，$\forall u \in X$，可定义唯一的 $\phi(Pu) = Qu$ 使得 $u = Pu + \phi(Pu)$.

又由式(1.3)得 $|\phi(p_1) - \phi(p_2)| \leqslant |p_1 - p_2|$，$\forall p_1, p_2 \in X$.

由 Federer 的结论：$f: R^m \to R^n$ 可扩张到 $f: R^m \to H$，将 ϕ 扩张到 $\Phi: PH \to QH$ 且满足相同的

Lipschitz 有界性. 如果 $u \in A_0$ 但 $u \notin X$,则

$$|Q(u-v)| \geqslant |P(u-v)|, \exists v \in X$$

因此,若 $u=S(t)\bar{u}, v=S(t)\bar{V}, \bar{u}, \bar{V} \in A_0$,可得

$$|Q(u-v)| \leqslant \delta |Q(\bar{u}-\bar{V})| \leqslant 2\delta R$$

又因为 $|P(u-v)| \leqslant |Q(u-v)|$,推出

$$|u-v| \leqslant 4\delta R$$

因此

$$\operatorname{dist}(u, G(\Phi)) \leqslant 4\delta R$$

下面将介绍解的整体性态由低码决定.

性质 1.2　(决定码) 设半流 $S(t)$ 满足 Lipschitz 条件

$$|S(t)u_0 - S(t)v_0| \leqslant L|u_0 - v_0|, 0 \leqslant t \leqslant 1 \tag{1.4}$$

并且挤压性成立,那么在吸引子 A_0 上的两个解 $u(t)$ 和 $v(t)$ 在 PH 上的投影是决定码,即

若 $|P(u(t)-v(t))| \to 0 (t \to \infty)$　　(1.5)

则 $|u(t)-v(t)| \to 0 (t \to \infty)$　　(1.6)

证明　记 $S=S(1)$,则式(1.5)得

$$|P(S^m u_0 - S^m v_0)| \to 0 (m \to \infty) \tag{1.7}$$

由于解的 Lipschitz 性式(1.4)得

$$|S(t)u_0 - S(t)v_0| = |S(t-[t])S^{[t]}u_0 - S(t-[t])S^{[t]}v_0| \leqslant L|S^{[t]}u_0 - S^{[t]}v_0|$$

取整$[t] \to \infty (t \to \infty)$. 因此要证式(1.6)只需要证明

$$|S^m u_0 - S^m v_0| \to 0 (m \to \infty) \tag{1.8}$$

反证法:假设式(1.8)不成立,即存在 $\varepsilon > 0$ 及序列 $m_j \to \infty$ 使得

$$|S^{m_j}u_0 - S^{m_j}v_0| \geqslant \varepsilon \tag{1.9}$$

因为 $|S^{m_j}u_0 - S^{m_j}v_0| \to 0 (m_j \to \infty)$,

对充分大的 m_j,

$$|Q(S^{m_j}u_0 - S^{m_j}v_0)| > |P(S^{m_j}u_0 - S^{m_j}v_0)|$$

由挤压性式(1.2)得

$$|S^{m_j}u_0 - S^{m_j}v_0| \leqslant \delta |S^{m_j-1}u_0 - S^{m_j-1}v_0|$$

考虑 $S^{m_j-1}u_0$ 和 $S^{m_j-1}v_0$.

要么满足

$$|Q(S^{m_j-1}u_0 - S^{m_j-1}v_0)| \leqslant |P(S^{m_j-1}u_0 - S^{m_j-1}v_0)|$$

要么再次使用挤压性式(1.2),同理考虑 $S^{m_j-2}u_0$ 和 $S^{m_j-2}v_0$.

重复 M_j 次,要么 $M_j = m_j$,否则为

$$|Q(S^{m_j-M_j}u_0 - S^{m_j-M_j}v_0)| \leqslant |P(S^{m_j-M_j}u_0 - S^{m_j-M_j}v_0)|$$

因此应用挤压性 M_j 次,

$$|S^{m_j}u_0 - S^{m_j}v_0| \leqslant \sqrt{2}\delta^{M_j} |S^{m_j-M_j}u_0 - S^{m_j-M_j}v_0| \tag{1.10}$$

考虑序列 M_j 的两种可能性. 存在 M,使 $M_j \leqslant M$,则

$$|S^{m_j}u_0 - S^{m_j}v_0| \leqslant \sqrt{2} \max_{0 \leqslant k \leqslant M} |P(S^{m_j-k}u_0 - S^{m_j-k}v_0)|$$

由式(1.7),

$$|S^{m_j}u_0 - S^{m_j}v_0| \to 0 \tag{1.11}$$

此与式(1.9)矛盾.

第二种可能为 m_j 无界,存在子列(仍记为 m_j)使得 $m_j \to \infty$. 但 $S^m u_0 \in A_0$, $\forall m$,吸引子 A_0 是 H 中的有界集,因此序列 $\{S^m u_0\}$ 在 H 中有界,由式(1.10)和 $\delta<1$ 推导出式(1.11)成立,此与式(1.9)矛盾. 于是离散的收敛式(1.8)成立,从而式(1.6)成立.

2 有限维指数吸引子

在挤压性成立的条件下,可以证明存在正不变集 M,有有限的 Hausdorff 维数和有限的分形维数,并且以指数速度吸引解轨道.

假设解满足 Lipschitz 性

$$|S(t)u_0 - S(t')v_0| \leqslant K(T)(|u_0 - v_0| + |t - t'|) \tag{2.1}$$

$$\forall u_0, v_0 \in ,0 \leqslant t, t' \leqslant T.$$

这反映了解半群 $S(t)$ 是 Lipschitz 的,

$$|S(t)u_0 - S(t)v_0| \leqslant K(T)|u_0 - v_0|, 0 \leqslant t \leqslant T,$$

和解关于 t 是 Lipschitz 的.

定理 2.1(指数吸引子) 设 $S(t)$ 有一个紧吸收集 X 和整体吸引子 A_0,有有限的Hausdorff 维数 $d_H(\mathrm{A}_0)<\infty$,并且满足 Lipschitz 性(2.1),那么 $\forall \sigma>0$,存在集合 M,"指数吸引子"M 是正不变集,

$$S(t)M \subset M, \forall t>0$$

M 指数速度吸引解轨道,

$$\mathrm{dist}(S(t)u_0, M) \leqslant Ce^{-\sigma t},$$

M 有有限的 Hausdorff 维数,

$$d_H(M) < d_H(\mathrm{A}_0) + 1.$$

证明 首先证明存在一个集合 M_s 满足 $d_H(M_s) = d_H(A_0)$,它是指数吸引子,此刻 $t_0(X)$, $S = S(t_0(X))$, $S(t)X \subset X, t > t_0(X)$, X 为吸收集.

于是连续半流 $S(t)$ 在 $t=0$ 到 $t=t_0(x)$ 的 M_s 的像,就可得指数吸引子 M.

令 $\theta = \mathrm{e}^{-\sigma t_0(x)}$. (2.2)

$S(t)X \subset X$,

注意到 $A_0 = \bigcap\limits_{n \geqslant 0} S^n X$.

因为 X 是紧吸收集,存在 $R>0$,使 $X \subseteq B(0,R)$.

选取半径为 θR 和中心在集合 $E^{(1)}$,$E^{(1)}$ 点包含在 SX 中,这样的球作为 SX 的覆盖,即

$$E^{(1)} = \{a_{1,j}: j = 1, \cdots, N_1\} \subset SX,$$

$$SX \subseteq \bigcup_{j=1}^{N_1} B(a_{1,j}, \theta R).$$

由于 SX 是紧集,且是一个有限集,可以选取半径 $\theta^2 R$ 为中心在 $E^{(2)}$ 的 $S^2 X$ 的球覆盖:

$$E^{(2)} = \{a_{2,j}: j = 1, \cdots, N_2\} \subset S^2 X,$$

$$S^2 X \subseteq \bigcup_{j=1}^{N_2} B(a_{2,j}, \theta^2 R).$$

重复上述步骤,得有限集 $E^{(k)}$,

$$E^{(k)} = \{a_{k,j}: j = 1, \cdots, N_k\} \subset S^k X,$$
$$S^k X \subseteq \bigcup_{j=1}^{N_k} B(a_{k,j}, \theta^k R).$$

最终,可得可数集 $E^{(\infty)}$,

$$E^{(\infty)} = \bigcup_{k=1}^{\infty} E^{(k)}.$$

由于 $\{a_n\} \in E^{(\infty)}, a_n \to a, a_n \in E^{(k_n)}, \forall n \in \mathbf{N}, k_n$ 有界,即 $k_n \leqslant k, a_n \in \bigcup_{j=1}^{k} E^{(j)}$ 为有限点集.因 $a \in E^{(j)}$,某个 $j \leqslant k$;或者 k_n 无界,存在子列(仍记为 a_n)$a_n = S^{k_n} x_n, x_n \in X, k_n \to \infty$,推出 $a \in A_0$.因此 $M_0 = \overline{E}^{(\infty)} = E^{(\infty)} \cup A_0$.

要证 M_0 是正不变集,为此建立 M_0 的点在 S 下的像的关系 $M_S = A_0 \cup \bigcup_{j=0}^{\infty} S^j(E^{\infty})$.由第 3 节 Hausdorff 维数的性质知

$$d_H(M_S) = d_H(A_0).$$

因为 $\forall x \in X$,存在 $a \in E^{(k)}$ 使得

$$|S^k x - a| \leqslant R\theta^k,$$

且 $E^{(k)} \subset M_S$,故有

$$\operatorname{dist}(S^k X, M_S) \leqslant R\theta^k \tag{2.3}$$

令 $M = \bigcup_{0 \leqslant t \leqslant t_0(x)} S(t) M_S$,

$S(t):[0,1] \times M_S \to H$ 满足式(2.1)维数的性质,

$$d_H(M) \leqslant d_H([0,1] \times M_S) \leqslant d_f([0,1]) + d_H(A_0) \leqslant 1 + d_H(A_0).$$

为证 M 是指数吸引的,令

$$t = kt_0(X) + s, s \in [0, t_0(X)),$$
$$\forall u \in X, S(s) \subset M,$$

$$\operatorname{dist}(S(t)u, M) = \inf_{v \in M} |S(t)u - v| = \inf_{v \in M} |S(s)S^k u - v| \leqslant \inf_{v \in S(s)M} |S(s)S^k u - v|.$$

由 Lipschitz 性(2.1)和 $M_S \subset M$ 的指数吸引性,

$$\operatorname{dist}(S(t)u, M) \leqslant \inf_{v \in M} |S(s)S^k u - S(s)v| \leqslant \inf_{v \in M} L(t_0(X)) |S^k u - v| \leqslant L(t_0(X)) R\theta^k.$$

最后,由式(2.2)关于 θ 的定义

$$\operatorname{dist}(S(t)u, M) \leqslant L(t_0(X)) e^{-\sigma k t_0(x)} = L(t_0(X)) e^{\sigma s} e^{-\sigma t} \leqslant L(t_0(X)) \exp(\sigma t_0(X)) e^{-\sigma t}.$$

定理 2.1 证毕.

3　惯性流形

考虑一阶抽象发展方程

$$\frac{\mathrm{d}u}{\mathrm{d}t} + \mathbf{A}u = F(u) \tag{3.1}$$

其中 $\mathbf{A}$ 是正定线性算子(一般 $\mathbf{A} = (-\Delta)^m$),非线性项 $F(u)$ 满足适当条件. $\mathbf{A}$ 的特征函数 $\{w_j\}$ 构成 Hilbert 空间 H 的标准正交基,方程解 $u(t)$ 有 Fourier 表示式

$$u(t) = \sum_{j=1}^{\infty} (u(t), w_j) w_j = \sum_{j=1}^{\infty} C_j(t) w_j.$$

P_n 是 H 到 $\mathrm{Span}\{w_1,\cdots,w_m\}$ 正交投影，$Q_n=I-P_n$，$p=P_nu$，$q=Q_nu$，$\phi:P_nH\to Q_nH$，则 ϕ 的图 $G(\phi)=\mathrm{graph}(\phi)=\{u:u=p+\phi(p),p\in P_nH\}$定义了 H 上的一个 n 维流形 μ.

由式(3.1)两边取投影得

$$\frac{\mathrm{d}p}{\mathrm{d}t}+\mathbf{A}p=P_nF(u),$$

如果 $u\in\mu,u=p+\phi(p)$，可得一个 n 维常微分方程

$$\frac{\mathrm{d}p}{\mathrm{d}t}+\mathbf{A}p=P_nF(p+\phi(p)) \tag{3.2}$$

由于整体吸引子 A_0 包含在 μ 中，而 μ 是正不变的，系统(3.2)必须有整体吸引子 A_p，它是 A_0 在 P_nH 上的投影，$A_p=P_nA_0$，又因在 A_0 上的动力学性态是由 A_p 上的性态决定的，因此原系统(3.1)的渐近性态完全决定于常微分方程(3.2). 于是称常微分方程为惯性形式. 确保惯性形式有唯一解，需要方程右边的非线性项关于 p 是 Lipschitz 的，从而必须是 ϕ 关于 p 是 Lipschitz 的，

$$|\phi(p_1)-\phi(p_2)|\leqslant L|p_1-p_2|.$$

定义 3.1　设集合 μ 是有限维 Lipschitz 流形；μ 关于系统 $S(t)$ 是正不变的，$S(t)\mu\subset\mu$，$\forall t>0$；μ 指数吸引解轨道，

$$\mathrm{dist}(S(t)u_0,\mu)\leqslant C(|u_0|)\mathrm{e}^{-kt},u_0\in H \tag{3.3}$$

则称 μ 是惯性流形.

设 $P=P_n,Q=Q_n,p=P_nu,\bar{p}=P_n\bar{u},q=Q_nu,\bar{q}=Q_n\bar{u}$.

定义 3.2　设两解 $u(t)$ 和$\bar{u}(t)$，满足

(i)锥不变性：由 $|q(0)-\bar{q}(0)|\leqslant|p(0)-\bar{p}(0)|$ 推出 $|q(t)-\bar{q}(t)|\leqslant|p(t)-\bar{p}(t)|$，$\forall t>0$；

(ii) 衰减性：对某 $t>0$，

$|q(t)-\bar{q}(t)|\geqslant|p(t)-\bar{p}(t)|$，

则 $|q(t)-\bar{q}(t)|\leqslant|q(0)-\bar{q}(0)|\mathrm{e}^{-kt}$.

那么称系统 $S(t)$ 具有强挤压性.

性质 3.1　设系统具有强挤压性，则存在一个 Lipschitz 函数 $\Phi:P_nH\to Q_nH$，

$|\Phi(p_1)-\Phi(p_2)|\leqslant|p_1-p_2|$，$\forall p_1,p_2\in P_nH$，并且 $A_0\subset G(\Phi)$.

证明　$\forall u,v\in A_0$，则 $|Qu-Qv|\leqslant|Pu-Pv|$. 假设不成立，由 A_0 的不变性，$\forall t>0$，存在 $u_t,v_t\in A_0$，使得 $u=S(t)u_t,v=S(t)v_t$ 以及强挤压性知

$$|u-v|\leqslant\mathrm{e}^{-kt}|u_t-v_t|,$$

又 A_0 是有界的，$u\in A_0$，$|u|\leqslant R$，则

$$|u-v|\leqslant 2R\mathrm{e}^{-kt}.$$

对一切 t 成立，推出 $u=v$. 定义一个 Lipschitz 函数 $\Phi,\Phi(pu)=Qu$，$\forall u\in A_0$. 类似于性质 1.1，可以扩张到 $\Phi:P_nH\to Q_nH$，性质 3.1 证毕.

定义 3.3　(i) 存在 H 中吸收集 $B(0,\rho)$，且 $B(0,\rho)\cap PH$ 是正不变的；

(ii) $PS(t)[PH]=PH$，$\forall t\geqslant 0$.

即 $\forall p\in PH$，存在 $p_0\in PH$ 使得 $p=P(S(t)p_0)$.

称系统具有恰当预备性.

定理 3.1（惯性流形的存在）　设系统具有强挤压性和恰当预备性，则方程（2.1）有惯性流形 μ，$\mu=\mathrm{graph}(\Phi)$，指数吸引解轨道，

$$\mathrm{dist}(u(t),\mu)\leqslant C(|u_0|)\mathrm{e}^{-kt},$$

其中 Lipschitz $\Phi:P_nH\to Q_nH$，

$$|\Phi(p)-\Phi(\bar{p})|\leqslant|p-\bar{p}|,\ \forall p,\bar{p}\in P_nH.$$

证明　令 $\Phi_0=0$，$\mu_0=P_nH=G(\Phi_0)$，$\mu_t=S(t)\mu_0=\{S(t)u_0:u_0\in\mu_0\}$.

首先将证明 $\mu_t=G(\Phi_t)$，Φ_t 是 Lipschitz 常数最多为 1，因 $\forall u,\bar{u}\in\mu_0$，则 $q=\bar{q}=0$，当然有 $|q-\bar{q}|\leqslant|p-\bar{p}|$. 由强挤压性有 $|q(t)-\bar{q}(t)|\leqslant|p(t)-\bar{p}(t)|$.

因此 $|q_1-q_2|\leqslant|p_1-p_2|$，$\forall u_1,u_2\in\mu_t$，即 $\forall p\in P\mu_t$，存在唯一 $\Phi_t(p)$ 使得 $p+\Phi_t(p)\in\mu_t$. 于是 $\mu_t=G(\Phi_t)$，又由恰当预备性（ⅱ）得 $P\mu_t=PH$. 其次考查 $\Phi_t(t\to\infty)$ 性质，设两点 $u=p+\Phi_t(p)$，$\bar{u}=p+\Phi_\tau(p)$，$\tau>t$. 由于 $u=S(t)u_0\in\mu_t$，$\bar{u}=S(\tau)\bar{u}_0\in\mu_\tau$，其中 $u_0,\bar{u}_0\in PH$.

假设 $\Phi_t(p)\neq\Phi_\tau(p)$，则

$|QS(t)u_0-QS(\tau)\bar{u}_0|\leqslant|\Phi_t(p)-\Phi_\tau(p)|>0=|PS(t)u_0-PS(\tau)\bar{u}_0|$，由衰减性得

$|\Phi_t(p)-\Phi_\tau(p)|\leqslant|Qu_0-QS(\tau-t)\bar{u}_0|\mathrm{e}^{-kt}\leqslant|QS(\tau-t)\bar{u}_0|\mathrm{e}^{-kt}$.

又设 $u_0\in PH$，恰当预备性（ⅰ），$S(t)u_0\in B(0,\rho)\cap PH$，$\forall t\geqslant0$. 推出

$$|QS(\tau-t)\bar{u}_0|\leqslant\rho,\ |\Phi_t-\Phi_\tau|\leqslant\rho\mathrm{e}^{-kt},\tau>t. \tag{3.4}$$

这表明序列 $\{\Phi_n\}$ 是 Cauchy 列，因此，它收敛到某个 Lipschitz 函数 Φ. 在式（3.4）中令 $\tau\to\infty$ 取极限

$$\|\Phi_t-\Phi\|_\infty\leqslant\rho\mathrm{e}^{-kt}.$$

记 $\mu=\mathrm{graph}(\Phi)=G(\Phi)$.

下面证明 μ 的不变性，设 $u_0\in\mu$，则 $u_0=p+\Phi(p)$. 考虑 u_0 的渐近关系，$u_0^{(t)}\in\mu_t$，

$u_0^{(t)}=p+\Phi_t(p)$，则 $S(\tau)u_0^{(t)}\in\mu_{t+\tau}$.

由解的连续性得，$S(\tau)u_0^{(t)}\to S(\tau)u_0(t\to\infty)$，

但 $S(\tau)u_0^{(t)}=P[S(\tau)u_0^{(t)}]+\Phi_{t+\tau}(P[S(\tau)u_0^{(t)}])$，

$\lim\limits_{t\to\infty}S(\tau)u_0^{(t)}=P[S(\tau)u_0]+\Phi(P[S(\tau)u_0])$，

由 Φ_t 一致收敛于 Φ，得 $S(\tau)u_0\in\mu$，因此 μ 是正不变的.

最后，验证指数吸引性. 设 $u_0\in B(0,\rho)$，

$u=S(t)u_0=p+q$，$\bar{u}\in\mu$，$\bar{u}=p+\Phi(p)$，则

$$|Qu-Q\bar{u}|>0=|Pu-P\bar{u}|,$$

由衰减性，

$$|u-\bar{u}|=|q-\bar{q}|\leqslant|Qu_0-\Phi(z)|\mathrm{e}^{-kt},$$

其中 $S(t)[z+\Phi(z)]=\bar{u}$，于是

$$\mathrm{dist}(S(t)u_0,\mu)\leqslant|u-\bar{u}|\leqslant(\rho+\|\Phi\|_\infty)\mathrm{e}^{-kt}.$$

设 $u_0\notin B(0,\rho)$，存在有界集 $Y\subset H$，存在 $t_0(y)$，使得 $S(t)u_0\in B(0,\rho)$，$t>t_0(y)$. 因此

$$\mathrm{dist}(S(t)u_0,\mu)\leqslant\mathrm{dist}(S(t-t_0)[S(t_0)u_0],\mu)\leqslant(\rho+\|\Phi\|_\infty)\mathrm{e}^{-k(t-t_0)}\leqslant C(Y)\mathrm{e}^{-kt},$$

$C(Y)$ 表示和有界集 Y 有关的常数，定理证毕.

下面给出强挤压性成立的一个充分条件,假设方程(3.1)中非线性项 $F(u):H\to H$ 整体 Lipschitz 函数,

$$|F(u)-F(v)|\leqslant L_F|u-v|,(u,v\in H) \tag{3.5}$$

λ_{n+1}和 λ_n 分别表示 $\mathbf{A}$ 的第 $n+1$ 个和第 n 个特征值,得下列谱间隔条件:

性质 3.2　设存在 n 使得特征值 λ_n 和 λ_{n+1}满足

$$\lambda_{n+1}-\lambda_n>4L_F \tag{3.6}$$

则强挤压性成立,且 $k\geqslant\lambda_{n+1}-2L_F$.

证明　设 $w=u-\bar{u}$两解之差,考虑下列锥:

$$\{(u,\bar{u}):|Q(u-\bar{u})|\leqslant|P(u-\bar{u})|\}.$$

首先要证解轨道不可能离开这个锥,故要证当在$|Qw|=|Pw|$,即锥边界上有

$$\frac{\mathrm{d}}{\mathrm{d}t}(|Qw|-|Pw|)\leqslant 0.$$

由 w 满足方程

$$\frac{\mathrm{d}w}{\mathrm{d}t}+\mathbf{A}w=F(u)-F(\bar{u}) \tag{3.7}$$

令 $p=Pw,q=Qw$,由 P,Q 与算子 $\mathbf{A}$ 可交换,由式(3.7)可得

$$\frac{\mathrm{d}p}{\mathrm{d}t}+\mathbf{A}p=PF(u)-PF(\bar{u}),$$

$$\frac{\mathrm{d}q}{\mathrm{d}t}+\mathbf{A}q=QF(u)-QF(\bar{u}) \tag{3.8}$$

用 p 与式(3.8)的第一个方程取内积,

$$\frac{1}{2}\frac{\mathrm{d}}{\mathrm{d}t}|p|^2=-\|p\|^2-(PF(u)-PF(\bar{u}),p)\geqslant-\lambda_n|p|^2-L_F|w||p|,$$

当$|q(0)|=|p(0)|$,

$$\left(\frac{\mathrm{d}}{\mathrm{d}t}|p|\right)_{t=0^+}\geqslant-(\lambda_n+2L_F)|q|.$$

用 q 与式(3.8)第二个方程取内积,

$$\frac{1}{2}\frac{\mathrm{d}}{\mathrm{d}t}|q|^2+\|q\|^2=(QF(u)-QF(\bar{u}),q),$$

$$\frac{1}{2}\frac{\mathrm{d}}{\mathrm{d}t}|q|^2\leqslant-\lambda_{n+1}|q|^2+L_F|w||q| \tag{3.9}$$

当$|q(0)|=|p(0)|$,

$$\left(\frac{1}{2}\frac{\mathrm{d}}{\mathrm{d}t}|q|^2\right)_{t=0}\leqslant-\lambda_{n+1}|q|^2+2L_F|q|^2.$$

因此,$\left(\frac{\mathrm{d}}{\mathrm{d}t}|q|\right)_{t=0^+}\leqslant-(\lambda_{n+1}-2L_F)|q|.$

于是在 $t=0$,

$$\left(\frac{\mathrm{d}}{\mathrm{d}t}|q|-|p|\right)_{t=0^+}\leqslant-(\lambda_{n+1}-\lambda_n-4L_F)|q|.$$

由式(3.6)得上式右端为负值,即证明了锥不变性.

其次 $|q| \geqslant |p|$,即在锥外的情形,由式(3.9)可得

$$\frac{1}{2}\frac{\mathrm{d}}{\mathrm{d}t}|q|^2 \leqslant -\lambda_{n+1}|q|^2 + 2L_F|q|^2,$$

$$\frac{\mathrm{d}}{\mathrm{d}t}|q|^2 \leqslant -2(\lambda_{n+1} - 2L_F)|q|^2,$$

由 Gronwall 不等式

$$|q(t)|^2 \leqslant |q(0)|^2 \mathrm{e}^{-2(\lambda_{n+1}-2L_F)t},$$

即 $|q(t)| \leqslant |q(0)| \mathrm{e}^{-kt}$,$k \geqslant \lambda_{n+1} - 2L_F$. 即强挤压性得证.

第 2 章　整体吸引子及其维数估计

2.1　一类广义非线性 Kirchhoff-Sine-Gordon 方程整体吸引子的存在性

本节讨论了一类广义非线性 Kirchhoff-Sine-Gordon 方程 $u_{tt}-\beta\Delta u_t+\alpha u_t-\phi(\|\nabla u\|^2)\Delta u+g(\sin u)=f(x)$解的长时间性态,运用关于时间的一致先验估计,证明了该方程在初边值条件下的解存在唯一性,并获得了该方程整体吸引子的存在性.

1　引言

1883 年 Kirchhoff[1]在研究弹性弦自由振动时提出如下模型

$$u_{tt}-\alpha\Delta u-M(\|\nabla u\|^2)\Delta u=f(x,u)$$

其中 α 与初始张力有关,M 与绳的物质特性有关,$u(x,t)$表示 t 时刻绳上 x 点处的竖直位移,该方程比经典的波方程更准确地描述了弹性杆的运动.

Masamro[2]研究了下列具有耗散和阻尼项的 Kirchhoff 方程的初边值问题

$$\begin{cases}u_{tt}-M(\|\nabla u\|^2)\Delta u+\delta|u|^p u+\gamma u_t=f(x),x\in\Omega,t>0\\u(x,t)=0,x\in\partial\Omega,t\geqslant 0\\u(x,0)=u_0(x),u_t(x,0)=u_1(t),x\in\Omega\end{cases}$$

利用 Galerkin 方法证明了该方程在初边值条件下整体解的存在性,其中 $\Omega\subset R^n$ 是具有光滑边界$\partial\Omega$ 的有界区域,$\delta>0,\alpha\geqslant 0$,且 $\forall\gamma\geqslant 0$,有

$M(\gamma)\in C^1[0,\infty),M(\gamma)\geqslant m_0>0.$

而 Sine-Gordon 方程在物理学中是一类很有用的模型. 1962 年 Josephson[3]首次将 Sine-Gordon 方程用于超导体中的 Josephson 结,其方程为

$$u_{tt}-u_{xx}+\sin u=0,$$

其中 u_{tt}为 u 关于自变量 t 的二阶偏导数,其中 u_{xx}为 u 关于自变量 x 的二阶偏导数. 随后,Zhu[4]研究了方程

$$u_{tt}-\alpha u_t-u_{xx}+\lambda g(\sin u)=f(x,t)$$

整体解具有存在性及唯一性,其中 Ω 是 R^3 中的有界集. 想要了解关于 Kirchhoff 方程和 Sine-Gordon 方程的整体解和整体吸引子的更多结果,请参考文献[5]—文献[12].

在以上研究的基础上,本节主要研究一类广义 Kirchhoff-Sine-Gordon 方程初边值问题

$$\begin{cases} u_{tt}-\beta\Delta u_t+\alpha u_t-\phi(\|\nabla u\|^2)\Delta u+g(\sin u)=f(x) & (1.1)\\ u(x,t)=0,x\in\partial\Omega,t\geqslant 0 & (1.2)\\ u(x,0)=u_0(x),u_t(x,0)=u_1(x),x\in\Omega & (1.3)\end{cases}$$

其中 $\Omega\subset R^n(n\geqslant 1)$是具有光滑边界$\partial\Omega$ 的有界区域,$\alpha>0$ 为耗散系数,β 为正常数,$f(x)$,$u_0(x)$,$u_1(x)$是关于 x 的已知函数,且$f(x)$为外力干扰项,非线性函数 $\phi(s)$,$g(s)$的具体假设稍后给出.

本节的组织结构为:第二部分给出本节的一些基本假设. 第三部分是关于时间的一致先验估计. 第四部分证明了该方程整体吸引子的存在性.

2　基本假设

为了简便,定义如下空间:

$$H=L^2(\Omega),V_1=H_0^1(\Omega),V_2=H^2(\Omega)\cap H_0^1(\Omega)$$

$$E_0=H_0^1(\Omega)\times L^2(\Omega)=V_1\times H,E_1=(H^2(\Omega)\cap H_0^1(\Omega))\times H_0^1(\Omega)=V_2\times V_1$$

用$(\cdot,\cdot)$和$\|\cdot\|$分别表示 H 空间上的内积和范数,即

$$(u,v)=\int_\Omega u(x)v(x)\mathrm{d}x,\|u\|^2=(u,u).$$

非线性函数 $g(s)$满足下列条件(G):

①$g(s)\in C^2(R)$;

②$|g(s)|\leqslant c(1+|s|^p)$;

③$\left|\dfrac{\mathrm{d}g(s)}{\mathrm{d}s}\right|\leqslant c(1+|s|^{p-1})$,其中 $c>0,1\leqslant p\leqslant\dfrac{2n}{n-2},n\geqslant 3$.

非线性函数 $\phi(s)$满足下列条件(F):

④$\phi(s)\in C^1([0,+\infty])$;

⑤$\dfrac{m_1+2}{2}<m_0\leqslant\phi(s)\leqslant m_1,0\leqslant\dfrac{\mathrm{d}\phi(s)}{\mathrm{d}s}\leqslant c_0$;

⑥ $\Phi(s)=\displaystyle\int_0^u\phi(\tau)\mathrm{d}\tau$;

⑦$\phi(s)s\geqslant c_1\Phi(s)$,其中 $c_1\geqslant\dfrac{2(m+1)}{m_0},m=\begin{cases} m_0,\dfrac{\mathrm{d}}{\mathrm{d}t}\|\Delta u\|^2\geqslant 0\\ m_1,\dfrac{\mathrm{d}}{\mathrm{d}t}\|\Delta u\|^2<0.\end{cases}$

3　先验估计

引理 3.1　假设非线性函数 $g(s)$,$\phi(s)$满足条件$(G)-(F)$,$(u_0,u_1)\in V_1\times H,f\in H,v=u_t+\varepsilon u,0<\varepsilon\leqslant\min\left\{\dfrac{\alpha}{4},\dfrac{m_0}{2\beta},\dfrac{2m_0-m-2}{3\beta}\right\}$,则初边值问题(1.1)—(1.3)存在解$(u,v)\in V_1\times H$ 且满足

$$\|(u,v)\|_{V_1\times H}^2=\|\nabla u\|^2+\|v\|^2\leqslant\frac{y_1(0)}{k_1}\mathrm{e}^{-\alpha_1 t}+\frac{c_2}{\alpha_1 k_1}(1-\mathrm{e}^{-\alpha_1 t}),$$

其中 $y_1(0)=\|v(0)\|^2+\Phi(\|\nabla u(0)\|^2)-\beta\varepsilon\|\nabla u(0)\|^2$. 因此存在一个非负实数 $c(R_0)$和$t_1=t_1$

$(\Omega)>0$,使得

$$\|(u,v)\|_{V_1\times H}^2=\|\nabla u(t)\|^2+\|v(t)\|^2\leqslant c(R_0)(t>t_1).$$

证明 令 $v=u_t+\varepsilon u$,则方程 $u_{tt}-\beta\Delta u_t+\alpha u_t-\phi(\|\nabla u\|^2)\Delta u+g(\sin u)=f(x)$ 可化为

$$v_t+(\alpha-\varepsilon)v+\varepsilon(\varepsilon-\alpha)u+\beta\varepsilon\Delta u-\beta\Delta v-\phi(\|\nabla u\|^2)\Delta u+g(\sin u)=f(x). \tag{3.1}$$

将方程(3.1)与 v 在 H 中取内积得

$$\frac{1}{2}\frac{\mathrm{d}}{\mathrm{d}t}\|v\|^2+(\alpha-\varepsilon)\|v\|^2+\varepsilon(\varepsilon-\alpha)(u,v)-\frac{\beta\varepsilon}{2}\frac{\mathrm{d}}{\mathrm{d}t}\|\nabla u\|^2-\beta\varepsilon^2\|\nabla u\|^2+$$
$$(-\beta\Delta v,v)+(\phi(\|\nabla u\|^2)\Delta u,v)=(f-g(\sin u),v) \tag{3.2}$$

结合 Holder 不等式,Young 不等式以及 Poincare 不等式,可得如下估计

$$(-\beta\Delta v,v)=\beta(\nabla v,\nabla v)=\beta\|\nabla v\|^2\geqslant\lambda_1\beta\|v\|^2 \tag{3.3}$$

其中 λ_1 是 $-\Delta$ 在 Ω 上带有齐次 Dirichlet 边界条件的第一特征值.

由于 $0<\varepsilon\leqslant\frac{\alpha}{4}$ 及条件$(F)(6)$,(7),有

$$\begin{aligned}\varepsilon(\varepsilon-\alpha)(u,v)&\geqslant\frac{\varepsilon(\varepsilon-\alpha)}{\sqrt{\lambda_1}}\|\nabla u\|\|v\|\geqslant-\frac{\varepsilon\alpha}{\sqrt{\lambda_1}}\left(\frac{\sqrt{\lambda_1}}{\alpha}\|\nabla u\|^2+\frac{\alpha}{\sqrt{\lambda_1}}\|v\|^2\right)\\&\geqslant-\varepsilon\|\nabla u\|^2-\frac{\alpha^3}{4\lambda_1}\|v\|^2\end{aligned} \tag{3.4}$$

$$\begin{aligned}(-\phi(\|\nabla u\|^2)\Delta u,v)&=\frac{\phi(\|\nabla u\|^2)}{2}\frac{\mathrm{d}}{\mathrm{d}t}\|\nabla u\|^2+\varepsilon\phi(\|\nabla u\|^2)\|\nabla u\|^2\\&\geqslant\frac{1}{2}\frac{\mathrm{d}}{\mathrm{d}t}\Phi(\|\nabla u\|^2)+c_1\varepsilon\Phi(\|\nabla u\|^2)\end{aligned} \tag{3.5}$$

$$(f-g(\sin u),v)\leqslant\|v\|(\|f\|+\|g(\sin u)\|)\leqslant\frac{\alpha}{2}\|v\|^2+\frac{(\|f\|+2c|\Omega|^{\frac{1}{2}})^2}{2\alpha} \tag{3.6}$$

其中

$$\|g(\sin u)\|\leqslant\left(\int_\Omega|c(1+|\sin u|^p)|^2\mathrm{d}x\right)^{\frac{1}{2}}\leqslant 2c|\Omega|^{\frac{1}{2}} \tag{3.7}$$

由式(3.2)—式(3.6)可得

$$\frac{\mathrm{d}}{\mathrm{d}t}[\|v\|^2+\Phi(\|\nabla u\|^2)-\beta\varepsilon\|\nabla u\|^2]+\left(\alpha+2\lambda_1\beta-\frac{\alpha^3}{2\lambda_1}-2\varepsilon\right)\|v\|^2+2c_1\varepsilon\Phi(\|\nabla u\|^2)+$$
$$2\varepsilon(-\beta\varepsilon-1)\|\nabla u\|^2\leqslant\frac{(\|f\|+2c|\Omega|^{\frac{1}{2}})^2}{\alpha}=c_2 \tag{3.8}$$

由条件 $F(5)$,暗含着 $m_0\|\nabla u\|^2\leqslant\Phi(\|\nabla u\|^2)\leqslant m_1\|\nabla u\|^2$,则

$$\Phi(\|\nabla u\|^2)-\beta\varepsilon\|\nabla u\|^2>0,$$

又因 $c_1\geqslant\frac{2(m+1)}{m_0}$,则

$$\begin{aligned}c_1\Phi(\|\nabla u\|^2)+(-\beta\varepsilon-1)\|\nabla u\|^2&\geqslant\Phi(\|\nabla u\|^2)-\beta\varepsilon\|\nabla u\|^2+(m_0-1)\|\nabla u\|^2\\&\geqslant\Phi(\|\nabla u\|^2)-\beta\varepsilon\|\nabla u\|^2\end{aligned} \tag{3.9}$$

则

$$2\varepsilon[c_1\Phi(\|\nabla u\|^2)+(-\beta\varepsilon-1)\|\nabla u\|^2]>\varepsilon[\Phi(\|\nabla u\|^2)-\beta\varepsilon\|\nabla u\|^2] \tag{3.10}$$

将式(3.10)代入式(3.8),则有

$$\frac{\mathrm{d}}{\mathrm{d}t}[\|v\|^2+\Phi(\|\nabla u\|^2)-\beta\varepsilon\|\nabla u\|^2]+\left(\alpha+2\lambda_1\beta-\frac{\alpha^3}{2\lambda_1}-2\varepsilon\right)\|v\|^2+$$
$$\varepsilon[\Phi(\|\nabla u\|^2)-\beta\varepsilon\|\nabla u\|^2]\leqslant c_2 \tag{3.11}$$

令 $a=\alpha+2\lambda_1\beta-\dfrac{\alpha^3}{2\lambda_1}-2\varepsilon\geqslant 0,\alpha_1=\min\{a,\varepsilon\}$,则式(3.11)等价于式(3.12)

$$\frac{\mathrm{d}}{\mathrm{d}t}y_1(t)+\alpha_1 y_1(t)\leqslant c_2 \tag{3.12}$$

其中

$$y_1(t)=\|v\|^2+\Phi(\|\nabla u\|^2)-\beta\varepsilon\|\nabla u\|^2 \tag{3.13}$$

结合 Gronwall 不等式,故有

$$y_1(t)\leqslant y_1(0)\mathrm{e}^{-\alpha_1 t}+\frac{c_2}{\alpha_1}(1-\mathrm{e}^{-\alpha_1 t}) \tag{3.14}$$

设 $k_1=\min\{1,(m_0-\beta\varepsilon)\}$,则可得

$$\|(u,v)\|^2_{V_1\times H}=\|\nabla u\|^2+\|v\|^2\leqslant\frac{y_1(0)}{k_1}\mathrm{e}^{-\alpha_1 t}+\frac{c_2}{\alpha_1 k_1}(1-\mathrm{e}^{-\alpha_1 t}) \tag{3.15}$$

$$\overline{\lim_{t\to\infty}}\|(u,v)\|^2_{V_1\times H}\leqslant\frac{c_2}{\alpha_1 k} \tag{3.16}$$

因此,存在 $c(R_0)$ 和 $t_1=t_1(\Omega)>0$, 使得

$$\|(u,v)\|^2_{V_1\times H}=\|\nabla u(t)\|^2+\|v(t)\|^2\leqslant c(R_0)(t>t_1)$$

引理 3.2 假设非线性函数 $g(s),\phi(s)$ 满足条件$(G)-(F)$,$(u_0,u_1)\in V_2\times V_1,f\in V_1,v=u_t+\varepsilon u,0<\varepsilon\leqslant\min\left\{\dfrac{\alpha}{4},\dfrac{m_0}{2\beta},\dfrac{2m_0-m-2}{3\beta}\right\}$,则初边值问题(1.1)—(1.3)存在解$(u,v)\in V_2\times V_1$,且满足

$$\|(u,v)\|^2_{V_2\times V_1}=\|\nabla v\|^2+\|\Delta u\|^2\leqslant\frac{y_2(0)}{k_2}\mathrm{e}^{-\alpha_2 t}+\frac{c_3}{\alpha_2 k_2}(1-\mathrm{e}^{-\alpha_2 t})$$

其中 $y_2(0)=\|\nabla v(0)\|^2+(m-\beta\varepsilon)\|\Delta u(0)\|^2$. 因此存在一个非负实数 $c(R_1)$ 和 $t_2=t_2(\Omega)>0$,使得

$$\|(u,v)\|^2_{V_2\times V_1}=\|\nabla v(t)\|^2+\|\Delta u(t)\|^2\leqslant c(R_1)(t>t_2).$$

证明 用 $-\Delta v=-\Delta u_t-\varepsilon\Delta u$ 与方程(3.1)在 H 中作内积,可得

$$\frac{1}{2}\frac{\mathrm{d}}{\mathrm{d}t}\|\nabla v\|^2+(\alpha-\varepsilon)\|\nabla v\|^2+\varepsilon(\varepsilon-\alpha)(u,-\Delta v)-\frac{\beta\varepsilon}{2}\frac{\mathrm{d}}{\mathrm{d}t}\|\Delta u\|^2-\beta\varepsilon^2\|\Delta u\|^2+$$
$$(-\beta\Delta v,-\Delta v)+(-\phi(\|\nabla u\|^2)\Delta u,-\Delta v)=(f-g(\sin u),-\Delta v) \tag{3.17}$$

结合 Holder 不等式, Young 不等式以及 Poincare 不等式, 可得如下结果

$$(-\beta\Delta v,-\Delta v)=\beta(\Delta v,\Delta v)=\beta\|\Delta v\|^2\geqslant\lambda_1\beta\|\nabla v\|^2 \tag{3.18}$$

$$\varepsilon(\varepsilon-\alpha)(u,-\Delta v)\geqslant\frac{\varepsilon^2-\varepsilon\alpha}{\sqrt{\lambda_1}}\|\Delta u\|\|\nabla v\|\geqslant-\frac{\varepsilon\alpha}{\sqrt{\lambda_1}}\left(\frac{\sqrt{\lambda_1}}{\alpha}\|\Delta u\|^2+\frac{\alpha}{\sqrt{\lambda_1}}\|\nabla v\|^2\right)\geqslant$$
$$-\varepsilon\|\Delta u\|^2-\frac{\alpha^3}{4\lambda_1}\|\nabla v\|^2 \tag{3.19}$$

根据条件(F)(5),(6),可推出

$$(-\phi(\|\nabla u\|^2)\Delta u, -\Delta v) = \phi(\|\nabla u\|^2)(\Delta u, \Delta)] = \phi(\|\nabla u\|^2)[(\Delta u, \Delta u_t) + (\Delta u, \varepsilon\Delta u)] =$$

$$\frac{\phi(\|\nabla u\|^2)}{2}\frac{\mathrm{d}}{\mathrm{d}t}\|\Delta u\|^2 + \varepsilon\phi(\|\nabla u\|^2)\|\Delta u\|^2 \geqslant \frac{m}{2}\frac{\mathrm{d}}{\mathrm{d}t}\|\Delta u\|^2 + \varepsilon m_0\|\Delta u\|^2 \tag{3.20}$$

$$(f - g(\sin u), -\Delta v) \leqslant \|\nabla v\|(\|\nabla f\| + \|\nabla g(\sin u)\|) \leqslant \frac{\alpha}{2}\|\nabla v\|^2 + \frac{(\|\nabla f\| + \|\nabla g(\sin u)\|)^2}{2\alpha} \leqslant$$

$$\frac{\alpha}{2}\|\nabla v\|^2 + \frac{(\|\nabla f\| + 2c|\Omega|^{\frac{1}{2}})^2}{2\alpha} \tag{3.21}$$

其中

$$\begin{aligned}\|\nabla g(\sin u)\| &= \|g'(\sin u)\cos u\,\nabla u\| \leqslant \|g'(\sin u)\|\|\nabla u\| \\ &\leqslant R_1\left(\int_\Omega |c(1 + |\sin u|^{p-1})|^2 \mathrm{d}x\right)^{\frac{1}{2}} \\ &\leqslant 2R_1 c|\Omega|^{\frac{1}{2}}.\end{aligned} \tag{3.22}$$

根据式(3.18)—式(3.22),式(3.17)可改写为

$$\frac{\mathrm{d}}{\mathrm{d}t}[\|\nabla v\|^2 + (m - \beta\varepsilon)\|\Delta u\|^2] + \left(\alpha + 2\lambda_1\beta - 2\varepsilon - \frac{\alpha^3}{2\lambda_1}\right)\|\nabla v\|^2 +$$

$$2\varepsilon(m_0 - \beta\varepsilon - 1)\|\Delta u\|^2 \leqslant \frac{(\|\nabla f\| + 2cR_1|\Omega|^{\frac{1}{2}})^2}{\alpha} = c_3 \tag{3.23}$$

注意到$0 < \varepsilon \leqslant \dfrac{2m_0 - m - 2}{3\beta}$,暗含

$$2\varepsilon(m_0 - \beta\varepsilon - 1)\|\Delta u\|^2 \geqslant \varepsilon(m - \beta\varepsilon)\|\Delta u\|^2 \tag{3.24}$$

将式(3.24)代入式(3.23),可得如下不等式

$$\frac{\mathrm{d}}{\mathrm{d}t}\left[\|\nabla v\|^2 + (m - \beta\varepsilon)\|\Delta u\|^2\right] + \left(\alpha + 2\lambda_1\beta - 2\varepsilon - \frac{\alpha^3}{2\lambda_1}\right)\|\nabla v\|^2 +$$

$$\varepsilon(m - \beta\varepsilon)\|\Delta u\|^2 \leqslant c_3 \tag{3.25}$$

取$b = \alpha + 2\lambda_1\beta - 2\varepsilon - \dfrac{\alpha^3}{2\lambda_1} \geqslant 0$,且$\alpha_2 = \min\{b, \varepsilon\}$,则式(3.25)可转化为

$$\frac{\mathrm{d}}{\mathrm{d}t}[\|\nabla v\|^2 + (m - \beta\varepsilon)\|\Delta u\|^2] + \alpha_2[\|\nabla v\|^2 + (m - \beta\varepsilon)\|\Delta u\|^2] \leqslant c_3 \tag{3.26}$$

即

$$\frac{\mathrm{d}}{\mathrm{d}t}y_2(t) + \alpha_2 y_2(t) \leqslant c_3 \tag{3.27}$$

其中$y_2(t) = \|\nabla v\|^2 + (m - \beta\varepsilon)\|\Delta u\|^2$.

通过 Gronwall 不等式,可得

$$y_2(t) \leqslant y_2(0)\mathrm{e}^{-\alpha_2 t} + \frac{c_3}{\alpha_2}(1 - \mathrm{e}^{-\alpha_2 t}) \tag{3.28}$$

取$k_2 = \min\{1, (m - \beta\varepsilon)\}$,则有

$$\|(u, v)\|^2_{V_2 \times V_1} = \|\Delta u\|^2 + \|\nabla v\|^2 \leqslant \frac{y_2(0)}{k_2}\mathrm{e}^{-\alpha_2 t} + \frac{c_3}{\alpha_2 k_2}(1 - \mathrm{e}^{-\alpha_2 t}) \tag{3.29}$$

由上式可得

$$\overline{\lim_{t\to\infty}}\|(u,v)\|_{V_2\times V_1}^2\leqslant\frac{c_3}{\alpha_2k_2}\tag{3.30}$$

因此，存在 $c(R_1)$ 和 $t_2=t_2(\Omega)>0$，使得

$$\|(u,v)\|_{V_2\times V_1}^2=\|\Delta u(t)\|^2+\|\nabla v(t)\|^2\leqslant c(R_1)(t>t_2)$$

定理 3.1　假设非线性函数 $g(s)$，$\phi(s)$ 满足条件 $(G)-(F)$，$(u_0,u_1)\in V_2\times V_1$，$f\in V_1$，$v=u_t+\varepsilon u$，$0<\varepsilon\leqslant\min\left\{\frac{\alpha}{4},\frac{m_0}{2\beta},\frac{2m_0-m-2}{3\beta}\right\}$，则初边值问题(1.1)—(1.3)存在唯一光滑解 $(u,v)\in L^\infty([0,+\infty);V_2\times V_1)$.

证明　通过引理 3.1 和引理 3.2 以及 Galerkin 有限元方法，很容易证明该初边值问题(1.1)—(1.3)存在解 $(u,v)\in L^\infty([0,+\infty);V_2\times V_1)$，证明过程略. 下面将详细地证明解的唯一性.

假设 u,v 为方程(1.1)的两个解，令 $w=u-v$，将 u,v 分别代入方程(1.1)并作差得

$$w_{tt}-\beta\Delta w_t+\alpha w_t-\phi(\|\nabla u\|^2)\Delta u+\phi(\|\nabla v\|^2)\Delta v=-g(\sin u)+g(\sin v)\tag{3.31}$$

将方程(3.31)与 w_t 在 H 中作内积，故有

$$\frac{1}{2}\frac{\mathrm{d}}{\mathrm{d}t}\|w_t\|^2+(-\beta\Delta w_t,w_t)+\alpha\|w_t\|^2+(-\phi(\|\Delta u\|^2)\Delta u+\phi(\|\nabla v\|^2)\Delta v,w_t)$$
$$=(-g(\sin u)+g(\sin v),w_t)\tag{3.32}$$

对式(3.32)中的项作如下处理

$$(-\beta\Delta w_t,w_t)=\beta(\nabla w_t,\nabla w_t)=\beta\|\nabla w_t\|^2\geqslant\lambda_1\beta\|w_t\|^2\tag{3.33}$$

$$\begin{aligned}&(-\phi(\|\nabla u\|^2)\Delta u+\phi(\|\nabla v\|^2)\Delta v,w_t)\\&=(-\phi(\|\nabla u\|^2)\Delta u+\phi(\|\nabla u\|^2)\Delta v-\phi(\|\nabla u\|^2)\Delta v+\phi(\|\nabla v\|^2)\Delta v,w_t)\\&=-\phi(\|\nabla u\|^2)(\Delta u-\Delta v,w_t)+(-\phi(\|\nabla u\|^2)+\phi(\|\nabla v\|^2)(\Delta v,w_t)\\&=\frac{m}{2}\frac{\mathrm{d}}{\mathrm{d}t}\|\nabla w\|^2+(-\phi(\|\nabla u\|^2)+\phi(\|\nabla v\|^2))(\Delta v,w_t)\end{aligned}\tag{3.34}$$

由式(3.32)—式(3.34)，可得如下不等式

$$\frac{1}{2}\frac{\mathrm{d}}{\mathrm{d}t}\|w_t\|^2+\lambda_1\beta\|w_t\|^2+\alpha\|w_t\|^2+\frac{m}{2}\frac{\mathrm{d}}{\mathrm{d}t}\|\nabla w\|^2$$
$$=(\phi(\|\nabla w\|^2)-\phi(\|\nabla w\|^2))(\Delta v,w_t)+(-g(\sin u)+g(\sin v),w_t)\tag{3.35}$$

由微分中值定理和 Young 不等式，可得

$$(\phi(\|\nabla u\|^2)-\phi(\|\nabla v\|^2))(\Delta v,w_t)\leqslant|\phi'(\eta)|(\|\nabla u\|+\|\nabla v\|)\|\nabla w\|\|\Delta v\|\|w_t\|\leqslant$$
$$c_0(\|\nabla u\|+\|\nabla v\|)\|\nabla w\|\|\Delta v\|\|w_t\|\leqslant c_4\|\nabla w\|\|w_t\|\leqslant\frac{c_4}{2\lambda_1}\|\nabla w\|^2+\frac{\lambda_1c_4}{2}\|w_t\|^2\tag{3.36}$$

由于

$$\|g(\sin v)-g(\sin u)\|^2=\int_\Omega\left(\frac{g(\sin v)-g(\sin u)}{\sin v-\sin u}\right)^2(\sin v-\sin u)^2\mathrm{d}x$$
$$=\int_\Omega(g'(\gamma))^2(\sin v-\sin u)^2\mathrm{d}x$$

其中

$$\gamma=\theta\sin v+(1-\theta)\sin u(0\leqslant\theta\leqslant1)$$

$$\|g(\sin v)-g(\sin u)\|^2\leqslant\int_\Omega[c_0(1+|\theta\sin v+(1-\theta)\sin u|^{p-1})]^2(\sin v-\sin u)^2\mathrm{d}x$$

$$\leqslant c^2(1+2^{p-1})^2\int_\Omega(\sin v-\sin u)^2\mathrm{d}x\leqslant c_5^2\|u-v\|^2$$

其中

$$c_5=c(1+2^{p-1}).$$

则有

$$(-g(\sin u)+g(\sin v),w_t)\leqslant c_5\|w\|\|w_t\|\leqslant\frac{c_5}{2\lambda_1}\|\nabla w\|^2+\frac{c_5}{2}\|w_t\|^2\tag{3.37}$$

将式(3.36),式(3.37)代入式(3.35),可得

$$\frac{\mathrm{d}}{\mathrm{d}t}(\|w_t\|^2+m\|\nabla w\|^2)\leqslant\frac{c_4+c_5}{\lambda_1}\|\nabla w\|^2+(c_5+\lambda_1c_4)\|w_t\|^2\tag{3.38}$$

令 $k=\max\left\{(c_5+\lambda_1c_4),\dfrac{c_5+c_4}{\lambda_1 m}\right\}$,

则式(3.38)可简化为

$$\frac{\mathrm{d}}{\mathrm{d}t}(\|w_t\|^2+m\|\nabla w\|^2)\leqslant k(m\|\nabla w\|^2+\|w_t\|^2)\tag{3.39}$$

由 Gronwall 不等式,可得

$$\|w_t(t)\|^2+m\|\nabla w(t)\|^2\leqslant(\|w_t(0)\|^2+m\|\nabla w(0)\|^2)\mathrm{e}^{kt}=0\tag{3.40}$$

即

$$\|w_t(t)\|^2+m\|\nabla w(t)\|^2\leqslant 0\tag{3.41}$$

从而可得

$$w_t(t)=0,\nabla w(t)=0.$$

则

$$w(t)\equiv 0,u=v,$$

解的唯一性得证.

4 整体吸引子的存在性

定理 4.1[12] 设 E_1 是一个 Banach 空间,$\{S(t)\}_{t\geqslant 0}$是 E_1 上的半群算子,且 $S(t):E_1\to E_1$, $S(t+s)=S(t)S(s)(\forall t,s\geqslant 0)$, $S(0)=\mathbf{I}$, 其中 $\mathbf{I}$ 为单位算子. 设 $S(t)$满足下列条件:

①$S(t)$是有界的,即 $\forall R>0,\|u\|_{E_1}\leqslant R$, 存在常数 $C(R)$,使得

$$\|S(t)u\|_{E_1}\leqslant C(R)(t\in[0,+\infty));$$

②存在有界吸收集 $B_0\subset E_1$,即 $\forall B\subset E_1$,存在一个常数 t_0, 使得 $S(t)B\subset B_0(t\geqslant t_0)$;

③当 $t>0$,$S(t)$是一个全连续算子.

从而,$S(t)$存在紧的整体吸引子 A.

定理 4.2[12] 在定理 3.1 的假设下,方程有整体吸引子

$$A=\omega(B_0)=\bigcap_{s\geqslant 0}\overline{\bigcup_{t\geqslant s}S(t)B_0},$$

其中 $B_0=\{(u,v)\in V_2\times V_1:\|(u,v)\|_{V_2\times V_1}^2=\|u\|_{V_2}^2+\|v\|_{V_1}^2\leqslant C(R_0)+C(R_1)\}$,$B_0$ 是 $V_2\times V_1$ 中的有界吸收集,且满足

①$S(t)A=A,t>0$;

②$\lim\limits_{t\to\infty}\mathrm{dist}(S(t)B,A)=0$, 其中 $B\subset V_2\times V_1$ 是一个有界集, $\mathrm{dist}(S(t)B,A)=$

$\sup\limits_{x\in B}\inf\limits_{y\in A}\|S(t)x-y\|_{V_2\times V_1}$.

证明　在定理 3.1 的条件下,方程存在解半群 $S(t)$,其中 $E_1=V_2\times V_1$,$S(t):E_1\to E_1$.

①从引理 3.1、引理 3.2,可知 $\forall B\subset V_2\times V_1$ 是有界集,且有 $\{\|(u,v)\|_{V_2\times V_1}\leqslant R\}$,

$\|S(t)(u_0,v_0)\|^2_{V_2\times V_1}=\|u\|^2_{V_2}+\|v\|^2_{V_1}\leqslant\|u_0\|^2_{V_2}+\|v_0\|^2_{V_1}+C\leqslant R^2+C(t\geqslant 0,(u_0,v_0)\in B)$.

这表明 $S(t)(t\geqslant 0)$ 在 $V_2\times V_1$ 中是一致有界的.

②进一步,对任意 $(u_0,v_0)\in V_2\times V_1$,当 $t\geqslant\max\{t_1,t_2\}$,故有

$$\|S(t)(u_0,v_0)\|^2_{V_2\times V_1}=\|u\|^2_{V_2}+\|v\|^2_{V_1}\leqslant C(R_1)+C(R_0).$$

因此,可得 B_0 有界吸收集.

③由 $V_2\times V_1\mapsto V_1\times H$ 是紧嵌入的,这意味着 $V_2\times V_1$ 中的有界集是 $V_1\times H$ 中的紧集,所以半群算子 $S(t)$ 是全连续的.

因此,半群算子 $S(t)$ 存在一个紧的整体吸引子 A,证毕.

2.2　一类广义非线性 Kirchhoff 型方程的整体吸引子

本节研究广义 Kirchhoff 型方程

$$u_{tt}+\alpha u_t-\beta\Delta u_t-\phi(\|\nabla u\|^2)\Delta u+(1+|u|^2)^{p-1}u=f(x)$$

的初边值问题的解的长时间行为. 本节应用了解分解的方法证明上述问题对应的算子半群 $S(t)$ 在相空间 $(H^2\cap H_0^1)\times H_0^1$ 中整体吸引子的存在性.

1　引言

本节研究下列非线性 Kirchhoff 型方程的整体吸引子

$$u_{tt}+\alpha u_t-\beta\Delta u_t-\phi(\|\nabla u\|^2)\Delta u+(1+|u|^2)^{p-1}u=f(x),(x,t)\in\Omega\times\mathbf{R}^+,\qquad(1.1)$$

$$u(x,0)=u_0(x);u_t(x,0)=u_1(x),x\in\Omega\qquad(1.2)$$

$$u(x,t)\mid_{\partial\Omega}=0,x\in\Omega\qquad(1.3)$$

其中,Ω 是 $\mathbf{R}^N$ 中具有光滑边界的有界域,$p\geqslant 1$, 且 a,β 都是正常数, 有关 $\phi(\|\nabla u\|^2)$ 的假设将会在后文中给出.

整体吸引子是学习各种耗散非线性演化方程解的渐近性行为的基本概念. 从物理学的角度看, 耗散方程(1.1)的整体吸引子表示在自然能量空间中,从任何时间点开始最终都将处于永久状态,其维数表示相关湍流现象的自由度的数量,因此表示流动性的复杂程度. 关于吸引子和其维数的所有信息都将定性性质限定为定量性质,从而产生关于该物理系统可以产生的有关流体的有价值的信息[13].

关于 Kirchhoff 方程已经有了很多深入的研究. Igor Chueshov[14] 研究了下列具有非线性强阻尼的 Kirchhoff 型波方程的长时间行为

$$\partial_{tt}u-\sigma(\|\nabla u\|^2)\Delta\partial_t u-\phi(\|\nabla u\|^2)\Delta u+f(u)=h(x)\qquad(1.4)$$

Tokio Matsuyama 和 Ryo Ikehata[15] 证明了具有非线性阻尼的 Kirchhoff 型波方程的整体解和解的衰减:

$$u_{tt}-M(\|\nabla u(t)\|_2^2)\Delta u+\delta|u_t|^{p-1}u_t=\mu|u|^{q-1}u\qquad(1.5)$$

具有紧边界条件

$$u(x,t)\mid_{\partial\Omega}=0,t\geqslant 0 \tag{1.6}$$

及 $M(s)\in C^1[0,\infty)$,且满足 $M(s)\geqslant m_0>0;\delta>0,\mu\in\mathbf{R}$ 是给定的常数.

最近,Cheng Jianling 和 Yang Zhijian[16]研究了下列具有强阻尼项的 Kirchhoff 型方程的长时间行为

$$u_{tt}-M(\|\nabla u(t)\|_2^2)\Delta u-\Delta u_t+g(x,u)+h(u_t)=f(x) \tag{1.7}$$

其中 $M(s)=1+s^{\frac{m}{2}},m\geqslant 1$. $\Omega\in\mathbf{R}^N$ 是具有光滑边界$\partial\Omega$ 的有界域.

Yang Zhijian[17]也研究了在 $\mathbf{R}^N$ 中具有强阻尼项的 Kirchhoff 型方程的长时间行为

$$u_{tt}-M(\|\nabla u\|^2)\Delta u-\Delta u_t+u+u_t+g(x,u)=f(x) \tag{1.8}$$

其中 $M(s)=1+s^{\frac{m}{2}},m\geqslant 1$. $\Omega\in\mathbf{R}^N$ 是具有光滑边界$\partial\Omega$ 的有界域$f(x)$是一个外力项. 本节证明了有关连续解半群 $S(t)$拥有整体吸引子,同时存在有限分形维数和 Hausdorff 维数.

Yang Zhijian 和 Pengyan Ding[18]研究了在 $\mathbf{R}^N$ 中具强阻尼和临界非线性条件的 Kirchhoff 型方程的长时间行为

$$u_{tt}-\Delta u_t-M(\|\nabla u\|^2)\Delta u+u_t+g(x,u)=f(x) \tag{1.9}$$

其中 $M\in C^1(\mathbf{R}^+),M'(s)\geqslant 0,M(0)=(M)_0>0$. 作者确定了方程解的适定性,证明了在 $H=H'(\mathbf{R}^N)\times L^2(\mathbf{R}^N)$空间中非线性临界条件下整体吸引子和指数吸引子的存在性.

Claudianor O. Alves 和 Giovany M. Figueiredo[19]证明了下列非局部问题的正解的存在性

$$M\left(\int_{\mathbf{R}^N}|\nabla u|^2\mathrm{d}x+\int_{\mathbf{R}^N}V(x)|u|^2\mathrm{d}x\right)[-\Delta u+V(x)u]=\lambda f(u)+\gamma u^\tau \tag{1.10}$$

其中当 $N=3$ 时,$\tau=5$ 及当 $N=1,2$ 时,$\tau\in(1,+\infty)$. λ 是一个正参数且 $\gamma\in\{0,1\}$.

如需得到更多的相关知识, 可以参见文献[20]—[22]和[12]. 本节结构如下:在第二部分中, 给出主要记号和主要结论. 在第三部分中, 在空间 $L^\infty(0,+\infty;H_0^1\cap L^{2p})\times(L^\infty(0,+\infty;L^2)\cap L^2(0,T;H_0^1))$ 及 $L^\infty(0,+\infty;V_2)\times(L^\infty(0,+\infty;H_0^1)\cap L^2(0,T;V_2))$ 上对问题(1.1)—(1.3)整体解作出了先验估计. 在第四部分中, 讨论了基于问题(1.1)—(1.3)的动力学系统在相空间 X_1 中整体吸引子的存在性.

2 记号和主要结论

为叙述方便,现引入下列符号:

$$L^p=L^p(\Omega),W^{k,p}=W^{k,p}(\Omega),H^k=W^{k,2},H=L^2,\|\cdot\|=\|\cdot\|_{L^2},$$

$$\|\cdot\|_p=\|\cdot\|_{L^p},V_2=H^2\cap H_0^1,V_{2'}=V_{-2},X_1=V_2\times H_0^1,$$

其中,$p\geqslant 1$. $W^{-1,p'}$为 $W_0^{1,p}$ 的共轭空间,$p'=\dfrac{p}{p-1}\cdot H^k$ 是 L^2-内积下的 Sobolev 空间,同时 H_0^k 表示 $C_0^\infty(\Omega)$在 H^k 中的闭包($k>0$). 符号$(\cdot,\cdot)$表示 H-内积.

定义算子 $\mathbf{A}:V_2\to V_{2'}$,

$$(\mathbf{A}u,v)=(\Delta u,\Delta v),\text{for}\quad u,v\in V_2.$$

则, 算子 $\mathbf{A}^s(s\in R)$是正定的且空间 $V_s=D(\mathbf{A}^{\frac{s}{4}})$是 Hilbert 空间

$$(u,v)_s=(\mathbf{A}^{\frac{s}{4}}u,\mathbf{A}^{\frac{s}{4}}v),\text{for}\|u\|_{V_s}=\|\mathbf{A}^{\frac{s}{4}}u\|,$$

特别的是,

$$\|u\|_{V_2}=\|\mathbf{A}^{\frac{1}{2}}u\|=\|\Delta u\|,\|u\|_{V_1}=\|\mathbf{A}^{\frac{1}{4}}u\|=\|\nabla u\|.$$

下面,给出本章的主要结论.

定理 2.1　假定

$(H_1)\phi\in C^1(\mathbf{R}^+),\phi'(s)\geqslant 0,\phi(0)=\phi_0\geqslant 1$,

$(H_2)f\in H^{-1},(u_0,u_1)\in H_0^1\times H,p\geqslant 1.$

则问题(1.1)—(1.3) 的解(u,v)满足:

$$H_1(t)\leqslant H_1(0)e^{-k_1t}+\frac{C_1}{k_1}(1-e^{-k_1t}) \tag{2.1}$$

$$\beta\int_0^T\|\nabla v\|^2ds\leqslant H_1(0)+\int_0^T C_1ds \tag{2.2}$$

其中

$$v=u_t+\varepsilon u,0<\varepsilon\leqslant\min\left\{\frac{\alpha}{4},\frac{\lambda_1}{2\alpha},\frac{1}{2\beta}\right\},$$

且 $H_1(t)=\|v\|^2+\int_0^{\|\nabla u\|^2}\phi(s)ds-\beta\varepsilon\|\nabla u\|^2+\frac{1}{p}\int_\Omega(1+|u|^2)^pdx$,并且问题(1.1)—(1.3)的解满足 $u\in L^\infty(0,+\infty;H_0^1\cap L^{2p}),v\in L^\infty(0,+\infty;L^2)\cap L^2(0,T;H_0^1)$.

评论 2.1　在定理 2.1 的条件下,可以得到 $\phi(s)$ 和 $\phi'(s)$ 是有界函数.

定理 2.2　在定理 2.1 的条件下,如果

$$(H_3)\begin{cases}1\leqslant p<+\infty,N=1,2,\\1\leqslant p\leqslant\dfrac{N-1}{N-2},N\geqslant 3,\end{cases}$$

$(H_4)f\in H_1(u_0,u_1)\in V_2\times H_0^1$. 则问题(1.1)—(1.3) 的解$(u,v)$满足

$$H_3(t)\leqslant H_3(0)e^{-\delta t}+\frac{C_5}{\delta}(1-e^{-\delta t}) \tag{2.3}$$

$$\beta\int_0^T\|\Delta u_t\|^2ds\leqslant H_3(0)+\int_0^T C_5ds \tag{2.4}$$

并且问题(1.1)—(1.3)存在唯一解 $u\in L^\infty(0,+\infty;V_2),u_t\in L^\infty(0,+\infty;H_0^1)\cap L^2(0,T;V_2)$.

评论 2.2　定义映射 $S(t):X\to X,S(t)(u_0,u_1)=(u(t),u_t(t))$,其中 u 是问题(1.1)—(1.3)的解. 根据定理 2.1 和定理 2.2,$S(t)$构成 X_1 上的连续算子半群.

定理 2.3　在定理 2.2 的条件下,则在评论 2.2 定义下的连续半群 $S(t)$在 X_1 中存在整体吸引子.

3　整体解的存在性

首先给出几个重要的、为人熟知的引理,如下所述.

引理 3.1　(Sobolev-Poincare)[2][11]. 如果 $1\leqslant\rho+\infty\ (N=1,2)$或者 $1\leqslant p\leqslant\frac{N-1}{N-2}(N\geqslant 3)$成立, 则存在常数 $C(\Omega,4p-2)$使得

$$\|u\|_{4p-2}\leqslant C(\Omega,4p-2)\|\nabla u\|,\text{for }u\in H_0^1(\Omega)$$

或者说,

$$C(\Omega,4p-2)=\sup\left\{\frac{\|u\|_{4p-2}}{\|\nabla u\|}\mid u\in H_0^1(\Omega),u\neq 0\right\}$$

是正有限的.

引理 3.2 (Gronwall 不等式)[11] 设 $H(t)(t>0)$是定义在$[0,\infty)$上的绝对连续函数,并且满足微分不等式

$$\frac{dH}{dt}+k\mathrm{H}\leqslant C,t\geqslant 0,$$

其中 $k>0,C\geqslant 0$ 为常数,则

$$H(t)\leqslant R_2,t\geqslant T(H_0),$$

其中 $T(H_0)$是依赖于 $H_0=H(0)$的常数.

定理 2.1 **的证明**

设 $v=u_t+\varepsilon u,0<\varepsilon\leqslant\min\left\{\frac{\alpha}{4},\frac{\lambda_1}{2\alpha},\frac{1}{2\beta}\right\}$,则 v 满足

$$v_t+(\alpha-\varepsilon)v+(\varepsilon^2-\alpha\varepsilon)u-\beta\Delta v+\beta\varepsilon\Delta u-\phi(\|\nabla u\|^2)\Delta u+(1+|u|^2)^{p-1}u=f(x) \quad (3.1)$$

式(3.1)中的方程与 v 作 H 内积得到

$$\frac{1}{2}\frac{d}{dt}\|v\|^2+(\alpha-\varepsilon)\|v\|^2+(\varepsilon^2-\alpha\varepsilon)(u,v)+\beta\|\nabla v\|^2+\beta\varepsilon(\Delta u,v)-(\phi(\|\nabla u\|^2)\Delta u,v)+$$
$$((1+|u|^2)^{p-1}u,v)=(f,v) \quad (3.2)$$

应用 Holder 不等式, Young 不等式及引理 3.1 的 Poincare 不等式, 处理等式 (3.2) 中的各项得到

$$(\alpha-\varepsilon)\|v\|^2\geqslant\frac{3\alpha}{4}\|v\|^2 \quad (3.3)$$

$$\begin{aligned}(\varepsilon^2-\alpha\varepsilon)(u,v)&\geqslant\frac{\varepsilon^2-\alpha\varepsilon}{\sqrt{\lambda_1}}\|\nabla u\|\|v\|\\&\geqslant-\frac{\varepsilon\alpha^2}{\lambda_1}\|v\|^2-\frac{\varepsilon}{4}\|\nabla u\|^2\\&\geqslant-\frac{\varepsilon}{4}\|\nabla u\|^2-\frac{\alpha}{2}\|v\|^2\end{aligned} \quad (3.4)$$

以及

$$\beta\varepsilon(\Delta u,v)=-\frac{\beta\varepsilon}{2}\frac{d}{dt}\|\nabla u\|^2-\beta\varepsilon^2\|\nabla u\|^2 \quad (3.5)$$

$$\begin{aligned}-(\phi(\|\nabla u\|^2)\Delta u,v)&=\phi(\|\nabla u\|^2)(\nabla u,\nabla v)=\frac{1}{2}\frac{d}{dt}(\int_0^{\|\nabla u\|^2}\phi(s)ds)+\varepsilon\phi(\|\nabla u\|^2)\|\nabla u\|^2\\&\geqslant\frac{1}{2}\frac{d}{dt}(\int_0^{\|\nabla u\|^2}\phi(s)ds+\varepsilon(\int_0^{\|\nabla u\|^2}\phi(s)ds)\end{aligned} \quad (3.6)$$

$$((1+|u|^2)^{p-1}u,v)=\frac{1}{2p}\frac{d}{dt}(\int_\Omega(1+|u|^2)^p dx)+\varepsilon\int_\Omega(1+|u|^2)^{p-1}|u|^2dx\geqslant$$
$$\frac{1}{2p}\frac{d}{dt}(\int_\Omega(1+|u|^2)^p dx)+\frac{\varepsilon}{p}\int_\Omega(1+|u|^2)^p dx)-\frac{\Omega}{p\varepsilon} \quad (3.7)$$

将式(3.3)—式(3.7)代入式(3.2)得到

$$\frac{\mathrm{d}}{\mathrm{d}t}\left[\|v\|^2+\int_0^{\|\nabla u\|^2}\phi(s)\mathrm{d}s-\beta\varepsilon\|\nabla u\|^2+\frac{1}{p}\int_\Omega(1+|u|^2)^p\mathrm{d}x\right]+\frac{\alpha}{2}\|v\|^2+\varepsilon(2\int_0^{\|\nabla u\|^2}\phi(s)\mathrm{d}s-$$

$$2(\beta\varepsilon+\frac{1}{4})\|\nabla u\|^2)+\frac{2\varepsilon}{p}\int_\Omega(1+|u|^2)^p\mathrm{d}x+\beta\|\nabla v\|^2\leqslant\frac{1}{\beta}\|\nabla^{-1}f\|^2+\frac{2\Omega}{p\varepsilon}\tag{3.8}$$

由 $0<\varepsilon\leqslant\frac{1}{2\beta}$ 及 (H_1) 得到

$$2\int_0^{\|\nabla u\|^2}\phi(s)\mathrm{d}s-(2\beta\varepsilon+\frac{\varepsilon}{2})\|\nabla u\|^2\geqslant\int_0^{\|\nabla u\|^2}\phi(s)\mathrm{d}s-\beta\varepsilon\|\nabla u\|^2\tag{3.9}$$

将式(3.9)代入式(3.8)得到

$$\frac{\mathrm{d}}{\mathrm{d}t}\left[\|v\|^2+\int_0^{\|\nabla u\|^2}\phi(s)\mathrm{d}s-\beta\varepsilon\|\nabla u\|^2+\frac{1}{p}\int_\Omega(1+|u|^2)^p\mathrm{d}x\right]+\frac{\alpha}{2}\|v\|^2+$$

$$\varepsilon\int_0^{\|\nabla u\|^2}\phi(s)\mathrm{d}s-\beta\varepsilon\|\nabla u\|^2+\frac{\varepsilon}{p}\int_\Omega(1+|u|^2)^p\mathrm{d}x+\beta\|\nabla v\|^2\leqslant\frac{1}{\beta}\|\nabla^{-1}f\|^2+\frac{2\Omega}{p\varepsilon}\tag{3.10}$$

取 $k_1=\min\left\{\frac{\alpha}{2},\varepsilon\right\}=\varepsilon$，得到

$$\frac{\mathrm{d}}{\mathrm{d}t}H_1(t)+k_1H_1(t)+\beta\|\nabla v\|^2\leqslant\frac{1}{\beta}\|\nabla^{-1}f\|^2+\frac{2\Omega}{\rho\varepsilon}:=C_1\tag{3.11}$$

其中 $H_1(t)=\|v\|^2+\int_0^{\|\nabla u\|^2}\phi(s)\mathrm{d}s-\beta\varepsilon\|\nabla u\|^2+\frac{1}{p}\int_\Omega(1+|u|^2)^p\mathrm{d}x$，通过运用引理3.2的 Gronwall 不等式得到

$$H_1(t)\leqslant H_1(0)\mathrm{e}^{-k_1t}+\frac{C_1}{k_1}(1-\mathrm{e}^{-k_1t})\tag{3.12}$$

$$\beta\int_0^T\|\nabla v\|^2\mathrm{d}s\leqslant H_1(0)+\int_0^T C_1\mathrm{d}s\tag{3.13}$$

根据 $\int_0^{\|\nabla u\|^2}\phi(s)\mathrm{d}s-\beta\varepsilon\|\nabla u\|^2\geqslant\phi_0\|\nabla u\|^2-\beta\varepsilon\|\nabla u\|^2\geqslant\frac{1}{2}\|\nabla u\|^2$，以及 $\int_\Omega(1+|u|^2)^p\mathrm{d}x\geqslant\int_\Omega|u|^{2p}\mathrm{d}x$，则有 $u\in L^\infty(0,+\infty;H_0^1\cap L^{2p})$，$v\in L^\infty(0,+\infty;L^2)\cap L^2(0,T;H_0^1)$.

定理 2.1 结论证明完毕.

定理 2.2 的证明

式(1.1)中的方程分别与 $-\Delta u$，$-\Delta u_t$ 作 H-内积得到

$$\begin{aligned}&\frac{1}{2}\frac{\mathrm{d}}{\mathrm{d}t}[\alpha\|\nabla u\|^2+2(u_t,-\Delta u)+\beta\|\Delta u\|^2]+\phi(\|\nabla u\|^2)\|\Delta u\|^2\\&=((1+|u|^2)^{p-1}u,\Delta u)+(f,-\Delta u)\end{aligned}\tag{3.14}$$

$$\begin{aligned}&\frac{1}{2}\frac{\mathrm{d}}{\mathrm{d}t}\|\nabla u_t\|^2+\alpha\|\nabla u_t\|^2+\beta\|\Delta u_t\|^2=\phi(\|\nabla u\|^2)(\Delta u,\Delta u_t)+\\&(1+|u|^2)^{p-1}u,\Delta u_t)+(f,-\Delta u_t)\end{aligned}\tag{3.15}$$

其中

$$|((1+|u|^2)^{p-1}u,\Delta u|\leqslant\begin{cases}|(2^{p-1}u,\Delta u| & |u|<1\\ |((2^{p-1}|u|^{2p-2}u,\Delta u)| & |u|\geqslant1\end{cases}\tag{3.16}$$

由于

$$|(2^{p-1}u,\Delta u|\leqslant\frac{1}{2}\|\Delta u\|^2+2^{2p-1}\|u\|^2 \tag{3.17}$$

$$|((2^{p-1}|u|^{2p-2}u,\Delta u)|\leqslant 2^{p-1}\|u\|_{4p-2}^{2p-1}\|\Delta u\|\leqslant C_2(\Omega,4p-2)\cdot 2^{p-1}\|\nabla u\|^{2p-1}\|\Delta u\|\leqslant$$

$$\frac{1}{8}\|\Delta u\|^2+2^{2p-1}C_2\cdot\|\nabla u\|^{4p-2} \tag{3.18}$$

则

$$|((1+|u|^2)^{p-1}u,\Delta u)|\leqslant\frac{1}{4}\|\Delta u\|^2+2^{2p-1}\|u\|^2+2^{2p-1}C_2\cdot\|\nabla u\|^{4p-2} \tag{3.19}$$

$$|(f,-\Delta u)|\leqslant\frac{1}{4}\|\Delta u\|^2+\|f\|^2 \tag{3.20}$$

同时得到

$$|((1+|u|^2)^{p-1}u,\Delta u_t)|\leqslant\frac{\beta}{4}\|\Delta u_t\|^2+\frac{2^{2p-1}}{\beta}\|u\|^2+\frac{2^{2p-1}}{\beta}C_2^2\cdot\|\nabla u\|^{4p-2} \tag{3.21}$$

$$\phi(\|\nabla u\|^2)|(\Delta u,\Delta u_t)|\leqslant\frac{\beta}{8}\|\Delta u_t\|^2+2\,\frac{\phi^2(\|\nabla u\|^2)}{\beta}\|\Delta u\|^2 \tag{3.22}$$

$$|(f,-\Delta u_t)|\leqslant\frac{\beta}{8}\|\Delta u_t\|^2+\frac{2}{\beta}\|f\|^2 \tag{3.23}$$

将式(3. 19)、式(3. 20)代入式(3. 14)得到

$$\frac{\mathrm{d}}{\mathrm{d}t}[\alpha\|\nabla u\|^2+2(u_t,-\Delta u)+\beta\|\Delta u\|^2]+\|\Delta u\|^2\leqslant$$

$$2^{2p}\|u\|^2+2^{2p}\cdot C_2^2\|\nabla u\|^{4p-2}+2\|f\|^2:=C_3 \tag{3.24}$$

将式(3. 21)—式(3. 23)代入式(3. 15)得到

$$\frac{\mathrm{d}}{\mathrm{d}t}\|\nabla u_t\|^2+2\alpha\|\nabla u_t\|^2+\beta\|\Delta u_t\|^2\leqslant\frac{4\phi^2(\|\nabla u\|^2)}{\beta}\|\Delta u\|^2+C_4 \tag{3.25}$$

其中 $C_4=\frac{2^{2p}}{\beta}\|u\|^2+C_2^2\frac{2^{2p}}{\beta}\|\nabla u\|^{4p-2}+\frac{4}{\beta}\|f\|^2$.

令 $K_1=\frac{4\phi^2(\|\nabla u\|^2)}{\beta}$, $K_2=K_1+1$, 式(3. 24) $\times K_2$ + 式(3. 25)得到

$$\frac{\mathrm{d}}{\mathrm{d}t}[K_2(\alpha\|\nabla u\|^2+2(u,-\Delta u)+\beta\|\Delta u\|^2)+\|\nabla u_t\|^2]+\|\Delta u\|^2+2\alpha\|\nabla u_t\|^2+$$

$$\beta\|\Delta u_t\|^2\leqslant K_2C_3+C_4 \tag{3.26}$$

式(1. 1)中的方程分别与 u_t 作 H-内积得到

$$\frac{\mathrm{d}}{\mathrm{d}t}H_2+\alpha\|u_t\|^2+2\beta\|\nabla u_t\|^2\leqslant\frac{\|f\|^2}{2\alpha} \tag{3.27}$$

其中 $H_2=\|u_t\|^2+\int_0^{\|\nabla u\|^2}\phi(s)\mathrm{d}s+\frac{1}{p}\int_\Omega(1+|u|^2)^p\mathrm{d}x$.

令 $K_3=\frac{2K_2}{\beta}+1$, 式(3. 27) $\times K_3$ + 式(3. 26)得到

$$\frac{\mathrm{d}}{\mathrm{d}t}H_3+\|\Delta u\|^2+2\alpha\|\nabla u_t\|^2+\beta\|\Delta u_t\|^2\leqslant K_2C_3+C_4+K_3\,\frac{\|f\|^2}{2\alpha} \tag{3.28}$$

其中

$$\frac{K_2\beta\|\Delta u\|^2}{2}+\|\nabla u_t\|^2\leqslant H_3$$
$$=K_2(\alpha\|\nabla u\|^2+2(u_t,-\Delta u)+\beta\|\Delta u\|^2)+\|\nabla u_t\|^2+K_3H_2$$
$$\leqslant\frac{1}{\delta}(\|\Delta u\|^2+\alpha\|\nabla u_t\|^2)+K_3H_2 \tag{3.29}$$

其中 δ 是一个足够小的正常数. 故可以得到

$$\frac{\mathrm{d}}{\mathrm{d}t}H_3+\delta H_3+\beta\|\Delta u_t\|^2\leqslant K_2C_3+C_4+K_3\frac{\|f\|^2}{2\alpha}+\delta K_3H_2:=C_5 \tag{3.30}$$

因此,根据 Gronwall 不等式及对式(3.30)进行 $(0,T)$ 积分得

$$H_3(t)\leqslant H_3(0)\mathrm{e}^{-\delta t}+\frac{C_5}{\delta}(1-\mathrm{e}^{-\delta t}) \tag{3.31}$$

$$\beta\int_0^T\|\Delta u_t\|^2\mathrm{d}s\leqslant H_3(0)+\int_0^T C_5\mathrm{d}s \tag{3.32}$$

现得到 u 是问题(1.1)—(1.3)的解, 且满足 $u\in L^\infty(0,+\infty;V_2)$, $u_t\in L^\infty(0,+\infty;H_0^1)\cap L^2(0,T;V_2)$.

下面证明解的唯一性. 令 $u(t)$ 和 $v(t)$ 是具有相同初值的两个解, 则 $w(t)=u(t)-v(t)$ 满足

$$w_{tt}+\alpha w_t-\beta\Delta w_t-(\phi(\|\nabla u\|^2)\Delta u-\phi(\|\nabla v\|^2)\Delta v)+$$
$$(1+|u|^2)^{p-1}u-(1+|v|^2)^{p-1}v=0 \tag{3.33}$$

其中,在边界 $[0,+\infty)\times\partial\Omega$ 上, $w=0$, 在 Ω 上初值 $w(0)=w_t(0)=0$. 式(3.33)中的方程与 w_t 作 H-内积得到

$$\frac{1}{2}\frac{\mathrm{d}}{\mathrm{d}t}\Big[\|w_t\|^2+\phi(\|\nabla u\|^2)\|\nabla w\|^2\Big]+\alpha\|w_t\|^2+\beta\|\nabla w_t\|^2$$
$$=\phi'(\|\nabla u\|^2)(\nabla u,\nabla w_t)\|\nabla w\|^2+(\phi(\|\nabla u\|^2)-\phi(\|\nabla v\|^2))(\Delta v,w_t)-$$
$$((1+|u|^2)^{p-1}u-(1+|v|^2)^{p-1}v,w_t) \tag{3.34}$$

明显的,式(3.34)右边第一项和第二项是有界的

$$\phi'(\|\nabla u\|^2)(\nabla u,\nabla w_t)\|\nabla w\|^2\leqslant C_6\|\nabla w\|^2 \tag{3.35}$$

$$\phi(\|\nabla u\|^2)-\phi(\|\nabla v\|^2))(\Delta v,w_t)\leqslant C_7\|\nabla v\|\|w_t\| \tag{3.36}$$

同时,可以得到

$$\|(1+|u|^2)^{p-1}u-(1+|v|^2)^{p-1}v\|\leqslant$$
$$\|(1+|u|^2)^{p-1}w+((1+|u|^2)^{p-1}-(1+|v|^2)^{p-1})v\|$$
$$\leqslant\|(1+|u|^2)^{p-1}w+(p-1)(1+|\zeta|^2)^{p-2}2\zeta vw\|$$
$$\leqslant\|(1+|u|^2)^{p-1}w+2(p-1)(1+|\rho|^2)^{p-1}w\|$$
$$\leqslant\|(1+|u|^2)^{p-1}wP+2(p-1)P(1+|\rho|^2)^{p-1}w\|$$
$$\leqslant(2p-1)2^{p-1}\|w\|+2^{p-1}\|u\|_{4p-2}^{2p-2}\|w\|_{4p-2}+(2p-2)2^{p-1}\|\rho\|_{4p-2}^{2p-2}\|w\|_{4p-2}$$
$$\leqslant(2p-1)2^{p-1}\|w\|+2^{p-1}C_8\|\nabla u\|^{2p-2}\|\nabla w\|+(2p-2)2^{p-1}C_9\|\nabla\rho\|^{2p-2}\|\nabla w\| \tag{3.37}$$

其中 $\zeta=\theta u+(1-\theta)v$, $0\leqslant\theta\leqslant1$, $\rho=\max\{\zeta,v\}$. 进一步得到式(3.34)中右边最后一项也是有界的

$$((1+|u|^2)^{p-1}u-(1+|v|^2)^{p-1}v,w_t)\leqslant C_{10}\|\nabla w\|\|w_t\|. \tag{3.38}$$

因此, 对式(3.34)作 $(0,t)$ 积分得到

$$\|w_t\|^2+\phi(\|\nabla u\|^2)\|\nabla w\|^2\leqslant C_{11}\int_0^t(\|w_t\|^2+\|\nabla w\|^2)\mathrm{d}s \tag{3.39}$$

应用 Gronwall 不等式得到 $w\equiv 0$. 定理 2.2 结论证明完毕.

4 在 X_1 上的有界吸收集和整体吸引子

引理 4.1 在 Banach 空间 X 中定义一个连续半群 $S(t)$ 存在整体吸引子,如果满足下列条件:

①存在一个有界吸收集 $B\subset X$,使得对任何有界集 $B_0\subset X$,$\mathrm{dist}(S(t)B_0,B)\to 0(t\to+\infty)$.

②$S(t)$ 可分解为 $S(t)=P(t)+U(t)$, 其中 $P(t)$ 是 $X\to X$ 的连续映射且对每个有界集 $B_0\subset X$, 使得

$$\sup_{\theta\in B_0}\|P(t)\theta\|_X\to 0,t\to\infty \tag{4.1}$$

$U(t)$ 对充分大的是一致紧的,即对每个有界集 $B_0\subset X$,存在 $T_0=T_0(B_0)$,使得 $\underset{t>T_0}{U}S(t)B$ 在 X 中是相对紧的.

引理 4.1 的证明

根据定理 2.2 得到

$$\|\Delta u\|^2+\|\nabla u_t\|^2\leqslant CR_2,t\geqslant T(\|u_0,u_1\|_{X1}) \tag{4.2}$$

由式(4.2)可知以零点为圆心,$\sqrt{CR_2}$ 为半径的球 $B(CR_2)$ 为连续半群 $S(t)$ 在 X_1 中的吸收集. 同时,对式(3.30)进行$(t,t+1)$的积分,以及利用式(4.2)可以得到

$$\int_t^{t+1}\|\Delta u_t(s)\|^2\mathrm{d}s\leqslant C(\|u_0,u_1\|_{X_1},\Omega,\|f\|),t>0 \tag{4.3}$$

分解半群 $S(t)$:令 $R>0$,且$\|u_0,u_1\|X_1\leqslant R$,由式(3.31)和式(4.2)可得

$$\|(u(t),u_t(t))\|_{X_1}\leqslant C_{12},t<0 \tag{4.4}$$

其中

$$C_{12}=\begin{cases}C(H_3(0)) & 0\leqslant t\leqslant T(R)\\ \sqrt{CR_2} & t>T(R)\end{cases} \tag{4.5}$$

则 $u=v+w$, 其中

$$w_{tt}+\alpha w_t-\beta\Delta w_t-\phi_0\Delta w=0,w(0)=u_0,w_t(0)=u_1 \tag{4.6}$$

$$v_{tt}+\alpha v_t-\beta\Delta v_t-\phi_0\Delta v=f+\phi(\|\nabla u\|^2)\Delta u-(1+|u|^2)^{p-1}u:=\varphi,$$
$$v(0)=0,v_t(0)=0 \tag{4.7}$$

引理 4.2 如果$(u_0,u_1)\in B,(w,w_t)$ 是式(4.6),则

$$\|q\|^2+\|\nabla w\|^2\leqslant R(t),t\geqslant 0 \tag{4.8}$$

且

$$R(t)\to 0,\text{as}\quad t\to+\infty \tag{4.9}$$

其中 $q=w_t+\varepsilon w,0<\varepsilon\leqslant\min\left\{\frac{\alpha}{4},\frac{\lambda_1}{2\alpha},\frac{1}{2\beta}\right\}$.

证明 令 $q=w_t+\varepsilon w,0<\varepsilon\leqslant\min\left\{\frac{\alpha}{4},\frac{\lambda_1}{2\alpha},\frac{1}{2\beta}\right\}$, 则 q 满足

$$q_t+(\alpha-\varepsilon)q+(\varepsilon^2-\alpha\varepsilon)w-\beta\Delta q-(\phi_0-\beta\varepsilon)\Delta w=0 \tag{4.10}$$

方程(4.10)与 q 作 H-内积得到

$$\frac{1}{2}\frac{\mathrm{d}}{\mathrm{d}t}\|q\|^2+(\alpha-\varepsilon)\|q\|^2+(\varepsilon^2-\alpha\varepsilon)(w,q)+\beta\|\nabla q\|+(\phi_0-\beta\varepsilon)(\nabla w,\nabla q)=0. \tag{4.11}$$

可以得到下列估计

$$(\alpha-\varepsilon)\|q\|^2\geqslant\frac{3\alpha}{4}\|q\|^2,(\varepsilon^2-\alpha\varepsilon)(w,q)\geqslant-\frac{\varepsilon}{4}\|\nabla w\|^2-\frac{\alpha}{2}\|q\|^2 \tag{4.12}$$

$$(\nabla w,\nabla q)=\frac{1}{2}\frac{\mathrm{d}}{\mathrm{d}t}\|\nabla w\|^2+\varepsilon\|\nabla w\|^2 \tag{4.13}$$

因此

$$\frac{\mathrm{d}}{\mathrm{d}t}[\|q\|^2+(\phi_0-\beta\varepsilon)\|\nabla w\|^2]+\frac{\alpha}{2}\|q\|^2+\varepsilon\left(2\phi_0-2\beta\varepsilon-\frac{1}{2}\right)\|\nabla w\|^2+2\beta\|\nabla q\|^2\leqslant 0 \tag{4.14}$$

由于 $0<\varepsilon\leqslant\frac{1}{2\beta}$,得到 $2\phi_0-2\beta\varepsilon-\frac{1}{2}\geqslant\phi_0-\beta\varepsilon$,

通过(H_1)和 Gronwall 不等式得到

$$\frac{1}{2}(\|q\|^2+\|\nabla w\|^2)\leqslant\|q\|^2+(\phi_0-\beta\varepsilon)\|\nabla w\|^2\leqslant(\|q_0\|^2+(\phi_0-\beta\varepsilon)\|\nabla w_0\|^2)\mathrm{e}^{-\varepsilon t} \tag{4.15}$$

引理 4.2 证明完毕.

引理 4.3　如果 $(u_0,u_1)\in B$,(v,v_t) 为式(4.7)的解,则存在紧集 $N(T)\subset X_1$ 且

$$(v,v_t)\in N(T) \tag{4.16}$$

证明　在式(4.7)两边同时乘以算子 $\mathbf{A}^{\sigma_1}\left(0<\sigma_1=\frac{1}{2}\right)$ 得到

$$\xi_{tt}+\alpha\xi_t-\beta\Delta\xi_t-\phi_0\Delta\xi=\mathbf{A}^{\sigma_1}\varphi,\xi(0)=0,\xi_t(0)=0 \tag{4.17}$$

其中 $\xi=\mathbf{A}^{\sigma_1}v$. 令 $\eta=\xi_t+\varepsilon\xi$,则

$$\eta_t+(\alpha-\varepsilon)\eta+(\varepsilon^2-\alpha\varepsilon)\xi-\beta\Delta\eta-(\phi_0-\beta\varepsilon)\Delta\xi=\mathbf{A}^{\sigma_1}\varphi \tag{4.18}$$

式(4.18)中的方程与 η 作内积得到

$$\frac{1}{2}\frac{\mathrm{d}}{\mathrm{d}t}[\|\eta\|^2+(\phi_0-\beta\varepsilon)\|\nabla\xi\|^2]+\frac{\alpha}{4}\|\eta\|^2+\varepsilon(\phi_0-\beta\varepsilon-\frac{1}{4})\|\nabla\xi\|^2+\beta\|\nabla\eta\|^2\leqslant(\mathbf{A}^{\sigma_1}\varphi,\eta) \tag{4.19}$$

与定理 2.2 相同的论证,得到

$$|(\mathbf{A}^{\sigma_1}f,\eta)|\leqslant C_{13}(\|f\|,\beta)+\frac{\beta}{8}\|\nabla\eta\|^2 \tag{4.20}$$

$$|(\mathbf{A}^{\sigma_1}(\phi(\|\nabla u\|^2)\Delta u),\eta|\leqslant C_{14}(\phi(\|\nabla u\|^2)\Delta u,\|\Delta u\|,\beta)+\frac{\beta}{8}\|\nabla\eta\|^2 \tag{4.21}$$

$$|\mathbf{A}^{\sigma_1}((1+|u|^2)^{p-1}u),\eta|\leqslant C_{15}(\|\nabla u\|,\beta)+\frac{\beta}{4}\|\nabla\eta\|^2 \tag{4.22}$$

结合式(4.19)—式(4.22)得到

$$\begin{aligned}&\frac{\mathrm{d}}{\mathrm{d}t}[\|\eta\|^2+(\phi_0-\beta\varepsilon)\|\nabla\xi\|^2]+\frac{\alpha}{2}\|\eta\|^2+\varepsilon(\phi_0-\beta\varepsilon)\|\nabla\xi\|^2+\beta\|\nabla\eta\|^2\\&\leqslant C_{16}(\|f\|,\phi(\|\nabla u\|^2,\|\Delta u\|,\beta)\end{aligned} \tag{4.23}$$

则

$$H_4(t) \leqslant H_4(0)\mathrm{e}^{-\varepsilon t} + \frac{C_{16}}{\varepsilon}(1 - \mathrm{e}^{\varepsilon t}) \tag{4.24}$$

其中 $H_4 = \|\eta\|^2 + (\phi_0 - \beta\varepsilon)\|\nabla \xi\|^2$. 由 $H_4(0) = 0$,式(4.24)变换为

$$H_4(t) \leqslant \frac{C_{16}}{\varepsilon}(1 - \mathrm{e}^{-\varepsilon t}), t \geqslant 0 \tag{4.25}$$

随后得到

$$\|\xi_t + \varepsilon\xi\|^2 + \|\nabla \xi\|^2 \leqslant C_{17} \tag{4.26}$$

$$\|(v, v_t)\|^2_{V_{2+4\sigma_1} \times V_{4\sigma_1}} \leqslant C_{17}, t > 0 \tag{4.27}$$

其中 $\xi = \mathbf{A}^{\sigma_1} v$.

因为 $v_{2+4\sigma_1} \times V_{4\sigma_1} \to X_1$ 是紧嵌入，即说明 $V_{2+4\sigma_1} \times V_{4\sigma_1}$ 的有界集为 X_1 的紧集.

引理 4.3 证明完毕.

定义

$$P(t)(u_0, u_1) = (w(t), w_t(t)), U(t)(u_0, u_1) = (v(t), v_t(t)) \tag{4.28}$$

显然,$S(t) = P(t) + U(t)$. 引理 3.1 表明任意的 $(u_0, u_1) \in B_0 \subset X_1$,算子 $P(t): X_1 \to X_1$ 是连续的且满足式(4.1). 同时,引理 3.2 得到 $U(t)$ 是一致紧的. 所以 $S(t)$ 在 X_1 中具有紧的整体吸引子 A.

以上即为定理 2.3 的证明过程.

2.3 一类广义非线性 Kirchhoff 型方程的整体吸引子

本节研究了具有阻尼项的广义非线性 Kirchhoff-Boussinesq 型方程：$u_{tt} + \alpha u_t - \beta\Delta u_t + \Delta^2 u = \mathrm{div}(g(|\nabla u|^2)\nabla u) + \Delta h(u) + f(x)$ 的初边值问题的解的长时间行为. 本节证明上述问题对应的算子半群 $S(t)$ 在相空间 $(H^2 \cap H_0^1) \times H_0^1$ 中整体吸引子的存在性.

1 引言

本节研究下列非线性 Kirchhoff-Boussinesq 型方程的整体吸引子：

$$u_{tt} + \alpha u_t - \beta\Delta u_t + \Delta^2 u = \mathrm{div}(g(|\nabla u|^2)\nabla u) + \Delta h(u) + f(x), (x,t) \in \Omega \times \mathbf{R}^+ \tag{1.1}$$

$$u(x,0) = u_0(x); u_t(x,0) = u_1(x), x \in \Omega \tag{1.2}$$

$$u(x,t)|_{\partial\Omega} = 0, \Delta u(x,t)|_{\partial\Omega} = 0, x \in \Omega \tag{1.3}$$

其中,Ω 是 $\boldsymbol{R}^N$ 中具有光滑边界的有界域，且 α, β 都是正常数，有关 $g(|\nabla u|^2), h(u)$ 的假设将会在后文中给出.

关于 Kirchhoff 方程已经有了很深入的研究. 近来 Chueshov 和 Lasiecka[23] 研究了下列 Kirchhoff-Boussinesq 型方程的长时间行为

$$u_{tt} + ku_t + \Delta^2 u = \mathrm{div}[f_0(\nabla u)] + \Delta[f_1(u)] - f_2(u) \tag{1.4}$$

具有紧边界条件

$$u(x,t)|_{\partial\Omega} = 0, \frac{\partial u(x,t)}{\partial v}|_{\partial\Omega} = 0 \tag{1.5}$$

其中 $\Omega \subset R^2$,v 是在$\partial\Omega$ 上的外单位法线. 上式 $k > 0$ 是阻尼系数,映射 $f_0: R^2 \to R^2$ 及光滑方程 f_1

和f_2 代表上式中的反馈力，特别的

$$f_0(\nabla u) = |\nabla u|^2 \nabla u, f_1(u) = u^2 + u.$$

当$f_0(\nabla u) = |\nabla u|^{m-1}\nabla u = \sigma(|\nabla u|^2)\nabla u, 1 \leqslant m \leqslant (N+2)/(N-2)^+$ 及$f_1(u) = 0$，同时对方程(1.4)考虑其具有强阻尼，则式(1.4)变为下列 Kirchhoff 型方程

$$u_{tt} - \operatorname{div}[\sigma(|\nabla u|^2)\nabla u] - \Delta u_t + \Delta^2 u + h(u_t) + g(u) = f(x) \tag{1.6}$$

这类问题被 Yang Zhijian 和 Jin Baoxia[20] 所研究，在此类模型中，Yang Zhijian 和 Jin Baoxia 在相对温和的条件下获得结论，其中的 g 和 h 满足下列情况

$$\lim_{|S| \to \infty} \inf \frac{G(s)}{|S|^{m+1}} \geqslant 0 \tag{1.7}$$

$$\lim_{|S| \to \infty} \inf \frac{sg(s) - \rho G(s)}{|S|^{m+1}} \geqslant 0 \tag{1.8}$$

其中 $0 < \rho < 2, G(s) = \int_0^s g(\tau)\mathrm{d}\tau, 1 \leqslant m < N/(N-2)^+ \ (m < \infty)$，这里的 $a^+ = \max(0,a)$ 及 $h = h_1 + h_2$ 且存在常数 $\delta \in (0,1), \theta_1 \in \left(0, \frac{1}{2}\right), \beta_1 > 0$，使得满足

$$(h_2(v), v) \geqslant 0, (h_1(v), v) \geqslant -\theta_1[(h_2(v), v) + \|v\|_{v_1}^2] - \beta_1 \tag{1.9}$$

Yang Zhijian、Na Fang 和 Ro Fu Ma[13] 也研究了具有弹性的波导模型的广义双色散方程的整体吸引子

$$u_{tt} - \Delta u - \Delta u_{tt} + \Delta^2 u - \Delta u_t - \Delta g(u) = f(x) \tag{1.10}$$

在这个模型中，g 满足下列情形，

$$\lim_{|S| \to \infty} \inf \frac{g(s)}{s} \geqslant -\lambda_1, |g'(s)| \leqslant C(1 + |s|^{p-1}), s \in \mathbf{R} \tag{1.11}$$

其中 λ_1 是 $-\Delta$ 在 Ω 上带有齐次 Dirichlet 边界条件的第一特征值，以及 $1 < p < \infty$，当时 $N = 2$ 时；$1 \leqslant p \leqslant p^* \equiv \frac{N+2}{N-2}$，当 $N \geqslant 3$ 时.

T. F. Ma 和 M. L. Pelicer[24] 证明了下列具有弱阻尼项系统的有限维整体吸引子的存在性

$$u_{tt} + u_{xxxx} - (\sigma(u_x))_x + ku_t + f(u) = h \ in (0,L) \times \mathbf{R}^+ \tag{1.12}$$

具有简支边界条件

$$u(0,1) = u(L,t) = u_{xx}(0,1) = u_{xx}(L,t) = 0, t \geqslant 0 \tag{1.13}$$

及初始条件，

$$u(x,0) = u_0(x), u_t(x,0) = u_1(x), x \in (0,L) \tag{1.14}$$

该模型中 $\sigma(z) = |z|^{p-2}, p \geqslant 2, k > 0$，和

$$f \in C^1(R) \ -\rho \leqslant \hat{f}(s) = \int_0^s f(\tau)\mathrm{d}\tau \leqslant f(s)s, \rho > 0, s \in \mathbf{R}.$$

如需得到更多的相关知识，可以参见文献[25]—文献[28].

许多学者假设 $\operatorname{div}(g(|\nabla u|^2)\nabla u) = \|\nabla u\|^{m-1}\nabla u$，为了使方程更具有广泛性，结合郭亮、袁绍勤、林国广的思想，即参考文献[8]，做出假设(详细的假设内容在第二部分介绍). 在这些假设下，可得到解的唯一性.

本节结构如下：在第二部分中，给出主要记号和主要结论. 在第三部分中，对问题(1.1)—(1.3)整体解作出了先验估计，讨论了基于问题(1.1)—(1.3)的动力学系统中在相

空间 X_1 中整体吸引子的存在性.

2 记号和主要结论

为叙述方便,引入下列符号:

$$L^p = L^p(\Omega), H^k = H^k(\Omega), H = L^2, \|\cdot\| = \|\cdot\|_{L^2}, \|\cdot\|_p = \|\cdot\|_{L^p}$$

其中,$p \geqslant 1$,并且 $V_2 = H^2 \cap H_0^1$,H^k 是 L^2-内积下的 Sobolev 空间,同时 H_0^k 表示 $C_0^\infty(\Omega)$ 在 H^k 中的闭包($k>0$). 符号(·,·)表示 H-内积.

在这部分中人们定义一些基本假设,以陈述整体解的存在及一些主要的结果. 我们假设

(H_1) $g \in C^1(\Omega)$,

$$\liminf_{|s|\to\infty} \frac{G(s)}{|s|^{\frac{m+3}{2}}} \geqslant -C \tag{2.1}$$

$$\liminf_{|s|\to\infty} \frac{sg(s) - \rho G(s)}{|s|^{\frac{m+3}{2}}} \geqslant -C \tag{2.2}$$

其中 $G(s) = \int_0^s g(\tau)\mathrm{d}\tau$, $0 < \rho < 2$,并且当 $N \geqslant 2$ 时,

$$|g'(s)| \leqslant C(1 + |s|^{\frac{m-1}{2}}), s \in \Omega \tag{2.3}$$

其中当 $N=2$ 时,$1 \leqslant m \leqslant \infty$;当 $3 \leqslant N \leqslant 4$ 时,$1 \leqslant m \leqslant m^* \equiv \frac{6-N}{N-2}$;当 $N \geqslant 5$ 时,$m=1$. (H_2) $h \in C^1(\Omega)$,和 $\|h'(u)\|_\infty < \frac{\lambda_1\sqrt{2}}{4}$,$\lambda_1$ 是 $-\Delta$ 在 Ω 上带有齐次 Dirichlet 边界条件的第一特征值.

现在对方程(1.1)进行先验估计.

引理 2.1 假设(H_1),(H_2)成立,并且$(u_0,u_1) \in V_2 \times H$,$f \in H$,则问题(1.1)—(1.3)的光滑解满足:$(u,v) \in V_2 \times H$,并且

$$\|(u,v)\|_{V_2\times H}^2 = \|\Delta u\|^2 + \|v\|^2 \leqslant \frac{H_1(0)}{k}\mathrm{e}^{-\alpha_1 t} + \frac{C_1}{ka_1}(1 - \mathrm{e}^{\alpha_1 t}) \tag{2.4}$$

其中 $v = u_t + \varepsilon u$, $v_0 = u_1 + \varepsilon u_0$, $\varepsilon = \min\left\{\frac{\alpha}{4}, \frac{\lambda_1^2}{2\alpha}, \frac{\lambda_1}{4\beta}\right\}$,并且

$$H_1(0) = \|v_0\|^2 + \|\Delta u_0\|^2 - \beta\varepsilon\|\nabla u_0\|^2 + \int_\Omega (G(|\nabla u_0|^2) + C_\eta)\mathrm{d}x$$

因此存在 E_0 和 $t_1 = t_1(\Omega) > 0$,使得

$$\|(u,v)\|_{V_2\times H}^2 = \|\Delta u\|^2 + \|v\|^2 \leqslant E_0 (t > t_1) \tag{2.5}$$

注 2.1 式(2.1)和式(2.2)得到存在常数 C_η 和 $\tilde{C}_\eta$,使得

$$G(s) \geqslant -C_\eta, sg(s) - \rho G(s) \geqslant \tilde{C}\eta \tag{2.6}$$

证明 设 $v = u_t + \varepsilon u$,则 v 满足

$$v_t + (\alpha - \varepsilon)v + (\varepsilon^2 - \alpha\varepsilon)u - \beta\Delta v + \beta\varepsilon\Delta u + \Delta^2 u = \mathrm{div}(g(|\nabla u|^2)\nabla u) + \Delta h(u) + f(x) \tag{2.7}$$

式(2.7)与 v 作 H-内积,可得到

$$\frac{1}{2}\frac{\mathrm{d}}{\mathrm{d}t}\|v\|^2+(\alpha-\varepsilon)\|v\|^2+(\varepsilon^2-\alpha\varepsilon)(u,v)+\beta\|\nabla v\|^2+\beta\varepsilon(\Delta u,v)+(\Delta^2,v)$$
$$=(\mathrm{div}(g(|\nabla u|^2)\nabla u),v)+(\Delta h(u),v)+(f(x),v)\tag{2.8}$$

因为 $v=u_t+\varepsilon u,\varepsilon=\min\left\{\frac{\alpha}{4},\frac{\lambda_1^2}{2\alpha},\frac{\lambda_1}{4\beta}\right\}$，通过使用 Holder 不等式，Young 不等式和 Poincare 不等式，依次处理式(2.8)的每一项

$$(\alpha-\varepsilon)\|v\|^2\geqslant\frac{3\alpha}{4}\|v\|^2\tag{2.9}$$

$$(\varepsilon^2-\alpha\varepsilon)(u,v)\geqslant\frac{\varepsilon^2-\alpha\varepsilon}{\lambda_1}\|\Delta u\|\|v\|\geqslant-\frac{\varepsilon\alpha^2}{\lambda_1^2}\|v\|^2-\frac{\varepsilon}{4}\|\Delta u\|$$
$$\geqslant-\frac{\varepsilon}{4}\|\Delta u\|^2-\frac{\alpha}{2}\|v\|^2\tag{2.10}$$

并且

$$\beta\varepsilon(\Delta u,v)=\beta\varepsilon(\Delta u,ut+\varepsilon u)=-\frac{\beta\varepsilon}{2}\frac{\mathrm{d}}{\mathrm{d}t}\|\nabla u\|^2-\beta\varepsilon^2\|\nabla u\|^2\tag{2.11}$$

$$(\Delta^2u,v)=(\Delta u,\Delta v)=(\Delta u,\Delta u_t+\varepsilon\Delta u)=\frac{1}{2}\frac{\mathrm{d}}{\mathrm{d}t}\|\Delta u\|^2+\varepsilon\|\Delta u\|^2\tag{2.12}$$

$$(\mathrm{div}(g(|\nabla u|^2)\nabla u),v)=-(g(|\nabla u^2|)\nabla u,\nabla u_t+\varepsilon\nabla u)$$
$$=-\int_\Omega g(|\nabla u|^2)\nabla u\nabla u_t\mathrm{d}x-\varepsilon(g(|\nabla u|^2)\nabla u,\nabla u)$$
$$=-\frac{1}{2}\frac{\mathrm{d}}{\mathrm{d}t}\int_\Omega G(|\nabla u|^2)\mathrm{d}x-\varepsilon(g(|\nabla u|^2)\nabla u,\nabla u)\tag{2.13}$$

通过式(2.9)—式(2.13)可以得到

$$\frac{1}{2}\frac{\mathrm{d}}{\mathrm{d}t}[\|v\|^2+\|\Delta u\|^2-\beta\varepsilon\|\nabla u\|^2+\int_\Omega(G(|\nabla u|^2)+C_\eta)\mathrm{d}x]+$$
$$\frac{\alpha}{4}\|v\|^2+\frac{3\varepsilon}{4}\|\Delta u\|^2-\beta\varepsilon^2\|\nabla u\|^2+\varepsilon(g(|\nabla u|^2)\nabla u,\nabla u)+\beta\|\nabla v\|^2\leqslant$$
$$(\Delta h(u),v)+(f(x),v)\tag{2.14}$$

通过式(2.6)可以得到

$$\varepsilon(g(|\nabla u|^2)\nabla u,\nabla u)=\varepsilon\int_\Omega g(|\nabla u|^2)|\nabla u|^2\mathrm{d}x\geqslant\varepsilon\int_\Omega(\rho G(|\nabla u|^2)-\tilde{C}_\eta)\mathrm{d}x$$
$$=\varepsilon\rho\int_\Omega(G(|\nabla u|^2)+C_\eta)\mathrm{d}x)-\varepsilon\rho\int_\Omega C_\eta\mathrm{d}x-\varepsilon\int_\Omega\tilde{C}_\eta\mathrm{d}x\tag{2.15}$$

将式(2.15)代入式(2.14)可以得到

$$\frac{1}{2}\frac{\mathrm{d}}{\mathrm{d}t}[\|v\|^2+\|\Delta u\|^2-\beta\varepsilon\|\nabla u\|^2+\int_\Omega(G(|\nabla u|^2+C_\eta)\mathrm{d}x]+$$
$$\frac{\alpha}{4}\|v\|^2+\frac{3\varepsilon}{4}\|\Delta u\|^2-\beta\varepsilon^2\|\nabla u\|^2+\beta\rho\int_\Omega(G(|\nabla u|^2+C_\eta)\mathrm{d}x)+\beta\|\nabla v\|^2$$
$$\leqslant(\Delta h(u),v)+(f(x),v)+\varepsilon\int_\Omega\tilde{C}_\eta\mathrm{d}x+\varepsilon\rho\int_\Omega C_\eta\mathrm{d}x.\tag{2.16}$$

通过使用 Holder 不等式，Young 不等式和(H_2)可以得到

$$(f(x),v) \leq \|f\| \cdot \|v\| \leq \frac{2}{\alpha}\|f\|^2 + \frac{\alpha}{8}\|v\|^2 \tag{2.17}$$

$$|(\Delta h(u),v)| = |(\nabla h(u),\nabla v)| \leq \int_\Omega |h'(u)\|\nabla u\|\nabla v| \mathrm{d}x$$

$$\leq \|h'(u)\|_\infty \cdot \|\nabla u\| \cdot \|\nabla v\| \leq \frac{\|h'(u)\|_\infty^2}{2\beta\varepsilon^2}\|\nabla v\|^2 + \frac{\beta\varepsilon^2}{2}\|\nabla u\|^2 \tag{2.18}$$

因此,得到

$$\frac{\mathrm{d}}{\mathrm{d}t}\left[\|v\|^2 + \|\Delta u\|^2 - \beta\varepsilon\|\nabla u\|^2 + \int_\Omega (G(|\nabla u|^2) + C_\eta)\mathrm{d}x\right] + \frac{\alpha}{4}\|v\|^2 + \frac{3\varepsilon}{2}\|\Delta u\|^2 -$$
$$3\beta\varepsilon^2\|\nabla u\|^2 + 2\varepsilon\beta\int_\Omega (G(|\nabla u|^2) + C_\eta)\mathrm{d}x + 2\left(\beta - \frac{\|h'(u)\|_\infty^2}{2\beta\varepsilon^2}\right)\|\nabla v\|^2$$
$$\leq \frac{4}{\alpha}\|f\|^2 + 2\varepsilon\int_\Omega \tilde{C}_\eta \mathrm{d}x + 2\varepsilon\beta\int_\Omega C_\eta \mathrm{d}x \tag{2.19}$$

因为 $0<\varepsilon<\frac{\lambda_1}{4\beta}$ 可得

$$\frac{3}{2}\|\Delta u\|^2 - 3\beta\varepsilon\|\nabla u\|^2 \geq \|\Delta u\|^2 - \beta\varepsilon\|\nabla u\|^2 \tag{2.20}$$

将式(2.20)代入式(2.19)得

$$\frac{\mathrm{d}}{\mathrm{d}t}\left[\|v\|^2 + \|\Delta u\|^2 - \beta\varepsilon\|\nabla u\|^2 + \int_\Omega (G(|\nabla u|^2) + C_\eta)\mathrm{d}x\right] +$$
$$\frac{\alpha}{4}\|v\|^2 + \varepsilon\|\Delta u\|^2 - \beta\varepsilon^2\|\nabla u\|^2 + 2\varepsilon\beta\int_\Omega (G(|\nabla u|^2) + C_\eta)\mathrm{d}x +$$
$$2\left(\beta - \frac{\|h'(u)\|_\infty^2}{2\beta\varepsilon^2}\right)\|\nabla v\|^2 \leq \frac{4}{\alpha}\|f\|^2 + 2\varepsilon\int_\Omega \tilde{C}_\eta \mathrm{d}x + 2\varepsilon\rho\int_\Omega \tilde{C}_\eta \mathrm{d}x \tag{2.21}$$

取 $\alpha_1 = \min\left\{\frac{\alpha}{4},\varepsilon,2\varepsilon\rho\right\} = \min\{\varepsilon,2\varepsilon\rho\}$,得到

$$\frac{\mathrm{d}}{\mathrm{d}t}H_1(t) + \alpha_1 H(t) \leq \frac{4}{\alpha}\|f\|^2 + 2\varepsilon\int_\Omega \tilde{C}_\eta \mathrm{d}x + 2\varepsilon\rho\int_\Omega \tilde{C}_\eta \mathrm{d}x := C_1 \tag{2.22}$$

其中 $H_1(t) = \|v\|^2 + \|\Delta u\|^2 - \beta\varepsilon\|\nabla u\|^2 + \int_\Omega (G(|\nabla u|^2) + C_\eta)\mathrm{d}x$, 应用 Gronwall 不等式,可得

$$H_1(t) \leq H_1(0)\mathrm{e}^{-\alpha_1 t} + \frac{C_1}{\alpha_1}(1-\mathrm{e}^{-\alpha_1 t}) \tag{2.23}$$

由(H_1):$|g'(s)| \leq C(1+|s|^{\frac{m-1}{2}})$,$s\in\Omega$,当 $N=2$ 时,$1\leq m\leq\infty$;当 $3\leq N\leq 4$ 时,$1\leq m\leq m^* \equiv \frac{6-N}{N-2}$;当 $N\geq 5$ 时,$m-1$,有 $\int_\Omega G(|\nabla u|^2)\mathrm{d}x \leq C\|\nabla u\|^{m+3}$,根据嵌入定理,$H_0^1 \to L_{m+3}$,令 $k = \min\left\{1,\left(1-\frac{\beta\varepsilon}{\lambda_1}\right)\right\} = 1-\frac{\beta\varepsilon}{\lambda_1} \geq 0$,则有

$$\|(u,v)\|_{V_2\times H}^2 = \|\Delta u\|^2 + \|v\|^2 \leq \frac{H_1(0)}{k}\mathrm{e}^{-\alpha_1^t} + \frac{C_1}{k\alpha_1}(1-\mathrm{e}^{-\alpha_1^t}) \tag{2.24}$$

则

$$\overline{\lim_{t\to\infty}}\|(u,v)\|_{V_2\times H}^2 \leq \frac{C_1}{k\alpha_1}. \tag{2.25}$$

故,存在 E_0 和 $t_1=t_1(\Omega)>0$,使得

$$\|(u,v)\|_{V_2\times H}^2=\|\Delta u\|^2+\|v\|^2\leqslant E_0(t>t_1) \tag{2.26}$$

证毕.

引理 2.2　在引理 2.1 的假设下,补充假设(H_3):$f\in H^1(\Omega)$,$h\in C^2(\Omega)$及$(u_0,v_0)\in H^3\times H^1$,则问题(1.1)—(1.3)的光滑解满足:$(u,v)\in H^3\times H^1$,并且

$$\|(u,v)\|_{H^3\times H^1}^2=\|\nabla\Delta u\|^2+\|\nabla v\|^2\leqslant\frac{H_2(0)}{k_2}e^{-\alpha_2 t}+\frac{C_9}{k_2\alpha_2}(1-e^{-\alpha_2 t}) \tag{2.27}$$

其中 $v=u_t+\varepsilon u$,$v_0=t_1+\varepsilon u_0$,$\varepsilon=\min\left\{\frac{\alpha}{4},\frac{\lambda_1^2}{2\alpha},\frac{\lambda_1}{4\beta}\right\}$,并且

$$H_2(0)=\|\nabla v_0\|^2+\|\nabla\Delta u_0\|^2-\beta\varepsilon\|\Delta u_0\|^2$$

因此存在 E_1 和 $t_2=t_2(\Omega)>0$,使得

$$\|u,v)\|_{H^3\times H^1}^2=\|\nabla\Delta u\|^2+\|\nabla v\|^2\leqslant E_1(t>t_2) \tag{2.28}$$

证明　式(2.7)与 $-\Delta v=-\Delta u_t-\varepsilon\Delta u$ 作 H-内积,得到

$$\frac{1}{2}\frac{d}{dt}\|\nabla v\|^2+(\alpha-\varepsilon)\|\nabla v\|^2+(\varepsilon^2-\alpha\varepsilon)(u,\Delta v)+\beta\varepsilon(\Delta u,-\Delta v)+(\Delta^2 u,-\Delta v)+\beta\|\Delta v\|^2$$
$$=(\mathrm{div}(g(|\nabla u|^2)\nabla u),-\Delta v)+(\Delta h(u),-\Delta v)+(f(x),-\Delta v) \tag{2.29}$$

通过使用 Holder 不等式,Young 不等式和 Poincare 不等式,依次处理式(2.29)的每一项

$$(\alpha-\varepsilon)\|\nabla v\|^2\geqslant\frac{3\alpha}{4}\|\nabla v\|^2 \tag{2.30}$$

$$(\varepsilon^2-\alpha\varepsilon)(u,-\Delta v)=(\varepsilon^2-\alpha\varepsilon)(\Delta v,\nabla v)\geqslant\frac{\varepsilon^3-\alpha\varepsilon}{\lambda_1}\|\nabla\Delta u\|\|\nabla v\|$$
$$\geqslant-\frac{2\varepsilon\alpha^2}{\lambda_1^2}\|\nabla v\|^2-\frac{\varepsilon}{8}\|\nabla\Delta u\|^2\geqslant\frac{\varepsilon}{8}\|\nabla\Delta u\|^2-\frac{\alpha}{2}\|\nabla v\|^2 \tag{2.31}$$

和

$$\beta\varepsilon(\Delta u,-\Delta v)=\beta\varepsilon(\Delta u,-\Delta u-\varepsilon\Delta u)=-\frac{\beta\varepsilon}{2}\frac{d}{dt}\|\Delta u\|^2-\beta\varepsilon^2\|\Delta u\|^2 \tag{2.32}$$

$$(\Delta^2 u,-\Delta v)=(\nabla\Delta u,\nabla\Delta v)=(\nabla\Delta u,\nabla\Delta ut+\varepsilon\nabla\Delta u)$$
$$=\frac{1}{2}\frac{d}{dt}\|\nabla\Delta u\|^2+\varepsilon\|\nabla\Delta u\|^2 \tag{2.33}$$

将式(2.30)—式(2.33)代入式(2.29),得到

$$\frac{1}{2}\frac{d}{dt}(\|\nabla v\|^2+\|\nabla\Delta u\|^2-\beta\varepsilon\|\Delta u\|^2)+\frac{\alpha}{4}\|\nabla v\|^2+\frac{7\varepsilon}{8}\|\nabla\Delta u\|^2-\beta\varepsilon^2\|\Delta u\|^2+$$
$$\beta\|\Delta v\|^2\leqslant(\mathrm{div}(g(|\nabla u|^2)\nabla u),-\Delta v)+(\Delta h(u),-\Delta v)+(f(x),-\Delta v) \tag{2.34}$$

通过使用 Holder 不等式,Young 不等式和(H_1),(H_3),得到

$$(f(x),-\Delta v)=(\nabla f(x),\nabla v)\leqslant\|\nabla f\|\cdot\|\nabla v\|\leqslant\frac{2}{\alpha}\|\nabla f\|^2+\frac{\alpha}{8}\|\nabla v\|^2 \tag{2.35}$$

$$|(\Delta h(u),-\Delta v)|=|(\nabla\cdot(h'(u)\nabla u),\nabla v|=|(h''(u)|\nabla u|^2+h'(u)\Delta u,\Delta v)|$$
$$\leqslant|((h''(u)|\nabla u|^2,\Delta v)|+|(h'(u)\Delta u,\Delta v)|$$
$$\leqslant\|h'(u)\|_\infty\cdot\|\nabla u\|_4^2\cdot\|\Delta v\|+\|h'(u)\|_\infty\cdot\|\nabla u\|\cdot\|\Delta v\|$$
$$\leqslant\frac{\beta}{4}\|\Delta v\|^2+\frac{2\|h''(u)\|_\infty^2\cdot\|\nabla u\|_4^4}{\beta}+\frac{2\|h'(u)\|_\infty^2\|\nabla u\|^2}{\beta} \tag{2.36}$$

根据 Gagliardo-Nirenberg 不等式和引理 1,可得

$$\|\nabla u\|_4 \leqslant C_2 \|\Delta u\|^{\frac{1}{4n}} \|\nabla u\|^{\frac{4n-1}{4n}} := C_3,$$

则有

$$|(\Delta h(u), -\Delta v)| \leqslant \frac{\beta}{4}\|\Delta v\|^2 + C_4(\|h''(u)\|_\infty, \|h'(u)\|_\infty{}' \|\nabla u\|, C_3, \beta) \tag{2.37}$$

同理

$$\begin{aligned}
&|(\operatorname{div}(g(|\nabla u|^2)\nabla u), -\nabla v)| = |[2g'(|\nabla u|^2)|\nabla u|^2 + g(|\nabla u|^2)]\Delta u, \Delta v| \\
&\leqslant |C_4(1 + |\nabla u|^{m+1})\Delta u, \Delta v| \leqslant |(C_4\Delta u, \Delta v)| + C_4|(|\nabla u|^{m+1}\Delta u, \Delta v)| \\
&\leqslant C_4\|\Delta u\| \cdot \|\Delta v\| + C_4\|\nabla u\|_{4(m+1)}^{m+1} \cdot \|\Delta u\|_4 \cdot \|\Delta v\| \\
&\leqslant \frac{\beta}{4}\|\Delta v\|^2 + \frac{2}{\beta}C_4^2\|\Delta u\|^2 + \frac{2}{\beta}C_4^2\|\nabla u\|_{4(m+1)}^{2(m+1)} \cdot \|\Delta u\|_4^2
\end{aligned} \tag{2.38}$$

再根据 Gagliardo-Nirenberg 不等式和引理 2.1,可得

$$\|\nabla u\|_{4(m+1)} \leqslant C_5 \|\Delta u\|^{\frac{2m+1}{4(m+1)n}} \|\nabla u\|^{\frac{4(m+1)n-2m-1}{4(m+1)n}} := C_6$$

$$\|\Delta u\|_4 \leqslant C_7 \|\nabla \Delta u\|^{\frac{1}{4n}} \|\Delta u\|^{\frac{4n-1}{4n}}$$

则通过 Young 不等式,可得

$$\begin{aligned}
&|(\operatorname{div}(g|\nabla u|^2)\nabla u), -\Delta v)| \leqslant \frac{\beta}{4}\|\Delta v\|^2 + \frac{\varepsilon^{4n}}{4n}\left(\|\nabla \Delta u\|^{\frac{1}{2n}}\right)^{4n} + \\
&\frac{4n-1}{4n}\varepsilon^{\frac{1-4n}{4n}}\left(\frac{2}{\beta}C_4^2 C_6^{2m+2} C_7^2 \|\Delta u\|^{\frac{4n-1}{2n}}\right)^{\frac{4n}{4n-1}} + \frac{2}{\beta}C_4^2\|\Delta u\|^2
\end{aligned} \tag{2.39}$$

其中 $\varepsilon^{4n} = \dfrac{n\varepsilon}{2}$,则

$$|(\operatorname{div}(g(|\nabla u|^2)\nabla u), -\Delta v)| \leqslant \frac{\beta}{4}\|\Delta v\|^2 + \frac{\varepsilon}{8}\|\nabla \Delta u\|^2 + C_8(n, \varepsilon, \beta, C_4, C_6, C_7, \|\Delta u\|) \tag{2.40}$$

将式(2.35)、式(2.37)和式(2.40)代入式(2.34),可得

$$\begin{aligned}
&\frac{\mathrm{d}}{\mathrm{d}t}(\|\nabla v\|^2 + \|\nabla \Delta u\|^2 - \beta\varepsilon\|\Delta u\|^2) + \frac{\alpha}{4}\|\nabla v\|^2 + \frac{3\varepsilon}{2}\|\nabla \Delta u\|^2 - \\
&2\beta\varepsilon^2\|\Delta u\|^2 + \beta\|\Delta v\|^2 \leqslant 2\left(\frac{2}{\alpha}\|\nabla f\|^2 + C_4 + C_8\right)
\end{aligned} \tag{2.41}$$

因为 $0 < \varepsilon < \dfrac{\lambda_1}{4\beta}$ 有

$$\frac{3}{2}\|\Delta u\|^2 - 2\beta\varepsilon\|\nabla u\|^2 \geqslant \|\Delta u\|^2 - \beta\varepsilon\|\nabla u\|^2 \tag{2.42}$$

取 $\alpha_2 = \min\left\{\dfrac{\alpha}{4}, \varepsilon\right\} = \varepsilon$,则

$$\frac{\mathrm{d}}{\mathrm{d}t}H_2(t) + \alpha_2 H_2(t) \leqslant 2\left(\frac{2}{\alpha}\|\nabla f\|^2 + C_4 + C_8\right) := C_9 \tag{2.43}$$

其中 $H_2(t) = \|\nabla v\|^2 + \|\nabla \Delta u\|^2 - \beta\varepsilon\|\Delta u\|^2$,根据 Gronwall 不等式有

$$H_2(t) \leqslant H_2(0)\mathrm{e}^{-\alpha_2 t} + \frac{C_9}{\alpha_2}(1 - \mathrm{e}^{-\alpha_2 t}) \tag{2.44}$$

令 $k_2 = \min\left\{1, \left(1 - \dfrac{\beta\varepsilon}{\lambda_1}\right)\right\} = 1 - \dfrac{\beta\varepsilon}{\lambda} > 0$,所以可得

$$\|(u,v)\|^2_{H^3\times H^1}=\|\nabla\Delta u\|^2+\|\nabla v\|^2\leqslant\frac{H_2(0)}{k_2}\mathrm{e}^{-\alpha_2 t}+\frac{C_9}{k_2\alpha_2}(1-\mathrm{e}^{-\alpha_2 t})\tag{2.45}$$

则

$$\overline{\lim_{t\to\infty}}\|(u,v)\|^2_{H^3\times H^1}\leqslant\frac{C_9}{k_2\alpha_2}\tag{2.46}$$

故存在 E_1 和 $t_2=t_2(\Omega)>0$,使得

$$\|(u,v)\|^2_{H^3\times H^1}=\|\nabla\Delta u\|^2+\|\nabla v\|^2\leqslant E_1\,(t>t_2)\tag{2.47}$$

证毕.

3　整体吸引子

1. 解的存在唯一性

定理 3.1　假设$(H_1)\,g\in C^1(\Omega)$,

$$\lim_{|s|\to\infty}\inf\frac{G(s)}{|s|^{\frac{m+3}{2}}}\geqslant -C$$

$$\lim_{|s|\to\infty}\inf\frac{sg(s)-\rho G(s)}{|s|^{\frac{m+3}{2}}}\geqslant -C$$

其中 $G(s)=\int_0^s g(\tau)\,\mathrm{d}\tau$,$0<\rho<2$ 和 λ_1 是 $-\Delta$ 在 Ω 上带有齐次 Dirichlet 边界条件的第一特征值,当 $N\geqslant 2$ 时,

$$|g'(s)|\leqslant C(1+|s|^{\frac{m-1}{2}}),s\in\Omega$$

其中当 $N=2$ 时,$1\leqslant m<\infty$;当 $3\leqslant N\leqslant 4$ 时,$1\leqslant m\leqslant m^*\equiv\dfrac{6-N}{N-2}$;当 $N\geqslant 5$ 时,$m=1$.

$(H_2)\,(u_0,u_1)\in H^3\times H^1$,$f\in H$,$h\in C^2$ 及 $\|h'(u)\|_\infty<\dfrac{\sqrt{2}\lambda_1}{4}$.

则问题(1.1)—(1.3)存在唯一光滑解

$$(u,u_t)\in L^\infty([0,+\infty);H^3(\Omega)\times H^1(\Omega))$$

注 3.1　由定理 3.1,定义解半群 $S(t)$:$S(t)(u_0,u_1)=(u(t),u_t(t))$,则 $S(t)$ 是在 $H^3\times H^1$ 上的连续半群.

证明　通过 Galerkin 方法和引理 1,可得到解的存在性. 接下来详细证明解的唯一性. 假设 u,v 是问题(1.1)—(1.3)的两个解,令 $w=u-v$,则 $w(x,0)=w_0(x)=0$,$w_t(x,0)=w_1(x)=0$. 现将两个解代入方程(1.1),并将其做差,得到

$$w_{tt}+\alpha w_t-\beta\Delta w_t+\Delta^2 w=\operatorname{div}[g(|\nabla u|^2)\nabla u-g(|\nabla v|^2)\nabla v]+\Delta(h(u)-h(v))\tag{3.1}$$

式(3.1)与 w_t 作 H-内积可得

$$\begin{aligned}&\frac{1}{2}\frac{\mathrm{d}}{\mathrm{d}t}(\|w_t\|^2+\|\Delta w\|^2)+\alpha\|w_t\|^2+\beta\|\nabla w_t\|^2\\&=(\operatorname{div}[g(|\nabla u|^2)\nabla u-g(|\nabla v|^2)\nabla v],w_t)+(\Delta(h(u)-h(v)),w_t)\end{aligned}\tag{3.2}$$

通过(H_1)和(H_2)

$$\begin{aligned}&|(\Delta h(u)-h(v),w_t)|=|(h(u)-h(v),\Delta w_t)|=|(h'(\varepsilon)w,\Delta w_t)|\\&\leqslant\|h'(\varepsilon)\|_\infty\cdot\|\Delta w\|\cdot\|w_t\|\leqslant\alpha\|w_t\|^2+\frac{(\|h'(\varepsilon)\|_\infty)^2}{4\alpha}\|\Delta w\|^2\end{aligned}\tag{3.3}$$

$$\left|(\operatorname{div}[g(|\nabla u|^2)\nabla u - g(|\nabla v|^2)\nabla v],w_t)\right| = \left|\left(\int_0^1 \frac{\mathrm{d}}{\mathrm{d}\theta}(g(|\nabla U_\theta|^2)\nabla U_\theta)\mathrm{d}\theta, w_t\right)\right|$$

$$= \left|\left(\int_0^1 (2g'(|\nabla U_\theta|^2)|\nabla U_\theta|^2 + g(|\nabla U_\theta|^2))\mathrm{d}\theta\nabla w,\nabla w_t\right)\right|$$

$$\leqslant C_{10}\left|\int_0^1 (1+|\nabla U_\theta|^{m+1})\mathrm{d}\theta\nabla w,\nabla w_t)\right|$$

$$\leqslant C_{10}|(\nabla w,\nabla w_t)| + C_{10}\left|\int_0^1 |\nabla U_\theta|^{m+1}\mathrm{d}\theta\nabla w,\nabla w_t)\right|$$

$$\leqslant \alpha\|w_t\|^2 + \frac{C_{10}^2}{4\alpha}\|\Delta w\|^2 + C_{10}\int_0^1 \|\nabla U_\theta\|_{4(m+1)}^{m+1}\mathrm{d}\theta\|\nabla w\|_4 \cdot \|\nabla w_t\|$$

$$\leqslant \alpha\|w_t\|^2 + \frac{\beta}{2}\|\nabla w_t\|^2 + \left[\frac{C_{10}^2}{4\alpha} + \frac{C_{10}^2}{2\beta}\left(\int_0^1 |\nabla U_\theta|_{4(m+1)}^{m+1}\mathrm{d}\theta\right)^2\right]\cdot\|\Delta w\|^2 \tag{3.4}$$

其中 $\min\{u,v\}\leqslant\xi\leqslant\max\{u,v\}$，$U_\theta=\theta u+(1-\theta)v, 0<\theta<1$.

通过使用 Gagliardo-Nirenberg 不等式和引理 2.1，可得

$\|\nabla U_\theta\|_{4(m+1)}\leqslant C_{11}\|\Delta U_\theta\|^{\frac{2m+1}{4(m+1)n}}\|\nabla U_\theta\|^{\frac{4(m+1)n-2m-1}{4(m+1)n}} := C_{12}$，则可得

$$|(\operatorname{div}[g(|\nabla u|^2)\nabla u - g(|\nabla v|^2)\nabla v],w_t)| \leqslant \alpha\|w_t\|^2 + C_{13}(C_{10},C_{12},\beta,\alpha)\cdot\|\Delta w\| \tag{3.5}$$

将式(3.3)和式(3.5)代入式(3.2)

$$\frac{\mathrm{d}}{\mathrm{d}t}(\|w_t\|^2+\|\Delta w\|^2)+\beta\|\nabla w_t\|^2\leqslant 2\left[\frac{(\|h'(\varepsilon)\|_\infty)^2}{4\alpha}+C_{13}\right]\|\Delta w\|^2+2\alpha\|w_t\|^2 \tag{3.6}$$

取 $\beta=\max\left\{2\left[\frac{(\|h'(\varepsilon)\|_\infty)^2}{4\alpha}+C_{13}\right],2\alpha\right\}$，则

$$\frac{\mathrm{d}}{\mathrm{d}t}(\|w_t\|^2+\|\Delta w\|^2)\leqslant B(\|\Delta w\|^2+\|w_t\|^2) \tag{3.7}$$

根据 Gronwall 不等式，可得

$$\|w_t\|^2+\|\Delta w\|^2\leqslant(\|\Delta w(0)\|^2+\|w_t(0)\|^2)\mathrm{e}^{Bt} \tag{3.8}$$

由于 $w_0(x)=0, w_1(x)=0$，则有

$$\|w_t\|^2=0, \|\Delta w\|^2=0$$

即

$$w(x,t)=0,$$

因此

$$u=v.$$

得到了解的唯一性，定理 3.1 证明完毕.

证毕.

2. 整体吸引子

定理 3.2[12] 设 X 是 Bnaach 空间，$\{S(t)\}(t\geqslant 0)$ 是 X 上的算子半群.

$S(t):X\to X, S(t+s)=S(t)S(s)(\forall t,s\geqslant 0), S(0)=\mathbf{I}$ 其中 $\mathbf{I}$ 是一个单位算子. 设 $S(t)$ 满足下列条件：

①半群 $S(t)$ 在 X 中一致有界，即 $\forall R>0, \|u\|_X\leqslant R$，存在一个常数 $C(R)$，使得

$$\|S(t)u\|_X \leqslant C(R)(t\in[0,+\infty));$$

②存在 E 中的有界吸收集 $B_0\subset X$,即 $\forall B\subset X$,存在 t_0,使得

$$S(t)B\subset B_0(t\geqslant t_0)$$

其中 B_0 和 B 是有界集;

③当 $t>0$ 时,$S(t)$是一个全连续映射.

因此,半群 $S(t)$具有紧的整体吸引子 A.

定理 3.3 在定理3.1的条件下,方程具有整体吸引子

$$A=w(B_0)=\bigcap_{S\geqslant 0}\overline{\bigcup_{t\geqslant S}S(t)B_0}$$

其中 $B_0=\{(u,v)\in H^3\times H^1:\|(u,v)\|_{H^3\times H^1}^2=\|u\|_{H^3}^2+\|v\|_{H^1}^2\leqslant E_0+E_1\}$,$B_0$ 是$(H^2\cap H_0^1)\times H$ 中的有界吸收集,且满足:

①$S(t)A=A,t>0$;

②$\lim\limits_{t\to\infty}\operatorname{dist}(S(t)B,A)=0$,其中 $B\subset(H^2\cap H_0^1)\times H$ 是一个有界集,且

$$\operatorname{dist}(S(t)B,A)=\sup_{x\in B}(\inf_{y\in A}\|S(t)x-y\|_{(H^2\cap H_0^1)\times H})$$

证明 在定理3.1的条件下,方程存在解半群

$S(t):(H^2\cap H_0^1)\times H\to(H^2\cap H_0^1)\times H$,记作:$X=(H^2\cap H_0^1)\times H$.

① 由引理2.1和引理2.2可得: $\forall B\subset(H^2\cap H_0^1)\times H$ 是一个在球 $\{\|(u,v)\|_{(H^2\cap H_0^1)\times H}\leqslant R\}$中的有界集,且

$\|S(t)(u_0,v_0)\|_{(H^2\cap H_0^1)\times H}^2=\|u\|_{H^2\cap H_0^1}^2+\|v\|_H^2\leqslant\|u_0\|_{H^2\cap H_0^1}^2+\|v_0\|_H^2+C\leqslant R^2+C,(t\geqslant 0,(u_0,v_0)\in B)$,这说明 $S(t)(t\geqslant 0)$在$(H^2\cap H_0^1)\times H$ 中是一致有界的.

②更进一步,对于任意$(u_0,v_0)\in H^3\times H^1$,当 $t\geqslant\max\{t_1,t_2\}$时有

$$\|S(t)(u_0,v_0)\|_{H^3\times H^1}^2=\|u\|_{H^3}^2+\|v\|_{H^1}^2\leqslant E_0+E_1$$

所以,可得到 B_0 是一个有界吸收集.

③由引理2.2知,由于 $H^3\times H^1\to V_2\times H$ 是紧嵌入的,这意味着在 $V_3\times H^1$ 的有界集在 $V_2\times H$ 中是紧的. 因此,算子半群 $S(t)$存在一个紧的整体吸引子 A.

证毕.

2.4 一类带有非线性强阻尼项的 Kirchhoff 波方程的整体吸引子及其维数估计

本节研究了下述的这一类非线性强阻尼项 Kirchhoff 波方程的初边值问题的长时间行为

$$u_{tt}-\varepsilon_1\Delta u_t+\alpha|u_t|^{p-1}u_t+\beta|u|^{q-1}u-\varphi(\|\nabla u\|^2)\Delta u=f(x)$$

首先,可利用一致先验估计和 Galerkin 方法证明解的存在唯一性;然后可获得整体吸引子的存在性;最后,可估计整体吸引子的 Hausdorff 维数和分形维数.

1 引言

最近几年,许多学者都对无穷维动力系统的整体吸引子的存在性及其维数估计做了许多

有意义的研究[12,28,29,30,31].

在本节中,人们考虑了以下带有非线性强阻尼项的 Kirchhoff 型波方程

$$u_{tt}-\varepsilon_1\Delta u_t+\alpha|u_t|^{p-1}u_t+\beta|u|^{q-1}u-\varphi(\|\nabla u\|^2)\Delta u=f(x),(x,t)\in\Omega\times\mathbf{R}^+ \tag{1.1}$$

$$u(x,0)=u_0(x);u_t(x,0)=u_1(x),x\in\Omega \tag{1.2}$$

$$u(x,t)|_{\partial\Omega}=0,\Delta u(x,t)|_{\partial\Omega}=0,x\in\Omega \tag{1.3}$$

这里 Ω 是 $\mathbf{R}^N$ 中具有光滑边界$\partial\Omega$ 的有界区域, $\varepsilon_1,\alpha,\beta$ 是正常数, 关于 $\varphi(\|\nabla u\|^2)$的假设稍后将详细给出.

文献[1], G. Kirchhoff 首先研究了弹性弦非线性振动模型

$$phu_{tt}+\delta u_t=p_0+\frac{Eh}{2L}\left(\int_0^L|u_x|^2\mathrm{d}x\right)u_{xx}+f(x),0<x<L,t>0 \tag{1.4}$$

这里 $u=u(x,t)$是空间轴向坐标下的横向位移,时间 t,E 是杨氏模量,h 是横截面面积,ρ 是质量密度,L 是长度,p_0 是初始轴向张力,δ 是劲度系数, f 是外力项.

Yang Zhijian、Ding Pengyan and Liu Zhiming [32]研究了具有强阻尼项和超临界非线性项的 Kirchhoff 型波方程的整体吸引子

$$u_{tt}-\sigma(\|\Delta u\|^2)\Delta u_t-\varphi(\|\Delta u\|^2)\Delta u+f(u)=h(x)in\Omega\times\mathbf{R}^+ \tag{1.5}$$

$$u(x,t)|_{\partial\Omega}=0,u(x,0)=u_0(x),u_t(x,0)=u_t(x),x\in\Omega \tag{1.6}$$

这里 Ω 是 $\mathbf{R}^N$ 中具有光滑边界$\partial\Omega$ 的有界区域,$\sigma(s)$,$\phi(s)$和$f(s)$是非线性函数,$h(x)$是外力项.

Yang Zhijian、Wang Yunqing[33]也研究了具有强耗散项的 Kirchhoff 型波方程的整体吸引子:

$$u_{tt}-M(\|\Delta u\|^2)\Delta u-\Delta u_t+h(u_t)+g(u)=f(x)in\Omega\times\mathbf{R}^+ \tag{1.7}$$

$$u(x,t)|_{\partial\Omega}=0,t>0,u(x,0)=u_0(x),u_t(x,0)=y_1(x),x\in\Omega \tag{1.8}$$

这里 $M(s)=1+s^{\frac{m}{2}},1\leqslant m\leqslant\frac{4}{(N-2)}$,$\Omega$ 是 $\mathbf{R}^N$ 中具有光滑边界$\partial\Omega$ 的有界区域,$h(s)$和 $g(s)$是非线性函数,$f(x)$是外力项.

最近,Meixia Wang, Cuicui Tian, Guoguang Lin[34] 研究二维广义 Anisotropy Kuramoto-Sivashinsky 方程的整体吸引子及其维数估计:

$$u_t+\alpha\Delta^2u+\gamma u+(\varphi(u))_{xx}+(g(u))_{yy}=f(x),(x,y)\in\Omega\subset\mathbf{R}^2 \tag{1.9}$$

$$u(x,y,t)|_{t=0}=u_0(x,y),(x,y)\in\Omega\subset\mathbf{R}^2 \tag{1.10}$$

$$u(x,y,t)|_{\partial\Omega=0}=0,\Delta u(x,y,t)|_{\partial\Omega}=0,(x,y)\in\Omega\subset\mathbf{R}^2 \tag{1.11}$$

这里 $\Omega\subset R^2$ 是有界集,$\partial\Omega$ 是 Ω 的边界;$\varphi(u)$和 $g(u)$是 $u(x,y,t)$的光滑函数.

现在许多学者已经对非线性阻尼波方程做了深入的研究. 想要了解更多,可以参看参考文献[8],[9],[35],[36]. 在第二和第三部分,一些假设、概念和主要结果被陈述. 在这些假设下,人们证明了解的存在性和唯一性,然后获得问题(1.1)—(1.3)的整体吸引子. 在第四部分,人们考虑了问题(1.1)—(1.3)的整体吸引子具有有限的 Hausdorff 维数和分形维数.

2 主要结果的陈述

为了方便,人们用(· , ·)和$\|\cdot\|$表示 $L^2(\Omega)$空间中的内积和范数,$f=f(x)$,$L^p=L^p(\Omega)$ $H^k=H^k(\Omega)$,$H_0^k=H_0^k(\Omega)$, $\|\cdot\|=\|\cdot\|_{L^2}$,$\|\cdot\|_p=\|\cdot\|_{L^p}$.

在这一部分已陈述了在证明主要结论时需要的一些假设和概念. 首先介绍假设

$(G_1)\varphi(\|\nabla u\|^2):\mathbf{R}^+\to\mathbf{R}^+$ 是一个可微函数;

(G_2)假设 $\varepsilon_1>0,\varepsilon>0,\gamma_1>0,\gamma_2>0,K\geqslant 0$,使得 $K-2\varepsilon\geqslant 0$,

$$\varepsilon_1\varepsilon\leqslant\varphi(\|\nabla u\|^2)\leqslant\frac{\gamma_1}{K-2\varepsilon}(1+\gamma_2 e^{-(K-2\varepsilon)t}).$$

引理 2.1　假设(G_1),(G_2)成立,$(u_0,u_1)\in(L^{q+1}(\Omega)\cap H_0^1(\Omega))\times L^2(\Omega)$,$f\in L^2(\Omega)$,$v=u_t+\varepsilon u$,设

$$\begin{cases}p\geqslant 2, & n=1,2;\\ 2<p<\dfrac{n+4}{n}, & n\geqslant 3;\end{cases}$$

$$\begin{cases}q\geqslant 2, & n=1,2;\\ 2<p<\dfrac{n+2}{n-2}, & n\geqslant 3.\end{cases}$$

那么问题(1.1)—(1.3)的解(u,v)满足:$(u,v)\in(L^{q+1}(\Omega)\cap H_0^1(\Omega))\times L^2(\Omega)$,$H_1:=L^{q+1}(\Omega)\cap H_0^1(\Omega)$,有

$$\|(u,v)\|_{H_1\times L^2}^2=\|\nabla u\|^2+\|v\|^2\leqslant\frac{W(0)}{N}e^{-\alpha_1 t}+\frac{C}{N\alpha_1}(1-e^{-\alpha_1 t})\tag{2.1}$$

这里 $v=u_t+\varepsilon u,0<N<\min\{1,\varphi(\|\nabla u\|^2)-\varepsilon_1\varepsilon\}$,且满足 $W(0)=\|v_0\|^2+(\varphi(\|\nabla u_0\|^2)-\varepsilon_1\varepsilon)\|\nabla u_0\|^2,v_0=u_1+\varepsilon u_0$,进而存在 R_0 和 $t_1=t_1(\Omega)>0$,使得

$$\|(u,v)\|_{H_1\times L^2}^2=\|\nabla u\|^2+\|v\|^2\leqslant R_0(t>t_1)\tag{2.2}$$

证明　设 $v=u_t+\varepsilon u$,用 v 关于方程(1)取内积得到

$$(u_{tt}-\varepsilon_1\Delta u_t+\alpha|u_t|^{p-1}u_t+\beta|u|^{q-1}u-\varphi(\|\nabla u\|^2(\Delta u,v)=(f(x),v)\tag{2.3}$$

对于式(2.3)通过使用 Holder 不等式, Young 不等式和 Poincare 不等式,得到以下估计

$$(u_{tt},v)=\frac{1}{2}\frac{d}{dt}\|v\|^2-\varepsilon(v-\varepsilon u,v)\geqslant\frac{1}{2}\frac{d}{dt}\|v\|^2-\varepsilon\|v\|^2-\frac{\varepsilon^2}{2\lambda_1}\|\nabla u\|^2-\frac{\varepsilon^2}{2}\|v\|^2\tag{2.4}$$

$$(-\varepsilon_1\Delta u_t,v)=-\varepsilon_1(\Delta(v-\varepsilon u),v)\geqslant\varepsilon_1\lambda_1\|v\|^2-\frac{\varepsilon_1\varepsilon}{2}\frac{d}{dt}\|\nabla u\|^2-\varepsilon_1\varepsilon^2\|\nabla u\|^2\tag{2.5}$$

$$\begin{aligned}&(\alpha|u_t|^{p-1}u_t,v)\\&=\alpha(|u_t|^{p-1}u_t,u_t+\varepsilon u)\\&=\alpha\|u_t\|_{p+1}^{p+1}+\alpha\varepsilon\int_\Omega|u_t|^{p-1}u_t\cdot u\,dx\end{aligned}\tag{2.6}$$

这里

$$\begin{aligned}&\alpha\varepsilon\int_\Omega|u_t|^{p-1}u_t\cdot u\,dx\\&\leqslant\alpha\varepsilon\int_\Omega|u_t|^p\cdot|u|\,dx\\&\leqslant\alpha\varepsilon(\int_\Omega|u_t|^{p+1}dx)^{\frac{p}{p+1}}\cdot(\int_\Omega|u|^{p+1}dx)^{\frac{1}{p+1}}\\&=\alpha\varepsilon\|u_t\|_{p+1}^p\cdot\|u\|_{p+1}\end{aligned}$$

$$\leqslant \frac{\alpha p}{p+1}\|u_t\|_{p+1}^{p+1}+\frac{\alpha\varepsilon^{p+1}}{p+1}\|u\|_{p+1}^{p+1} \tag{2.7}$$

通过使用内插不等式,可得到

$$\frac{\alpha p}{p+1}\|u_t\|_{p+1}^{p+1}+\frac{\alpha\varepsilon^{p+1}}{p+1}\|u\|_{p+1}^{p+1}$$
$$\leqslant\frac{\alpha p}{p+1}\|u_t\|_{p+1}^{p+1}+C_0(\alpha,\varepsilon,p,\|u\|)\|\nabla u\|^{\frac{n(p-1)}{2}} \tag{2.8}$$

然后从 $2<p<\frac{n+4}{n}$, $n\geqslant3$,根据嵌入不等式

$$\frac{\alpha p}{p+1}\|u_t\|_{p+1}^{p+1}+C_0(\alpha,\varepsilon,p,\|u\|)\|\nabla u\|^{\frac{n(p-1)}{2}}$$
$$\leqslant\frac{\alpha p}{p+1}\|u_t\|_{p+1}^{p+1}+\frac{\varepsilon_1\varepsilon^2}{2}\|\nabla u\|^2+C_1(\alpha,\varepsilon,p,\|u\|,\varepsilon_1) \tag{2.9}$$

和

$$(\beta|u|^{q-1}u,v)=\frac{\beta}{(q+1)}\frac{\mathrm{d}}{\mathrm{d}t}\|u\|_{q+1}^{q+1}+\beta\varepsilon\|u\|_{q+1}^{q+1}(-\varphi(\|\nabla u\|^2)\Delta u,v) \tag{2.10}$$
$$=\varphi(\|\nabla u\|^2)\frac{1}{2}\frac{\mathrm{d}}{\mathrm{d}t}\|\nabla u\|^2+\varepsilon\varphi(\|\nabla u\|^2)\|\nabla u\|^2$$
$$=\frac{\mathrm{d}}{\mathrm{d}t}\left[\frac{1}{2}\varphi(\|\nabla u\|^2)\|\nabla u\|^2\right]-\frac{1}{2}\|\nabla u\|^2\frac{\mathrm{d}}{\mathrm{d}t}(\varphi(\|\nabla u\|^2))+\varepsilon\varphi(\|\nabla u\|^2)\|\nabla u\|^2 \tag{2.11}$$

$$(f(x),v)\leqslant\|f\|\|v\|\leqslant\frac{\varepsilon^2}{2}\|v\|^2+\frac{1}{2\varepsilon^2}\|f\|^2 \tag{2.12}$$

从上面可得

$$\frac{\mathrm{d}}{\mathrm{d}t}\left[\|v\|^2+(\varphi(\|\nabla u\|^2)-\varepsilon_1\varepsilon)\|\nabla u\|^2+\frac{2\beta}{q+1}\|u\|_{q+1}^{q+1}\right]+(2\varepsilon_1\lambda_2-2\varepsilon-2\varepsilon^2)\|v\|^2+$$
$$\left[2\varepsilon\varphi(\|\nabla u\|^2)-\frac{\mathrm{d}}{\mathrm{d}t}(\varphi(\|\nabla u\|^2))-\frac{\varepsilon^2}{\lambda_1}-3\varepsilon_1\varepsilon^2\right]\|\nabla u\|^2+2\beta\varepsilon\|u\|_{q+1}^{q+1}+$$
$$\frac{2\alpha}{p+1}\|u_t\|_{p+1}^{p+1}\leqslant\frac{1}{\varepsilon^2}\|f\|^2+2C_1(\alpha,\varepsilon,p,\|u\|,\varepsilon_1):=C \tag{2.13}$$

接下来取适当的 $\varepsilon,\varepsilon_1$, 使得:$\varepsilon_1\varepsilon\leqslant\varphi(\|\nabla u\|^2)$.

设常数 K, 使得 $K-2\varepsilon\geqslant0$,

$$0\leqslant K(\varphi(\|\nabla u\|^2)-\varepsilon_1\varepsilon)\leqslant2\varepsilon\varphi(\|\nabla u\|^2)-\frac{\mathrm{d}}{\mathrm{d}t}(\varphi(\|\nabla u\|^2))-\frac{\varepsilon^2}{\lambda_1}-3\varepsilon_1\varepsilon^2 \tag{2.14}$$

这里取 $C_3=C_3(\varepsilon,\lambda_1,\varepsilon_1)=\frac{\varepsilon^2}{\lambda_1}+3\varepsilon_1\varepsilon^2$, 使得

$$0\leqslant K(\varphi(\|\nabla u\|^2)-\varepsilon_1\varepsilon)\leqslant2\varepsilon\varphi(\|\nabla u\|^2)-\frac{\mathrm{d}}{\mathrm{d}t}(\varphi(\|\nabla u\|^2))-C_3 \tag{2.15}$$

$$(K-2\varepsilon)\varphi(\|\nabla u\|^2)+\frac{\mathrm{d}}{\mathrm{d}t}(\varphi(\|\nabla u\|^2))\leqslant K\varepsilon_1\varepsilon-C_3:=\gamma_1 \tag{2.16}$$

用 $\mathrm{e}^{(K-2\varepsilon)t}$乘以式(2.16) 得到

$$\varphi(\|\nabla u\|^2)\frac{\mathrm{d}}{\mathrm{d}t}(\mathrm{e}^{(K-2\varepsilon)t})+\mathrm{e}^{(K-2\varepsilon)t}\frac{\mathrm{d}}{\mathrm{d}t}(\varphi(\|\nabla u\|^2))\leqslant\gamma_1\mathrm{e}^{K-2\varepsilon)t}\tag{2.17}$$

对式(2.17)关于时间 t 积分得到

$$\varphi(\|\nabla u\|^2)\leqslant\frac{\gamma_1}{K-2\varepsilon}(1+\gamma_2\mathrm{e}^{-(K-2\varepsilon)t})\tag{2.18}$$

这里 $\varepsilon,\gamma_1,\gamma_2$ 是常数,综合以上可得

$$\varepsilon_1\varepsilon\leqslant\varphi(\|\nabla u\|^2)\leqslant\frac{\gamma_1}{K-2\varepsilon}(1+\gamma_2\mathrm{e}^{-(K-2\varepsilon)t})\tag{2.19}$$

最后,取适当的 $\varepsilon,\varepsilon_1,\beta$, 使得

$$\begin{cases}a_1=2\varepsilon_1\lambda_2-2\varepsilon-2\varepsilon^2\geqslant 0\\ a_2=2\varepsilon\varphi(\|\nabla u\|^2)-\dfrac{\mathrm{d}}{\mathrm{d}t}(\varphi(\|\nabla u\|^2))-\dfrac{\varepsilon^2}{\lambda_1}-3\varepsilon_1\varepsilon^2\geqslant 0\end{cases}$$

取 $\alpha_1=\min\left\{a_1,\dfrac{a_2}{\varphi(\|\nabla u\|^2)-\varepsilon_1\varepsilon},\varepsilon(q+1)\right\}$, 然后得

$$\frac{\mathrm{d}}{\mathrm{d}t}W(t)+\alpha_1W(t)\leqslant C\tag{2.20}$$

这里 $W(t)=\|v\|^2+(\varphi(\|\nabla u\|^2)-\varepsilon_1\varepsilon)\|\nabla u\|^2+\dfrac{2\beta}{q+1}\|u\|_{q+1}^{q+1}$,使用 Gronwall 不等式,可得

$$W(t)\leqslant W_0\mathrm{e}^{-\alpha_1t}+\frac{C}{\alpha_1}(1-\mathrm{e}^{-\alpha_1t})\tag{2.21}$$

从 $2<q<\dfrac{n+2}{n-2}(n\geqslant 3)$,根据嵌入定理 $H_0^1(\Omega)\subset L^{q+1}(\Omega)$,设 $0<N=\min\{1,\varphi(\|\nabla u\|^2)-\varepsilon_1\varepsilon\}$,使得

$$\|(u,v)\|_{H_1\times L^2}^2=\|\nabla u\|^2+\|v\|^2\leqslant\frac{W(0)}{N}\mathrm{e}^{-\alpha_1t}+\frac{C}{N\alpha_1}(1-\mathrm{e}^{-\alpha_1t})\tag{2.22}$$

这里 $v=u_t+\varepsilon u$,并且 $W(0)=\|v_0\|^2+(\varphi(\|\nabla u_0\|^2)-\varepsilon_1\varepsilon)\|\nabla u_0\|^2+\dfrac{\beta}{q+1}\|u_0\|_{q+1}^{q+1}$,

$v_0=u_1+\varepsilon u_0$,然后得到

$$\overline{\lim_{t\to\infty}}\|(u,v)\|_{H_1\times L^2}^2\leqslant\frac{C}{N\alpha_1}\tag{2.23}$$

故存在 R_0 和 $t_1=t_1(\Omega)>0$,使得

$$\|(u,v)\|_{H_1\times L^2}^2=\|\nabla u\|^2+\|v\|^2\leqslant R_0(t>t_1)\tag{2.24}$$

引理 2.2　根据引理 2.1 的假设,(G_1),(G_2)成立.

如果(G_3):$f\in H_0^1(\Omega)$,设

$$\begin{cases}p\geqslant 2, & n=1,2;\\ 2<q<\dfrac{n+4}{n}, & n\geqslant 3.\end{cases}$$

$$\begin{cases}q\geqslant 2, & n=1,2;\\ 2<q<\dfrac{n+4}{n}, & n\geqslant 3.\end{cases}$$

且有$(u_0,u_1)\in(H^2(\Omega)\cap H_0^1(\Omega)\times H_0^1(\Omega)$，$v=u_t+\varepsilon u$，那么问题(1.1)—(1.3)的解满足$(u,v)\in(H^2(\Omega)\cap H_0^1(\Omega))\times H_0^1(\Omega)$，$\mathrm{H}_2:=H^2(\Omega)\cap H_0^1(\Omega)$，

$$\|(u,v)\|_{\mathrm{H}_2\times H_0^1}^2=\|\Delta u\|^2+\|\nabla v\|^2\leqslant\frac{U(0)}{M}\mathrm{e}^{-\alpha_2 t}+\frac{C_1}{M\alpha_2}(1-\mathrm{e}^{-\alpha_2 t})\tag{2.25}$$

这里 $v=u_t+\varepsilon u$，$0<M<\min\{1,\varphi(\|\nabla u\|^2)+\varepsilon_1\varepsilon\}$，

$U(0)=\|\nabla v_0\|^2+(\varphi(\|\nabla u_0\|^2)+\varepsilon_1\varepsilon\|\Delta u_0\|^2$，那么 $R_1>0$ 和 $t_2=t_2(\Omega)>0$，使得

$$\|(u,v)\|_{H_2\times H_0^1}^2=\|\Delta u\|^2+\|\nabla v\|^2\leqslant R_1\ (t>t_2)\tag{2.26}$$

证明　设 $-\Delta v=-\Delta u_t-\varepsilon\Delta u$，可用 $-\Delta v$ 乘以方程(1.1)得到

$$(u_{tt}-\varepsilon_1\Delta u_t+\alpha|u_t|^{p-1}u_t+\beta|u|^{q-1}u-\varphi(\|\nabla u\|^2)\Delta u,\ -\Delta v)=(f(x),\ -\Delta v)\tag{2.27}$$

对于式(2.27)通过使用 Hölder 不等式，Young 不等式和 Poincare 不等式，得到以下估计

$$(u_{tt},\ -\Delta v)\geqslant\frac{1}{2}\frac{\mathrm{d}}{\mathrm{d}t}\|\nabla v\|^2-\varepsilon\|\nabla v\|^2-\frac{\varepsilon^2}{2\mu_1}\|\Delta u\|^2-\frac{\varepsilon^2}{2}\|\nabla v\|^2(-\varepsilon_1\Delta u_t,\ -\Delta v)\tag{2.28}$$

$$\begin{aligned}&=(-\varepsilon_1\Delta u_t,\ -\Delta u_t-\varepsilon\Delta u)\\&=\varepsilon_1\|\Delta u_t\|^2+\varepsilon_1\|\Delta v\|^2-\varepsilon_1(\Delta v,\Delta u_t)-\varepsilon_1\varepsilon(\Delta u,\Delta v)+\varepsilon_1\varepsilon(\Delta u,\Delta u_t)\\&\geqslant\frac{\varepsilon_1-\varepsilon_1\varepsilon}{2}\|\Delta v\|^2+\frac{\varepsilon_1}{2}\|\Delta u_t\|^2+\frac{\varepsilon_1\varepsilon}{2}\frac{\mathrm{d}}{\mathrm{d}t}\|\Delta u\|^2-\frac{\varepsilon_1\varepsilon}{2}\|\Delta u\|^2\end{aligned}\tag{2.29}$$

$$(\alpha|u_t|^{p-1}u_t,\ -\Delta v)=\alpha(|u_t|^{p-1}u_t,\ -\Delta u_t)+\alpha(|u_t|^{p-1}u_t,\ -\varepsilon\Delta u)\tag{2.30}$$

这里

$$\begin{aligned}&\alpha(|u_t|^{p-1}u_t,\ -\Delta u_t)\\&=\alpha(\nabla((u_t^2)^{\frac{p-1}{2}}u_t),\nabla u_t)\\&=\alpha\left(\frac{p-1}{2}(u_t^2)^{\frac{p-3}{2}}2u_t^2\nabla u_t,\nabla u_t\right)+\alpha(|u_t|^{p-1}\nabla u_t,\nabla u_t)\\&=\alpha(p-1)(|u_t|^{p-1}\nabla u_t,\nabla u_t)+\alpha(|u_t|^{p-1}\nabla u_t,\nabla u_t)\\&=\alpha p\int_\Omega|u_t|^{p-1}|\nabla u_t|^2\mathrm{d}x>0\end{aligned}\tag{2.31}$$

$$\begin{aligned}\alpha(|u_t|^{p-1}u_t,\ -\varepsilon\Delta u)&\leqslant\alpha\varepsilon\int_\Omega|u_t|^p|\Delta u|\mathrm{d}x\\&\leqslant\alpha\varepsilon\left(\int_\Omega|u_t|^{2p}\mathrm{d}x\right)^{\frac{1}{2}}\left(\int_\Omega|\Delta u|^2\mathrm{d}x\right)^{\frac{1}{2}}\\&\leqslant\alpha\varepsilon\|u_t\|_{2p}^p\|\Delta u\|\end{aligned}\tag{2.32}$$

通过使用内插不等式和嵌入定理得

$$\begin{aligned}\alpha\varepsilon\|u_t\|_{2p}^p\|\Delta u\|&\leqslant\alpha\varepsilon C_0(\|u_t\|)\|\Delta u_t\|^{\frac{n(p-1)}{4}}\|\Delta u\|\\&\leqslant\frac{\varepsilon^2}{2\mu_1}\|\Delta u\|^2+\frac{\mu_1\alpha^2C_0^2(\|u_t\|)}{2}\|\Delta u_t\|^{\frac{n(p-1)}{2}}\\&\leqslant\frac{\varepsilon^2}{2\mu_1}\|\Delta u\|^2+\frac{\varepsilon_1}{4}\|\Delta u_t\|^2+C_1(\alpha,C_0,\mu_1,\varepsilon_1)\end{aligned}\tag{2.33}$$

把式(2.31)，式(2.32)，式(2.33)代入式(2.30)，可得到：

$$
\begin{aligned}
&(\alpha|u_t|^{p-1}u_t,-\Delta v)\\
&\geqslant \alpha p\int_\Omega |u_t|^{p-1}|\nabla u_t|^2\mathrm{d}x-\frac{\varepsilon^2}{2\mu_1}\|\Delta u\|^2-\frac{\varepsilon_1}{4}\|\Delta u_t\|^2-C_1
\end{aligned}\tag{2.34}
$$

通过使用内插不等式和嵌入定理得

$$
\begin{aligned}
&(\beta|u|^{q-1}u,-\Delta v)\\
&\leqslant\beta(\|u\|_{2q}^q\|\Delta v\|\\
&\leqslant\beta C_2(\|u\|)\|\Delta u\|^{\frac{n(q-1)}{4}}\|\Delta v\|\\
&\leqslant\frac{\varepsilon_1-\varepsilon_1\varepsilon}{4}\|\Delta v\|^2+\frac{\beta^2C_2^2(\|u\|)}{\varepsilon_1-\varepsilon_1\varepsilon}\|\Delta u\|^{\frac{n(q-1)}{2}}\\
&\leqslant\frac{\varepsilon_1-\varepsilon_1\varepsilon}{4}\|\Delta v\|^2+\frac{\varepsilon_1\varepsilon}{2}\|\Delta u\|^2+C_3(\varepsilon,\beta,\varepsilon_1,\|u\|)
\end{aligned}\tag{2.35}
$$

$$
\begin{aligned}
&(-\varphi(\|\nabla u\|^2)\Delta u,-\Delta v)\\
&=\varphi(\|\nabla u\|^2)(\Delta u,\Delta u_t+\varepsilon\Delta u)\\
&=\frac{1}{2}\varphi(\|\nabla u\|^2)\frac{\mathrm{d}}{\mathrm{d}t}\|\Delta u\|^2+\varepsilon\varphi(\|\nabla u\|^2)\|\Delta u\|^2\\
&=\frac{\mathrm{d}}{\mathrm{d}t}\left[\frac{1}{2}\varphi(\|\nabla u\|^2)\|\Delta u\|^2\right]-\frac{1}{2}\|\Delta u\|^2\frac{\mathrm{d}}{\mathrm{d}t}(\varphi(\|\nabla u\|^2))+\varepsilon\varphi(\|\nabla u\|^2)\|\Delta u\|^2
\end{aligned}\tag{2.36}
$$

$$
(f,-\Delta v)\leqslant\|\nabla f\|\|\nabla v\|\leqslant\frac{\varepsilon_1-\varepsilon_1\varepsilon}{8\mu_2}\|\nabla v\|^2+\frac{2\mu_2}{\varepsilon_1-\varepsilon_1\varepsilon}\|\nabla f\|^2\tag{2.37}
$$

综合以上可得

$$
\begin{aligned}
&\frac{\mathrm{d}}{\mathrm{d}t}[\|\nabla v\|^2+(\varepsilon_1\varepsilon+\varphi(\|\nabla u\|^2))\|\Delta u\|^2]+\left(\frac{\varepsilon_1-\varepsilon_1\varepsilon-8\varepsilon\mu_2-4\mu_2\varepsilon^2}{4\mu_2}\right)\|\nabla v\|^2+\\
&\left[2\varepsilon\varphi(\|\nabla u\|^2)-\frac{\mathrm{d}}{\mathrm{d}t})\varphi(\|\nabla u\|^2))-\frac{2\varepsilon^2}{\mu_1}-2\varepsilon_1\varepsilon\right]\|\Delta u\|^2\leqslant C
\end{aligned}\tag{2.38}
$$

用类似于式(2. 14)—式(2. 19)，可得到

$$
\varepsilon_1\varepsilon\leqslant\varphi(\|\nabla u\|^2)\leqslant\frac{\kappa_1}{M-2\varepsilon}(1+\kappa_2\mathrm{e}^{-(M-2\varepsilon)t})\tag{2.39}
$$

这里 $\varepsilon_1,\varepsilon,M,\kappa_1,\kappa_2$ 是常数.

最后,适当去常数 $\varepsilon,\varepsilon_1$,使得

$$
\begin{cases}
b_1=\dfrac{\varepsilon_1-\varepsilon_1\varepsilon-8\varepsilon\mu_2-4\mu_2\varepsilon^2}{4\mu_2}\geqslant 0\\
b_2=2\varepsilon\varphi(\|\nabla u\|^2)-\dfrac{\mathrm{d}}{\mathrm{d}t}(\varphi(\|\nabla u\|^2))-\dfrac{2\varepsilon^2}{\mu_1}-2\varepsilon_1\varepsilon\geqslant 0
\end{cases}
$$

取 $\alpha_2=\min\left\{b_1,\dfrac{b_2}{\varepsilon_1\varepsilon+\varphi(\|\nabla u\|^2)}\right\}$, 进而得

$$
\frac{\mathrm{d}}{\mathrm{d}t}U(t)+\alpha_2U(t)\leqslant C\tag{2.40}
$$

这里 $U(t)=\|\nabla v\|^2+(\varepsilon_1\varepsilon+\varphi(\|\nabla u\|^2))\|\Delta u\|^2$,通过使用 Gronwall 不等式，可得

$$U(t)\leqslant U(0)\mathrm{e}^{-\alpha_2 t}+\frac{C}{\alpha_2}(1-\mathrm{e}^{-\alpha_2 t})\tag{2.41}$$

设 $0<L=\min\{1,\varepsilon_1\varepsilon+\varphi(\|\nabla u\|^2)\}$，因此可得

$$\|(u,v)\|^2_{H_2\times H_0^1}=\|\Delta u\|^2+\|\nabla v\|^2\leqslant\frac{U(0)}{L}\mathrm{e}^{-\alpha_2 t}+\frac{C}{\alpha_2 L}(1-\mathrm{e}^{-\alpha_2 t})\tag{2.42}$$

这里 $v=u_t+\varepsilon u$，且 $U(0)=\|\nabla v_0\|^2+(\varepsilon_1\varepsilon+\varphi(\|\nabla u_0\|^2))\|\Delta u_0\|^2, v_0=u_1+\varepsilon u_0$，进而得到

$$\overline{\lim_{t\to\infty}}\|(u,v)\|^2_{H_2\times H_0^1}\leqslant\frac{C}{\alpha_2 L}\tag{2.43}$$

故存在常数 $R_1>0$ 和 $t_2=t_2(\Omega)>0$，使得

$$\|(u,v)\|^2_{H_2\times H_0^1}=\|\Delta u\|^2+\|\nabla v\|^2\leqslant R_1\ (t>t_2)\tag{2.44}$$

3 整体吸引子

1. 整体解的存在性和唯一性

定理 3.1 假设 (G_1)，(G_2) 成立，设

$$\begin{cases}p\geqslant 2, & n=1,2;\\ 2<p<\dfrac{n+4}{n}, & n\geqslant 3.\end{cases}$$

$$\begin{cases}q\geqslant 2, & n=1,2;\\ 2<q<\min\left\{\dfrac{n+4}{n},\dfrac{n+2}{n-2}\right\}, & n\geqslant 3.\end{cases}$$

和 $H_2(\Omega):=H^2(\Omega)\cap H_0^1(\Omega)$，$(u_0,u_1)\in H_2(\Omega)\times H_0^1(\Omega)$，$f\in H_0^1(\Omega)$，$v=u_t+\varepsilon u$，因此方程(1.1) 存在唯一光滑解

$$(u,v)\in L^\infty([0,+\infty),H_2(\Omega)\times H_0^1(\Omega))\tag{3.1}$$

证明 结合引理2.1 和引理2.2 及 Galerkin 方法，可得到解的存在性. 接下来将详细证明解的唯一性.

假设 u,v 是问题(1.1)—(1.3)的两个解，设 $w=u-v$，那么 $w(x,0)=w_0(x)=0, w_t(x,0)=w_1(x)=0$. 将两个解代入方程(1.1)相减得

$$\begin{aligned}&w_{tt}-\varepsilon_1\Delta w_t+\alpha(|u_t|^{p-1}u_t-|v_t|^{p-1}v_t)+\beta(|u|^{q-1}u-|v|^{q-1}v)+\\&(\varphi(\|\nabla v\|^2)\Delta v-\varphi(\|\nabla u\|^2)\Delta u=0\end{aligned}\tag{3.2}$$

用 w_t 与式(3.2)取内积，可得到

$$\begin{aligned}&(w_{tt}-\varepsilon_1\Delta w_t+\alpha(|u_t|^{p-1}u_t-|v_t|^{p-1}v_t)+\beta(|u|^{q-1}u-|v|^{q-1}v)+\\&(\varphi(\|\nabla v\|^2)\Delta v-\varphi(\|\nabla u\|^2)\Delta u),w_t)=0\end{aligned}\tag{3.3}$$

对于式(3.3)通过使用 Holder 不等式，Young 不等式和 Poincare 不等式，得到以下估计

$$(w_{tt},w_t)=\frac{1}{2}\frac{\mathrm{d}}{\mathrm{d}t}\|w_t\|^2\tag{3.4}$$

$$(-\varepsilon_1\Delta w_t,w_t)=\varepsilon_1\|\nabla w_t\|^2\geqslant\varepsilon_1\lambda_1\|w_t\|^2\tag{3.5}$$

$$
\begin{aligned}
&(\alpha(|u_t|^{p-1}u_t - |v_t|^{p-1}v_t), w_t) \\
&= \alpha\int_\Omega (|u_t|^{p-1}u_t - |v_t|^{p-1}v_t) w_t \mathrm{d}x \\
&\leqslant \alpha p\int_\Omega (|u_t|^{p-1} + |v_t|^{p-1}) | w_t \| w_t | \mathrm{d}x
\end{aligned}
\tag{3.6}
$$

根据引理 2. 1，因此，存在常数 $C_0 > 0$，使得

$$
(\alpha(|u_t|^{p-1}u_t - |v_t|^{p-1}v_t), w_t) \leqslant \alpha p C_0 \|w_t\|^2 (\beta(|u|^{q-1}u - |v|^{i-1}v), w_t) \tag{3.7}
$$

$$
\begin{aligned}
&= \beta\int_\Omega (|u|^{q-1}u - |v|^{q-1}v) w_t \mathrm{d}x \\
&\leqslant \beta q\int_\Omega (|u|^{q-1} + |v|^{q-1}) | w \| w_t | \mathrm{d}x
\end{aligned}
\tag{3.8}
$$

根据引理 2. 1，因此，存在常数 $C_1 > 0$，使得

$$
\begin{aligned}
&(\beta(|u|^{q-1}u - |v|^{q-1}v), w_t) \\
&\leqslant \beta q C_1 \|w\| \|w_t\| \\
&\leqslant \frac{\varepsilon_1 \lambda_1}{2} \|w_t\|^2 + \frac{\beta^2 q^2 C_1^2}{2\varepsilon_1 \lambda_1} \|w\|^2
\end{aligned}
\tag{3.9}
$$

$$
\begin{aligned}
&(\varphi(\|\nabla v\|^2)\Delta v - \varphi(\|\nabla u\|^2)\Delta u, w_t) \\
&= \varphi(\|\nabla v\|^2)\Delta v - \varphi(\|\nabla v\|^2)\Delta u + \varphi(\|\nabla v\|^2)\Delta u - \varphi(\|\nabla u\|^2)\Delta u, w_t) \\
&= \varphi(\|\nabla v\|^2)(-\Delta w, w_t) + [\varphi(\|\nabla v\|^2) - \varphi(\|\nabla u\|^2)](\Delta u, w_t) \\
&= \varphi(\|\nabla v\|^2)\frac{1}{2}\frac{\mathrm{d}}{\mathrm{d}t}\|\nabla w\|^2 + \varphi'(\xi)(\|\nabla v\| + \|\nabla u\|)(\|\nabla v\| - \|\nabla u\|)(\Delta u, w_t)
\end{aligned}
\tag{3.10}
$$

这里

$$
\begin{aligned}
&\varphi'(\xi)(\|\nabla v\| + \|\nabla u\|)(\|\nabla v\| - \|\nabla u\|)(\Delta u, w_t) \\
&\leqslant |\varphi'(\xi)|(\|\nabla v\| + \|\nabla u\|)(\|\nabla v - \nabla u\|)\|\Delta u\|\|w_t\| \\
&\leqslant \|\varphi'(\xi)\|_\infty (\|\nabla v\| + \|\nabla u\|)\|\Delta u\|\|\nabla w\|\|w_t\|
\end{aligned}
\tag{3.11}
$$

根据引理 2. 1 和引理 2. 2，因此存在常数，$C_2 > 0$ 使得

$$
\begin{aligned}
&\varphi'(\xi)(\|\nabla v\| + \|\nabla u\|)(\|\nabla v\| - \|\nabla u\|)(\Delta u, w_t) \\
&\leqslant C_2 \|\nabla w\|\|w_t\| \\
&\leqslant \frac{\varepsilon_1 \lambda_1}{2}\|w_t\|^2 + \frac{C_2^2}{2\varepsilon_1 \lambda_1}\|\nabla w\|^2
\end{aligned}
\tag{3.12}
$$

接下来，根据引理 2. 1 和引理 2. 2 的基本假设可以得到

$$
\varepsilon_1 \varepsilon \leqslant \varphi(\|\nabla u\|^2) \leqslant \inf_{t\in[0,+\infty)} \sup\left\{\frac{\gamma_1}{K-2\varepsilon}(1+\gamma_2 \mathrm{e}^{-(K-2\varepsilon)t}), \frac{\kappa_1}{M-2\varepsilon}(1+\kappa_2 \mathrm{e}^{-(M-2\varepsilon)t})\right\}
$$

进而可得到以下估计

$$
\begin{aligned}
&(\varphi(\|\nabla v\|^2)\Delta v - \varphi(\|\nabla u\|^2)\Delta u, w_t) \\
&\geqslant \frac{\varepsilon_1 \varepsilon}{2}\frac{\mathrm{d}}{\mathrm{d}t}\|\nabla w\|^2 - \frac{\varepsilon_1 \lambda_1}{2}\|w_t\|^2 - \frac{C_2^2}{2\varepsilon_1 \lambda_1}\|\nabla w\|^2
\end{aligned}
\tag{3.13}
$$

综合以上估计可得到

$$\begin{aligned}&\frac{\mathrm{d}}{\mathrm{d}t}[\,\|w_t\|^2+\varepsilon_1\varepsilon\nabla w^2\,]\\&\leqslant 2\alpha pC_0\|w_t\|^2+\frac{C_2^2}{\varepsilon_1\lambda_1}\|\nabla w\|^2+\frac{\beta^2q^2C_1^2}{\varepsilon_1\lambda_1}\|w\|^2\\&\leqslant 2\alpha pC_0\|w_t\|^2+\frac{C_2^2}{\varepsilon_1\lambda_1}\|\nabla w\|^2+\frac{\beta^2q^2C_1^2}{\varepsilon_1\lambda_1\mu_1}\|\nabla w\|^2\\&\leqslant 2\alpha pC_0\|w_t\|^2+\frac{C_2^2\mu_1+\beta^2q^2C_1^2}{\varepsilon_1\lambda_1\mu_1}\|\nabla w\|^2\end{aligned}\tag{3.14}$$

取 $M=\max\left\{2\alpha pC_0,\dfrac{C_2^2\mu_1+\beta^2q^2C_1^2}{\varepsilon_1^2\varepsilon\lambda_1\mu_1}\right\}$,那么可得

$$\frac{\mathrm{d}}{\mathrm{d}t}(\,\|w_t\|^2+\varepsilon_1\varepsilon\|\nabla w\|^2)\leqslant M(\,\|w_t\|^2+\varepsilon_1\varepsilon\|\nabla w\|^2)\tag{3.15}$$

通过使用 Gronwall 不等式,可得到

$$\|w_t\|^2+\varepsilon_1\varepsilon\|\nabla w\|^2\leqslant(\,\|w_t(0)\|^2+\varepsilon_1\varepsilon\|\nabla w(0)\|^2)\mathrm{e}^{Mt}\tag{3.16}$$

因此可得到

$$\|w_t\|^2+\varepsilon_1\varepsilon\|\nabla w\|^2\leqslant 0$$

因为 $w_0(x)=0,w_1(x)=0$. 进而得到

$$\|w_t\|^2=0,\|\nabla w\|^2=0$$

也即

$$w(x,t)=0$$

因此

$$u=v$$

至此证明了解的唯一性.

2. 整体吸引子

定理 3.2 设 E 是一个 Banach 空间, $\{S(t)\}(t\geqslant 0)$ 是 E 上的算子半群. 且 $S(t):E\to E$, $S(t+\tau)=S(t)S(\tau)(\forall t,\tau\geqslant 0)$, $(S(0)=\mathbf{I}$, 这儿 $\mathbf{I}$ 是单位算子. 算子半群 $S(t)$ 满足以下条件:

①$S(t)$ 是一致有界的,即 $\forall R>0,\|u\|_E\leqslant R$,这时存在一个常数 $C(R)$, 使得

$$\|S(t)u\|_E\leqslant C(R)(t\in[0,+\infty))$$

②存在一个有界集 $B_0\subset E$,即 $\forall B\subset E$, 存在一个常数 t_0, 使得

$$S(t)B\subset B_0(t\geqslant t_0);$$

这里 B_0 和 B 是有界集.

③当 $t>0,S(t)$ 是一个全连续算子.

因此,算子半群 $S(t)$ 存在一个紧的整体吸引子.

定理 3.3 在引理 3.1、引理 3.2 和定理 3.1 的假设下,方程存在一个整体吸引子

$$A=\omega(B_0)=\bigcap_{\tau\geqslant 0}\overline{\bigcup_{t\geqslant\tau}S(t)B_0}$$

这里 $B_0=\{(u,v)\in H_2(\Omega)\times H_0^1(\Omega):\|(u,v)\|_{H_2\times H_0^1}^2=\|u\|_{H_2}^2+\|v\|_{H_0^1}^2\leqslant R_0+R_1\}$, B_0 是 $H_2\times H_0^1$ 中的有界集且满足:

①$S(t)A=A,t>0$;

②$\lim\limits_{t\to\infty}\text{dist}(S(t)B,A)=0$,这里 $B\subset H_2\times H_0^1$ 是一个有界集,

$$\text{dist}(S(t)B,A)=\sup_{x\in B}(\inf_{y\in A}\|S(t)x-y\|_{H_2\times H_0^1})\to 0,t\to\infty.$$

证明　在定理 3.1 的假设下，这时存在一个解半群 $S(t)$,$S(t):H_2\times H_0^1\to H_2\times H_0^1$,这里 $E=H_2(\Omega)\times H_0^1(\Omega)$.

①由引理 2.1 和引理 2.2 可得 $\forall B\subset H_2(\Omega)\times H_0^1(\Omega)$ 是一个有界集,其包含一个有界球 $\{\|(u,v)\|_{H_2\times H_0^1}\leqslant R\}$,

$$\|S(t)(u_0,v_0)\|_{H_2\times H_0^1}^2=\|u\|_{H_2}^2+\|v\|_{H_0^1}^2\leqslant\|u_0\|_{H_2}^2+\|v_0\|_{H_0^1}^2+C\leqslant R^2+C,[t\geqslant 0,(u_0,v_0)\in B]$$

从而证明了 $S(t)(t\geqslant 0)$,在 $H_2(\Omega)\times H_0^1(\Omega)$ 中是一致有界的.

②进一步,对任何 $(u_0,v_0)\in H_2(\Omega)\times H_0^1(\Omega)$,当 $t\geqslant\max\{t_1,t_2\}$ 有

$$\|S(t)(u_0,v_0)\|_{H_2\times H_0^1}^2=\|u\|_{H_2}^2+\|v\|_{H_0^1}^2\leqslant R_0+R_1$$

因此可得到 B_0 是一个有界吸收集.

③因为 $E_1:=H_2(\Omega)\times H_0^1(\Omega)\subset E_0:=H_2(\Omega)\times L^2(\Omega)$ 是紧嵌入的,这意味着,E_1 中的有界集是 E_0 中的紧集,因此算子半群 $S(t)$ 存在一个紧的整体吸引子 A. 进一步可得到,整体吸引子 A 是有界吸收集 B_0 中的 ω-极限集,$A=\omega(B_0)=\bigcap\limits_{\tau\geqslant 0}\overline{\bigcup\limits_{t\geqslant\tau}S(t)B_0}$.

4　关于整体吸引子的 Hausdorff 维数和分形维数的上界估计

重写问题(1.1)—(1.3)为以下式子

$$u_{tt}+\varepsilon_1 Au_t+\phi(\|A^{\frac{1}{2}}u\|^2)Au+h(u)=f(x)\text{in}\Omega\times R^+\tag{4.1}$$

$$u(x,0)=u_0(x);u_t(x,0)=u_1(x),x\in\Omega\tag{4.2}$$

$$u(x,t)|_{\partial\Omega}=0,Au(x,t)|_{\partial\Omega}=0,x\in\Omega\tag{4.3}$$

设 $Au=-\Delta u,h(u)=\alpha|u_t|^{p-1}u_t+\beta|u|^{q-1}u$,在这里 Ω 是在 $\mathbf{R}^N$ 上的有界域,$\partial\Omega$ 是光滑的边界,并且 $\varepsilon_1,\alpha,\beta$ 是正常数. 考虑上述方程的抽象线性方程如下

$$U_t+AU=FU\tag{4.4}$$

$$U_0=\xi,U_t(0)=\zeta\tag{4.5}$$

设 $U_0\in H_0^1(\Omega)$,$U(t)$ 是问题(4.4)、(4.5)的解,人们能证明问题 (4.4)、(4.5)在 $U\in L^\infty(0,T,H_0^1(\Omega))$,$U_t\in L^\infty(0,T,L^2(\Omega))$上有唯一解. 方程(4.4) 是由方程(4.1)得到的线性方程.

定义映射　$Ls(t)_{u_0}:Ls(t)_{u_0}\zeta=U(t)$.

设 $u(t)=s(t)u_0,\varphi_0(u_0,u_1),\overline{\varphi_0}=\varphi_0+\{\xi,\zeta\}=\{u_0+\xi,u_1+\zeta\}$;$\|\phi_0\|_{E_0}\leqslant R_1$, $P\overline{\phi_0}P_{E_0}\leqslant R_2$,$E_0=V\times H$, $V:=H_0^1(\Omega)$, $H:=L^2(\Omega)$;$S(t)\phi_0=\phi(t)=\{u(t),u_t(t)\}$,$S(t)\overline{\phi_0}=\{\phi(t),\overline{\phi_t}(t)\}$.

引理 4.1[9]　假设 H 是一个 Hilbert 空间,E_0 是 H 中的一个紧集. $S(t):E_0\to H$ 是一个连续映射,满足如下条件:

①$S(t)E_0=E_0,t>0$;

②如果 $S(t)$ 是 Fréchet 可微,存在有界线性微分算子 $L(t,\varphi_0)\in C(R^+;L(E_0,E_0))$, $\forall t>0$,使得

$$\frac{\|S(t)\overline{\varphi_0}-S(t)\varphi_0-L(t,\varphi_0)(u,v)\|_{E_0}^2}{\|\{\xi,\zeta\}\|_{E_0}^2}\to 0,\{\xi,\zeta\}\to 0$$

在这里 $L(t,\varphi_0):\{\xi,\zeta\}\to\{U(t),U_t(t)\}$. $U(t)$ 是问题(4.4)、问题(4.5)的解.

引理 4.1 的证明见文献[11], 此处省略.

根据引理 4.1,可得到下述的定理.

定理 4.1[9,35]　设 A 是我们第三部分得到的整体吸引子,在这种情况下,A 在 $(H_2(\Omega)\cap H_0^1(\Omega))\times H_0^1(\Omega)$ 上具有有限维 Hausdorff 维数和分形维数,即

$$d_H(A)\leqslant n,d_F(A)\leqslant\frac{8n}{7}$$

证明　首先,在 E_0 中重写方程(4.1)、方程(4.2)得到一阶抽象化方程.

设 $\Psi=R_\varepsilon\varphi=\{u,u_t+\varepsilon u\}$, $R_\varepsilon:\{u,u_t\}\to\{u,u_t+\varepsilon u\}$,是同构映射,因此设 A 是 $\{S(t)\}$ 中的整体吸引子 $\{S(t)\}$,并且 $R_\varepsilon A$ 也是 $\{S_\varepsilon(t)\}$ 中的整体吸引子,并且它们有相同的维数. $0<\varepsilon\leqslant\varepsilon_0$, $\varepsilon_0=\min\left\{\frac{\varepsilon_1}{4},\frac{\lambda_1}{2\varepsilon_1}\right\}$,然而 Ψ 满足如下:

$$\Psi_t=\Lambda_\varepsilon\Psi+\bar{h}(\Psi)=\bar{f}\tag{4.6}$$

$$\Psi(0)=\{u_0,u_1+\varepsilon u_0\}^{\mathrm{T}}\tag{4.7}$$

在这里 $\Psi=\{u,u_t+\varepsilon u\}^{\mathrm{T}}$, $\bar{h}(\Psi)=\{0,h(u)\}^{\mathrm{T}}$, $\bar{f}=\{0,f(x)\}^{\mathrm{T}}$,

$$\Lambda_\varepsilon=\begin{pmatrix}\varepsilon I & -I\\ \phi(\|A^{\frac{1}{2}}\|^2)A-\varepsilon_1\varepsilon A & \varepsilon_1 A\end{pmatrix}\tag{4.8}$$

$$\Psi_t:=F(\Psi)=\bar{f}-\Lambda_\varepsilon\Psi-\bar{h}(\Psi)\tag{4.9}$$

$$P_t=F_t(\Psi)\tag{4.10}$$

$$P_t+\Lambda_\varepsilon P+\bar{h}_t(\Psi)P=0\tag{4.11}$$

在这里 $P=\{U,U_t+\varepsilon U\}^{\mathrm{T}}$, $\bar{h}_t(\Psi)P=\{0,h_t(u)U\}^{\mathrm{T}}$. 初始条件(4.5)能写成如下形式

$$P(0)=\omega,\omega=\{\xi,\zeta\}\in E_0\tag{4.12}$$

取 $n\in N$,然后考虑方程(4.10)—方程(4.12)初始值($\omega=\omega_1,\omega_2,\cdots,\omega_n,\omega_j\in E_0$)相应的 n 个解($P=P_1,P_2,\cdots,P_n$. $P_j\in E_0$). 因此,有

$$|P_1(t)\wedge P_2(t)\wedge\cdots\wedge P_n(t)|_{\wedge_{E_0}^n}=|\omega_1\wedge\omega_2\wedge\cdots\wedge\omega_n|_{\wedge_{E_0}^n}\cdot \mathrm{e}^{\int_0^t TrF_t(S_\varepsilon(\tau)\Psi_0)\cdot Q_n(\tau)\mathrm{d}\tau}$$

由 $\Psi(\tau)=S_\varepsilon(\tau)\Psi_0$,有 $S_\varepsilon(\tau):\{u_0,v_1=u_1+\varepsilon u_0\}\to\{u(\tau),v(\tau)=u_t(\tau)+\varepsilon u(t)\}$, $\Psi(\tau)=\{u(\tau),v_t(\tau)=u_t(\tau)+\varepsilon u(\tau)\}$.

在这里 u 是问题(4.1)—问题(4.3)的解; $\wedge$ 表示外积, Tr 表示轨迹, $Q_n(\tau)=Q_n(\tau,\Psi_0;\omega_1,\omega_2,\cdots,\omega_n)$ 是从空间 $E_0=V\times H$ 到子空间 $\{P_1(\tau),P_2(\tau)\cdots,P_n(\tau)\}$ 的正交投影.

给定时间 τ,设 $\phi_j(\tau)=\{\xi_j(\tau),\zeta_j(\tau)\}$, $j=1,2,\cdots,n$. $\{\phi_j(\tau)\}_{j=1,2,\cdots,n}$ 是空间 $Q_n(\tau)_{E_0}=\mathrm{span}[P_1(\tau),P_2(\tau),\cdots,P_n(\tau)]$ 的标准正交基.

从上面有

$$\begin{aligned}TrF_t(\Psi(\tau))\cdot Q_n(\tau)&=\sum_{j=1}^{\infty}F_t(\Psi(\tau))\cdot Q_n(\tau)\phi_j(\tau),\phi_j(\tau))_{E0}\\&=\sum_{j=1}^{n}F_t(\Psi(\tau))\phi_j(\tau),\phi_j(\tau))_{E0}\end{aligned}\tag{4.13}$$

在这里 $(\cdot,\cdot)_{E_0}$ 是 E_0 中的内积,因而 $(\{\xi,\zeta\},\{\bar{\xi},\bar{\zeta}\})_{E_0}=(\zeta,\bar{\zeta})+(\zeta,\bar{\zeta})$;

$(F_t(\Psi)\varphi_j,\varphi_j)_{E_0} = -(\Lambda_\varepsilon\varphi_j,\varphi_j)_{E_0} - (h_t(u)\xi_j,\xi_j).$

设 $A\zeta_j = \lambda_1\zeta_j$，在这里 λ_j 是特征向量 ζ_j 的特征值. 使用与引理 2.1 和引理 2.2 中的先验估计类似的方法来获得

$$\begin{aligned}(\Lambda_\varepsilon\phi_j,\phi_j)_{E_0} &= \varepsilon\|\xi_j\|^2 + (\phi - \varepsilon_1\varepsilon)(A\zeta_j,\xi_j) - (\xi_j,\zeta_j) + \varepsilon_1(A\zeta_j,\zeta_j)\\ &= \varepsilon\|\xi_j\|^2 + (\phi - \varepsilon_1\varepsilon)\lambda_j(\zeta_j,\xi_j) - (\xi_j,\zeta_j) + \varepsilon_1\lambda_j(\zeta_j,\zeta_j)\\ &\geqslant a(\|\xi_j\|^2 + \|\zeta_j\|^2)\end{aligned} \tag{4.14}$$

在这里 $a := \min\left\{\dfrac{2\varepsilon - l\lambda_j - 1}{2}, \dfrac{2\varepsilon_j - l\varepsilon_j - 1}{2}\right\}$，设 $l = \phi - \varepsilon_1\varepsilon$.

现在，假设 $\{u_0,u_1\}\in\mathbf{A}$，根据定理 3.3，$\mathbf{A}$ 是 E_1 中的有界吸收集，$\Psi(t) = \{u(t),u_t(t) + \varepsilon u(t)\}\in E_1, u(t)\in D(\mathbf{A}); D(\mathbf{A}) = \{u\in V, \mathbf{A}u\in H\}$.

然后有一个 $s\in[0,1]$ 进行映射 $h_t: D(\mathbf{A})\to\rho(V_s,H)$. 同时，有以下结果：

$$\begin{aligned}&R_A = \sup_{(\xi,\zeta)\in A}|A\xi| < \infty;\\ &\sup_{\substack{u\in D(A)\\ |Au|<R_A}}|h_t(u)|_{\rho(v_s,H)} \leqslant r < \infty\end{aligned} \tag{4.15}$$

在这里 $\|h_t(u)\xi_j,\zeta_j\|$ 表明：$\|h_t(u)\xi_j,\zeta_j\|\leqslant r\|\xi_j\|\|\zeta_j\|$.

综合以上可获得

$$\begin{aligned}(F_t(\Psi)\phi_j,\phi_j)_{E_0} &\leqslant -a(\|\xi_j\|^2 + \|\zeta_j\|^2) + r\|\xi_j\|\|\zeta_j\|\\ &\leqslant -\frac{a}{2}(\|\xi_j\|^2 + \|\zeta_j\|^2) + \frac{r^2}{2a}\|\xi_j\|_s^2\end{aligned} \tag{4.16}$$

$\|\xi_j\|^2 + \|\zeta_j\|^2 = \|\phi_j\|_{E_0}^2 = 1$，由于 $\{\phi_j(\tau)\}_{j=1,2,\cdots,n}$ 是 $Q_n(\tau)_{E_0}$ 上的一个标准正交基，因此

$$\sum_{j=1}^{n} F_t(\Psi(t)\phi_j(\tau),\phi_j(\tau))_{E_0} \leqslant -\frac{na}{2} + \frac{r^2}{2a}\|\xi_j\|^2 \tag{4.17}$$

几乎所有的 t，有

$$\sum_{j=1}^{n}\|\xi_j\|^2 \leqslant \sum_{j=1}^{n-1}\lambda_j^{s-1} \tag{4.18}$$

因此

$$TrF_t(\psi(\tau))\cdot Q_n(\tau) \leqslant -\frac{na}{2} + \frac{r^2}{2a}\sum_{j=1}^{n-1}\lambda_j^{s-1} \tag{4.19}$$

故假设 $\{u_0,u_1\}\in A$，等价于 $\Psi_0 = \{u_0,u_1+\varepsilon u_0\}\in R_\varepsilon A$.

因而

$$q_n(t) = \sup_{\Psi_0\in R_\varepsilon A}\sup_{\substack{\varepsilon\in E_0\\ \|w\|_{E_0}\leqslant 1}}\left(\frac{\int_0^t TrF_t(S_\varepsilon(\tau)\Psi_0)\cdot Q_n(\tau)\,\mathrm{d}\tau}{t_0}\right)(j = 1,2,\cdots,n) \tag{4.20}$$

$q_n = \lim\limits_{t\to\infty}\sup q_n(t)$.

根据式(4.19)，式(4.20)：

$$\begin{aligned}&q_n(t) \leqslant -\frac{na}{2} + \frac{r^2}{2a}\sum_{j=1}^{n-1}\lambda_j^{s-1}\\ &q_n \leqslant -\frac{na}{2} + \frac{r^2}{2a}\sum_{j=1}^{n-1}\lambda_j^{s-1}\end{aligned} \tag{4.21}$$

因此,A(或 $R_\varepsilon A$)上的 Lyapunov 指数 A(或 $R_\varepsilon A$)是均匀有界的.

$$\mu_1+\mu_2+\cdots+\mu_n\leqslant-\frac{na}{2}+\frac{r^2}{2a}\sum_{j=1}^{n}\lambda_j^{s-1} \tag{4.22}$$

由式(4.20)可知,当 $n\to\infty$,$q_n\to 0$. 由算子 $\mathbf{A}^{-1}$ 的紧性可进一步得到:当 $j\to\infty$,$\lambda_i\to\infty$. 因此,当 $n\to\infty$,使得 $\frac{1}{n}\sum_{j=1}^{n}\lambda_j^{s-1}\to 0.$ (4.23)

从上面的讨论,存在 $n\geqslant 1$,a、r 是常数,有

$$\frac{1}{n}\sum_{j=1}^{n}\lambda_j^{s-1}\leqslant\frac{a^2}{8r^2} \tag{4.24}$$

$$q_n\leqslant-\frac{na}{2}\left(1-\frac{r^2}{a^2}\sum_{j=1}^{n}\lambda_j^{s-1}\right)\leqslant-\frac{7na}{16} \tag{4.25}$$

$$(q_j)_+\leqslant\frac{r^2}{2a}\sum_{i=1}^{j}\lambda_i^{s-1}\leqslant\frac{r^2}{2a}\sum_{i=1}^{j}\lambda_i^{s-1}\leqslant\frac{na}{16}(j=1,2,\cdots,n) \tag{4.26}$$

因此可得出以下结论:$\max\limits_{1\leqslant j\leqslant n-1}\frac{(q_j)_+}{|q_n|}\leqslant\frac{1}{7}$. (4.27)

根据文献[9][35],可立即得到 Hausdorff 维数和分形维数分别是 $d_H(A)\leqslant n$,$d_F(A)\leqslant\frac{8n}{7}$.

2.5 一类非线性阻尼 Kirchhoff 方程的整体吸引子

本节考虑了方程 $u_{tt}+\alpha_1 u_t-\gamma\Delta u_t-(\alpha+\beta\|\nabla u\|^2)^{\rho}\Delta u=f(x)$ 解的长时间性态,研究了方程在初边值条件下的吸引子问题,运用一致先验估计和 Galerkin 方法证明了解存在的唯一性和整体吸引子的存在性,还证明了与该方程相关的非线性半群的挤压特性和指数吸引子的存在.

1 引言

本节研究了如下非线性阻尼 Kirchhoff 方程的整体吸引子和指数吸引子

$$u_{tt}+\alpha_1 u_t-\gamma\Delta u_t-(\alpha+\beta\|\nabla u\|^2)^{\rho}\Delta u=f(x) \tag{1.1}$$

$$u(x,0)=u_0(x);u_t(x,0)=u_1(x) \tag{1.2}$$

$$u(x,t)\mid_{\partial\Omega}=0,\Delta u(x,t)\mid_{\partial\Omega}=0 \tag{1.3}$$

在这里 Ω 是 $\mathbf{R}^N$ 中具有光滑边界 $\partial\Omega$ 的有界区域,$\alpha_1,\gamma,\alpha,\beta$ 是正常数,$(\alpha+\beta\|\nabla u\|^2)^{\rho}\Delta u$ 将在后面指定假设,$f(x)$ 是外力项.

20 世纪 80 年代以来,一方面由于实际问题及其他学科的推动,另一方面由于数学自身发展的深入,无穷维动力系统的研究成为动力系统中重要的研究课题之一. 从偏微分方程理论研究来看,无穷维动力系统问题主要是对时间充分长解的渐进性质的研究,其核心和关键问题是对解作时间 t 的一致性的先验估计. 无穷维动力系统的一个重要概念是整体吸引子,整体吸引子是所有吸引子中最大的,而且它是唯一的. 对于常微分方程而言,即 H 具有有限维,整体吸引子的存在性早已被研究;对于无穷维动力系统而言,吸引子的存在是后面才陆续被证明[37]. R. Teman, C. Foias 等人于 20 世纪 90 年代提出了指数吸引子的概念[38],指数吸引子是一个具

有有限维分形维数的紧的正不变集，且指数吸引子像空间中的解轨道. 由于它对解轨道是指数吸引的，所以它比全局吸引子有更好的稳定性，且指数吸引子是不唯一的[39].

在参考文献[40]中，Perikles G. Papadopoulos，Nikos M. Stavrakakis 研究了如下方程的整体存在和爆破

$$u_{tt}-\phi(x)\|\nabla u(t)\|^2\Delta u+\delta u_t=|u|^\alpha u, x\in\mathbf{R}^N, t\geqslant 0 \tag{1.4}$$

初始条件 $u(x,0)=u_0(x), u_t(x,0)=u_1(x)$.

在参考文献[18]中，Zhijian Yang，Pengyan Ding，Zhiming Liu 考虑如下方程的整体吸引子

$$u_{tt}-\sigma(\|\nabla u\|^2)\Delta u_t-\phi(\|\nabla u\|^2)\Delta u+f(u)=h(x), (x,t)\in\Omega\times\mathbf{R}^+ \tag{1.5}$$

初始条件 $u|_{\partial\Omega}=0, u(x,0)=u_0(x), u_t(x,0)=u_1(x)$.

在参考文献[41]中郭春晓、穆春来考虑了指数吸引子的经典扩散方程

$$u_t-\Delta u_t-\Delta u=f(u)+g(x), in\ \Omega\times R^+ \tag{1.6}$$

在参考文献[42]中李可、杨志坚考虑关于在具有平滑边界 $\partial\Omega$ 的有界域 $\Omega\subset R^3$ 上的如下强阻尼波方程

$$u_{tt}-\Delta u_t-\Delta u+\varphi(u)=f \tag{1.7}$$

更多关于整体吸引子和指数吸引子的研究见参考文献[8]、[38]—[51]和[55]—[56].

本节结构如下：在第二部分，陈述了一些预备知识；在第三部分，整体吸引子被证明；在第四部分，指数吸引子被证明.

2　预备知识

为使相关过程简单明了，人们定义如下 Sobolev 空间：

$$H=L^2(\Omega), V_1=H_0^1(\Omega)\times L^2(\Omega), V_2=(H^2(\Omega)\cap H_0^1(\Omega))\times H_0^1(\Omega)$$

在这里 $(\cdot,\cdot)$ 和 $\|\cdot\|$ 是 H 上的内积和范数，空间 V_1 中的内积和范数定义如下：

$$\forall U_i=(u_i,v_i)\in V_i (i=1,2)$$

故有

$$(U_1,U_2)=(\nabla u_1,\nabla u_2)+(v_1,v_2) \tag{2.1}$$

$$\|U\|_{V_1}^2=(U,U)_{V_1}=\|\nabla u\|^2+\|v\|^2 \tag{2.2}$$

设 $v=u_t+\varepsilon u, v=u_t+\varepsilon u$，方程(1.1)等价于

$$U_t+H(U)=F(U) \tag{2.3}$$

在这里

$$H(U)=\begin{pmatrix}\varepsilon u-v\\(\alpha_1-\varepsilon)v+(\varepsilon^2-\varepsilon\alpha_1)u+\gamma\varepsilon\Delta u-r\Delta v-(\alpha+\beta\|\nabla u\|^2)^\rho\Delta u\end{pmatrix}^\rho, F(U)=\begin{pmatrix}0\\f(x)\end{pmatrix}$$

3　整体吸引子

引理 3.1　$(u_0,u_1)\in H_0^1(\Omega)\times L^2(\Omega), f\in L^2(\Omega), v=u_t+\varepsilon u$，方程(1.1)的解 (u,v) 满足 $(u,v)\in H_0^1(\Omega)\times L^2(\Omega)$，并且

$$\|(u,v)\|_{H_0^1\times L^2}^2=\|v\|^2+\|\nabla u\|^2\leqslant\frac{W(0)}{k}\mathrm{e}^{-\delta_1 t}+\frac{C_1}{\delta_1 k}(1-\mathrm{e}^{-\delta_1 t}) \tag{3.1}$$

在这里

$$W(0)=\|v_0\|^2+3\gamma\varepsilon\|\nabla u_0\|^2+\alpha_1\varepsilon\|u_0\|^2+\frac{(\alpha+\beta\|\nabla u_0\|^2)^{\rho+1}}{(\rho+1)\beta} \tag{3.2}$$

因此存在 M_0 和 $t_1 = t_1(\Omega) > 0$,使得

$$\|(u,v)\|^2_{H_0^1 \times L^2} = \|v(t)\|^2 + \|\nabla u(t)\|^2 \leqslant M_0 (t > t_1) \tag{3.3}$$

证明 设 $v = u_t + \varepsilon u$,用 v 关于方程(1.1)取内积得到

$$(u_{tt} + \alpha_1 u_t - \gamma \Delta u_t - (\alpha + \beta \|\nabla u\|^2)^\rho \Delta u, v) = (f, v) \tag{3.4}$$

使用 Holder 不等式,Young 不等式和 Poincare 不等式有

$$\begin{aligned}
(u_{tt}, v) &= (v_t - \varepsilon u_t, v) = \frac{1}{2}\frac{\mathrm{d}}{\mathrm{d}t}\|v\|^2 - \varepsilon(u_t, v) \\
&= \frac{1}{2}\frac{\mathrm{d}}{\mathrm{d}t}\|v\|^2 - \varepsilon(v - \varepsilon u, v) \\
&= \frac{1}{2}\frac{\mathrm{d}}{\mathrm{d}t}\|v\|^2 - \varepsilon\|v\|^2 + \varepsilon^2(u, v) \\
&\geqslant \frac{1}{2}\frac{\mathrm{d}}{\mathrm{d}t}\|v\|^2 - \varepsilon\|v\|^2 - \frac{\varepsilon^2}{2}\|u\|^2 - \frac{\varepsilon^2}{2}\|v\|^2 \\
&\geqslant \frac{1}{2}\frac{\mathrm{d}}{\mathrm{d}t}\|v\|^2 - \varepsilon\|v\|^2 - \frac{\varepsilon^2}{2\lambda_1}\|\nabla u\|^2 - \frac{\varepsilon^2}{2}\|v\|^2
\end{aligned} \tag{3.5}$$

和

$$\begin{aligned}
(\alpha_1 u_t, v) &= (\alpha_1 u_t, u_t + \varepsilon u) = \alpha_1(v - \varepsilon u, v - \varepsilon u) + (\alpha_1 u_t, \varepsilon u) \\
&= \alpha_1\|v\|^2 - 2\alpha_1\varepsilon(u, v) + \alpha_1\varepsilon^2\|u\|^2 + \alpha_1\varepsilon \cdot \frac{1}{2}\frac{\mathrm{d}}{\mathrm{d}t}\|u\|^2 \\
&\geqslant \alpha_1\|v\|^2 - \alpha_1\varepsilon\|u\|^2 - \alpha_1\varepsilon\|v\|^2 + \alpha_1\varepsilon^2\|u\|^2 + \alpha_1\varepsilon \cdot \frac{1}{2}\frac{\mathrm{d}}{\mathrm{d}t}\|u\|^2 \\
&= (\alpha_1 - \alpha_1\varepsilon)\|v\|^2 + (\alpha_1\varepsilon^2 - \alpha_1\varepsilon)\|u\|^2 + \alpha_1\varepsilon \cdot \frac{1}{2}\frac{\mathrm{d}}{\mathrm{d}t}\|u\|^2
\end{aligned} \tag{3.6}$$

用 $-\gamma\Delta u_t$ 和 v 取内积得

$$\begin{aligned}
(-\gamma\Delta u_t, v) &= \gamma(-\Delta(v - \varepsilon u), u_t + \varepsilon u) \\
&= \gamma(-\Delta(u_t + \varepsilon u), u_t + \varepsilon u) + \gamma\varepsilon(\Delta u, u_t + \varepsilon u) \\
&= \gamma\|\nabla u_t\|^2 + \frac{\gamma\varepsilon}{2}\frac{\mathrm{d}}{\mathrm{d}t}\|\nabla u\|^2 + \frac{\gamma\varepsilon}{2}\frac{\mathrm{d}}{\mathrm{d}t}\|\nabla u\|^2 + \gamma\varepsilon^2\|\nabla u\|^2 + \gamma\varepsilon(\Delta u, u_t + \varepsilon u) \\
&= \gamma\|\nabla u_t\|^2 + \gamma\varepsilon\frac{\mathrm{d}}{\mathrm{d}t}\|\nabla u\|^2 + \gamma\varepsilon^2\|\nabla u\|^2 + \frac{\gamma\varepsilon}{2}\frac{\mathrm{d}}{\mathrm{d}t}\|\nabla u\|^2 + \gamma\varepsilon^2\|\nabla u\|^2 \\
&= \gamma\|\nabla u_t\|^2 + \frac{3\gamma\varepsilon}{2}\frac{\mathrm{d}}{\mathrm{d}t}\|\nabla u\|^2 + 2\gamma\varepsilon^2\|\nabla u\|^2
\end{aligned} \tag{3.7}$$

用 $-(\alpha + \beta\|\nabla u\|^2)^\rho \Delta u$ 和 v 取内积得

$$\begin{aligned}
(-(\alpha + \beta\|\nabla u\|^2)^\rho \Delta u, v) &= (\alpha + \beta\|\nabla u\|^2)^\rho \cdot (-\Delta u, v) \\
&= (\alpha + \beta\|\nabla u\|^2)^\rho \cdot (-\Delta u, u_t + \varepsilon u) \\
&= (\alpha + \beta\|\nabla u\|^2)^\rho \left(\frac{1}{2}\frac{\mathrm{d}}{\mathrm{d}t}\|\nabla u\|^2 + \varepsilon\|\nabla u\|^2\right) \\
&= (\alpha + \beta\|\nabla u\|^2)^\rho \cdot \frac{1}{2}\frac{\mathrm{d}}{\mathrm{d}t}\|\nabla u\|^2 + (\alpha + \beta\|\nabla u\|^2)^\rho \cdot \varepsilon\|\nabla u\|^2 \\
&= \frac{1}{2(\rho + 1)\beta}\frac{\mathrm{d}}{\mathrm{d}t}[(\alpha + \beta\|\nabla u\|^2)^{\rho+1}] + (\alpha + \beta\|\nabla u\|^2)^\rho \cdot \varepsilon\|\nabla u\|^2
\end{aligned} \tag{3.8}$$

取适当的 $\varepsilon, \alpha, \beta$ 使得 $\varepsilon\|\nabla u\|^2 \geqslant \alpha + \beta\|\nabla u\|^2$,因而式(3.8)有

$$\frac{1}{2(\rho+1)\beta}\frac{\mathrm{d}}{\mathrm{d}t}[(\alpha+\beta\|\nabla u\|^2)^{\rho+1}]+(\alpha+\beta\|\nabla u\|^2)^{\rho}\cdot\varepsilon\|\nabla u\|$$
$$\geqslant\frac{1}{2(\rho+1)\beta}\frac{\mathrm{d}}{\mathrm{d}t}[(\alpha+\beta\|\nabla u\|^2)^{\rho+1}]+(\alpha+\beta\|\nabla u\|^2)^{\rho+1} \tag{3.9}$$

由 Holder 不等式和 Young 不等式可得

$$(f(x),v)\leqslant\|f\|\cdot\|v\|\leqslant\frac{\gamma_1}{2}\|v\|^2+\frac{1}{2\gamma_1}\|f\|^2 \tag{3.10}$$

因此有

$$\frac{1}{2}\frac{\mathrm{d}}{\mathrm{d}t}\|v\|^2-\varepsilon\|v\|^2-\frac{\varepsilon^2}{2\lambda_1}\|\nabla u\|^2-\frac{\varepsilon^2}{2}\|v\|^2+(\alpha_1+\alpha_1\varepsilon)\|v\|^2+(\alpha_1\varepsilon^2-\alpha_1\varepsilon)\|u\|^2+$$
$$\alpha_1\varepsilon\cdot\frac{1}{2}\frac{\mathrm{d}}{\mathrm{d}t}\|u\|^2+\gamma\|\nabla u_t\|^2+\frac{3\gamma\varepsilon}{2}\frac{\mathrm{d}}{\mathrm{d}t}\|\nabla u\|^2+2\gamma\varepsilon^2\|\nabla u\|^2+$$
$$\frac{1}{2(\rho+1)\beta}\frac{\mathrm{d}}{\mathrm{d}t}[(\alpha+\beta)\|\nabla u\|^2)^{\rho+1}]+(\alpha+\beta\|\nabla u\|^2)^{\rho+1}\leqslant\frac{\gamma_1}{2}\|v\|^2+\frac{1}{2\gamma_1}\|f\|^2 \tag{3.11}$$

化简得

$$\frac{\mathrm{d}}{\mathrm{d}t}\left[\|v\|^2+3\gamma\varepsilon\|\nabla u\|^2+\alpha_1\varepsilon\|u\|^2+\frac{(\alpha+\beta)\|\nabla u\|^2)^{\rho+1}}{(\rho+1)\beta}\right]+(2\alpha_1-2\alpha_1\varepsilon-2\varepsilon-\varepsilon^2-\gamma_1) \tag{3.12}$$
$$\|v\|^2+\left(4\gamma\varepsilon^2-\frac{\varepsilon^2}{\lambda_1}\right)\|\nabla u\|^2+(2\alpha_1\varepsilon^2-2\alpha_1\varepsilon)\|u\|^2+2(\alpha+\beta\|\nabla u\|^2)^{\rho+1}\leqslant\frac{1}{\gamma_1}\|f\|^2$$

接下来,取适当的 $\gamma,\varepsilon,\alpha_1,\alpha,\beta$ 使得

$$\begin{cases}a_1=2\alpha_1-2\alpha_1\varepsilon-2\varepsilon-\varepsilon^2-\gamma_1\geqslant0\\ a_2=4\gamma\varepsilon^2-\dfrac{\varepsilon^2}{\lambda_1}\geqslant0\\ a_3=2\alpha_1\varepsilon^2-2\alpha_1\varepsilon\geqslant0\end{cases}$$

取 $\delta_1=\min\left\{a_1,\dfrac{a_2}{3\gamma\varepsilon},\dfrac{a_3}{\alpha_1\varepsilon}\right\}$,

$$\frac{\mathrm{d}}{\mathrm{d}t}W(t)+\delta_1W(t)\leqslant\frac{1}{\gamma_1}\|f\|^2:=C_1 \tag{3.13}$$

在这里

$$W(t)=\|v\|^2+3\gamma\varepsilon\|\nabla u\|^2+\alpha_1\varepsilon\|u\|^2+\frac{(\alpha+\beta\|\nabla u\|^2)^{\rho+1}}{(\rho+1)\beta} \tag{3.14}$$

由 Gronwall 不等式可得

$$W(t)\leqslant W(0)\mathrm{e}^{-\delta_1t}+\frac{C_1}{\delta_1}(1-\mathrm{e}^{-\delta_1t}) \tag{3.15}$$

设 $k=\min\{1,3\gamma\varepsilon\}$,因此有

$$\|(u,v)\|^2_{H_0^1\times L^2}=\|v\|^2+\|\nabla u\|^2\leqslant\frac{W(0)}{k}\mathrm{e}^{-\delta_1t}+\frac{C_1}{\delta_1k}(1-\mathrm{e}^{-\delta_1t}) \tag{3.16}$$

$$\overline{\lim_{t\to\infty}}\|(u,v)\|^2\leqslant\frac{C_1}{\delta_1k} \tag{3.17}$$

因此存在 M_0 和 $t_1=t_1(\Omega)>0$,使得

$$\|(u,v)\|^2_{H_0^1\times L^2}=\|v(t)\|^2+\|\nabla u(t)\|^2\leqslant M_0(t>t_1) \tag{3.18}$$

引理 3.2 $(u_0,u_1)\in H^2(\Omega)\times H_0^1(\Omega)$，$f\in H_0^1(\Omega)$，$v=u_t+\varepsilon u$，方程(1.1)的解$(u,v)$满足$(u,v)\in H^2(\Omega)\times H_0^1(\Omega)$，并且

$$\|(u,v)\|_{H^2\times H^1}^2=\|\nabla v\|^2+\|\Delta u\|^2\leqslant\frac{W(0)}{k}\mathrm{e}^{-\delta_2 t}+\frac{C_5}{\delta_2 k}(1-\mathrm{e}^{-\delta_2 t})\tag{3.19}$$

在这里

$$V_{(0)}=\|\nabla v_0\|^2+\gamma\varepsilon\|\Delta u_0\|^2\tag{3.20}$$

因此存在 M_1 和 $t_2=t_2(\Omega)>0$，使得

$$\|(u,v)\|_{H^2\times H^1}^2=\|\nabla v(t)\|^2+\|\Delta u(t)\|^2\leqslant M_1\ (t>t_2)\tag{3.21}$$

证明 设 $-\Delta v=-\Delta u_t-\varepsilon\Delta u$，可用 $-\Delta v$ 与方程(1.1)取内积得到

$$(u_{tt}+\alpha_1 u_t-\gamma\Delta u_t-(\alpha+\beta\|\nabla u\|^2)^\rho\Delta u,\ -\Delta v)=(f,\ -\Delta v)\tag{3.22}$$

由 Holder 不等式、Young 不等式和 Poincare 不等式有

$$\begin{aligned}(u_{tt},\ -\Delta v)&=(v_t-\varepsilon u_t,\ -\Delta v)=\frac{1}{2}\frac{\mathrm{d}}{\mathrm{d}t}\|\nabla v\|^2-\varepsilon(u_t,\ -\Delta v)\\&=\frac{1}{2}\frac{\mathrm{d}}{\mathrm{d}t}\|\nabla v\|^2-\varepsilon(v-\varepsilon u,\ -\Delta v)\\&=\frac{1}{2}\frac{\mathrm{d}}{\mathrm{d}t}\|\nabla v\|^2-\varepsilon\nabla\|v\|^2+\varepsilon^2(\nabla u,\nabla v)\\&\geqslant\frac{1}{2}\frac{\mathrm{d}}{\mathrm{d}t}\|\nabla v\|^2-\varepsilon\|\nabla v\|^2-\frac{\varepsilon^2}{2}\|\nabla u\|^2-\frac{\varepsilon^2}{2}\|\nabla v\|^2\\&\geqslant\frac{1}{2}\frac{\mathrm{d}}{\mathrm{d}t}\|\nabla v\|^2-\varepsilon\|\nabla v\|^2-\frac{\varepsilon^2}{2\lambda_1}\|\Delta u\|^2-\frac{\varepsilon^2}{2}\|\nabla v\|^2\end{aligned}\tag{3.23}$$

用 $\alpha_1 u_t$ 和 $-\Delta v$ 取内积得

$$\begin{aligned}(\alpha_1 u_t,\ -\Delta v)&=\alpha_1(v-\varepsilon u,\ -\Delta v)\\&=\alpha_1\|\nabla v\|^2+\alpha_1\varepsilon(u,\Delta v)\\&\geqslant\alpha_1\|\nabla v\|^2-\frac{\alpha_1\varepsilon}{2}\|\nabla u\|^2-\frac{\alpha_1\varepsilon}{2}\|\nabla v\|^2\end{aligned}\tag{3.24}$$

并且有

$$(-\gamma\Delta u_t,\ -\Delta v)=(-\gamma\Delta u_t,\ -\Delta u_t-\varepsilon\Delta u)=\gamma\|\Delta u_t\|^2+\frac{\gamma\varepsilon}{2}\frac{\mathrm{d}}{\mathrm{d}t}\|\Delta u\|^2\tag{3.25}$$

用 $-(\alpha+\beta\|\nabla u\|^2)^\rho\Delta u$ 和 $-\Delta v$ 取内积得

$$\begin{aligned}&(-(\alpha+\beta\|\nabla u\|^2)^\rho\Delta u,\ -\Delta v)=-(\alpha+\beta\|\nabla u\|^2)^\rho(\Delta u,\ -\Delta v)\\&=(\alpha+\beta\|\nabla u\|^2)^\rho(\Delta u,\Delta v)\\&=(\alpha+\beta\|\nabla u\|^2)^\rho(\Delta u,\Delta u_t+\varepsilon\Delta u)\\&=(\alpha+\beta\|\nabla u\|^2)^\rho(\Delta u,\Delta u_t)+(\alpha+\beta\|\nabla u\|^2)^\rho(\Delta u,\varepsilon\Delta u)\\&=(\alpha+\beta\|\nabla u\|^2)^\rho(\Delta u,\Delta u_t)+(\alpha+\beta\|\nabla u\|^2)^\rho\cdot\varepsilon\|\Delta u\|^2\end{aligned}\tag{3.26}$$

取适当的 α,β，使得 $0<C_2\leqslant(\alpha+\beta\|\nabla u\|^2)^\rho\leqslant C_3$，进而得

$$\begin{aligned}&(\alpha+\beta\|\nabla u\|^2)^\rho(\Delta u,\Delta u_t)+(\alpha+\beta\|\nabla u\|^2)^\rho\cdot\varepsilon\|\Delta u\|^2\\&\geqslant-\frac{C_3}{2}\|\Delta u\|^2-\frac{C_3}{2}\|\Delta u_t\|^2+C_2\varepsilon\|\Delta u\|^2\end{aligned}\tag{3.27}$$

根据 Holder 不等式和 Young 不等式可得

$$(f(x), -\Delta v) \leqslant \|\nabla f\| \cdot \|\nabla v\| \leqslant \frac{\lambda_1 \varepsilon_1}{4}\|\nabla v\|^2 + \frac{1}{\lambda_1 \varepsilon_1}\|\nabla f\|^2 \tag{3.28}$$

因此有

$$\begin{aligned}&\frac{1}{2}\frac{\mathrm{d}}{\mathrm{d}t}\|\nabla v\|^2 - \varepsilon\|\nabla v\|^2 - \frac{\varepsilon^2}{2\lambda_1}\|\Delta u\|^2 - \frac{\varepsilon^2}{2}\|\nabla v\| + \alpha_1\|\nabla v\|^2 - \frac{\alpha_1\varepsilon}{2}\|\nabla u\|^2 - \\ &\frac{\alpha_1\varepsilon}{2}\|\nabla v\|^2 + \gamma\|\Delta u_t\|^2 + \frac{\gamma\varepsilon}{2}\frac{\mathrm{d}}{\mathrm{d}t}\|\Delta u\|^2 - \frac{C_3}{2}\|\Delta u\|^2 - \frac{C_3}{2}\|\Delta u_t\|^2 + C_2\varepsilon\|\Delta u\|^2 \\ &\leqslant \frac{\lambda_1\varepsilon_1}{4}\|\nabla v\|^2 + \frac{1}{\lambda_1\varepsilon_1}\|\nabla f\|^2\end{aligned} \tag{3.29}$$

化简得

$$\begin{aligned}&\frac{\mathrm{d}}{\mathrm{d}t}\left[\|\nabla v\|^2 + \gamma\varepsilon\|\Delta u\|^2\right] + \left(2\alpha_1 - 2\varepsilon - \varepsilon^2 - \alpha_1\varepsilon - \frac{\lambda_1\varepsilon_1}{2}\right)\|\nabla v\|^2 + \\ &\left(2C_2\varepsilon - \frac{\varepsilon^2}{\lambda_1} - C_3\right)\|\Delta u\|^2 \leqslant \frac{2}{\lambda_1\varepsilon_1}\|\nabla f\|^2 + C_4\end{aligned} \tag{3.30}$$

取适当的 α_1, ε，使得

$$\begin{cases} b_1 = 2\alpha_1 - 2\varepsilon - \varepsilon^2 - \alpha_1\varepsilon - \dfrac{\lambda_1\varepsilon_1}{2} \geqslant 0 \\ b_2 = 2C_2\varepsilon - \dfrac{\varepsilon^2}{\lambda_1} - C_3 \geqslant 0 \end{cases}$$

取 $\delta_2 = \min\left\{b_1, \dfrac{b_2}{\gamma\varepsilon}\right\}$

$$\frac{\mathrm{d}}{\mathrm{d}t}V(t) + \delta_2 V(t) \leqslant \frac{2}{\lambda_1\varepsilon_1}\|\nabla f\|^2 + C_4 = C_5 \tag{3.31}$$

在这里 $V(t) = \|\nabla v\|^2 + \gamma\varepsilon\|\Delta u\|^2$，由 Gronwall 不等式可得

$$V(t) \leqslant V(0)\mathrm{e}^{-\delta_2 t} + \frac{C_5}{\delta_2}(1 - \mathrm{e}^{\delta_2 t}) \tag{3.32}$$

设 $k = \min\{1, \varepsilon_1\varepsilon\}$，有

$$\|(u,v)\|^2_{H^2\times H^1} = \|\nabla v\|^2 + \|\Delta u\|^2 \leqslant \frac{W(0)}{k}\mathrm{e}^{-\delta_2 t} + \frac{C_5}{\delta_2 k}(1 - \mathrm{e}^{-\delta_2 t}) \tag{3.33}$$

$$\varlimsup_{t\to\infty}\|(u,v)\|^2_{H^2\times H^1} \leqslant \frac{C_5}{\delta_2 k} \tag{3.34}$$

因此存在 $M_1 > 0$ 和 $t_2 = t_2(\Omega) > 0$，使得

$$\|(u,v)\|^2_{H^2\times H^1} = \|\nabla v(t)\|^2 + \|\Delta u(t)\|^2 \leqslant M_1 \ (t > t_2) \tag{3.35}$$

定理 3.1[8]　$(u_0, u_1) \in H^2(\Omega) \times H_0^1(\Omega)$，$f \in H_0^1(\Omega)$，方程（1.1）存在唯一的光滑解 $(u,v) \in L^\infty([0, +\infty); H^2(\Omega) \times H_0^1(\Omega))$.

证明　由 Galerkin 方法、引理 3.1 和引理 3.2，可以很容易获得解的存在性. 接下来，详细地证明解的唯一性.

设 u, v 是方程的两个解，设 $w = u - v$，然后，两个方程式相减获得

$$w_{tt} + \alpha_1 w_t - \gamma\Delta w_t - (\alpha + \beta\|\nabla u\|^2)^p\Delta u + (\alpha + \beta\|\nabla v\|^2)^p\Delta v = 0 \tag{3.36}$$

用 w_t 与上式取内积得

$$(w_{tt}+\alpha_1 w_t-\gamma\Delta w_t-(\alpha+\beta\|\nabla u\|^2)^\rho\Delta u+(a+\beta\|\nabla v\|^2)^\rho\Delta v,w_t)=0 \tag{3.37}$$

由 w_{tt} 和 w_t 取内积有

$$(w_{tt},w_t)=\frac{1}{2}\frac{\mathrm{d}}{\mathrm{d}t}\|w_t\|^2 \tag{3.38}$$

类似,可得到

$$(\alpha_1 w_t,w_t)=\alpha_1\|w_t\|^2 \tag{3.39}$$

$$(-\gamma\Delta w_t,w_t)=\gamma\|\nabla w_t\|^2\geqslant\gamma\lambda_1\|w_t\|^2 \tag{3.40}$$

$$\begin{aligned}
&(-(\alpha+\beta\|\nabla u\|^2)^\rho\Delta u+(\alpha+\beta\|\nabla v\|^2)^\rho\Delta v,w_t)\\
&=(-(\alpha+\beta\|\nabla u\|^2)^\rho\Delta u+(\alpha+\beta\|\nabla u\|^2)^\rho\Delta v-(\alpha+\beta\|\nabla u\|^2)^\rho\Delta v+(\alpha+\beta\|\nabla v\|^2)^\rho\Delta v,w_t)\\
&=-(\alpha+\beta\|\nabla u\|^2)^\rho(\Delta w,w_t)+(-(\alpha+\beta\|\nabla u\|^2)^\rho\Delta v+(\alpha+\beta\|\nabla v\|^2)^\rho\Delta v,w_t)\\
&=(\alpha+\beta\|\nabla u\|^2)^\rho\cdot\frac{1}{4}\frac{\mathrm{d}}{\mathrm{d}t}\|\nabla w\|^2+(\alpha+\beta\|\nabla u\|^2)^\rho\left(\Delta w,\frac{w_t}{2}\right)+\\
&(-(\alpha+\beta\|\nabla u\|^2)^\rho\Delta v+(\alpha+\beta\|\nabla v\|^2)^\rho\Delta v,w_t)\\
&\geqslant(\alpha+\beta\|\nabla u\|^2)^\rho\cdot\frac{1}{4}\frac{\mathrm{d}}{\mathrm{d}t}\|\nabla w\|^2-\frac{C_3}{2}\|\nabla w\|^2-\frac{C_3}{2}\|\nabla w_t\|^2+\\
&(-(\alpha+\beta\|\nabla u\|^2)^\rho\Delta v+(\alpha+\beta\|\nabla v\|^2)^\rho\Delta v,w_t)\\
&\geqslant(\alpha+\beta\|\nabla u\|^2)^\rho\cdot\frac{1}{4}\frac{\mathrm{d}}{\mathrm{d}t}\|\nabla w\|^2-\frac{C_3}{2}\|\nabla w\|^2-\frac{C_3\lambda_1}{2}\|w_t\|^2+\\
&(-(\alpha+\beta\|\nabla u\|^2)^\rho\Delta v+(\alpha+\beta\|\nabla v\|^2)^\rho\Delta v,w_t)
\end{aligned}$$

由引理 3.2 $0<C_2\leqslant(\alpha+\beta\|\nabla u\|^2)^\rho\leqslant C_3,0<C_2\leqslant(\alpha+\beta\|\nabla v\|^2)^\rho\leqslant C_3$,

$$(\alpha+\beta\|\nabla v\|^2)^\rho\Delta v-(\alpha+\beta\|\nabla u\|^2)^\rho\Delta v\leqslant(C_3-C_2)\Delta v,$$

$$\begin{aligned}
&((C_3-C_2)\Delta v,w_t)=\int_\Omega(C_3-C_2)\Delta v\cdot w_t\mathrm{d}x=(C_3-C_2)\int_\Omega\Delta v\cdot w_t\mathrm{d}x\\
&\leqslant(C_3-C_2)\left(\int_\Omega\Delta v^2\mathrm{d}x\right)^{\frac{1}{2}}\left(\int_\Omega w_t{}^2\mathrm{d}x\right)^{\frac{1}{2}}\\
&\leqslant(C_3-C_2)\cdot C\cdot\left(\int_\Omega 1^2\mathrm{d}x\right)^{\frac{1}{4}}\left(\int_\Omega w_t{}^4\mathrm{d}x\right)^{\frac{1}{4}}\\
&\leqslant(C_3-C_2)\cdot|\Omega|^{\frac{1}{4}}\|w_t\|_4\\
&\leqslant C_0\|w_t\|_4\leqslant C_0\|\nabla w_t\|^{\frac{n}{4}}\|w_t\|^{1-\frac{n}{4}}\\
&\leqslant C_0\frac{\|\nabla w_t\|^2}{2}+C_0\frac{\|w_t\|^2}{2}
\end{aligned}\tag{3.41}$$

进而化简得

$$\begin{aligned}
&(-(\alpha+\beta\|\nabla u\|^2)^\rho\Delta u+(\alpha+\beta\|\nabla v\|^2)^\rho\Delta v,w_t)\\
&\geqslant(\alpha+\beta\|\nabla u\|^2)^\rho\cdot\frac{1}{4}\frac{\mathrm{d}}{\mathrm{d}t}\|\nabla w\|^2-\frac{C_3}{2}\|\nabla w\|^2-\frac{C_3\lambda_1}{2}\|w_t\|^2-\\
&C_0\frac{\|\nabla w_t\|^2}{2}-C_0\frac{\|w_t\|^2}{2}
\end{aligned}$$

$$\geqslant(\alpha+\beta\|\nabla u\|^2)^\rho\cdot\frac{1}{4}\frac{\mathrm{d}}{\mathrm{d}t}\|\nabla w\|^2-\frac{C_3}{2}\|\nabla w\|^2-\frac{C_3\lambda_1}{2}\|w_t\|^2-C_0\lambda_1\frac{\|w_t\|^2}{2}-C_0\frac{\|w_t\|^2}{2} \tag{3.42}$$

$$\frac{1}{2}\frac{\mathrm{d}}{\mathrm{d}t}\|w_t\|^2+\alpha_1\|w_t\|^2+\gamma\lambda_1\|w_t\|^2+(\alpha+\beta\|\nabla u\|^2)^\rho\cdot\frac{1}{4}\frac{\mathrm{d}}{\mathrm{d}t}\|\nabla w\|^2-\frac{C_3}{2}\|\nabla w\|^2-\frac{C_3\lambda_1}{2}\|w_t\|^2-C_0\lambda_1\frac{\|w_t\|^2}{2}-C_0\frac{\|w_t\|^2}{2}\leqslant 0 \tag{3.43}$$

$$\frac{\mathrm{d}}{\mathrm{d}t}\left[\|w_t\|^2+\frac{(\alpha+\beta\|\nabla u\|^2)^\rho}{2}\frac{\mathrm{d}}{\mathrm{d}t}\|\nabla w\|^2\right]\leqslant(C_3\lambda_1+C_0\lambda_1+C_0-2\alpha_1-2\gamma\lambda_1)\|w_t\|^2+C_3\|\nabla w\|^2 \tag{3.44}$$

取 $\delta_3=\max\left\{C_3\lambda_1+C_0\lambda_1+C_0-2\alpha_1-2\gamma\lambda_1,\dfrac{2C_3}{(\alpha+\beta\|\nabla u\|^2)^\rho}\right\}$，有

$$\frac{\mathrm{d}}{\mathrm{d}t}\left[\|w_t\|^2+(\alpha+\beta\|\nabla u\|^2)^\rho\cdot\frac{1}{2}\|\nabla w\|^2\right]\leqslant\delta_3\left(\|w_t\|^2+\frac{(\alpha+\beta\|\nabla u\|^2)^\rho}{2}\|\nabla w\|^2\right) \tag{3.45}$$

由 Gronwall 不等式可得

$$\|w_t\|^2+\frac{(\alpha+\beta\|\nabla u\|^2)^\rho}{2}\|\nabla w\|^2\leqslant\left(\|w_t\|^2+\frac{(\alpha+\beta\|\nabla u\|^2)^\rho}{2}\|\nabla w\|^2\right)\mathrm{e}^{\delta_3 t}=0 \tag{3.46}$$

因此有 $w(t)\equiv 0$,唯一性得证.

定理 3.2　设 F 是 Banach 空间,$S(t)$是 F 上的算子半群,且

$$S(t):F\to F,S(t+x)=S(t)\cdot S(x)(\ \forall x,t\geqslant 0)S(0)=\mathbf{I}$$

在这里 $\mathbf{I}$ 是一个单位算子,设 $S(t)$满足如下条件:

①$S(t)$是一致有界的,即 $\forall R>0,\|u\|_F\leqslant R$,存在一个正常数 $C(R)$,使得

$$\|S(t)u\|_F\leqslant C(R)(\ \forall t\in[0,+\infty));$$

②存在一个边界吸收集 $B_0\in F$,即 $\forall B\subset B_0$,存在一个常数 t_0,使得

$$S(t)B\subset B_0(\ \forall t>t_0);$$

③当 $t>0,S(t)$是一个全连续算子 $\mathbf{A}$.

因此,算子半群 $S(t)$存在一个紧的整体吸引子.

定理 3.3　在定理 3.1 的假设下,方程(1.1)存在一个整体吸引子

$$A=\omega(B_0)=\bigcap_{x\geqslant 0}\overline{\bigcup_{t\geqslant x}S(t)B_0}$$

在这里 $B_0=\{(u,v)\in H^2\times H^1:\|(u,v)\|^2_{H^2\times H^1}=\|u\|^2_{H^2}+\|v\|^2_{H^1}\leqslant M_0+M_1\}$,

B_0 是 $H^2(\Omega)\times H_0^1(\Omega)$中的有界吸收集,并且满足

①$S(t)A=A$;

②$\lim\limits_{t\to\infty}\mathrm{dist}(S(t)B_0)=0$, 在这里 $B\subset H^2(\Omega)\times H_0^1(\Omega)$并且是一个有界集

$$\mathrm{dist}(Y,Z)=\sup_{y\in Y}\inf_{z\in Z}\|y-z\|_{H^2\times H^1}$$

证明:在定理 3.1 的假设下,存在一个解半群 $S(t),S(t):H^2\times H^1\to H^2\times H^1$, 在这里 $Y=H^2(\Omega)\times H_0^1(\Omega)$:

①从引理 3.1、引理 3.2 可得到 $\forall B\subset H^2(\Omega)\times H_0^1(\Omega)$是一个有界集,其包含一个有界球 $\{\|(u,v)\|_{H^2\times H^1}\leqslant R\}$;

$$\|S(t)(u_0,v_0)\|_{H^2\times H^1}^2=\|u\|_{H^2}^2+\|v\|_{H^1}^2\leqslant\|u_0\|_{H^2}^2+\|v_0\|_{H^1}^2+C_4\leqslant R^2+C_4(\forall t\geqslant0,(u_0,v_0)\in B)$$

从而证明了 $S(t)(t\geqslant0)$ 在 $H^2(\Omega)\times H_0^1(\Omega)$ 中是一致有界的.

②进一步,对任何 $(u_0,v_0)\in H^2(\Omega)\times H_0^1(\Omega)$,当 $t\geqslant\max\{t_1,t_2\}$,故有

$$\|S(t)(u_0,v_0)\|_{H^2\times H^1}^2=\|u\|_{H^2}^2+\|v\|_{H^1}^2\leqslant M_0+M_1$$

因此可得到 B_0 是一个有界吸收集.

③因为 $H^2(\Omega)\times H_0^1(\Omega)\to H_0^1(\Omega)\times L^2(\Omega)$ 是紧嵌入的,这就意味着 $H^2(\Omega)H_0^1(\Omega)$ 中的有界吸收集是 $H_0^1(\Omega)\times L^2(\Omega)$ 中的紧集,因此算子半群 $S(t)$ 存在一个整体吸引子 A.

2.6 高阶非线性 Kirchhoff 方程整体吸引子和它们的 Hausdorff 及分形维数估计

本节研究了高阶非线性 Kirchhoff 方程:

$$u_{tt}+(-\Delta)^m u_t+\phi(\|D^m u\|^2)(-\Delta)^m u+g(u)=f(x)$$

的解的适定性和长时间动态行为. 在合适的假设下,用先验估计和 Galerkin 方法证明了方程解的存在唯一性,也得到了方程的整体吸引子,并且估计了整体吸引子的 Hausdorff 维数和分形维数.

1 引言

考虑问题

$$u_{tt}+(-\Delta)^m u_t+\phi(\|(-\Delta)^{\frac{m}{2}}u\|^2)(-\Delta)^m u+g(u)=f(x),x\in\Omega,t>0,m>1 \quad (1.1)$$

$$u(x,t)=0,\frac{\partial^i u}{\partial v^i}=0,i=1,2,\cdots,m-1,x\in\partial\Omega,t>0 \quad (1.2)$$

$$u(x,0)=u_0(x),u(x,0)=u_1(x) \quad (1.3)$$

其中 Ω 是 $\mathbf{R}^n$ 的有界区域,$\partial\Omega$ 是光滑的 Dirichlet 边界 $u_0(x)$,$u_1(x)$ 是初始值,ϕ 是阻尼系数,$g(u)$ 是非线性项,$(-\Delta)^m u_t$ 是强耗散项,$f(x)$ 是外力项.

有很多学者对带有强耗散项的 Kirchhoff 方程的整体吸引子的存在性都有研究,可以看参考文献[57]—[59];也有许多学者最近研究了 Kirchhoff 方程的整体吸引子,可以阅读参考文献[17]、[32]、[33]、[60].

在参考文献[18]中,作者研究了带有强阻尼项和非线性临界条件的 Kirchhoff 方程的长时间动态行为

$$u_{tt}-\Delta u_t-M(\|\nabla u\|^2)\Delta u+u_t+g(x,u)=f(x) \quad (1.4)$$

他们在空间 $H=H^1(\mathbf{R}^n)\times L^2(\mathbf{R}^n)$ 中和非线性临界条件的情况下,得到了方程的解的适定性,整体吸引子和指数吸引子的存在性;他们的创新之处是克服了 Sobolev 空间的紧嵌入性和由于非线性项 $g(x,u)$ 的临界增长造成的紧性的缺失.

最近,参考文献[61]作者也研究了带有分数阶阻尼和超临界的非线性项的 Kirchhoff 的长时间动态行为

$$u_{tt}-M(\|\nabla u\|^2)\Delta u+(-\Delta)^{\alpha}u_t+f(u)=g(x),x\in\Omega,t>0 \tag{1.5}$$

$$u\mid\partial\Omega=0,u(x,0)=u_0(x),u_t(x,0)=u_1(x) \tag{1.6}$$

其中 $\alpha\in\left(\frac{1}{2},1\right)$，$\Omega$ 是 $\mathbf{R}^n$ 中带有光滑边界的有界区域，他们的研究结果表明：(i) 如果 p[非线性项 $f(u)$ 的增长指数] 满足 $1\leqslant p\leqslant\frac{N+4\alpha}{(N-4a)^+}$，式(1.5)的解适定性和长时间动态行为具有抛物线方程的特点；(ii) 当 p 满足 $\frac{N+4\alpha}{(N-4\alpha)^+}\leqslant p<\frac{N+4}{(N-4)^+}$，式(1.5)有极限解和弱的整体吸引子.

Chueshov 在参考文献[14]中，第一次研究了带有强耗散和非线性阻尼的 Kirchhoff 方程的初边值问题的解的适定性和指数吸引子

$$u_{tt}-\sigma(\|\nabla u\|^2)\Delta u_t-\phi(\|\nabla u\|^2)\Delta u+g(u)=h(x) \tag{1.7}$$

在部分强拓扑的情况下，他得到了有限维的整体吸引子；特别来说，在超临界情况下，(i) 部分强拓扑变成了强拓扑；(ii) 在自然能量空间 $H(\Omega)=H^1(\Omega)\cap L^{p+1}(\Omega)\times L^2(\Omega)$ 中获得了指数吸引子.

在参考文献[44]中，作者在方程的解存在的情况下，研究了下面的一般 Boussinesq 方程的整体吸引子和它们的维数估计

$$u_{tt}-\Delta u-\Delta u_{tt}+\alpha\Delta^2u+\beta\Delta^2u_{tt}-\Delta u_t-\Delta|u|^p=f(x) \tag{1.8}$$

本节内容的主要安排如下：

第二部分，在引理 2.1 和引理 2.2 的假设下，我们得到了问题(1.1)—问题(1.3)的解的存在唯一性；在第三部分，证明了问题(1.1)—问题(1.3)的整体吸引子的存在性定理；在第四部分，考虑了整体吸引子的有限 Hausdorff 维数和分形维数.

2　主要结果

为了方便，定义简单的符号：$\|\cdot\|$ 代表范数，$(\cdot,\cdot)$ 代表内积，且 $f=f(x)$，$H_0^m(\Omega)=H^m(\Omega)\cap H_0^1(\Omega)$，$H^{2m}(\Omega)=H^{2m}$，$(-\Delta)^{\frac{m}{2}}=D^m$，$\|\cdot\|=\|\cdot\|_{L^2}$，$G_i(i=0,1,2,\cdots)$ 代表不同的常数，$m_i(i=0,1,\cdots)$ 也是常数.

引理 2.1　假设

①$\phi(\|D^mu\|^2):\mathbf{R}^+\to\mathbf{R}^+$ 是一个微分函数；

②$\varepsilon\phi(\|D^mu\|^2)\|D^mu\|^2\geqslant\varepsilon\Phi(\|D^mu\|^2)+\frac{1}{4}\varepsilon^2\|D^mu\|^2$，其中 $\Phi'=\phi$；

③$\Phi(\|D^mu\|^2)\geqslant\varepsilon\|D^mu\|^2+C_0$；

④$g(u)u\geqslant\varepsilon G(u)+\xi u^2$，其中 $G'(u)=g(u)u_t$；

⑤ $J(u)=\int G(u)\mathrm{d}x$；

⑥$f(x)\in L^2(\Omega)$.

则问题(1.1)—问题(1.3)的解 (u,v) 满足 $(u,v)\in H^m(\Omega)\times L^2(\Omega)$，且还满足：

$$\|(u,v)\|_{H^m}^2\times L^2=\|D^mu\|^2+\|v\|^2\leqslant W(0)\mathrm{e}^{-\alpha t}+\frac{C}{\alpha}(1-\mathrm{e}^{-\alpha t}) \tag{2.1}$$

其中 $v=u_t+\varepsilon u$, $W(0)=\|v_0\|^2+\varepsilon^2\|u_0\|^2+\varepsilon\|D^m u_0\|^2+2J(u_0)$,存在 $t=t_1>0$ 和 $\mathbf{R}_0$,使得

$$\overline{\lim_{t\to\infty}}\|(u,v)\|^2\leqslant\frac{C}{\alpha}=R_0 \tag{2.2}$$

证明 设 $v=u_t+\varepsilon u$,用 v 与式(1.1)作内积,得到

$$(u_{tt}+(-\Delta)^m u_t+\phi(\|D^m u\|^2)(-\Delta)^m u+g(u),v)=(f(x),v). \tag{2.3}$$

$$\begin{aligned}(u_{tt},v)&=(v_t-\varepsilon u_t,v)=(v_t,v)-\varepsilon(v-\varepsilon u,v)\\&=\frac{1}{2}\frac{\mathrm{d}}{\mathrm{d}t}\|v\|^2+\frac{\varepsilon^2}{2}\frac{\mathrm{d}}{\mathrm{d}t}\|u\|^2-\|v\|^2+\varepsilon^3\|u\|^2\end{aligned} \tag{2.4}$$

$$\begin{aligned}&((-\Delta)^m u_t,v)\\&=(D^m v-\varepsilon D^m u,D^m v)\\&=\|D^m v\|^2-\varepsilon(D^m u,D^m u_t+\varepsilon D^m u)\\&=\|D^m v\|-\frac{\varepsilon}{2}\frac{\mathrm{d}}{\mathrm{d}t}\|D^m u\|^2-\varepsilon^2\|D^m u\|^2\\&\geqslant m_0\lambda_1\|v\|^2-\frac{\varepsilon}{2}\frac{\mathrm{d}}{\mathrm{d}t}\|D^m u\|^2-\varepsilon^2\|D^m u\|^2\end{aligned} \tag{2.5}$$

其中 $\lambda_1(>0)$是算子$(-\Delta)$的第一个特征值.

$$\begin{aligned}&(\phi(\|D^m u\|^2)(-\Delta)^m u,v)\\&=(\phi(\|D^m u\|^2)(-\Delta)^m u,u_t+\varepsilon u)\\&=\phi(\|D^m u\|^2)\frac{1}{2}\frac{\mathrm{d}}{\mathrm{d}t}\|D^m u\|^2+\varepsilon\phi(\|D^m u\|^2)\|D^m u\|^2\\&=\frac{1}{2}\frac{\mathrm{d}}{\mathrm{d}t}\Phi(\|D^m u\|^2)+\varepsilon\phi(\|D^m u\|^2)\|D^m u\|^2\\&\geqslant\frac{1}{2}\frac{\mathrm{d}}{\mathrm{d}t}\Phi(\|D^m u\|^2)+\varepsilon\Phi(\|D^m u\|^2)+\frac{1}{4}\varepsilon^2\|D^m u\|^2\end{aligned} \tag{2.6}$$

$$\begin{aligned}&(g(u),v)\\&=(g(u),u_t)+\varepsilon(g(u),u)\\&=\frac{\mathrm{d}}{\mathrm{d}t}\int G(u)\mathrm{d}x+\varepsilon(g(u),u)\\&\geqslant\frac{\mathrm{d}}{\mathrm{d}t}\int G(u)\mathrm{d}x+\varepsilon^2\int G(u)\mathrm{d}x\\&\geqslant\frac{\mathrm{d}}{\mathrm{d}t}J(u)+J(u)\end{aligned} \tag{2.7}$$

$$\begin{aligned}&(f(x),v)\\&\leqslant\frac{1}{2\varepsilon^2}\|f\|^2+\frac{\varepsilon^2}{2}\|v\|^2\end{aligned} \tag{2.8}$$

综上有

$$\begin{aligned}&\frac{\mathrm{d}}{\mathrm{d}t}\left[\|v\|^2+\varepsilon^2\|u\|^2+\varepsilon\|D^m u\|^2+2J(u)\right]+\\&(2m_0\lambda_1-\varepsilon^2-2\varepsilon)\|v\|^2+2\varepsilon^3\|u\|^2+(2\varepsilon-\varepsilon^2)\|D^m u\|^2+2\varepsilon^2J(u)\\&\leqslant\frac{1}{2\varepsilon^2}\|f\|^2+C_0:=C\end{aligned} \tag{2.9}$$

其中取合适的 m_0 和 ε,使得

$$\begin{cases} a_1 = 2m_0\lambda_1 - \varepsilon^2 - 2\varepsilon \geqslant 0 \\ a_2 = 2\varepsilon - \varepsilon^2 \geqslant 0 \end{cases} \tag{2.10}$$

则取 $\alpha = \min\left\{a_1, 2\varepsilon, \frac{a_2}{\varepsilon}, \varepsilon^2\right\}$得到

$$\frac{\mathrm{d}}{\mathrm{d}t}W(t) + \alpha W(t) \leqslant C \tag{2.11}$$

其中

$$W(t) = \|v\|^2 + \varepsilon^2\|u\|^2 + \varepsilon\|D^m u\|^2 + 2J(u) \tag{2.12}$$

由 Gronwall 不等式有

$$W(t) \leqslant W(0)\mathrm{e}^{-\alpha t} + \frac{C}{\alpha}(1 - \mathrm{e}^{-\alpha t}) \tag{2.13}$$

其中

$$W(0) = \|v_0\|^2 + \varepsilon^2\|u_0\|^2 + \varepsilon\|D^m u_0\|^2 + 2J(u_0) \tag{2.14}$$

所以

$$\|(u,v)\|^2_{H^m \times L^2} = \|D^m u\|^2 + \|v\|^2 \leqslant W(0)\mathrm{e}^{-\alpha t} + \frac{C}{\alpha}(1 - \mathrm{e}^{-\alpha t}) \tag{2.15}$$

并且

$$\overline{\lim_{t\to\infty}}\|(u,v)\|^2_{H^m \times L^2} \leqslant \frac{C}{\alpha} \tag{2.16}$$

因此,存在 $t = t_1(\Omega)$ 和 R_0,使得

$$\|(u,v)\|^2_{H^m \times L^2} \leqslant \frac{C}{\alpha} = R_0 \ (t > t_1) \tag{2.17}$$

引理 2.2　假设

①$g(u) \leqslant C_1(1 + |u|^p), 0 < p \leqslant \frac{2n}{n-2m}, n \geqslant 3$;

②$\varepsilon_1 \leqslant \mu_0 \leqslant \phi(s) \leqslant \mu_1, u = \begin{cases} \mu_0, \frac{\mathrm{d}}{\mathrm{d}t}\|D^m u\|^2 \geqslant 0 \\ \mu_1, \frac{\mathrm{d}}{\mathrm{d}t}\|D^m u\|^2 < 0 \end{cases}$;

③$0 \leqslant \frac{\mathrm{d}\phi(s)}{\mathrm{d}s} \leqslant C_2$;

④$f(x) \in L^2(\Omega)$.

则问题(1.1)—问题(1.3)的解(u,v)满足$(u,v) \in H^{2m}(\Omega) \times H^m(\Omega)$,且还满足:

$$\|(u,v)\|^2_{H^{2m} \times H^m} = \|(-\Delta)^m u\|^2 + \|D^m v\|^2 \leqslant M(0)\mathrm{e}^{-\beta t} + \frac{C_3}{\beta}(1 - \mathrm{e}^{-\beta t}) \tag{2.18}$$

其中 $v = u_t + \varepsilon_1 u, M(0) = \|D^m v_0\|^2 + \varepsilon_1^2\|D^m u_0\|^2 + (\mu - \varepsilon_1)\|(-\Delta)^m u_0\|^2$,存在 $t = t_2 > 0$ 和 R_1,使得

$$\overline{\lim_{t\to\infty}}\|(u,v)\|^2_{H^{2m} \times H^m} \leqslant \frac{C_3}{\beta} = R_1 \tag{2.19}$$

证明　设$(-\Delta)^m v = (-\Delta)^m u_t + \varepsilon_1(-\Delta)^m u$,用$(-\Delta)^m v$ 与式(1.1)作内积,得到

$$(u_{tt}+(-\Delta)^m u_t+\phi(\|D^m u\|^2)(-\Delta)^m u+g(u),(-\Delta)^m v)=(f(x),(-\Delta)^m v) \tag{2.20}$$

$$\begin{aligned}&(u_{tt},(-\Delta)^m v)\\&=(v_t-\varepsilon_1 u_t,(-\Delta)^m v)\\&=\frac{1}{2}\frac{\mathrm{d}}{\mathrm{d}t}\|D^m v\|^2-\varepsilon_1(v-\varepsilon_1 u,(-\Delta)^m v)\\&=\frac{1}{2}\frac{\mathrm{d}}{\mathrm{d}t}\|D^m v\|^2-\varepsilon_1\|D^m v\|^2+\varepsilon_1^2(u,(-\Delta)^m u_t+\varepsilon_1(-\Delta)^m u)\\&=\frac{1}{2}\frac{\mathrm{d}}{\mathrm{d}t}\|D^m v\|^2-\varepsilon_1\|D^m v\|^2+\varepsilon_1^2\frac{1}{2}\frac{\mathrm{d}}{\mathrm{d}t}\|D^m u\|^2+\varepsilon_1^3\|D^m u\|^2\end{aligned} \tag{2.21}$$

$$\begin{aligned}&((-\Delta)^m u_t,(-\Delta)^m v)\\&=((-\Delta)^m v-\varepsilon_1(-\Delta)^m u,(-\Delta)^m v)\\&=\|(-\Delta)^m v\|^2-\varepsilon_1((-\Delta)^m u,(-\Delta)^m v)\\&=\|(-\Delta)^m v\|^2-\frac{1}{2}\varepsilon_1\frac{\mathrm{d}}{\mathrm{d}t}\|(-\Delta)^m u\|^2-\varepsilon_1^2\|(-\Delta)^m u\|^2\\&\geqslant\frac{1}{8}m_1\lambda_1\|D^m v\|^2+\frac{1}{2}\|(-\Delta)^m v\|^2+\frac{1}{4}\|(-\Delta)^m v\|^2\\&\quad+\frac{1}{8}\|(-\Delta)^m v\|^2-\frac{1}{2}\varepsilon_1\frac{\mathrm{d}}{\mathrm{d}t}\|(-\Delta)^m u\|^2-\varepsilon_1^2\|(-\Delta)^m u\|^2\end{aligned} \tag{2.22}$$

$$\begin{aligned}&(\phi(\|D^m u\|^2)(-\Delta)^m u,(-\Delta)^m v)\\&=\phi(\|D^m u\|^2)\frac{1}{2}\frac{\mathrm{d}}{\mathrm{d}t}\|(-\Delta)^m u\|^2+\varepsilon_1\phi(\|D^m u\|^2)\|(-\Delta)^m u\|^2\\&\geqslant\mu\frac{1}{2}\frac{\mathrm{d}}{\mathrm{d}t}\|(-\Delta)^m u\|^2+\varepsilon_1\mu_0\|(-\Delta)^m u\|^2\end{aligned} \tag{2.23}$$

$$\begin{aligned}&(g(u),(-\Delta)^m v)\\&\geqslant-\frac{1}{2}\|g(u)\|^2-\frac{1}{2}\|(-\Delta)^m v\|^2\end{aligned} \tag{2.24}$$

根据假设 1 可以知道$\|g(u)\|^2\leqslant C_4\|u\|^{2p}+C_5$，并且由 Poincare 不等式$\|g(u)\|^2\leqslant C_4 m_2\lambda_1\|D^m u\|^{2p}+C_5$，根据引理 2.1，$\|D^m u\|^{2p}<\infty$，所以有$\|g(u)\|^2\leqslant C_6$.

$$\begin{aligned}&(g(u),(-\Delta)^m v)\\&\geqslant-C_6-\frac{1}{2}\|(-\Delta)^m v\|^2\end{aligned} \tag{2.25}$$

$$(f(x),(-\Delta)^m v)\leqslant\|f\|^2+\frac{1}{4}\|(-\Delta)^m v\|^2 \tag{2.26}$$

综上所述有

$$\begin{aligned}&\frac{\mathrm{d}}{\mathrm{d}t}\left[\|D^m v\|^2+\varepsilon_1^2\|D^m u\|^2+(\mu-\varepsilon_1)\|(-\Delta)^m u\|^2\right]+\\&\left(\frac{1}{4}m_2\lambda_1-2\varepsilon_1\right)\|D^m v\|^2+2\varepsilon_1^3\|D^m u\|^2+(-2\varepsilon_1^2+2\varepsilon_1\mu_0)\|(-\Delta)^m u\|^2+\\&\frac{1}{4}\|(-\Delta)^m v\|^2\leqslant\|f\|^2+C_6:=C_3\end{aligned} \tag{2.27}$$

下面,根据假设 2,可知 $\mu-\varepsilon_1\geqslant 0$, $-2\varepsilon_1^2+2\varepsilon_1\mu_0\geqslant 0$;并且取合适的 m_2,使得 $\frac{1}{4}m_2\lambda_1-2\varepsilon_1\geqslant 0$. 则取 $\beta=\min\left\{\frac{1}{4}m_2\lambda_1-2\varepsilon_1, 2\varepsilon_1, \frac{-2\varepsilon_1^2+2\varepsilon_1\mu_0}{\mu-\varepsilon_1}\right\}$,可以得到

$$\frac{\mathrm{d}}{\mathrm{d}t}M(t)+\beta M(t)\leqslant C_3 \tag{2.28}$$

其中

$$M(t)=\|D^m v\|^2+\varepsilon_1^2\|D^m u\|^2+(\mu-\varepsilon_1)\|(-\Delta)^m u\|^2 \tag{2.29}$$

由 Gronwall 不等式有

$$\|(u,v)\|_{H^{2m}\times H^m}^2=\|(-\Delta)^m u\|^2+\|D^m v\|^2\leqslant M(0)\mathrm{e}^{-\beta t}+\frac{C_3}{\beta}(1-\mathrm{e}^{-\beta t}) \tag{2.30}$$

并且

$$\overline{\lim_{t\to\infty}}\|(u,v)\|_{H^{2m}\times H^m}^2\leqslant\frac{C_3}{\beta}=R_1 \tag{2.31}$$

因此,存在 $t=t_2(\Omega)$ 和 R_1,使得

$$\|(u,v)\|_{H^{2m}\times H^m}^2\leqslant\frac{C_3}{\beta}=R_1, (t>t_2) \tag{2.32}$$

定理 2.1　引理 2.1、引理 2.2 成立,则初边值问题(1.1)—问题(1.3)存在唯一的光滑解 $(u,v)\in L^\infty([0,+\infty);H^{2m}\times H^m)$.

证明　通过引理 2.1、引理 2.2 和 Glerkin 方法,人们能很容易地得到式(1.1)解的存在性 $(u,v)\in L^\infty([0,+\infty);H^{2m}\times H^m)$,这个证明过程被省略. 接下来将详细证明解的唯一性.

设 u,v 是方程(1.1)的两个解,定义 $w=u-v$,将两个方程作差得

$$w_{tt}+(-\Delta)^m w_t+\phi(\|D^m u\|^2)(-\Delta)^m u-\phi(\|D^m v\|^2)(-\Delta)^m v+g(u)-g(v)=0 \tag{2.33}$$

用 w_t 与式(2.33)作内积有

$$(w_{tt}+(-\Delta)^m w_t+\phi(\|D^m u\|^2)(-\Delta)^m u-\phi(\|D^m v\|^2)(-\Delta)^m v+g(u)-g(v),w_t)=0 \tag{2.34}$$

$$((-\Delta)^m w_t,w_t)=\|D^m w_t\|^2\geqslant m_3\lambda_1\|w_t\|^2 \tag{2.35}$$

$$\begin{aligned}
&(\phi\|D^m u\|^2)(-\Delta)^m u-\phi(\|D^m v\|^2)(-\Delta)^m v,w_t)\\
&=(\phi(\|D^m u\|^2)(-\Delta)^m u-\phi(\|D^m u\|^2)(-\Delta)^m v+\phi\|D^m u\|^2)(-\Delta)^m v-\phi(\|D^m v\|^2)(-\Delta)^m v,\\
&w_t)\\
&=\phi(\|D^m u\|^2)((-\Delta)^m w,w_t)+\phi'(\xi)(\|D^m u\|+\|D^m v\|)(\|D^m u\|-\|D^m v\|)((-\Delta)^m v,w_t)\\
&=\frac{1}{2}\phi(\|D^m u\|^2)\frac{\mathrm{d}}{\mathrm{d}t}\|D^m w\|^2+\phi'(\xi)(\|D^m u\|+\|D^m v\|)(\|D^m u\|-\|D^m v\|)((-\Delta)^m v,w_t)
\end{aligned} \tag{2.36}$$

其中

$$\begin{aligned}
&\phi'(\xi)(\|D^m u\|+\|D^m v\|)(\|D^m u\|-\|D^m v\|)((-\Delta)^m v,w_t)\\
&\leqslant\|\phi'(\xi)\|_\infty(\|D^m u\|+\|D^m v\|)\|D^m w\|\cdot\|(-\Delta)^m v\|\cdot\|w_t\|
\end{aligned} \tag{2.37}$$

根据引理 2.1、引理 2.2 和 Young 不等式可得:存在一个常数 C_7,使得

$$\begin{aligned}
&\phi'(\xi)(\|D^m u\|+\|D^m v\|)(\|D^m u\|-\|D^m v\|)((-\Delta)^m v,w_t)\\
&\leqslant\|\phi'(\xi)\|_\infty(\|D^m u\|+\|D^m v\|)\|D^m w\|\cdot\|(-\Delta)^m v\|\cdot\|w_t\|\\
&\leqslant C_7\|D^m w\|\cdot\|w_t\| \\
&\leqslant\frac{C_7}{2}(\|D^m w\|^2+\|w_t\|^2)
\end{aligned}\tag{2.38}$$

根据式(2.36)—式(2.38)有

$$\begin{aligned}
&(\phi(\|D^m u\|^2)(-\Delta)^m u-\phi(\|D^m v\|^2)(-\Delta)^m v,w_t)\\
&\geqslant\frac{\mu}{2}\frac{\mathrm{d}}{\mathrm{d}t}\|D^m w\|^2-\frac{C_7}{2}(\|D^m w\|^2+\|w_t\|^2)\\
&\geqslant\frac{\mu}{2}\frac{\mathrm{d}}{\mathrm{d}t}\|D^m w\|^2-\frac{C_7}{2}\|D^m w\|^2-\frac{C_7}{2}\|w_t\|^2
\end{aligned}\tag{2.39}$$

$$\begin{aligned}
&(g(u)-g(v),w_t)\\
&\geqslant-\frac{m_4\lambda_1}{2}(\|D^m w\|^2+\|w_t\|^2)
\end{aligned}\tag{2.40}$$

综上有

$$\frac{\mathrm{d}}{\mathrm{d}t}[\|w_t\|^2+\mu\|D^m w\|^2]+(2m_3\lambda_1-m_4\lambda_1-C_7)\|w_t\|^2-(C_7+m_4\lambda_1)\|D^m w\|^2\leqslant 0 \tag{2.41}$$

取 $\gamma=\min\left\{\frac{-(C_7+m_4\lambda_1)}{\mu},2m_3\lambda_1-m_4\lambda_1-C_7\right\}$有

$$\frac{\mathrm{d}}{\mathrm{d}t}N(t)+\gamma N(t)\leqslant 0 \tag{2.42}$$

其中

$$N(t)=\|w_t\|^2+\mu\|D^m w\|^2 \tag{2.43}$$

由 Gronwall 不等式有

$$N(t)\leqslant N(0)\mathrm{e}^{\gamma t}=0 \tag{2.44}$$

因此

$$u=v \tag{2.45}$$

所以式(1.1)解的唯一性得证.

3 整体吸引子

定理 3.1[12] 设 E_1 是 Banach 空间,且 $\{S(t)\}(t\geqslant 0)$ 是 E_1 上的算子半群 $S(t):E_1\to E_1$, $S(t+s)=S(t)S(s)(\forall t,s\geqslant 0)$, $S(0)=\mathbf{I}$,其中 $\mathbf{I}$ 是单位算子. 设 $S(t)$ 满足下面的条件:

①$S(t)$ 是一致有界,也就是 $\forall R>0$, $\|u\|_{E_1}\leqslant R$,存在一个常数 $C(R)$,使得 $\|S(t)u\|_{E_1}\leqslant C(R)(t\in[0,+\infty))$.

②存在一个有界吸收集 $B_0\subset E_1$,即 $\forall B\subset E_1$,存在一个常数 t_0,使得 $S(t)B\subset B_0(t\geqslant t_0)$;其中 B_0 和 B_1 是有界集.

③当 $t>0$, $S(t)$ 是一个完备的连续算子 **A**. 因此,算子半群 $S(t)$ 存在一个紧的整体吸引子.

定理 3.2[12] 在定理 2.1 的假设下,式(1.1)有整体吸引子 $A=\omega(B_0)=\bigcap_{s\geqslant 0}\overline{\bigcup_{t\geqslant s}S(t)B_0}$.

其中

$B_0=\{(u,v)\in H^{2m}(\Omega)\times H^m(\Omega):\|(u,v)\|^2_{H^{2m}\times H^m}=\|u\|^2_{H^{2m}}+\|v\|^2_{H^m}\leqslant R_0+R_1\}$，$B_0$ 是 $H^{2m}(\Omega)\times H^m(\Omega)$ 的有界吸收集并且满足：

①$S(t)A=A,t>0$；

②$\lim\limits_{t\to\infty}\mathrm{dist}(S(t)B,A)=0$，这里 $B\subset H^{2m}\times H^m$ 并且是一个有界集，

$$\lim_{t\to\infty}\mathrm{dist}(S(t)B,A)=\sup_{x\in B}(\inf_{y\in A}\|S(t)x-y\|_{H^{2m}\times H^m})\to 0,t\to\infty.$$

证明　在定理 2.1 的条件下，存在一个解半群 $S(t)$，$S(t):E_1\to E_1$ 这里 $E_1=H^{2m}\times H^m$.

①从引理 2.1 到引理 2.2，可以知道 $\forall B\subset H^{2m}\times H^m$ 是一个有界集且包含在 $\{\|(u,v)\|_{H^{2m}\times H^m}\leqslant R\}$ 内，

$$\|S(t)(u_0,v_0)\|^2_{H^{2m}\times H^m}\|=\|u\|^2_{H^{2m}}+\|v\|^2_{H^m}\leqslant\|u_0\|^2_{H^{2m}}+\|v_0\|^2_{H^m}+C\leqslant R^2+C(t\geqslant 0,(u_0,v_0)\in B)$$

这表明 $\{S(t)\}(t\geqslant 0)$ 是一致有界的在 $H^{2m}\times H^m$.

②进一步，对任何 $(u_0,v_0)\in H^{2m}\times H^m$，当 $t\geqslant\max\{t_1,t_2\}$ 有

$$\|S(t)(u_0,v_0)\|^2_{H^{2m}\times H^m}=\|u\|^2_{H^{2m}}+\|v\|^2_{H^m}\leqslant R_0+R_1$$

所以可得到 B_0 是一个有界吸收集.

③因为 $H^{2m}\times H^m\to H^m\times L^2$ 是紧嵌入，也就是有界集在 $H^{2m}\times H^m$ 中的有界集在 $H^m\times L^2$ 中是紧集，所以算子半群 $S(t)$ 存在一个紧的整体吸引子 A.

4　整体吸引子的 Hausdorff 和分形维数估计

定理 4.1　在定理 3.2 的条件下，问题(1.1)—问题(1.3)的整体吸引子 A 有 Hausdorff 维数和分形维数，且 $d_H(A)<\frac{2}{5}n$，$d_F(A)<\frac{7}{5}n$.

证明　问题(1.1)能被写为

$$u_{tt}+A^mu_t+\phi\left(\|A^{\frac{m}{2}}u\|^2\right)A^mu+g(u)=f(x)\tag{4.1}$$

其中 $-\Delta=A$.

设 $\Psi=R_\varepsilon\varphi=(u,v)$，$\varphi=(u,u_t)$，$v=u_t+\varepsilon u$，$R_\varepsilon:\{u,u_t\}\to\{u,u_t+\varepsilon u\}$ 是一个同构映射，所以式(4.1)可以写为

$$\Psi_t+\Lambda_\varepsilon\Psi+\bar{g}(\Psi)=\bar{f}\tag{4.2}$$

其中 $\Psi=\{u,u_t+\varepsilon u\}^{\mathrm{T}}$，$\bar{g}(\Psi)=\{0,g(u)\}^{\mathrm{T}}$，$\bar{f}(x)=\{0,f(x)\}^{\mathrm{T}}$.

$$\Lambda_\varepsilon=\begin{pmatrix}\varepsilon I & -I\\ \left(\phi\left(\|A^{\frac{m}{2}}u\|^2\right)-\varepsilon\right)A^m+\varepsilon^2I & A^m-\varepsilon I\end{pmatrix}$$

$$\Psi_t=\bar{f}-\Lambda_\varepsilon\Psi-\bar{g}(\Psi)\tag{4.3}$$

设 $F:E_1\to E_1$ 是 Fréchet 微分，则式(4.3)线性化后为

$$P_1+\Lambda_\varepsilon P+\bar{g}'(\Psi)P=0\tag{4.4}$$

其中 $P=(U,U_t+\varepsilon U)$，$\bar{g}'(\Psi)U=(0,g_t(u)U)$. U 是式(4.2)的解.

对于一个固定的 $(u_0,v_0)\in E_1$，设 $\gamma_1,\gamma_2,\cdots,\gamma_N$ 是 E_1 的 N 个元素，设 $P_1(t),P_2(t),\cdots,P_N(t)$ 是线性方程(4.4)的 N 个解，初始值 $P_1(0)=\gamma_1,P_2(0)=\gamma_2,\cdots,P_N(0)=\gamma_N$，所以有

$$\|P_1(t)\Lambda P_2(t)\Lambda\cdots\Lambda P_N(t)\|^2_{\Lambda E_1} = \|\gamma_1\Lambda\gamma_1\Lambda\cdots\Lambda\gamma_N\|_{\Lambda E_1}\exp\left(\int_0^t trF'(\Psi(\tau))\cdot Q_N(\tau)\mathrm{d}\tau\right) \tag{4.5}$$

其中 Λ 代表外积, Tr 代表迹, $Q_N(\tau)$ 是一个正交投影从空间 E_1 到 $\mathrm{span}\{P_1(t),P_2(t),\cdots,P_N(t)\}$.

对于给定的时间 τ, 设 $\theta_j(\tau)=(\xi_j(\tau),\eta_j(\tau))^{\mathrm{T}}$, $j=1,2,\cdots,N$ 是 $\mathrm{span}\{P_1(t),P_2(t),\cdots,P_N(t)\}$ 的标准正交基.

定义 E_1 上的内积 $((\xi,\eta),(\bar{\xi},\bar{\eta}))=((\xi,\bar{\xi})+(\eta,\bar{\eta}))$.

综上可得

$$\begin{aligned}TrF_t(\Psi(\tau))\cdot Q_N(\tau) &= \sum_{j=1}^{N}(F_t(\Psi(\tau))\cdot Q_N(\tau)\theta_j(\tau),\theta_j(\tau))_{E_1}\\ &= \sum_{j=1}^{N}(F_t(\Psi(\tau))\theta_j(\tau),\theta_j(\tau))_{E_1}\end{aligned} \tag{4.6}$$

其中

$$(F_t(\Psi(\tau))\theta_j(\tau),\theta_j(\tau))_{E_1} = -(\Lambda_\varepsilon\theta_j,\theta_j)-(g_t\theta_j,\theta_j) \tag{4.7}$$

$$\begin{aligned}&(\Lambda_\varepsilon,\theta_j,\theta_j)\\ &=((\varepsilon\xi_j-\eta_j,(\phi(\|A^{\frac{m}{2}}u\|^2)-\varepsilon)A^m\xi_j-\varepsilon^2\xi_j+A^m\eta_j-\varepsilon\eta_j),(\xi_j,\eta_j))\\ &=(\varepsilon\xi_j-\eta_j,\xi_j)+(\phi(\|A^{\frac{m}{2}}u\|^2)-\varepsilon)A^m\xi_j-\varepsilon^2\xi_j+A^m\eta_j-\varepsilon\eta_j,\eta_j)\end{aligned} \tag{4.8}$$

$$\begin{aligned}&=\varepsilon\|\xi_j\|^2-(1+\varepsilon^2)(\xi_j,\eta_1)+(\phi(\|A^{\frac{m}{2}}u\|^2)-\varepsilon)(A^m\xi_j,\eta_j)+\|D^m\eta_j\|^2-\varepsilon\|\eta_j\|^2\\ &\qquad -(1+\varepsilon^2)(\xi_j,\eta_j)+(\phi(\|A^{\frac{m}{2}}u\|^2)-\varepsilon)(A^m\xi_j,\eta_j)\\ &\qquad \geqslant l_1(\mu_1-\varepsilon)(\xi_j,\eta_j)-(1+\varepsilon^2)(\xi_j,\eta_j)\\ &\qquad \geqslant(l_1(\mu_1-\varepsilon)-(1+\varepsilon^2))(\xi_j,\eta_j)\end{aligned} \tag{4.9}$$

存在一个常数 l_1, 使得

$$l_1(\mu_1-\varepsilon)-(1+\varepsilon^2)\geqslant 0 \tag{4.10}$$

所以,有

$$\begin{aligned}&(\Lambda_\varepsilon\theta_j,\theta_j)\\ &=\varepsilon\|\xi_j\|^2+\|D^m\eta_j\|^2-\varepsilon\|\eta_j\|^2\\ &\geqslant\varepsilon\|\xi_j\|^2+(l_2-\varepsilon)\|\eta_j\|^2\end{aligned} \tag{4.11}$$

存在一个常数 l_2, 使得

$$l_2-\varepsilon\geqslant 0 \tag{4.12}$$

取 $\delta=\min(\varepsilon,l_2-\varepsilon)$, 所以

$$\begin{aligned}&(\Lambda_\varepsilon\theta_j,\theta_j)\\ &\geqslant\varepsilon\|\xi_j\|^2+(l_2-\varepsilon)\|\eta_j\|^2\\ &\geqslant\delta(\|\xi_j\|^2+\|\eta_j\|^2)\end{aligned} \tag{4.13}$$

$$\begin{aligned}&(g_t(\Psi)\theta_j,\theta_j)\\ &=(0,g_t(u)\xi_j)\cdot(\xi_j,\eta_j)\\ &=(g_t\xi_j,\eta_j)\\ &\geqslant-\|g_t\xi_j\|\cdot\|\eta_j\|\end{aligned} \tag{4.14}$$

现在,假设$(u_0,u_1)\in A$,A 是 E_1 中的有界吸收集;

$\Psi(t)=(u(t),u_t(t)+\varepsilon u(t))\in E_1$,$u(t)\in D(A)$,则存在一个 $s\in[0,1]$,有映射 $g_t:D(A)\to\sigma(V_s,H^m)$,使得

$$\sup\|g_t\|\leqslant r<\infty \tag{4.15}$$

根据式(4.7)、式(4.13)、式(4.14)有

$$\begin{aligned}&(F_t(\Psi(\tau)\theta_j(\tau),\theta_j(\tau))_{E_1}\\ &\leqslant-\delta(\|\xi_j\|^2+\|\eta_j\|^2)+r\|\xi_j\|\cdot\|\eta_j\|\\ &\leqslant-\frac{\delta}{2}(\|\xi_j\|^2+\|\eta_j\|^2)+\frac{r}{2}\|\xi_j\|^2\end{aligned} \tag{4.16}$$

因为 $\theta_j(\tau)=(\xi_j(\tau),\eta_j(\tau))^{\mathrm T}$,$j=1,2,\cdots,N$,是标准正交基,所以

$$\|\xi_j\|^2+\|\eta_j\|^2=1 \tag{4.17}$$

$$\begin{aligned}&\sum_{j=1}^{N}(F_t(\Psi(\tau))\theta_j(\tau),\theta_j(\tau))_{E_1}\\ &\leqslant-\frac{N\delta}{2}+\frac{r}{2}\sum_{j=1}^{N}\|\xi_j\|^2\end{aligned} \tag{4.18}$$

几乎所有的 t,都有

$$\sum_{j=1}^{N}\|\xi_j\|^2\leqslant\sum_{j=1}^{N}\lambda_j^{s-1} \tag{4.19}$$

所以

$$\begin{aligned}&TrF_t(\Psi(\tau))\cdot Q_N(\tau)\\ &\leqslant-\frac{N\delta}{2}+\frac{r}{2}\sum_{j=1}^{N}\lambda_j^{s-1}\end{aligned} \tag{4.20}$$

设

$$q_N(t)=\sup_{\Psi_0\in A}\sup_{\eta_j\in E_1}\left(\frac{1}{t}\int_0^t trF'(S(\tau)\Psi_0)\cdot Q_N(\tau)\mathrm d\tau\right) \tag{4.21}$$

$$q_N=\lim_{t\to\infty}q_N(t) \tag{4.22}$$

由式(4.20)可知

$$q_m\leqslant-\frac{N\delta}{2}+\frac{r}{2}\sum_{j=1}^{N}\lambda_j^{s-1} \tag{4.23}$$

因此,A 的 Lyapunov 指数是一致有界的

$$\kappa_1+\kappa_2+\cdots+\kappa_N\leqslant-\frac{N\delta}{2}+\frac{r}{2}\sum_{j=1}^{N}\lambda_j^{s-1} \tag{4.24}$$

则,存在一个 $s\in[0,1]$,使得

$$(q_j)_+\leqslant-\frac{N\delta}{2}+\frac{r}{2}\sum_{j=1}^{N}\lambda_j^{s-1}\leqslant\frac{r}{2}\sum_{j=1}^{N}\lambda_j^{s-1}\leqslant\frac{N\delta}{7} \tag{4.25}$$

其中 λ_j 是 A^m 的特征值,并且 $\lambda_1<\lambda_2<\cdots<\lambda_m$.

$$q_N\leqslant-\frac{N\delta}{2}\left(1-\frac{r}{N\delta}\sum_{j=1}^{N}\lambda_j^{s-1}\right)\leqslant-\frac{5}{14}N\delta \tag{4.26}$$

所以

$$\max_{1\leqslant j\leqslant N}\frac{(q_j)_+}{|q_m|}\leqslant\frac{2}{5} \tag{4.27}$$

所以,可以得到结论 $d_H(A)<\frac{2}{5}n,d_F(A)<\frac{7}{5}n.$

2.7 高阶 Kirchhoff-type 方程的整体吸引子及 Hausdorff 和 Fractal 维数估计

在本节中,人们研究具有强阻尼项的高阶 Kirchhoff-type 方程 $u_{tt}+(-\Delta)^m u_t+(\int_\Omega|\nabla^m u|^2)^q(-\Delta)^m u+h(u_t)=f(x)$ 的初边值问题的解的长时间行为,首先,人们通过先验估计和 Galerkin methodthen 方法,证明了解的存在性和解的唯一性,并且得到了整体吸引子;接着,人们获得了该吸引子的 Hausdorff 和 Fractal 维数的有限性.

1 引言

本节研究了高阶 Kirchhoff 型方程初边值问题

$$u_{tt}+(-\Delta)^m u_t+(\int_\Omega|\nabla^m u|^2)^q(-\Delta)^m u+h(u_t)=f(x) \tag{1.1}$$

$$u(x,t)=0,\frac{\partial^i u}{\partial v^i}=0,i=1,2\cdots,m-1,x\in\partial\Omega,t>0 \tag{1.2}$$

$$u(x,0)=u_0,u_t=u_1(x),x\in\Omega \tag{1.3}$$

其中 $\Omega\subset\mathbf{R}^n$ 是区域,$\partial\Omega$ 表示 Ω 的边界,v 是外法向量,$m>1$ 是一个正整数,$q>0$ 是一个正常数,$h(u_t)$是一个非线性项,$(-\Delta)^m u_t$ 是一个强耗散项.

最近有许多关于 Kirchhoff 型方程的解的长时间行为的研究,可以参考文献[62]—[65]、[20]、[33],Fucai Li 在参考文献[65]中讨论了带有非线性项的高阶 Kirchhoff 型方程:

$$u_{tt}+(\int_\Omega|\nabla^m u|^2)^q(-\Delta)^m u+u_t|u_t|^r=|u|^p u,x\in\Omega,t>0 \tag{1.4}$$

$$u(x,t)=0,\frac{\partial^i u}{\partial v^i}=0,i=1,2,\cdots,m-1,x\in\partial\Omega,t>0 \tag{1.5}$$

$$u(x,0)=u_0,u_t=u_1(x),x\in\Omega \tag{1.6}$$

在一个有界区域,其中 $m>1$ 是一个正整数 $p,q,r>0$ 是正常数,如果 $p\leqslant r$,将得到整体解的存在性,如果 $p>\max\{r,2q\}$,则对于具有负初始能量的任何初始值,解在有限时间里爆破.

杨志坚在参考文献[33]中也研究了带有强耗散项的 Kirchhoff 型方程的整体吸引子

$$u_{tt}-M(\|\Delta u\|^2)\Delta u-\Delta u_t+h(u_t)+g(u)=f(x)\text{in }\Omega\times\mathbf{R}^+ \tag{1.7}$$

$$u(x,t)|_{\partial\Omega}=0,t>0 \tag{1.8}$$

$$u(x,0)=u_0(x),u_t(x,0)=u_1(x),x\in\Omega \tag{1.9}$$

其中 $M(s)=1+s^{\frac{m}{2}},1\leqslant m\leqslant\frac{4}{N-2}$,$\Omega$ 在 $\mathbf{R}^N$ 是一个有界区域,具有光滑的边界$\partial\Omega$,$h(s)$和

$g(s)$是非线性函数,$f(x)$是一个外力项. 证明了对应的连续半群 $S(t)$在相空间中拥有弱正则性和连接的整体吸引子.

杨志坚,程建玲在参考文献[16]中研究了 Kirchhoff 型方程解的渐近行为

$$u_{tt}-M(\|\Delta u\|^2)\Delta u-\Delta u_t+h(u_t)+g(u)=f(x)\quad (x,t)\in\Omega\times\mathbf{R}^+ \tag{1.10}$$

$$u(x,t)\mid_{\partial\Omega}=0,t>0 \tag{1.11}$$

$$u(x,0)=u_0(x),u_t(x,0)=u_1(x),x\in\Omega \tag{1.12}$$

他们证明了与上述问题对应的算子半群 $S(t)$在相空间 $eX=(H^2(\Omega)\cap H_0^1)\times H_0^1(\Omega)$中整体吸引子的存在性,最后对抽象条件加以验证并给出具体实例.

最近,王美霞,田翠翠,林国广在参考文献[34]中研究了 2D Generalized Anisotropy Kuramoto-Sivashinsky 方程的整体吸引子及维数估计

$$u_t+\alpha\Delta^2u+\gamma u+(\varphi(u))_{xx}+(g(u))_{yy}=f(x),(x,y)\in\Omega\subset\mathbf{R}^2 \tag{1.13}$$

$$u(x,y,t)\mid_{t=0}=u_0(x),(x,y)\in\Omega\subset\mathbf{R}^2 \tag{1.14}$$

$$u(x,y,t)\mid_{\partial\Omega=0}=0,\Delta u(x,y,t)\mid_{\partial\Omega}=0,(x,y)\in\Omega\subset\mathbf{R}^2 \tag{1.15}$$

其中 $\Omega\subset\mathbf{R}^n$ 是有界集,$\partial\Omega$ 是 Ω 的边界,$\varphi(u)$和 $g(u)$是 $u(x,y,t)$为变量的光滑函数,在整体解存在的前提下,证明了整体吸引子和 Hausdorff 维数和 Fractal 维数.

本节内容整体安排如下,第一部分主要是介绍;第二部分,在假设成立的条件下证明了引理 2.1 和引理 2.2,可以得到解的存在和唯一性;在第三部分中,可以得到问题(1.1)—问题(1.3)的整体吸引子;在第四部分中,人们讨论了上述问题(1.1)—问题(1.3)的整体吸引子具有有限的 Hausdorff 和分形维数.

2　预备知识

空间与记号:

$L^2(\Omega)$空间的内积 $(f,g)=\int_\Omega f(x)g(x)\mathrm{d}x$. 其模记为$\|f\|_{L^2}=(\int_\Omega|f(x)|^2\mathrm{d}x)^{\frac{1}{2}}$, $f=(x)$, $H^k=H^k(\Omega)$, $H_0^k=H_0^k(\Omega)$, $\|\cdot\|=\|\cdot\|_{L^2}$, $C_i(i=0,\cdots,10)$都是正常数,$K_0\geqslant\max\left\{\frac{q\varepsilon}{q+1},\frac{q}{q+1},\frac{2\alpha\varepsilon^2}{q+1},\frac{4C_3\varepsilon(2q-2p+2)}{2p+2}\right\}$.

为了便于研究问题(1.1)—问题(1.3),故对非线性项 $h(u_t)$做如下假设:

①存在一个 $\delta\in\left(1,\frac{1}{2}\right]$, $\|h(s)\|_{H^{-m}}\leqslant C_0(h(s,s))^{1-\delta}$, $(h(s),s)\geqslant0$, $\forall s\in H^m$;

②存在一个 $\sigma\in(0,1)$, $\|h(s)\|\leqslant C_1(R)(1+\|\Delta s\|)^{1-\sigma}$, $\forall s\in H^{2m}\cap H_0^m$, $\|s\|\leqslant R$;

③$|h'(s)|\leqslant C_2$.

引理 2.1　若满足条件(1),已知$(u_0,u_1)\in H^m(\Omega)\times L^2(\Omega)$, $f\in L^2(\Omega)$, $v=u_t+\varepsilon u$,则问题(1.1)—(1.3)式的解$(u,v)\in H^m(\Omega)\times L^2(\Omega)$,它满足如下条件:

$$\|(u,v)\|_{H^m\times L^2}^2=\|\nabla^m u\|^2+\|v\|^2\leqslant\frac{W(0)\mathrm{e}^{-\alpha_0t}}{1-\varepsilon}+\frac{\frac{C_4(1-\mathrm{e}^{-\alpha_0t})}{\alpha_0}-K_0+\frac{q}{q+1}}{1-\varepsilon} \tag{2.1}$$

其中 $v=u_t+\varepsilon u$, $0<\varepsilon<\min\left\{1,\frac{\sqrt{1+4\lambda_1^m}-1}{2},\frac{q+1}{4C_3P},\frac{q+1}{2\alpha}\right\}$, $W(0)=\|v_0\|^2+\frac{q}{q+1}\|\nabla^m u_0\|^{2q+2}-$

$\varepsilon\|\nabla^m u_0\|+K_0$，$v_0=u_1+\varepsilon u_0$，则存在一个 R_0 和 $t_1=t_1(\Omega)>0$，因此

$$\|(u,v)\|_{H^m\times L^2}=\|\nabla^m u\|^2+\|v\|^2\leqslant R_0(t>t_1) \tag{2.2}$$

证明 用 $v=u_t+\varepsilon u$ 与方程(1.1)取内积，可以得到

$$(u_{tt}+(-\Delta)^m u_t+(\int_\Omega|\nabla^m u|^2)^q(-\Delta)^m u+h(u_t),v)=(f(x),v) \tag{2.3}$$

$$\begin{aligned}(u_{tt},v)&=(v_t-\varepsilon u_t,v)\\&=(v_t,v)-\varepsilon(v-\varepsilon u,v)\\&=\frac{1}{2}\frac{\mathrm{d}}{\mathrm{d}t}\|v\|^2-\varepsilon(v-\varepsilon u,v)\\&=\frac{1}{2}\frac{\mathrm{d}}{\mathrm{d}t}\|v\|^2-\varepsilon\|v\|^2-\frac{\varepsilon^2}{2\lambda_1^m}\|\nabla^m u\|^2-\frac{\varepsilon^2}{2}\|v\|^2\end{aligned} \tag{2.4}$$

$$\begin{aligned}((-\Delta)^m u_t,v)&=((-\Delta)^m(v-\varepsilon u),v)\\&\geqslant\|\nabla^m v\|^2-\frac{1}{2}\frac{\mathrm{d}}{\mathrm{d}t}\|\nabla^m u\|^2-\varepsilon^2\|\nabla^m u\|^2\end{aligned} \tag{2.5}$$

$$\begin{aligned}(\|\nabla^m u\|^{2q}(-\Delta)^m u,v)&=(\|\nabla^m u\|^{2q}(-\Delta)^m u,u_t+\varepsilon u)\\&=\frac{1}{2q+1}\frac{\mathrm{d}}{\mathrm{d}t}\|\nabla^m u\|^{2q+2}+\varepsilon\|\nabla^m u\|^{2q+2}\end{aligned} \tag{2.6}$$

$$\begin{aligned}(h(u_t),v)&=(h(u_t),u_t+\varepsilon u)\\&=(h(u_t),u_t)+(h(u_t),\varepsilon u)\end{aligned} \tag{2.7}$$

$$\begin{aligned}\varepsilon|h(u_t),u)|&\leqslant\varepsilon\|h(u_t)\|_{H^{-m}}\|\nabla^m u\|\\&\leqslant\varepsilon C_0(h(u_t),u_t)^{1-\delta}\|\nabla^m u\|\\&\leqslant\frac{1}{2}(h(u_t),u_t)+C_3\varepsilon^{2p}\|\nabla^m u\|^{2p}\\&\leqslant\frac{1}{2}(h(u_t),u_t)+C_3\varepsilon^2\|\nabla^m u\|^{2p}\end{aligned} \tag{2.8}$$

$$(f(x),v)\leqslant\|f\|\|v\|\leqslant\frac{\varepsilon^2}{2}\|v\|^2+\frac{1}{2\varepsilon^2}\|f\|^2 \tag{2.9}$$

综合式(2.3)—式(2.9)可以得到

$$\begin{aligned}&\frac{1}{2}\frac{\mathrm{d}}{\mathrm{d}t}\left(\|v\|^2+\frac{1}{q+1}\|\nabla^m u\|^{2q+2}-\varepsilon\|\nabla^m u\|^2\right)+\|\nabla^m u\|^2-\varepsilon\|v\|^2-\varepsilon^2\|v\|^2+\\&\varepsilon\|\nabla^m u\|^{2q+2}-\left(\varepsilon^2+\frac{\varepsilon^2}{2\lambda_1^m}\right)\|\nabla^m u\|^2-C_3\varepsilon^2\|\nabla^m u\|^{2p}\\&\leqslant\frac{1}{2\varepsilon^2}\|f\|^2\end{aligned} \tag{2.10}$$

利用 Poincare 不等式：$\|\nabla^m v\|^2\geqslant\lambda_1^m\|v\|^2$，且式(2.10)同时乘以 2 可得

$$\begin{aligned}&\frac{\mathrm{d}}{\mathrm{d}t}\left(\|v\|^2+\frac{1}{q+1}\|\nabla^m u\|^{2q+2}-\varepsilon\|\nabla^m u\|^2+K_0\right)+(2\lambda_1^m-2\varepsilon-2\varepsilon^2)\|v\|^2+\\&2\varepsilon\|\nabla^m u\|^{2q+2}-\left(2\varepsilon^2+\frac{\varepsilon^2}{\lambda_1^m}\right)\|\nabla^m u\|^2-2C_3\varepsilon^2\|\nabla^m u\|^{2p}+2K_0\\&\leqslant\frac{1}{\varepsilon^2}\|f\|^2+2K_0\end{aligned} \tag{2.11}$$

利用 Young 不等式可以得到

$$\|\nabla^m u\|^2 \leqslant \frac{1}{q+1}\|\nabla^m u\|^{2q+2} + \frac{q}{q+1} \tag{2.12}$$

$$-\varepsilon\|\nabla^m u\|^2 \geqslant -\frac{\varepsilon}{q+1}\|\nabla^m u\|^{2q+2} - \frac{q\varepsilon}{q+1} \tag{2.13}$$

因此

$$\|v\|^2 + \frac{1}{q+1}\|\nabla^m u\|^{2q+2} - \frac{\varepsilon}{q+1}\|\nabla^m u\|^{2q+2} + K_0 \geqslant 0 \tag{2.14}$$

令 $\alpha = 2 + \frac{1}{\lambda_1^m}$ 和 $p \leqslant q+1$，利用 Young 不等式可以得到

$$-\alpha\varepsilon^2\|\nabla^m u\|^2 \geqslant -\frac{\alpha\varepsilon^2}{q+1}\|\nabla^m u\|^{2q+2} - \frac{\alpha\varepsilon^2}{q+1} \tag{2.15}$$

$$\|\nabla^m u\|^{2p} \leqslant \frac{2p}{2q+2}\|\nabla^m u\|^{2q+2} + \frac{2q-2p+2}{2p+2} \tag{2.16}$$

$$-2C_3\varepsilon\|\nabla^m u\|^{2p} \geqslant -\frac{4pC_3\varepsilon^2}{2q+2}\|\nabla^m u\|^{2q+2} - \frac{2C_3\varepsilon^2(2q-2p+2)}{2p+2} \tag{2.17}$$

因此可以得到

$$\frac{\varepsilon}{2}\|\nabla^m u\|^{2q+2} - \alpha\varepsilon^2\|\nabla^m u\|^2 + \frac{K_0}{2} \geqslant \left(\frac{\varepsilon}{2} - \frac{\alpha\varepsilon^2}{q+1}\right)\|\nabla^m u\|^{2q+2} + \frac{K_0}{2} - \frac{\alpha\varepsilon^2}{q+1} \geqslant 0 \tag{2.18}$$

$$\begin{aligned}&\frac{\varepsilon}{2}\|\nabla^m u\|^{2q+2} - 2C_3\varepsilon^2\|\nabla^m u\|^{2p} + \frac{K_0}{2}\\ &\geqslant \frac{\varepsilon}{2}\|\nabla^m u\|^{2q+2} - \frac{4C_3p\varepsilon^3}{2q+2}\|\nabla^m u\|^{2q+2} + \frac{K_0}{2} - \frac{2C_3\varepsilon^2(2q-2p+2)}{2p+2} \geqslant 0\end{aligned} \tag{2.19}$$

综上各式可得

$$\begin{aligned}&\frac{\mathrm{d}}{\mathrm{d}t}\left(\|v\|^2 + \frac{1}{q+1}\|\nabla^m u\|^{2q+2} - \varepsilon\|\nabla^m u\|^2 + K_0\right) + (2\lambda_1 - 2\varepsilon - 2\varepsilon^2)\|v\|^2 + \\ &\varepsilon\|\nabla^m u\|^{2q+2} + K_0\\ &\leqslant \frac{1}{\varepsilon^2}\|f\|^2 + 2K_0\end{aligned} \tag{2.20}$$

接着取 $\alpha_0 = \{2\lambda_1^m - 2\varepsilon - 2\varepsilon^2, (q+1)\varepsilon, 1\}$，因此可以得到

$$\begin{aligned}&\frac{\mathrm{d}}{\mathrm{d}t}\left(\|v\|^2 + \frac{1}{q+1}\|\nabla^m u\|^{2q+2} - \varepsilon\|\nabla^m u\|^2 + K_0\right)\\ &\alpha_0\left(\|v\|^2 + \frac{1}{q+1}\|\nabla^m u\|^{2q+2} - \varepsilon\|\nabla^m u\|^2 + K_0\right)\\ &\leqslant \frac{1}{\varepsilon^2}\|f\|^2 + 2K_0\end{aligned} \tag{2.21}$$

由式(2.21)可得

$$\frac{\mathrm{d}}{\mathrm{d}t}W(t) + \alpha_0 W(t) \leqslant C_4 \tag{2.22}$$

其中 $W(t) = \|v\|^2 + \frac{1}{q+1}\|\nabla^m u\|^{2q+2} - \varepsilon\|\nabla^m u\|^2 + K_0$，$C_4 = \frac{1}{\varepsilon^2}\|f\|^2 + 2K_0$，利用 Gronwall 不等式可

以得到

$$W(t)\leqslant W(0)\mathrm{e}^{-\alpha_0 t}+\frac{C_4(1-\mathrm{e}^{-\alpha_0 t})}{\alpha_0} \tag{2.23}$$

从式(2.12)可以得到

$$\|\nabla^m u\|^2-\frac{q}{q+1}\leqslant\frac{q}{q+1}\|\nabla^m u\|^{2q+2} \tag{2.24}$$

因此

$$\|v\|^2+\frac{1}{q+1}\|\nabla^m u\|^{2q+2}-\varepsilon\|\nabla^m u\|^2+K_0\geqslant\|v\|^2+(1-\varepsilon)\|\nabla^m u\|^2+K_0-\frac{q}{q+1}\geqslant 0 \tag{2.25}$$

由式(2.23)可以得到

$$\|v\|^2+(1-\varepsilon)\|\nabla^m u\|+K_0-\frac{q}{q+1}\leqslant W(0)\mathrm{e}^{-\alpha_0 t}+\frac{C_4(1-\mathrm{e}^{-\alpha_0 t})}{\alpha_0} \tag{2.26}$$

又由式(2.26)可得

$$(1-\varepsilon)(\|v\|^2+\|\nabla^m u\|^2)\leqslant W(0)\mathrm{e}^{-\alpha_0 t}+\frac{C_4(1-\mathrm{e}^{-\alpha_0 t})}{\alpha_0}-K_0+\frac{q}{q+1} \tag{2.27}$$

因此可得到

$$\|(u,v)\|^2_{H^m\times L^2}=\|\nabla^m u\|^2+\|v\|^2\leqslant\frac{W(0)\mathrm{e}^{-\alpha_0 t}}{1-\varepsilon}+\frac{\dfrac{C_4(1-\mathrm{e}^{-\alpha_0 t})}{\alpha_0}-K_0+\dfrac{q}{q+1}}{1-\varepsilon} \tag{2.28}$$

进而可知

$$\varlimsup_{t\to\infty}\|(u,v)\|^2_{H^m\times L^2}\leqslant\frac{\dfrac{C_4}{\alpha_0}-K_0+\dfrac{q}{q+1}}{1-\varepsilon} \tag{2.29}$$

则存在一个 R_0 和 $t_0=t_0(\Omega)>0$,因此

$$\|(u,v)\|^2_{H^m\times L^2}=\|\nabla^m u\|^2+\|v\|^2\leqslant R_0(t>t_1) \tag{2.30}$$

引理 2.2　若在引理 2.1 成立的条件下,且满足条件(2),已知$(u_0,u_1)\in H^{2m}(\Omega)\times H^m(\Omega)$,$f\in H^m(\Omega)$,$v=u_t+\varepsilon u$,则问题(1.1)—(1.3)的解$(u,v)\in H^{2m}(\Omega)\times H^m(\Omega)$,它满足如下条件

$$\|(u,v)\|^2_{H^{2m}\times H^m}=\|(-\Delta)^m u\|^2+\|\nabla^m v\|^2\leqslant\frac{Y(0)\mathrm{e}^{-\beta_0 t}}{\beta_1}+\frac{C_8(1-\mathrm{e}^{-\beta_0 t})}{\beta_0\beta_1} \tag{2.31}$$

其中 $v=u_t+\varepsilon u$ 和 $Y(0)=(\|\nabla^m u_0\|^{2q}-\varepsilon)\|(-\Delta)^m u_0\|^2+\|\nabla^m v_0\|^2$ 则存在一个 R_1 和 $t_2=t_2(\Omega)>0$,因此

$$\|(u,v)\|_{H^{2m}\times H^m}=\|(-\Delta)^m u\|^2+\|\nabla^m v\|^2\leqslant R_1(t>t_2) \tag{2.32}$$

证明　用$(-\Delta)^m v=(-\Delta)^m u_t+(-\Delta)^m\varepsilon u$ 与方程(1.1)取内积,可以得到

$$\left(u_{tt}+(-\Delta)^m u_t+\left(\int_\Omega|\nabla^m u|^2\right)^q(-\Delta)^m u+h(u_t),(-\Delta)^m v\right)=(f(x),(-\Delta)^m v) \tag{2.33}$$

$$(u_{tt},(-\Delta)^m v)\geqslant\frac{1}{2}\frac{\mathrm{d}}{\mathrm{d}t}\|\nabla^m v\|^2-\varepsilon\|\nabla^m v\|^2-\frac{\varepsilon^2}{2\lambda_1^m}\|(-\Delta)^m u\|^2-\frac{\varepsilon^2}{2}\|\nabla^m v\|^2 \tag{2.34}$$

$$((-\Delta)^m u_t,(-\Delta)^m v)=((-\Delta)^m(v-\varepsilon u),(-\Delta)^m v)$$
$$=\|(-\Delta)^m v\|^2-\frac{\varepsilon}{2}\frac{\mathrm{d}}{\mathrm{d}t}\|(-\Delta)^m u\|^2-\varepsilon^2\|(-\Delta)^m u\|^2 \tag{2.35}$$

$$(\|\nabla^m u\|^{2q}(-\Delta)^m u,(-\Delta)^m v)=\frac{1}{2}\frac{\mathrm{d}}{\mathrm{d}t}\|\nabla^m\|^{2q}\|(-\Delta)^m u\|)=\frac{\|(-\Delta)^m u\|^2}{2}\frac{\mathrm{d}}{\mathrm{d}t}\|\nabla^m u\|^{2q}+$$
$$\varepsilon\|\nabla^m u\|^{2q}\|(-\Delta)^m u\|^2 \tag{2.36}$$

$$|(h(u_t),(-\Delta)^m v|\leqslant\frac{\|h(u_t)\|^2}{2}+\frac{\|(-\Delta)^m v\|^2}{2} \tag{2.37}$$

从假设条件(2)可得

$$\|h(u_t)\|^2\leqslant C_1^2(R)(1+\|(-\Delta)^m u_t\|)^{2(1-\sigma)} \tag{2.38}$$

并且利用 Young 不等式

$$\|h(u_t)\|^2\leqslant\sigma\mu^{\frac{1}{\sigma}}(C_1^2(R))^{\frac{1}{\sigma}}+(1-\sigma)\mu^{\frac{1}{\sigma-1}}((1+\|(-\Delta)^m u_t\|)^{2(1-\sigma)})^{\frac{1}{1-\sigma}} \tag{2.39}$$

当取合适的 μ 时有

$$\|h(u_t)\|^2\leqslant C_5+\frac{1}{4}\|(-\Delta)^m v\|^2+\frac{\varepsilon^2}{4}\|(-\Delta)^m u\|^2 \tag{2.40}$$

其中 $C_5:=\sigma\mu^{\frac{1}{\sigma}}(C_1^2(R))^{\frac{1}{\sigma}}+2(1-\sigma)\mu^{\frac{1}{1-\sigma}},4(1-\sigma)\mu^{\frac{1}{\sigma-1}}=\frac{1}{4}$

$$(f(x),v)\leqslant\|\nabla^m f\|\|\nabla^m v\|\leqslant\frac{\varepsilon^2}{2}\|\nabla^m v\|^2+\frac{1}{2\varepsilon^2}\|\nabla^m f\|^2 \tag{2.41}$$

综合上面各式

$$\frac{\mathrm{d}}{\mathrm{d}t}(\|\nabla^m v\|^2+\|\nabla^m u\|^{2q}\|(-\Delta)^m u\|^2-\varepsilon\|(-\Delta)^m u\|^2)+\left(\frac{3\lambda_1^m}{4}-2\varepsilon-2\varepsilon^2\right)\|\nabla^m v\|^2+$$
$$\left(-\frac{\mathrm{d}}{\mathrm{d}t}\|\nabla^m u\|^{2q}+2\varepsilon\|\nabla^m u\|^{2q}-\frac{9\varepsilon^2}{4}-\frac{\varepsilon^2}{\lambda_1^m}\right)\|(-\Delta)^m u\|^2$$
$$\leqslant\frac{1}{\varepsilon^2}\|\nabla^m f\|^2+2K_1 \tag{2.42}$$

其中 $K_1=C_5$，然后选取合适的 ε，使得 $\frac{3\lambda_1^m}{4}-2\varepsilon-2\varepsilon^2\geqslant0$ 和 $\|\nabla^m u\|^{2q}-\varepsilon>0$，接着，假定存在一个常数 $K>0,K-2\varepsilon\geqslant0$ 满足

$$0\leqslant K(\|\nabla^m u\|^{2q}-\varepsilon)\leqslant-\frac{\mathrm{d}}{\mathrm{d}t}\|\nabla^m u\|^{2q}+2\varepsilon\|\nabla^m u\|^{2q}-\frac{9\varepsilon^2}{4}-\frac{\varepsilon^2}{\lambda_1^m} \tag{2.43}$$

其中 $C_6:=-\frac{9\varepsilon^2}{4}-\frac{\varepsilon^2}{\lambda_1^m}$，因此

$$(K-2\varepsilon)\|\nabla^m u\|^{2q}+\frac{\mathrm{d}}{\mathrm{d}t}\|\nabla^m u\|^{2q}\leqslant C_6 \tag{2.44}$$

将式(2.43)两边同时乘以 $\mathrm{e}^{(K-2\varepsilon)t}$，然后得

$$\|\nabla^m u\|^{2q}\frac{\mathrm{d}}{\mathrm{d}t}\mathrm{e}^{(K-2\varepsilon)t}+\mathrm{e}^{(K-2\varepsilon)t}\frac{\mathrm{d}}{\mathrm{d}t}\|\nabla^m u\|^{2q}\leqslant C_6\mathrm{e}^{(K-2\varepsilon)t} \tag{2.45}$$

对式(2.44)进行积分，可得

$$\varepsilon<\|\nabla^m u\|^{2q}\leqslant\frac{C_6}{K-2\varepsilon}(1-C_7\mathrm{e}^{-(K-2\varepsilon)t}) \tag{2.46}$$

因此,式(2.42)存在一个常数 K.

故式(2.41),可以转化为

$$\frac{\mathrm{d}}{\mathrm{d}t}(\|\nabla^m v\|^2+\|\nabla^m u\|^{2q}\|(-\Delta)^m u\|^2-\varepsilon\|(-\Delta)^m u\|^2)+\left(\frac{3\lambda_1^m}{4}-2\varepsilon-2\varepsilon^2\right)\|\nabla^m v\|^2+$$
$$K(\|\nabla^m u\|^{2q}-\varepsilon)\|(-\Delta)^m u\|^2$$
$$\leqslant\frac{1}{\varepsilon^2}\|\nabla^m f\|^2+2K_1 \tag{2.47}$$

取 $\beta_0\min\left\{\frac{\lambda_1^m}{2}-2\varepsilon-2\varepsilon^2,K\right\},C_8=\frac{1}{\varepsilon^2}\|\nabla^m f\|^2+2K_1$,则

$$\frac{\mathrm{d}}{\mathrm{d}t}Y(t)+\beta_0 Y(t)\leqslant C_8 \tag{2.48}$$

其中 $Y(t)=\|\nabla^m v\|^2+(\|\nabla^m u\|^{2q}-\varepsilon)\|(-\Delta)^m u\|^2$,利用 Gronwall 不等式,得到

$$Y(t)\leqslant Y(0)\mathrm{e}^{-\beta_0 t}+\frac{C_4}{\beta_0}(1-\mathrm{e}^{-\beta_0 t}) \tag{2.49}$$

令 $\beta_1=\min\{1,\inf\limits_{t\geqslant 0}\|\nabla^m u\|^{2q}-\varepsilon\}$,得到 $\beta_1(\|\nabla^m v\|^2+\|(-\Delta)^m u\|^2\leqslant Y(t)$. 因此

$$\|(u,v)\|^2_{H^{2m}\times H^m}=\|(-\Delta)^m u\|^2+\|\nabla^m v\|^2\leqslant\frac{Y(0)\mathrm{e}^{-\beta_0 t}}{\beta_1}+\frac{C_8(1-\mathrm{e}^{-\beta_0 t})}{\beta_0\beta_1} \tag{2.50}$$

其中 $Y(0)=(\|(-\nabla)^m u_0\|^{2q}-\varepsilon)\|(-\Delta)^m u_0\|^2+\|\nabla^m v_0\|^2,u_0=u_1+\varepsilon u_0$,从式(2.49)可得

$$\overline{\lim_{t\to\infty}}(u,v)\Big\|^2_{H^{2m}\times H^m}\leqslant\frac{C_8}{\beta_0\beta_1} \tag{2.51}$$

因此,存在 R_1 和 $t_1=t_1(\Omega)>0$,得到

$$\|(u,v)\|^2_{H^{2m}\times H^m}=\|(-\Delta)^m u\|^2+\|\nabla^m v\|^2\leqslant R_1(t>t_2) \tag{2.52}$$

3 整体吸引子

1. 解的存在性和唯一性

定理 3.1 在引理 2.1、引理 2.2 成立的条件下,且满足假设条件①,②,③,则问题(1.1)—问题(1.3) 存在一个唯一的光滑解

$$(u,v)\in L^\infty([0,+\infty);H^{2m}\times H^m) \tag{3.1}$$

证明 利用 Galerkin 方法,结合引理2.1、引理2.2 可以得到解的存在性,下面来具体证明解的唯一性.

假设 u,v 是问题 (1.1)—问题(1.3)的两个解,$w=u-v$,将 u,v 分别代入式(1.1)—式(1.3),再两式相减,则可得到

$$\begin{aligned}&w_{tt}+(-\Delta)^m w_t+\|\nabla^m u\|^{2q}(-\Delta)^m u-\|\nabla^m v\|^{2q}(-\Delta)^m v+h(u_t)-h(v_t)=0\\&w(x,0)=w_0(x)=0,w_t(x,0)=w_t(x)=0\end{aligned} \tag{3.2}$$

利用 w_t 与式(3.2)取内积 w_t 可得到

$$(w_{tt}+(-\Delta)^m w_t+\|\nabla^m u\|^{2q}(-\Delta)^m u-\|\nabla^m v\|^{2q}(-\Delta)^m v+h(u_t)-h(v_t),w_1)=0 \tag{3.3}$$

$$(w_{tt},w_t)=\frac{1}{2}\frac{\mathrm{d}}{\mathrm{d}t}\|w_t\|^2 \tag{3.4}$$

$$((-\Delta)^m w_t, w_t) = \|\nabla^m w_t\|^2 \tag{3.5}$$

$$\begin{aligned}&(\|\nabla^m u\|^{2q}(-\Delta)^m u - \|\nabla^m v\|^{2q}(-\Delta)^m v, w_t)\\&= (\|\nabla^m u\|^{2q}(-\Delta)^m u - \|\nabla^m u\|^{2q}(-\Delta)^m v + \|\nabla^m u\|^{2q}(-\Delta)^m v - \|\nabla^m v\|^{2q}(-\Delta)^m v, w_t)\\&= \|\nabla^m u\|^{2q}(-\Delta)^m w, w_t) + ((\|\nabla^m u\|^{2q} - \|\nabla^m v\|^{2q})(-\Delta)^m v, w_t)\\&= \frac{1}{2}\frac{\mathrm{d}}{\mathrm{d}t}(\|\nabla^m u\|^{2q}\|\nabla^m w\|^2) - q\|\nabla^m u\|^{2q-1}\|\nabla^m u_t\|\|\nabla^m w\|^2 +\\&\|\nabla^m u\|^{2q}(-\Delta)^m v - \|\nabla^m v\|^{2q}((-\Delta)^m v, w_t)\end{aligned} \tag{3.6}$$

$$\begin{aligned}&|((\|\nabla^m u\|^{2q} - \|\nabla^m v\|^{2q})(-\Delta)^m v, w_t)|\\&\leqslant 2q\|\nabla^m u\| + \theta(\|\nabla^m v\| - \|\nabla^m u\|)|^{2q-1}\|\nabla^m w\|\|(-\Delta)^m v\|\|w_t\|\end{aligned} \tag{3.7}$$

$$\begin{aligned}&2q\,|\|\nabla^m u\| + \theta(\|\nabla^m v\| - \|\nabla^m u\|)|^{2q-1}\|\nabla^m w\|\|(-\Delta)^m v\| \leqslant C_9,\\&q\|\nabla^m u\|^{2q-1}\|\nabla^m u_t\| \leqslant C_{10}\end{aligned} \tag{3.8}$$

接着有

$$|((\|\nabla^m u\|^{2q} - \|\nabla^m v\|^{2q})(-\Delta)^m v, w_t)| \leqslant C_9\|\nabla^m w\|\|w_t\| \tag{3.9}$$

根据 Young 不等式可得到

$$|((\|\nabla^m u\|^{2q} - \|\nabla^m v\|^{2q})(-\Delta)^m v, w_t)| \leqslant \frac{C_9}{2}\|\nabla^m w\|^2 + \frac{C_9}{2}\|w_t\|^2 \tag{3.10}$$

从假设(3)可以得到

$$|(h(u_t) - h(v_t), w_t)| = |(h'(s)w_t, w_t)| \leqslant C_2\|w_t\|^2 \tag{3.11}$$

综合以上各式,可得

$$\begin{aligned}&\frac{\mathrm{d}}{\mathrm{d}t}(\|u_t\|^2 + \|\nabla^m u\|^{2q}\|\nabla^m w\|^2) + 2\|\nabla^m w_t\|^2 -\\&(C_9 + 2C_{10})\|\nabla^m w\|^2 - (C_9 + 2C_2)\|w_t\|^2 \leqslant 0\end{aligned} \tag{3.12}$$

进一步可得

$$\frac{\mathrm{d}}{\mathrm{d}t}(\|u_t\|^2 + \|\nabla^m u\|^{2q}\|\nabla^m w\|^2) \leqslant (C_9 + 2C_{10})\|\nabla^m u\|^2 + (C_9 + 2C_2)\|w_t\|^2 \tag{3.13}$$

根据$\|\nabla^m u\|^{2q}\|\nabla^m w\| \geqslant \varepsilon\|\nabla^m w\|^2$,可得

$$\frac{\mathrm{d}}{\mathrm{d}t}(\|u_t\|^2 + \|\nabla^m u\|^{2q}\|\nabla^m w\|^2) \leqslant \left(\frac{C_9}{\varepsilon} + \frac{2C_{10}}{\varepsilon}\right)\|\nabla^m u\|^{2q}\|\nabla^m w\|^2 + (C_9 + 2C_2)\|w_t\|^2 \tag{3.14}$$

令 $\gamma = \max\left\{\frac{C_9 + 2C_{10}}{\varepsilon}, C_9 + 2C_2\right\}$有

$$\frac{\mathrm{d}}{\mathrm{d}t}(\|w_t\|^2 + \|\nabla^m u\|^{2q}\|\nabla^m w\|^2) \leqslant \gamma(\|\nabla^m u\|^{2q}\|\nabla^m w\|^2 + \|w_t\|^2) \tag{3.15}$$

利用 Gronwall 不等式可得到

$$\|w_t\|^2 + \|\nabla^m u\|^{2q}\|\nabla^m w\|^2 \leqslant \gamma(\|\nabla^m u\|^{2q}\|\nabla^m w(0)\|^2 + \|w_t(0)\|^2)\mathrm{e}^{\gamma t} \tag{3.16}$$

因此得到

$$u = v$$

则证明了解的唯一性.

定理 3.2[12]　设 E 是 Banach 空间,$\{S(t)\}(t \geqslant 0)$是连续的算子半群,即是 $S(t): E \to E$,$S(t+s) = S(t)S(s)$,$S(0) = \mathbf{I}$. 其中 $\mathbf{I}$ 是一个单位算子,$S(t)$满足下列条件:

①$S(t)$在 E 中一致有界，即 $\forall R>0,\|u\|_E\leqslant R$,它存在一个常数 $C(R)$,有

$$\|S(t)\|_E\leqslant C(R)(t\in[0,\infty));$$

②存在 E 中的有界吸收集 $B_0\subset E$,即 $\forall B\subset E$,它存在一个常数 t_0,有

$$S(t)B\subset B_0(t\geqslant t_0)$$

其中 B_0 和 B 都是有界集.

③当 $t>0,S(t)$是一个全连续算子 **A**.

因此,半群 $S(t)$具有紧的整体吸引子.

定理 3.3[12] 若满足定理 3.1,方程(1.1)—方程(1.3)有整体吸引子

$$A=w(B_0)=\bigcap_{s\geqslant 0}\overline{\bigcup_{t=s}S(t)B_0}.$$

其中 $B_0=\{(u,v)\in H^{2m}(\Omega)\times H^m(\Omega):\|(u,v)\|^2_{H^{2m}\times H^m}=\|u\|^2_{H^{2m}}+\|v\|^2_{H^m}\leqslant R_0+R_1\}$,$B_0$ 是 $H^{2m}\times H^m$ 的有界吸收集,且满足

①$S(t)A=A,t>0$

②$\lim\limits_{t\to\infty}\operatorname{dist}(S(t)B,A)=0$,这里 $B\subset H^{2m}\times H^m$,它是一个有界集,

$\operatorname{dist}(S(t)B,A)=\sup\limits_{x\in B}(\inf\limits_{y\in A}\|S(t)x-y\|_{H^{2m}\times H^m})\to 0,t\to\infty$.

证明 若满足定理 3.1,则它存在解半群 $S(t)$,$S(t):H^{2m}\times H^m\to H^{2m}\times H^m$,这里 $E_1=H^{2m}\times H^m$.

①由于 $\forall B\subset H^{2m}(\Omega)\times H^m(\Omega)$是一个有界集,并包含在球$\{\|(u,v)\|_{H^{2m}\times H^m}\leqslant \mathbf{R}\}$,

$$\|S(t)(u_0,v_0)\|^2_{H^{2m}\times H^m}=\|u\|^2_{H^{2m}}+\|v\|^2_{H^m}\leqslant\|u_0\|^2_{H^{2m}}+\|v_0\|^2_{H^m}+C\leqslant R^2+C,$$

$$(t\geqslant 0,(u_0,v_0)\in B).$$

这表明 $S(t)(t\geqslant 0)$在 $H^{2m}(\Omega)\times H^m(\Omega)$是一致有界.

②进一步可以知道,对 $\forall(u_o,v_0)\in H^{2m}(\Omega)\times H^m(\Omega)$,当 $t\geqslant\max\{t_1,t_2\}$有

$$\|S(t)(u_0,v_0)\|^2_{H^{2m}\times H^m}=\|u\|^2_{H^{2m}}+\|v\|^2_{H^m}\leqslant R_0+R_1,$$

因此可得到 B_0 是一个有界吸收集.

③因 $E_1:H^{2m}(\Omega)\times H^m(\Omega)\mapsto E_0:=H^m(\Omega)\times L^2(\Omega)$是一个紧嵌入,即在 E_1 中的有界集在 E_0 中是紧集,因此,半群算子 $S(t)$存在一个紧的整体吸引子.

4 整体吸引子的 Hausdorff 和 Fractal 维数估计

重复问题(1.1)—(1.3)

$$u_{tt}+A^m u_t+\|A^{\frac{m}{2}}u\|^{2q}A^m u+h(u_t)=f(x) \tag{4.1}$$

令 $Au=-\Delta u$,其中 $\Omega\subset\mathbf{R}^n$ 是有界区域,$\partial\Omega$ 是光滑边界,线性化方程(4.1)可得到

$$U_t+AU=FU \tag{4.2}$$

$$U_0=\xi,U_t(0)=\zeta \tag{4.3}$$

设 $U_0\in H^m_0(\Omega)$,$U_{(t)}$为问题(4.2)、问题(4.3)的解. 故容易证明问题 (4.2)、问题(4.3)有唯一的解 $U\in L^\infty(0,T,H^m_0(\Omega))$,$U_t\in L^\infty(0.T,L^2(\Omega))$. 方程(4.2)是方程(4.1)的线性化方程,映射定义为 $Ls(t)_{u_0}:Ls(t)_{u_0}\zeta=U(t)$,$u(t)=S(t)u_0$,设 $\varphi_0=(u_0,u_1)$,$\overline{\varphi_0}=\varphi_0+\{\xi,\zeta\}=\{u_0+\xi,u+\zeta\}$,其中$\|\varphi_0\|_{E_0}\leqslant R_1$,$\overline{\|\varphi_0\|}_{E0}\leqslant R_2$,$E_0=V\times H=H^m_0(\Omega)\times L^2(\Omega)$,$S(t)\varphi_0=\varphi(t)=\{u(t),u_t(t)\}$,$S(t)\overline{\varphi_0}=\{\varphi(t),\overline{\varphi_t}(t)\}$.

引理 4.1[9]　设 H 是 Hilbert 空间，E_0 在 H 是一个紧集，$S(t):E_0\to H$ 是一个连续映射，满足下列条件：

①$S(t)E_0=E_0, t>0$；

②如果 $S(t)$ 是 Frechet 可微，它存在一个有界线性微分算子 $L(t,\varphi_0)\in C(R^+;(L(E_0,E_0))$，$\forall t>0$ 得到

$$\frac{\|S(t)\overline{\varphi_0}-S(t)\varphi_0-L(t,\varphi_0)(u,v)\|_{E_0}^2}{\|\{\xi,\zeta\}\|_{E_0}^2}\to 0,\ \{\xi,\zeta\}\to 0$$

这个引理的证明可以查阅文献[9]，这里就不再具体证明，根据引理 4.1，可以得到下面的定理.

定理 4.1[9,35]　设在定理 3.3 的条件下，问题(1.1)—问题(1.3)的整体吸引子 A 有有限的 Hausdorff 和 Fractal 维数，即

$$d_H(A)\leqslant n,\ d_F(A)\leqslant\frac{6n}{5}$$

证明　首先把方程(4.1)改写为

设 $\Psi=R_\varepsilon\varphi=\{u,u_t+\varepsilon u\}$，$R_\varepsilon:\{u,u_t\}\to\{u,u_t+\varepsilon u\}$ 是一个同构映射. 因此，设 A 是$\{S(t)\}$中的一个整体吸引子，则 $R_\varepsilon A$ 也是$\{S_\varepsilon(t)\}$的一个吸引子，它们有相同的维数，选择适当的 ε，且 Ψ 满足下列条件

$$\Psi_t+\Lambda_\varepsilon\Psi+\bar{h}(\Psi)=\bar{f}, \tag{4.4}$$

$$\Psi(0)=\{u_0,u_1+\varepsilon u_0\}^{\mathrm{T}} \tag{4.5}$$

其中 $\Psi=\{u,u_t+\varepsilon u\}^{\mathrm{T}}$，$\bar{h}(\Psi)=\{0,h(u_t)\}^{\mathrm{T}}$，$\bar{f}=\{0,f(x)\}^{\mathrm{T}}$

$$\Lambda_\varepsilon=\begin{pmatrix}\varepsilon I & -I\\ \|A^{\frac{m}{2}}u\|^{2q}A^m-\varepsilon A^m+\varepsilon^2 I & A^m-\varepsilon I\end{pmatrix} \tag{4.6}$$

$$\Psi_t:=F(\Psi)=\bar{f}-\Lambda_\varepsilon\Psi-\bar{h}(\Psi) \tag{4.7}$$

$$P_t=F_t(\Psi)P \tag{4.8}$$

$$P_t+\Lambda_\varepsilon P+\bar{h}(\Psi)=0 \tag{4.9}$$

其中 $P=\{U,U_t+\varepsilon U\}^{\mathrm{T}}$，$\overline{h_t}(\Psi)P=\{0,h_t(u_t)U\}^{\mathrm{T}}$，初始条件式(4.3)可以写成

$$P(0)=w,\ w=\{\xi,\zeta\}\in E_0 \tag{4.10}$$

对于 $n\in\mathbf{N}$，考虑式(4.8)—式(4.10)相对于初值($w=w_1,w_2,\cdots,w_n,w_j\in E_0$)的 n 个解($P=P_1,P_2,\cdots,P_n$. $P_j\in E_0$)，因为

$$|P_1(t)\Lambda P_2(t)\Lambda\cdots\Lambda P_n(t)|_{\Lambda_{E_0}^n}=|w_1\Lambda w_2\cdots\Lambda w_n|_{\Lambda_{E_0}^n}\cdot \mathrm{e}\int_0^t TrF_t(S_\varepsilon(\tau)\Psi_0)Q_n(\tau)\mathrm{d}\tau$$

由于 $\psi(\tau)=S_\varepsilon(\tau)\Psi_0$ 可以得到

$$S_\varepsilon(\tau):\{u_0,v_1=u_1+\varepsilon u_0\}\to\{u(\tau),v(\tau)=u_t(\tau)+\varepsilon u(\tau)\},$$

$$\Psi(\tau)=\{u(\tau),v_t(\tau)=u_t(\tau)+\varepsilon u(\tau)\},$$

这里 u 是问题(4.1)的解，Λ 表示外积，Tr 表示算子的迹，$Q_n(\tau)=Q_n(\tau,\Psi_0;w_1,w_2,\cdots,w_n)$ 表示 $E_0=V\times H$ 到$\{P_1(\tau),P_2(\tau),\cdots,P_n(\tau)\}$所张成子空间的直交投影. 对于给定的时间 τ，令 $\phi_j(\tau)=\{\xi_j(\tau),\zeta_j(\tau)\}$，$j=1,2,\cdots,n$.

定义 $Q_n(\tau)_{E_0}=\mathrm{span}[P_1(\tau),P_2(\tau),\cdots,P_n(\tau)]$的正交基，可写为

$$
\begin{aligned}
TrF_t(\Psi(\tau))\cdot Q_n(\tau) &= \sum_{j=1}^{n} F_t(\Psi(\tau))\cdot Q_n(\tau)\phi_j(\tau),\phi_j(\tau))_{E_0} \\
&= \sum_{j=1}^{n} F_t(\Psi(\tau))\phi_j(\tau),\phi_j(\tau))_{E_0}
\end{aligned}
\tag{4.11}
$$

其中(. ,.)表示 E_0 上的内积,则

$$
\begin{aligned}
&(\{\xi,\zeta\},\{\bar{\xi},\bar{\zeta}\})_{E_0} = (\xi,\bar{\xi}) + (\zeta,\bar{\zeta});\\
&(F_t(\Psi)\phi_j,\phi_j)_{E_0} = -(\Lambda_\varepsilon\phi_j,\phi_j)_{E_0} - (h_t(u)\xi_j,\xi_j);\\
&(\Lambda_\varepsilon\phi_j,\phi_j)_{E_0} = \varepsilon\|\xi_j\|^2 + ((\|A^{\frac{m}{2}}u\|^{2q}A^m - \varepsilon A^m + \varepsilon^2 I)\zeta_j,\xi_j)\\
&\qquad - (\xi_j,\zeta_j) + (A^m - \varepsilon I)(\zeta_j,\zeta_j)\\
&\qquad \geqslant a(\|\xi_j\|^2 + \|\xi_j\|^2)
\end{aligned}
\tag{4.12}
$$

其中 $a:=\min\left\{\dfrac{2\varepsilon-\varepsilon^2-(\|A^{\frac{m}{2}}u\|^{2q}-\varepsilon)\lambda_j-1}{2},\dfrac{-2\varepsilon-\varepsilon^2+(2-\|A^{\frac{m}{2}}u\|^{2q}-\varepsilon)\lambda_j-1}{2}\right\}$.

现假设 $\{u_0,u_1\}\in A$,根据定理 3.3,A 在 E_1 中是个有界吸收集

$\Psi(t)=\{u(t),u_t(t)+\varepsilon u(t)\}\in D(A);D(A)=\{u\in v,Au\in H\}$.

则存在一个 $s\in[0,1]$有映射 $h_1:D(A)\to\rho(v_s,H)$.

$$
\begin{aligned}
&R_A = \sup_{(\xi,\zeta)\in A}|A\xi| < \infty\\
&\sup_{\substack{u\in D(A)\\ |A_u<R_A|}} |h_t(u_t)|_{\rho(v_s,H)} \leqslant r < \infty
\end{aligned}
\tag{4.13}
$$

其中 $\|h_t(u_t)\xi_j,\zeta_j\|$满足 $\|h_t(u_t)\xi_j,\zeta_j\|\leqslant r\|\xi_j\|_s\|\zeta_j\|$, 综合上面内容有

$$
\begin{aligned}
(F_t(\Psi)\phi_j,\phi_j)_{E_0} &\leqslant -a(\|\xi_j\|^2\|\zeta_j\|^2) + r\|\xi_j\|_s\|\zeta_j\|\\
&\leqslant -\frac{a}{2}(\|\xi_j\|^2+\|\zeta_j\|^2) + \frac{r^2}{2a}\|\xi_j\|_s^2
\end{aligned}
\tag{4.14}
$$

其中 $\|\xi_j\|^2+\|\zeta_j\|^2=\|\phi_j\|_{E_0}^2=1$,由于 $\{\phi_j(\tau)\}_{j=1,2,\cdots,n}$是 $Q_n(\tau)_{E_0}$的正交基

所以

$$
\sum_{j=1}^{n} F_t(\Psi(\tau))\phi_j(\tau),\phi_j(\tau))_{E_0} \leqslant -\frac{na}{2} + \frac{r^2}{2a}\|\xi_j\|_s^2 \tag{4.15}
$$

对几乎任意的 t,有

$$
\sum_{j=1}^{n}\|\xi_j\|_s^2 \leqslant \sum_{j=1}^{n-1}\lambda_j^{s-1} \tag{4.16}
$$

所以

$$
TrF_t(\Psi(\tau))\cdot Q_n(\tau) \leqslant -\frac{na}{2} + \frac{r^2}{2a}\sum_{j=1}^{n-1}\lambda_j^{s-1} \tag{4.17}
$$

若 $\{u_0,u_t\}\in A$,或等价于 $\Psi_0=\{u_0,u_1+\varepsilon u_0\}\in R_\varepsilon A$.

所以

$$
\begin{aligned}
&q_n(t) = \sup_{\Psi_0\in R_\varepsilon A}\ \sup_{\substack{w\in E_0\\ \|w\|_{E_0}\leqslant 1}} \left(\int_0^t TrF_t(S_\varepsilon(\tau)\Psi_0)\cdot Q_n(\tau)\mathrm{d}\tau\cdot j = 1,2,\cdots,n\right.\\
&q_n = \lim_{t\to\infty}\sup q_n(t)
\end{aligned}
\tag{4.18}
$$

根据式(4.17),式(4.18) ,所以

$$q_n(t) \leqslant -\frac{na}{2} + \frac{r}{2a}\sum_{j=1}^{n-1}\lambda_j^{s-1}$$
$$q_n \leqslant -\frac{na}{2} + \frac{r}{2a}\sum_{j=1}^{n-1}\lambda_j^{s-1} \tag{4.19}$$

因此 A(或 $R_\varepsilon A$)的 Lyapunov 指数 $\mu_j(j\in N)$一致有界

$$\mu_1 + \mu_2 + \cdots + \mu_n \leqslant -\frac{na}{2} + \frac{r}{2a}\sum_{j=1}^{n}\lambda_j^{s-1} \tag{4.20}$$

从上面的讨论可知,存在 $n>1$ 和 $s\in[0,1]$,a,r 是常数 ,则

$$\frac{1}{n}\sum_{j=1}^{n}\lambda_j^{s-1} \leqslant \frac{a^2}{6r^2} \tag{4.21}$$

$$q_n \leqslant -\frac{na}{2}\left(1 - \frac{r^2}{a^2}\sum_{j=1}^{n}\lambda_{j-1}^{s-1}\right) \leqslant -\frac{5na}{12} \tag{4.22}$$

$$(q_j)_+ \leqslant \frac{r^2}{2a}\sum_{i=1}^{j}\lambda_i^{s-1} \leqslant \frac{na}{12}, j = 1,2,\cdots,n. \tag{4.23}$$

$$\max_{1\leqslant j\leqslant n-1}\frac{(q_j)_+}{|q_m|} \leqslant \frac{1}{5} \tag{4.24}$$

所以,立即得出整体吸引子 A 具有有限的 Hausdorff 和 Fractal 维数,$d_H(A)<n, d_H(A)<\frac{6}{5}n.$

2.8　带有线性强阻尼项的非线性高阶 Kirchhoff 方程的整体吸引子及其 Hausdorff 维数与 Fractal 维数估计

在本节中,主要研究具有强阻尼项的高阶 Kirchhoff 方程解初始边值问题的长时间性态行为,方程为 $u_{tt} + (-\Delta)^m u_t + \|D^m u\|^{2q}(-\Delta)^m u + g(u) = f(x)$. 首先通过先验估计和 Galerkin 方法来证明解的存在和唯一性. 然后可得到全局吸引子的存在性. 最后,通过证明获得全局吸引子的 Hausdorff 维数与 Fractal 维数的上界.

1　引言

在本节中,主要关注下列非线性高阶 Kirchhoff 方程整体吸引子及其维数的估计,方程为

$$u_{tt} + (-\Delta)^m u_t + \|D^m u\|^{2q}(-\Delta)^m u + g(u) = f(x), (x,t)\in\Omega\times[0,+\infty) \tag{1.1}$$

$$u(x,0) = u_0(x), u_t(x,0) = u_1(x), x\in\Omega \tag{1.2}$$

$$u(x,t) = 0, \frac{\partial^i u}{\partial v^i} = 0, i = 1,\cdots,m-1, x\in\partial\Omega, t\in(0,+\infty) \tag{1.3}$$

其中 Ω 是 $\mathbf{R}^n$ 上带有光滑边界 $\partial\Omega$ 的有界区域,v 是 $\partial\Omega$ 上的外法向量,$m>1$ 是一个整数,$q>0$ 是一个正实数,$g(u)$在后面给出一定的假设.

最近,Marina Ghisi 和 Massimo Gobbino 在参考文献[66]中研究了退化 Kirchhoff 方程的整体解. 给定一个连续函数 $m:[0,+\infty)\to[0,+\infty)$,他们考虑下列 Cauchy 问题为

$$u_{tt}(t,x)+m\left(\int_{\Omega}|\nabla u(t,x)|^2\mathrm{d}x\right)\Delta u(t,x)=0,\forall(t,x)\in\Omega\times[0,T) \tag{1.4}$$

$$u(0)=u_0,u_t(0)=u_1 \tag{1.5}$$

其中,$\Omega\subseteq\mathbf{R}^n$ 是有界开集. 他们证明了对于初始数据(u_0,u_1),存在两对整体解的初始数据$(\bar{u}_0,\bar{u}_1)$,$(\hat{u}_0,\hat{u}_1)$,使得:$u_0=\bar{u}_0+\hat{u}_0,u_1=\bar{u}_1+\hat{u}_1$.

Yang Zhijian、Ding Pengyan 和 Lei Li 在参考文献[61]中研究了带有分数阻尼和非线性项的 Kirchhoff 方程的长时间性态

$$u_{tt}-M(\|\nabla u\|^2)\Delta U+(-\Delta)^{\alpha}u_t+f(u)=g(x),x\in\Omega,t>0 \tag{1.6}$$

$$u|_{\partial\Omega}=0,u(x,0)=u_0(x),u_t(x,0)=u_1(x) \tag{1.7}$$

其中 $\alpha\in\left(\frac{1}{2},1\right)$,$\Omega$ 是上 $\mathbf{R}^n$ 带有光滑边界$\partial\Omega$ 的有界区域,非线性项$f(u)$和外力项 g 都做了一定的假设. 主要结果分别是在非线性项$f(u)$与指数 p 增长的两种不同关系下.

Yang Zhijian、Ding Pengyan 和 Liu Zhiming 在参考文献[32]中研究了带有非线性强阻尼项和超临界非线性项 Kirchhoff 方程的整体吸引子

$$u_{tt}-\sigma(\|\Delta u\|^2\Delta u_t-\phi(\|\Delta u\|^2)\Delta u+f(u)=h(x)\ in\ \Omega\times\mathbf{R}^+ \tag{1.8}$$

$$u(x,t)|_{\partial\Omega}=0,u(x,0)=u_0(x),u_t(x,0)=u_1(x),x\in\Omega \tag{1.9}$$

其中 Ω 是 $\mathbf{R}^n$ 上带有光滑边界$\partial\Omega$ 的有界区域,$\sigma(s)$,$\phi(s)$和$f(s)$都是非线性项,$h(x)$为外力项. 他们证明了在正刚度系数和超临界非线性情况下,在赋有强拓扑的自然能量空间中具有有限整体吸引子.

Li Fucai 在参考文献[65]中研究了非线性高阶 Kirchhoff 方程整体解的存在性及其爆破,方程如下:

$$u_{tt}+\left(\int_{\Omega}|D^m u|^2\mathrm{d}x\right)^q(-\Delta)^m u+u_t|u_t|^r=|u|^p u,x\in\Omega,t>0 \tag{1.10}$$

$$u(x,t)=0,\frac{\partial^i u}{\partial \upsilon^i}=0,i=1,2,\cdots,m-1,x\in\partial\Omega,t>0 \tag{1.11}$$

$$u(x,0)=u_0(x),u_t(x,0)=u_1(x) \tag{1.12}$$

其中,$m\geqslant1,p,q,r\geqslant0$,$\Omega$ 是 $\mathbf{R}^n$ 上带有光滑边界$\partial\Omega$ 的有界区域,υ^i 是外法向量. 令 $E(t)=\frac{1}{2}\|u_t\|_2^2+\frac{1}{2(q+1)}\|D^m u\|_2^{2(q+1)}-\frac{1}{p+2}\|u\|_{p+2}^{p+2}$. p 满足条件:

$$p\leqslant\frac{2}{N-2m},\text{for } N>2m;p>0,\text{for } N\leqslant2m \tag{1.13}$$

他们的主要结果是下面两个定理:

定理 1.1 假定 $p\leqslant r$ 和条件(1.13)成立,则对于

$(u_0,u_1)\in H^{2m}(\Omega)\cap H_0^m(\Omega)\times H_0^m(\Omega)$,方程(1.10)、方程(1.11)存在整体解.

定理 1.2 假定 $p>\max\{r,2q\}$ 和条件(1.13)成立,则对于

$(u_0,u_1)\in H^{2m}(\Omega)\cap H_0^m(\Omega)\times H_0^m(\Omega)$,方程(1.10)、方程(1.11)在有限时间内爆破.

Li Yan 在参考文献[67]中研究了非线性高阶 Kirchhoff 方程解的渐近行为

$$u_{tt}+\left(\int_{\Omega}|D^m u|^2\mathrm{d}x\right)^q(-\Delta)^m u+\beta u_t+g(u)=0,(x,t)\in Q=\Omega\times(0,+\infty) \tag{1.14}$$

$$u(x,t)=0,\frac{\partial^i u}{\partial v^i}=0,i=1,2,\cdots,m-1,(x,t)\in\Sigma=\Gamma\times(0,+\infty) \tag{1.15}$$

$$u(x,0)=u_0(x),u_t(x,0)=u_1(x),x\in\Omega \tag{1.16}$$

其中 Ω 是 $\mathbf{R}^n(n\geqslant1)$ 上带有光滑边界 Γ 的有界开集,$\boldsymbol{v}^i$ 是外法向量. g 满足假设为:

$$\lim_{|s|\to\infty}\inf\frac{G(s)}{s^2}\geqslant0,G(s)=\int_0^s g(r)\mathrm{d}r \tag{1.17}$$

$$\lim_{|s|\to\infty}\inf\frac{|g'(s)|}{|s|^\gamma}=0 \tag{1.18}$$

其中 $0\leqslant\gamma<+\infty(n=1,2),0\leqslant\gamma<2(n=3),\gamma=0(n\geqslant4)$. 进一步存在 $C_1>0$,使得

$$\lim_{|s|\to\infty}\inf\frac{sg(s)-C_1G(s)}{s^2}\geqslant0 \tag{1.19}$$

最后,作者证明得到了该方程的渐近性行为.

以杨志坚为代表的大多数学者研究了各种低阶 Kirchhoff 方程,只有少数学者研究了高阶 Kirchhoff 方程解的爆发和渐近行为. 所以,在这种情况下,人们研究高阶 Kirchhoff 方程是非常有意义的. 为了研究具有阻尼项的高阶非线性 Kirchhoff 方程,人们借用了一些 Li Yan 在参考文献[67]中的部分假设(2. 1)—(2. 3)作为方程中的非线性项 g. 为了证明引理 2. 1,人们改进了假设(2. 1)—(2. 3)所得的结果. 然后,在所有假设下,证明该方程具有唯一的平滑解,并获得解半集具有全局吸引子. 最后,通过参考文献[7]证明方程具有有限的 Hausdorff 维数和分形维数.

对于更多的相关结果,可参考文献[9]、[35]、[17]、[25]、[12]. 为了使用各种符号方便,在第 2 节和第 3 节中,说明了一些假设、符号和主要结果. 在这些假设下,证明了解的存在和唯一性,然后获得问题(1. 1)—(1. 3)的全局吸引子. 根据参考文献[9]、[35]、[17]、[25]、[12],在第 4 节中,证明上述问题(1. 1)—(1. 3)的全局吸引子具有有限的 Hausdorff 维度和分形维数.

2　主要结果

为了方便起见,表示 $L^2(\Omega)$范数和内积分别为$\|\cdot\|$和$(\cdot,\cdot)$; $f=f(x)$, $L^p=L^p(\Omega)$, $H^k=H^k(\Omega)$ $H_0^k=H_0^k(\Omega)$, $\|\cdot\|=\|\cdot\|_{L^2}$, $\|\cdot\|_p=\|\cdot\|_{L^p}$.

根据文献[5],设 g 是局部有界且可测的,$g(u)\in C^1(R)$,令 $G(s)=\int_0^s g(r)\mathrm{d}r$,且假设方程(1. 1)中的非线性项 $g(u)$满足以下条件:

$(H1)$

$$\lim_{|s|\to\infty}\inf\frac{G(s)}{s^2}\geqslant0 \tag{2.1}$$

$(H2)$

$$\lim_{|s|\to\infty}\sup\frac{|g'(s)|}{|s|^r}=0 \tag{2.2}$$

其中 $0\leqslant r\leqslant+\infty(n=1,2),0\leqslant r<2(n=3),r=0(n\geqslant4)$;

$(H3)$存在 $C_0>0$,有

$$\lim_{|s|\mapsto\infty}\inf\frac{sg(s)-C_0G(s)}{s^2}\geqslant 0 \tag{2.3}$$

($H4$)存在正常数 C_1,有

$$|g(s)|\leqslant C_1(1+|s|^p) \tag{2.4}$$

$$|g'(s)|\leqslant C_1(1+|s|^{p-1}) \tag{2.5}$$

其中 $1\leqslant p\leqslant\frac{n}{n-2m}$.

通过($H1$)—($H3$)与 Poincaré 不等式可知:对于任意 $\gamma>0$,存在 $C(\gamma)>0$,有

$$J(u)+\gamma\|D^m u\|^2+C(\gamma)\geqslant 0,\ \forall u\in H^m(\Omega) \tag{2.6}$$

$$(g(u),u)-C_2J(u)+\gamma\|D^m u\|^2+C(\gamma)\geqslant 0,\ \forall u\in H^m(\Omega) \tag{2.7}$$

其中 $J(u)=\int_\Omega G(u)\mathrm{d}x$,$0<C_2\leqslant 1$ 独立于 γ.

引理 2.1 假设方程(1.1)中的非线性项 $g(u)$ 满足假设($H1$)—($H3$)条件的同时,且成立. 则方程(1.1)—方程(1.3)的光滑解满足:$(u,v)\in L^\infty((0,+\infty);H_0^m(\Omega)\times L^2(\Omega))$,并且有

$$\|D^m u\|^2+\|v\|^2\leqslant y(0)\mathrm{e}^{-C_2\varepsilon t}+\frac{C}{C_2\varepsilon}+(2^{q^2+2q+1}-1)\frac{q}{q+1} \tag{2.8}$$

其中 $v=u_t+\varepsilon u$,$0<\varepsilon<\min\left\{\frac{\lambda_1^m}{1+2\lambda_1^m},\frac{\sqrt{1+4\lambda_1^m}-1}{2},\frac{\sqrt{(2+C_2)^2+16\lambda_1^m}-2-C_2}{4}\right\}$,$\lambda_1$ 是 $-\Delta$ 在 $H_0^1(\Omega)$ 中的第一特征值,并且

$$y(0)=\|u_1+\varepsilon u_0\|^2-\varepsilon\|D^m u_0\|^2+\frac{1}{q+1}\|D^m u_0\|^{2q+2}+\frac{q}{q+1}+2J(u_0)+2C(\gamma_2)$$

$$C=\frac{1}{\varepsilon^2}\|f\|^2+2\varepsilon C(\gamma_1)+q\varepsilon+\frac{qw}{q+1}+2\varepsilon C_2C(\gamma_2),\gamma_1=\frac{1}{2}-\frac{\varepsilon}{2\lambda^m}-\varepsilon>0,\gamma_2=\frac{1-\varepsilon}{2}>0$$

$w=\min\{2\lambda_1^m-2\varepsilon^2-2\varepsilon,(q+1)\varepsilon\}$. 所以,存在 E_0 和 $t_0=t_0(\Omega)>0$,有

$$\|(u,v)\|^2_{H_0^m(\Omega)\times L^2(\Omega)}=\|D^m u_0\|^2+\|v\|^2\leqslant E_0,(t>t_0) \tag{2.9}$$

证明 用 $v=u_t+\varepsilon u$ 与式(1.1)在 L^2 中作内积,即

$$(u_{tt}+(-\Delta)^m u_t+\|D^m u\|^{2q}(-\Delta)^m u+g(u),v)=(f(x),v) \tag{2.10}$$

经过计算式(2.10)中的每一项,有

$$\begin{aligned}(u_{tt},v)&=\frac{1}{2}\frac{\mathrm{d}}{\mathrm{d}t}\|v\|^2-\varepsilon\|v\|^2+\varepsilon^2(u,v)\\&\geqslant\frac{1}{2}\frac{\mathrm{d}}{\mathrm{d}t}\|v\|^2-\varepsilon\|v\|^2-\frac{\varepsilon^2}{2\lambda_1^m}\|D^m u\|^2-\frac{\varepsilon^2}{2}\|v\|^2\end{aligned} \tag{2.11}$$

$$\begin{aligned}((-\Delta)^m u_t,v)&=-\frac{\varepsilon}{2}\frac{\mathrm{d}}{\mathrm{d}t}\|D^m u\|^2+\|D^m v\|^2-\varepsilon^2\|D^m u\|^2\\&\geqslant-\frac{\varepsilon}{2}\frac{\mathrm{d}}{\mathrm{d}t}\|D^m u\|^2+\lambda_1^m\|v\|^2-\varepsilon^2\|D^m u\|^2\end{aligned} \tag{2.12}$$

$$(\|D^m u\|^{2q}(-\Delta)^m u,v)=\frac{1}{2(q+1)}\frac{\mathrm{d}}{\mathrm{d}t}\|D^m u\|^{2q+2}+\varepsilon\|D^m u\|^{2q+2} \tag{2.13}$$

由式(2.7)有

$$(g(u),v)=\frac{\mathrm{d}}{\mathrm{d}t}J(u)+\varepsilon(g(u),u) \\ \geqslant\frac{\mathrm{d}}{\mathrm{d}t}J(u)+C_2\varepsilon J(u)-\left(\frac{\varepsilon}{2}-\frac{\varepsilon^2}{2\lambda_1^m}-\varepsilon^2\right)\|D^m u\|^2-\varepsilon C(\gamma_1) \tag{2.14}$$

其中 $\gamma_1=\dfrac{1}{2}-\dfrac{\varepsilon}{2\lambda_1^m}-\varepsilon>0.$

由于 $f(x)\in L^2(\Omega)$ 有

$$(f(x),v)\leqslant\|f\|\|v\|\leqslant\frac{\|f\|^2}{2\varepsilon^2}+\frac{\varepsilon^2}{2}\|v\|^2 \tag{2.15}$$

将式(2.11)—式(2.15)带入式(2.10)有

$$\frac{\mathrm{d}}{\mathrm{d}t}\left(\|v\|^2-\varepsilon\|D^m u\|^2+\frac{1}{q+1}\|D^m u\|^{2q+2}+2J(u)\right)+(2\lambda_1^m-2\varepsilon^2-2\varepsilon)\|v\|^2- \\ \varepsilon\|D^m u\|^2+2\varepsilon\|D^m u\|^{2q+2}+2C_2\varepsilon J(u)\leqslant\frac{1}{\varepsilon^2}\|f\|^2+2\varepsilon C(\gamma_1) \tag{2.16}$$

由 Young 不等式与 $0<\varepsilon<\dfrac{\lambda_1^m}{1+2\lambda_1^m}<1$，可得

$$\frac{1}{q+1}\|D^m u\|^{2q+2}-\varepsilon\|D^m u\|^2+\frac{q}{q+1}\geqslant(1-\varepsilon)\|D^m u\|^2\geqslant 0 \tag{2.17}$$

$$\varepsilon\|D^m u\|^{2q+2}-\varepsilon\|D^m u\|^2+q\varepsilon\geqslant 0 \tag{2.18}$$

通过式(2.18)可得

$$(2\lambda_1^m-2\varepsilon^2-2\varepsilon)\|v\|^2-\varepsilon\|D^m u\|^2+2\varepsilon\|D^m u\|^{2q+2}+2C_2\varepsilon J(u)+q\varepsilon \\ =(2\lambda_1^m-2\varepsilon^2-2\varepsilon)\|v\|^2+\varepsilon(q+1)\left(\frac{1}{q+1}\|D^m u\|^{2q+2}\right)+ \\ (\varepsilon\|D^m u\|^{2q+2}-\varepsilon\|D^m u\|^2+q\varepsilon)+2C_2\varepsilon J(u) \\ \geqslant w\left(\|v\|^2+\frac{1}{q+1}\|D^m u\|^{2q+2}\right)+2C_2\varepsilon J(u) \\ \geqslant w\left(\|v\|^2-\varepsilon\|D^m u\|^2+\frac{1}{q+1}\|D^m u\|^{2q+2}\right)+2C_2\varepsilon J(u) \tag{2.19}$$

其中 $w=\min\{2\lambda_1^m-2\varepsilon^2-2\varepsilon,(q+1)\varepsilon\}$.

通过式(2.17)，将式(2.19)代入式(2.16)得

$$\frac{\mathrm{d}}{\mathrm{d}t}\left(\|v\|^2-\varepsilon\|D^m u\|^2+\frac{1}{q+1}\|D^m u\|^{2q+2}+\frac{1}{q+1}+2J(u)\right)+ \\ w\left(\|v\|^2-\varepsilon\|D^m u\|^2+\frac{1}{q+1}\|D^m u\|^{2q+2}+\frac{1}{q+1}\right)+2C_2\varepsilon J(u) \\ \leqslant\frac{1}{\varepsilon^2}\|f\|^2+2\varepsilon C(\gamma_1)+q\varepsilon+\frac{qw}{q+1} \tag{2.20}$$

由于 $0<\varepsilon<\dfrac{\sqrt{(2+C_2)^2+16\lambda_1^m}-2-C_2}{4}$ 与 $0<C_2<1$，可得

$$w=\min\{2\lambda_1^m-2\varepsilon^2-2\varepsilon,(q+1)\varepsilon\}\geqslant C_2\varepsilon \tag{2.21}$$

通过式(2.6)和式(2.17)有

$$
\begin{aligned}
&-\varepsilon\|D^m u\|^2+\frac{1}{q+1}\|D^m u\|^{2q+2}+\frac{q}{q+1}+2J(u)+2C(\gamma_2)\\
&\geqslant(1-\varepsilon)\|D^m u\|^2+2J(u)+2C(\gamma_2)\geqslant 0
\end{aligned}\tag{2.22}
$$

其中 $\gamma_2=\dfrac{1-\varepsilon}{2}>0.$

结合式(2.21)与式(2.22),式(2.20)可化为

$$
\begin{aligned}
&\frac{\mathrm{d}}{\mathrm{d}t}\left(\|v\|^2-\varepsilon\|D^m u\|^2+\frac{1}{q+1}\|D^m u\|^{2q+2}+\frac{q}{q+1}+2J(u)+2C(\gamma_2)\right)+\\
&C_2\varepsilon\left(\|v\|^2-\varepsilon\|D^m u\|^2+\frac{1}{q+1}\|D^m u\|^{2q+2}+\frac{q}{q+1}+2J(u)+2C(\gamma_2)\right)\\
&\leqslant\frac{1}{\varepsilon^2}\|f\|^2+2\varepsilon C(\gamma_1)+q\varepsilon+\frac{qw}{q+1}+2\varepsilon C_2 C(\gamma_2)
\end{aligned}\tag{2.23}
$$

记作:$y(t)=\|v\|^2-\varepsilon\|D^m u\|^2+\dfrac{1}{q+1}\|D^m u\|^{2q+2}+\dfrac{q}{q+1}+2J(u)+2C(\gamma_2)$

故式(2.23)简化为

$$
\frac{\mathrm{d}}{\mathrm{d}t}y(t)+C_2\varepsilon y(t)\leqslant C\tag{2.24}
$$

其中 $C=\dfrac{1}{\varepsilon^2}\|f\|^2+2\varepsilon C(\gamma_1)+q\varepsilon+\dfrac{qw}{q+1}+2\varepsilon C_2 C(\gamma_2).$

由式(2.22)可知:$y(t)\geqslant 0$. 因此,通过 Gronwall 不等式,可得

$$
y(t)\leqslant y(0)\mathrm{e}^{-C_2\varepsilon t}+\frac{C}{C_2\varepsilon}\tag{2.25}
$$

其中 $y(0)=\|u_1+\varepsilon u_0\|^2-\varepsilon\|D^m u_0\|^2+\dfrac{1}{q+1}\|D^m u_0\|^{2q+2}+\dfrac{q}{q+1}+2J(u_0)+2C(\gamma_2).$

通过广义 Young 不等式有:$\|D^m u\|^2\leqslant\dfrac{1}{2^{q+1}(q+1)}\|D^m u\|^{2q+2}+2^{\frac{q+1}{q}}\dfrac{q}{q+1}$. 然后有

$$
\frac{q}{(q+1)}\|D^m u\|^{2q+2}\geqslant 2^{q+1}\|D^m u\|^2-2^{\frac{q^2+2q+1}{q}}\frac{q}{q+1}\tag{2.26}
$$

再由式(2.22)和式(2.26)可得

$$
\begin{aligned}
y(t)&=\|v\|^2-\varepsilon\|D^m u\|^2+\frac{1}{q+1}\|D^m u\|^{2q+2}+2J(u)+\frac{q}{q+1}+2C(\gamma_2)\\
&\geqslant\|v\|^2+(1-\varepsilon)\|D^m u\|^2+(2^{q+1}-1)\|D^m u\|^2-\\
&\quad\frac{2^{q^2+2q+1}q}{q+1}+\frac{q}{q+1}+2J(u)+2C(\gamma_2)\\
&\geqslant\|v\|^2+(2^{q+1}-1)\|D^m u\|^2+(1-2^{q^2+2q+1})\frac{q}{q+1}\\
&\geqslant\min\{1,2^{q+1}-1\}(\|v\|^2+\|D^m u\|^2)+(1-2^{q^2+2q+1})\frac{q}{q+1}\\
&=(\|v\|^2+\|D^m u\|^2)+(1-2^{q^2+2q+1})\frac{q}{q+1}
\end{aligned}\tag{2.27}
$$

联合式(2.25)和式(2.27)有

$$\|D^m u\|^2+\|v\|^2\leqslant y(0)\mathrm{e}^{-C_2\varepsilon t}+\frac{C}{C_2\varepsilon}+(2^{q^2+2q+1}-1)\frac{q}{q+1} \tag{2.28}$$

从而有

$$\overline{\lim_{t\to\infty}}\|(u,v)\|^2_{H_0^m(\Omega)\times L^2(\Omega)}=\|D^m u\|^2+\|v\|^2\leqslant\frac{C}{C_2\varepsilon}+(2^{q^2+2q+1}-1)\frac{q}{q+1} \tag{2.29}$$

所以存在 E_0 和 $t_0=t_0(\Omega)>0$，有

$$\|(u,v)\|^2_{H_0^m(\Omega)\times L^2(\Omega)}=\|D^m u\|^2+\|v\|^2\leqslant E_0,(t>t_0) \tag{2.30}$$

引理 2.2　在引理 2.1 的假设($H1$)—($H3$)成立下，且假设($H4$)和$f(x)\in H_0^m(\Omega)$也成立，同时

$(u_0,u_1)\in H^{2m}(\Omega)\times H_0^m(\Omega)$. 则方程(1.1)—方程(1.3)的光滑解满足：

$$(u,v)\in L^\infty((0,+\infty);H^{2m}(\Omega)\times H_0^m(\Omega))$$

且有

$$\|D^{2m}u\|^2+\|D^m v\|^2\leqslant\frac{z(0)}{T}\mathrm{e}^{-\alpha_1 t}+\frac{\frac{1}{\varepsilon^2}\|D^m f\|^2+C_3}{\alpha_1 T} \tag{2.31}$$

其中$(-\Delta)^m v=(-\Delta)^m u_t+\varepsilon(-\Delta)^m u$，$\lambda_1$ 是 $-\Delta$ 在 $H_0^1(\Omega)$中的第一特征值，且

$z(0)=\|D^m u_1+\varepsilon D^m u_0\|^2+(\|D^m u_0\|^{2q}-\varepsilon)\|D^{2m}u_0\|^2$，$\alpha_1=\min\{\lambda_1^m-2\varepsilon-2\varepsilon^2,M\}$

$T=\min\{1,\inf\limits_{t\geqslant0}\|D_u^m\|^{2q}-\varepsilon\}$. 所以，存在 E_1 和 $t_1=t_1(\Omega)>0$，有

$$\|(u,v)\|^2_{H^{2m}(\Omega)\times H_0^m(\Omega)}=\|D^{2m}u\|^2+\|D^m v\|^2\leqslant E_1,(t>t_1) \tag{2.32}$$

证明　用$(-\Delta)^m v=(-\Delta)^m u_t+\varepsilon(-\Delta)^m u$ 与(1)在 L^2 中作内积，即

$$(u_{tt}+(-\Delta)^m u_t+\|D^m u\|^{2q}(-\Delta)^m u+g(u),(-\Delta),v)=(f(x),(-\Delta)^m v) \tag{2.33}$$

经过计算式(2.33)中的每一项，有

$$\begin{aligned}(u_{tt},(-\Delta)^m v)&=\frac{1}{2}\frac{\mathrm{d}}{\mathrm{d}t}\|D^m v\|^2-\varepsilon\|D^m v\|^2+\varepsilon^2(D^m u,D^m v)\\&=\frac{1}{2}\frac{\mathrm{d}}{\mathrm{d}t}\|D^m v\|^2-\varepsilon\|D^m v\|^2-\frac{\varepsilon^2}{2\lambda_1^m}\|D^{2m}u\|^2-\frac{\varepsilon^2}{2}\|D^m v\|^2\end{aligned} \tag{2.34}$$

$$\begin{aligned}((-\Delta)^m u,(-\Delta)^m v)&=\|D^{2m}v\|^2-\frac{\varepsilon}{2}\frac{\mathrm{d}}{\mathrm{d}t}\|D^{2m}u\|^2-\varepsilon^2\|D^{2m}u\|^2\\&\geqslant\lambda_1^m\|D^m v\|-\frac{\varepsilon}{2}\frac{\mathrm{d}}{\mathrm{d}t}\|D^{2m}u\|^2-\varepsilon^2\|D^{2m}u\|^2\end{aligned} \tag{2.35}$$

$$\begin{aligned}&(\|D^m u\|^{2q}(-\Delta)^m u,(-\Delta)^m v)\\&=\frac{1}{2}\frac{\mathrm{d}}{\mathrm{d}t}(\|D^m u\|^{2q}\|D^{2m}u\|^2)-\frac{\|D^{2m}u\|^2}{2}\frac{\mathrm{d}}{\mathrm{d}t}\|D^m u\|^{2q}+\varepsilon\|D^m u\|^{2q}\|D^{2m}u\|^2\end{aligned} \tag{2.36}$$

$$(g(u),(-\Delta)^m v)\geqslant-\|g(u)\|\|D^{2m}v\|\geqslant-\frac{\|g(u)\|^2}{2}-\frac{\|D^{2m}v\|^2}{2} \tag{2.37}$$

接下来估计式(2.37)中的$\|g(u)\|^2$. 通过假设($H4$)：$|g(s)|\leqslant C_1(1+|s|^p)$和 Young 不等式可得

$$\begin{aligned}\|g(u)\|^2 &\leqslant \int_\Omega C_1^2(1+|u|^p)^2\mathrm{d}x \\ &\leqslant \int_\Omega (C_1^2+2C_1^2|u|^p+C_1^2|u|^{2p})\mathrm{d}x \\ &\leqslant \int_\Omega (2C_1^2+2C_1^2|u|^{2p})\mathrm{d}x \\ &\leqslant 2C_1^2|\Omega|+2C_1^2\|u\|_{L^{2p}(\Omega)}^{2p}\end{aligned} \tag{2.38}$$

又因为$1\leqslant P\leqslant \frac{n}{n-2m}$和嵌入定理知：$H_0^m(\Omega)\to L^{2p}(\Omega)$. 所以，存在 $K>0$，使得$\|u\|_{L^{2p}(\Omega)}\leqslant K\|D^m u\|$成立. 由引理 2.1 可知$\|D^m u\|$是有界的，所以式(2.38)变为

$$\|g(u)\|^2\leqslant C_3(p,C_1,K|\Omega|) \tag{2.39}$$

进一步，式(2.37)化为

$$(g(u),(-\Delta)^m v)\geqslant -\frac{C_3}{2}-\frac{\|D^{2m}v\|^2}{2} \tag{2.40}$$

由于$f(x)\in H_0^m(\Omega)$和 Young 不等式有

$$(f(x),(-\Delta)^m v)=(D^m f(x),D^m v)\leqslant \frac{1}{2\varepsilon^2}\|D^m f\|^2+\frac{\varepsilon^2}{2}\|D^m v\|^2 \tag{2.41}$$

将式(2.34)—式(2.36)，式(2.40)、式(2.41)代入式(2.33)有

$$\begin{aligned}&\frac{\mathrm{d}}{\mathrm{d}t}[\|D^m v\|^2+(\|D^m u\|^{2q}-\varepsilon)\|D^{2m}u\|^2]+(\lambda_1^m-2\varepsilon-2\varepsilon^2)\|D^m v\|^2+ \\ &\left(-\frac{\mathrm{d}}{\mathrm{d}t}\|D^m u\|^{2q}+2\varepsilon\|D^m u\|^{2q}-2\varepsilon^2-\frac{\varepsilon^2}{\lambda_1^m}\right)\|D^{2m}u\|^2\leqslant \frac{1}{\varepsilon^2}\|D^m f\|^2+C_3\end{aligned} \tag{2.42}$$

首先，选取足够小的 ε 以及引理 2.1，使 $\lambda_1^m-2\varepsilon-2\varepsilon^2>0$ 且$\|D^m u\|^{2q}-\varepsilon>0$. 然后假设存在 $M>0$，使得 $M-2\varepsilon>0$ 且

$0<M(\|D^m u\|^{2q}-\varepsilon\leqslant -\frac{\mathrm{d}}{\mathrm{d}t}\|D^m u\|^{2q}+2\varepsilon\|D^m u\|^{2q}-2\varepsilon^2-\frac{\varepsilon^2}{\lambda_1^m}$. 则这个不等式化为

$$(M-2\varepsilon)\|D^m u\|^{2q}+\frac{\mathrm{d}}{\mathrm{d}t}\|D^m u\|^{2q}\leqslant M\varepsilon-2\varepsilon^2-\frac{\varepsilon^2}{\lambda_1^m} \tag{2.43}$$

由 Gronwall 不等式，可得

$$\varepsilon<\|D^m u\|^{2q}\leqslant\|D^m u_0\|^{2q}\mathrm{e}^{(2\varepsilon-M)t}+\frac{M\varepsilon-2\varepsilon^2-\frac{\varepsilon^2}{\lambda_1^m}}{M-2\varepsilon} \tag{2.44}$$

由引理 2.1 可知，$\|D^m u\|^{2q}$是有界的，所以上述假设是成立的. 即证明了：存在 $M>0$，使得

$$0<M(\|D^m u\|^{2q}-\varepsilon)\leqslant -\frac{\mathrm{d}}{\mathrm{d}t}\|D^m u\|^{2q}+2\varepsilon\|D^m u\|^{2q}-2\varepsilon^2-\frac{\varepsilon^2}{\lambda_1^m} \tag{2.45}$$

将式(2.45)代入式(2.42)有

$$\begin{aligned}&\frac{\mathrm{d}}{\mathrm{d}t}[\|D^m v\|^2+(\|D^m u\|^{2q}-\varepsilon)\|D^{2m}u\|^2]+(\lambda_1^m-2\varepsilon-2\varepsilon^2)\|D^m v\|^2+ \\ &M(\|D^m u\|^{2q}-\varepsilon)\|D^{2m}u\|^2\leqslant\frac{1}{\varepsilon^2}\|D^m f\|^2+C_3\end{aligned} \tag{2.46}$$

取 $\alpha_1=\min\{\lambda_1^m-2\varepsilon-2\varepsilon^2,M\}$ 有

$$\frac{\mathrm{d}}{\mathrm{d}t}z(t)+\alpha_1 z(t)\leqslant\frac{1}{\varepsilon^2}\|D^m f\|^2+C_3 \tag{2.47}$$

其中 $z(t)=\|D^m v\|^2+(\|D^m u\|^{2q}-\varepsilon)\|D^{2m}u\|^2$. 通过 Gronwall 不等式,有

$$z(t)\leqslant z(0)\mathrm{e}^{-\alpha_1 t}+\frac{\frac{1}{\varepsilon^2}\|D^m f\|^2+C_3}{\alpha_1} \tag{2.48}$$

其中 $z(0)=\|D^m u_1+\varepsilon D^m u_0\|^2+(\|D^m u_0\|^{2q}-\varepsilon)\|D^{2m}u_0\|^2$.

令 $T=\min\{1,\inf\limits_{t\geqslant 0}\|D^m u\|^{2q}-\varepsilon\}$ 因此可得

$$\|D^m v\|^2+\|D^{2m}u\|^2\leqslant\frac{z(0)}{T}\mathrm{e}^{-\alpha_1 t}+\frac{\frac{1}{\varepsilon^2}\|D^m f\|^2+C_3}{\alpha_1 T} \tag{2.49}$$

从而可得

$$\overline{\lim_{t\to\infty}}\|(u,v)\|^2_{H^{2m}(\Omega)\times H_0^m(\Omega)}=\|D^{2m}u\|^2+\|D^m v\|^2\leqslant\frac{\frac{1}{\varepsilon^2}\|D^m f\|^2+C_3}{\alpha_1 T} \tag{2.50}$$

所以,存在 E_1 和 $t_1=t_1(\Omega)>0$,使得

$$\|(u,v)\|^2_{H^{2m}(\Omega)\times H_0^m(\Omega)}=\|D^{2m}u\|^2+\|D^m v\|^2\leqslant E_1,(t>t_1) \tag{2.51}$$

3　整体吸引子

1. 解的存在唯一性

定理 3.1　假设($H1$)—($H4$)成立,且 $(u_0,u_1)\in H^{2m}(\Omega)\times H_0^m(\Omega)$,

$f(x)\in H_0^m(\Omega)$,$v=u_t+\varepsilon u$,则方程(1)存在唯一光滑解

$$(u(x,t),v(x,t)\in L^\infty((0,+\infty);H^{2m}(\Omega)\times H_0^m(\Omega)) \tag{3.1}$$

证明　通过 Galerkin 方法和引理 2.1、引理 2.2,易得到解的存在性,这里省略证明. 下面将证明解的唯一性.

设 u,v 是方程(1.1)—方程(1.3)的两个解,令 $w=u-v$,则有

$w(x,0)=w_0(x)=0,w_t(x,0)=w_t(x)=0$

将满足解 u,v 的两个方程相减有

$$w_{tt}+(-\Delta)^m w_t+\|D^m u\|^{2q}(-\Delta)^m u-\|D^m v\|^{2q}(-\Delta)^m v+g(u)-g(v)=0 \tag{3.2}$$

将式(3.2)与 w_t 作内积有

$$(w_{tt}+(-\Delta)^m w_t+\|D^m u\|^{2q}(-\Delta)^m u-\|D^m v\|^{2q}(-\Delta)^m v+g(u)-g(v),w_t)=0 \tag{3.3}$$

$$(w_{tt},w_t)=\frac{1}{2}\frac{\mathrm{d}}{\mathrm{d}t}\|w_t\|^2 \tag{3.4}$$

$$((-\Delta)^m w_t,w_t)=\|D^m w_t\|^2 \tag{3.5}$$

$$\begin{aligned}&(\|D^m u\|^{2q}(-\Delta)^m u-\|D^m v\|^{2q}(-\Delta)^m v,w_t)\\&=(\|D^m u\|^{2q}(-\Delta^m)w,w_t)+(\|D^m u\|^{2q}-\|D^m v\|^{2q})((-\Delta)^m v,w_t)\\&=\frac{1}{2}\frac{\mathrm{d}}{\mathrm{d}t}\|D^m u\|^{2q}\|D^m w\|^2-q\|D^m u\|^{2q-1}\|D^m u_t\|\|D^m w\|^2+\\&(\|D^m u\|^{2q}-\|D^m v\|^{2q}((-\Delta)^m v,w_t)\end{aligned} \tag{3.6}$$

将式(3.4)—式(3.6)代入式(3.2)有

$$\begin{aligned}&\frac{\mathrm{d}}{\mathrm{d}t}(\|w_t\|^2+\|D^m u\|^{2q}\|D^m w\|^2)+2\|D^m w_t\|^2\\&=2q\|D^m u\|^{2q-1}\|D^m u_t\|\|D^m w\|^2-2(\|D^m u\|^{2q}-\|D^m v\|^{2q})((-\Delta)^m v,w_t)-\\&2(g(u)-g(v),w_t)\end{aligned}\tag{3.7}$$

在式(3.7)中,根据引理2.1、引理2.2有

$$\begin{aligned}&2q\|D^m u\|^{2q-1}\|D^m w\|^2-2(\|D^m u\|^{2q}-\|D^m v\|^{2q})((-\Delta)^m v,w_t)\\&\leqslant 2q\|D^m u\|^{2q-1}\|D^m w\|^2+4q\,\|D^m u\|+\theta(\|D^m v\|-\|D^m u\|)\,|^{2q-1}\|D^m w\|\|\Delta^m v\|\|w_t\|\\&\leqslant C_4(q)\|D^m w\|^2+C_5(q,\theta)\|D^m w\|\|w_t\|\\&\leqslant\left(C_4(q)+\frac{C_5(q,\theta)}{2}\right)\|D^m w\|^2+\frac{C_5(q,\theta)}{2}\|w_t\|^2\end{aligned}\tag{3.8}$$

其中$0<\theta<1$,$C_4(q)>0$,$C_5(q,\theta)>0$,是常数.

通过假设($H4$),可得

$$\begin{aligned}&-2(g(u)-g(v),w_t)\\&=-2(g'(\theta u+(1-\theta)v)w,w_t)\\&\leqslant 2\|g'(\theta u+(1-\theta)v)w\|\|w_t\|\\&\leqslant 2(\int_\Omega C_1^2(1+|\theta u+(1-\theta)v|^{p-1}\mathrm{d}x)^{\frac{1}{2}}\|w\|\|w_t\|\\&\leqslant 2C_1(1+\|(|\theta u+(1-\theta)v|^{p-1})\|)\|w\|\|w_t\|\\&\leqslant 2C_1C_6(\theta,p,\lambda_1,m)\|D^m w\|\|w_t\|\\&\leqslant C_1C_6(\theta,p,\lambda_1,m)\|w_t\|^2+C_1C_6(\theta,p,\lambda_1,m)\|D^m w\|^2\end{aligned}\tag{3.9}$$

其中$C_6=C_6(\theta,p,\lambda_1,m)>0$是一个常数.

综上,可得

$$\frac{\mathrm{d}}{\mathrm{d}t}(\|w_t\|^2+\|D^m u\|^{2q}\|D^m w\|^2)+2\|D^m w_t\|^2\leqslant\left(C_4(q)+\frac{C_5(\theta,q)}{2}+C_1C_6\right)(\|w_t\|^2+\|D^m w\|^2)\tag{3.10}$$

对于式(3.10),两边同时加上$((-\Delta)^m w,w_t)$,又由于

$((-\Delta)^m w,w_t)\leqslant\frac{1}{4}\|D^m w\|^2+\|D^m w_t\|^2$,则式(3.10)变为

$$\begin{aligned}&\frac{\mathrm{d}}{\mathrm{d}t}\left(\|w_t\|^2+\left(\frac{1}{2}+\|D^m u\|^{2q}\right)\|D^m w\|^2\right)\\&\leqslant\left(C_4(q)+\frac{C_5(\theta,q)}{2}+C_1C_6+\frac{1}{4}\right)(\|w_t\|^2+\|D^m w\|^2)\\&\leqslant\left(C_4(q)+\frac{C_5(\theta,q)}{2}+C_1C_6+\frac{1}{4}\right)\|w_t\|^2+\\&2\left(C_4(q)+\frac{C_5(\theta,q)}{2}+C_1C_6+\frac{1}{4}\right)\left(\frac{1}{2}+\|D^m u\|^{2q}\right)\|D^m w\|^2\\&\leqslant 2\left(C_4(q)+\frac{C_5(\theta,q)}{2}+C_1C_6+\frac{1}{4}\right)\left(\|w_t\|^2+\left(\frac{1}{2}+\|D^m u\|^{2q}\right)\|D^m w\|^2\right)\end{aligned}\tag{3.11}$$

对于式(3.11),通过 Gronwall 不等式可得

$$0\leqslant \|w_t\|^2+\left(\frac{1}{2}+\|D^m u\|^{2q}\right)\|D^m w\|^2\leqslant\left(\|w_t(0)\|^2+\left(\frac{1}{2}+\|D^m u(0)\|^{2q}\right)\|D^m w(0)\|^2\right)e^{C_7 t}=0. \tag{3.12}$$

其中 $C_7=2\left(C_4(q)+\dfrac{C_5(\theta,q)}{2}+C_1C_6+\dfrac{1}{4}\right)$.

从而可得 $\|w_t\|^2+\left(\frac{1}{2}+\|D^m u\|^{2q}\right)\|D^m w\|^2=0$,则 $w(x,t)=0$. 即 $u=v$,证毕.

2. 整体吸引子的存在性

定理 3.2　设 E 是 Banach 空间,$\{S(t)\}(t\geqslant 0)$ 是 E 上的算子半群.

$S(t):E\to E, S(t+\tau)=S(t)S(\tau)(\forall t,\tau\geqslant 0)S(0)=\mathbf{I}$,其中 $\mathbf{I}$ 是一个单位算子. 设 $S(t)$ 满足下列条件:

①半群 $S(t)$ 在 E 中一致有界,即 $\forall R>0,\|u\|_E\leqslant R$,存在一个常数 $C(R)$,使得

$$\|S(t)u\|_E\leqslant C(R)(t\in[0,+\infty)) \tag{3.13}$$

②存在 E 中的有界吸收集 B_0,即 $\forall B\subset E$,存在 t_0,使得

$$S(t)B\subset B_0(t\geqslant t_0) \tag{3.14}$$

其中 B_0 和 B 是有界集;

③当 $t>0$,$S(t)$ 时是一个全连续映射. 因此,半群 $S(t)$ 具有紧的整体吸引子 A.

定理 3.3　在引理 2.1、引理 2.2 和定理 3.1 条件下,方程(1.1)—方程(1.3)具有整体吸引子:

$$A=\omega(B_0)=\bigcap_{\tau\geqslant 0}\overline{\bigcup_{t\geqslant\tau}S(t)B_0} \tag{3.15}$$

其中 $B_0=\{(u,v)\in H^{2m}(\Omega)\times H_0^m(\Omega):\|(u,v)\|^2_{H^{2m}\times H_0^m}=\|u\|^2_{H^{2m}}+\|v\|^2_{H_0^m}\leqslant R_0+R_1\}$,$B_0$ 是 $H^{2m}\times H_0^m$ 中的有界吸收集满足:

①$S(t)B=B,t>0$;

②$\lim\limits_{t\to\infty}\mathrm{dist}(S(t)B,A)=0$,其中 $B\subset H^{2m}\times H_0^m$ 是一个有界集,且

$$\mathrm{dist}(S(t)B,A)=\sup_{x\in B}(\inf_{y\in A}\|S(t)x-y\|_{H^{2m}\times H_0^m})\to 0,t\to\infty \tag{3.16}$$

证明　在定理 3.1 的条件下,方程存在解半群 $S(t):H^{2m}\times H_0^m\to H^{2m}\times H_0^m$,记为 $E=H^{2m}(\Omega)\times H_0^m(\Omega)$.

①由引理 2.1 和引理 2.2,可得 $\forall B\subset H^{2m}(\Omega)\times H_0^m(\Omega)$ 是一个在球 $\{\|(u,v)\|_{H^{2m}\times H_0^m}\leqslant R\}$ 中的有界集,且

$$\begin{aligned}\|S(t)(u_0,v_0)\|^2_{H^{2m}\times H_0^m}&=\|u\|^2_{H^{2m}}+\|v\|^2_{H_0^m}\leqslant\|u_0\|^2_{H^{2m}}+\|v_0\|^2_{H_0^m}+C\\&\leqslant R^2+C,(t\geqslant 0,(u_0,v_0)\in B)\end{aligned} \tag{3.17}$$

这说明 $S(t)(t\geqslant 0)$ 在 $H^{2m}(\Omega)\times H_0^m(\Omega)$ 中是一致有界的.

②进一步,对于任意的 $(u_0,v_0)\in H^{2m}(\Omega)\times H_0^m(\Omega)$,当 $t\geqslant\max\{t_0,t_1\}$ 时,有

$$\|S(t)(u_0,v_0)\|^2_{H^{2m}\times H_0^m}=\|u\|^2_{H^{2m}}+\|v\|^2_{H_0^m}\leqslant E_0+E_1 \tag{3.18}$$

③由于 $M_1:=H^{2m}(\Omega)\times H_0^m(\Omega)\to M_0:=H^{2m}(\Omega)\times L^2(\Omega)$ 是紧嵌入的,这意味着有界集 M_1 在 M_0 中是紧的. 因此,算子半群 $S(t)$ 存在一个紧的整体吸引子 A.

4 整体吸引子的维数估计

已经研究了高阶 Kirchhoff 方程整体吸引子的存在性. 本节将估计这个方程整体吸引子 Hausdorff 维数和 Fractal 维数的上界.

将方程(1.1)—方程(1.3)线性化为

$$U_t + AU = FU \tag{4.1}$$

$$U_0(0) = \xi, U_t(0) = \zeta \tag{4.2}$$

令 $U_0 \in H_0^m(\Omega)$, $U(t)$ 是方程(4.1)、(4.2)的解. 人们能够证明方程(4.1)、(4.2)有唯一的解 $U \in L^\infty((0,T];H_0^m(\Omega))$, $U_t \in L^\infty((0,T];L^2(\Omega))$. 定义映射

$$Ls(t)_{u_0} : Ls(t)_{u_0}\zeta = U(t) \tag{4.3}$$

这里 $u(t) = s(t)u_0$. 令 $\varphi_0 = (u_0, u_1)$, $\overline{\varphi_0} = \varphi_0 + \{\xi,\zeta\} = \{u_0+\xi, u_1+\xi\}$. 让 $\|\varphi_0\|_{E_0} \leqslant R_1$, $\|\overline{\varphi_0}\|_{E_0} \leqslant R_2$, $E_0 = H_0^m(\Omega) \times L^2(\Omega)$, $S(t)\varphi_0 = \varphi(t) = \{u(t), u_t(t)\}$, $S(t)\overline{\varphi_0} = \{\varphi(t), \overline{\varphi_t}(t)\}$.

引理 4.1[9] 假设 H 是 Hilbert 空间, E_0 是 H 上的一个紧集. $S(t): E_0 \to H$ 是一个连续映射,且满足以下条件:

①$S(t)E_0 = E_0, t>0$;

②如果 $S(t)$ 是 Fréchet 可微的,且它存在一个有界线性可微映射 $L(t,\varphi_0) \in C(\mathbf{R}^+;L(E_0,E_0))$, $\forall t>0$,有

$$\frac{\|S(t)\overline{\varphi_0} - S(t)\varphi_0 - L(t,\varphi_0)(u,v)\|_{E_0}^2}{\|\{\xi,\zeta\}\|_{E_0}^2} \to 0, \{\xi,\zeta\} \to 0 \tag{4.4}$$

证明 可参考文献[9],省略.

根据引理 4.1,可以得到如下定理:

定理 4.1[9,35] 设 A 是方程(1)—(3)的整体吸引子,则 A 在空间 $H^{2m}(\Omega) \times H_0^m(\Omega)$ 中具有有限的 Hausdorff 维数和 Fractal 维数,且 $d_H(A) \leqslant \frac{n}{5}$, $d_F(A) \leqslant \frac{6n}{5}$.

证明 令 $\Psi = R_\varepsilon\varphi = \{u, u_t+\varepsilon u\}$,则 $R_\varepsilon: \{u,u_t\} \to \{u, u_t+\varepsilon u\}$ 是一个同构映射. 若令 A 是 $\{S(t)\}$ 的整体吸引子,从而 A_ε 是 $\{S_\varepsilon(t)\}$ 的整体吸引子,且它们具有相同的维数. Ψ 满足:

$$\Psi_t + \Lambda_\varepsilon\Psi + \bar{g}(\Psi) = \bar{f} \tag{4.5}$$

$$\Psi(0) = \{u_0, u_1+\varepsilon u_0\}^{\mathrm{T}} \tag{4.6}$$

其中 $\Psi = \{u, u_t+\varepsilon u\}^{\mathrm{T}}$, $\bar{g}(\Psi) = \{0, g(u)\}^{\mathrm{T}}$, $\bar{f} = \{0, f(x)\}^{\mathrm{T}}$.

若令 $\Lambda_\varepsilon = \begin{pmatrix} \varepsilon I & -I \\ \|A^{\frac{m}{2}}u\|^{2q}A^m - \varepsilon A^m + \varepsilon^2 I & A^m - \varepsilon I \end{pmatrix}$,则

$$\Psi_t := F(\Psi) = \bar{f} - \Lambda_\varepsilon\Psi - \bar{g}(\Psi) \tag{4.7}$$

$$P_t = F(\Psi) \tag{4.8}$$

$$P_t + \Lambda_\varepsilon P + \bar{g}_t(\Psi)P = 0 \tag{4.9}$$

其中 $P = \{U, U_t+\varepsilon u\}^{\mathrm{T}}$, $\bar{g}_t(\Psi)P = \{0, g_t(u)U\}^{\mathrm{T}}$. 初始条件式(4.2)可以写成如下形式

$$P(0) = \omega, \omega = \{\xi,\zeta\} \in E_0 \tag{4.10}$$

对于 $n \in N$,问题(1.1)—(1.3)对应初值 $\omega = \omega_1, \omega_2, \cdots, \omega_n; \omega_j \in E_0$ 的 n 个解 $P = P_1, P_2, \cdots, P_n; P_j \in E_0$ 有

$$|P_1(t)\wedge P_2(t)\wedge\cdots\wedge P_n(t)|_{\wedge_{E_0}^n}=|\omega_1\wedge\omega_2\wedge\cdots\wedge\omega_n|_{\wedge_{E_0}^n}\cdot \mathrm{e}^{\int_0^t TrF_t(S_\varepsilon(\tau)\Psi_0)\cdot Q_n(\tau)\mathrm{d}\tau} \quad (4.11)$$

由 $\Psi(\tau)=S_\varepsilon(\tau)\Psi_0$,定义

$S_\varepsilon(\tau):\{u_0,v_1=u_1+\varepsilon u_0\}\to\{u(\tau),v(\tau)=u_t(\tau)+\varepsilon u(\tau)\}$

$\Psi(\tau)=\{u(\tau),v_t(\tau)=u_t(\tau)+\varepsilon u(\tau)\}$

其中 u 是初边值式(1.1)—(1.3)的解,$Q_n(\tau)=Q_n(\tau,\Psi_0;\omega_1,\omega_2,\cdots,\omega_n$ 表示从 $E_0=H_0^m(\Omega)\times L^2(\Omega)$到 $\mathrm{span}\{P_1(\tau),P_2(\tau),\cdots,P_n(\tau)\}$的正交基.

对于给定的时间 τ,令 $\phi_j(\tau)=\{\xi_j(\tau),\zeta_j(\tau)\},j=1,2,\cdots,n$. $\{\phi_j(\tau)\}_{j=1,2,\cdots,n}$ 是 $Q_n(\tau)_{E_0}=\mathrm{span}\{P_1(\tau),P_2(\tau),\cdots,P_n(\tau)\}$的正交基. 于是有

$$\begin{aligned}TrF_t(\Psi(\tau))\cdot Q_n(\tau)&=\sum_{j=1}^{\infty}(F_t(\Psi(\tau))\cdot Q_n(\tau)\phi_j(\tau),\phi_j(\tau))_{E_0}\\&=\sum_{j=1}^{\infty}(F_t(\Psi(\tau))\phi_j(\tau),\phi_j(\tau))_{E_0}\end{aligned}\quad (4.12)$$

其中$(\cdot,\cdot)_{E_0}$表示 E_0 上的内积,即$(\{\xi,\zeta\},\{\bar{\xi},\bar{\zeta}\})_{E_0}=(\xi,\bar{\xi})+(\zeta\bar{\zeta})$. 于是有

$$(F_t(\Psi)\phi_j,\phi_j)_{E_0}=-(\Lambda_\varepsilon\phi_j,\phi_j)_{E_0}-(g_t(u)\xi_j,\xi_j) \quad (4.13)$$

而

$$\begin{aligned}(\Lambda_\varepsilon\phi_j,\phi_j)&=\varepsilon\|\xi_j\|^2+(\varepsilon^2-1)(\xi_j,\zeta_j)+(\|A^{\frac{m}{2}}u\|^{2q}-\varepsilon)(A^m\xi_j,\zeta_j)+(A^m\zeta_j,\zeta_j)-\varepsilon\|\zeta_j\|^2\\&=\varepsilon\|\xi_j\|^2+(\varepsilon^2-1)(\xi_j,\zeta_j)+\lambda_j(\|A^{\frac{m}{2}}u\|^{2q}-\varepsilon)(\xi_j,\zeta_j)+\lambda_j\|\zeta_j\|^2-\varepsilon\|\zeta_j\|^2\geqslant\\&\quad a(\|\xi_j\|^2+\|\zeta_j\|^2)\end{aligned}\quad (4.14)$$

其中

$$a:=\min\left\{\frac{2\varepsilon+[1-\varepsilon^2+(\varepsilon-\|A^{\frac{m}{2}}u\|^{2q})\lambda_j]}{2},\frac{2(\lambda_j-\varepsilon)+[1-\varepsilon^2+(\varepsilon-\|A^{\frac{m}{2}}u\|^{2q})\lambda_j]}{2}\right\}.$$

假设$(u_0,u_1)\in E_0$,由定理 3.3 可知,$u(t),u_t(t)+\varepsilon u(t)$是 E_1 的有界解,$\Psi(t)=\{u(t),u_t(t)+\varepsilon u(t)\}\in E_1,u(t)\in D(\mathbf{A});D(\mathbf{A})=\{u\in H^{2m}(\Omega),\mathbf{A}u\in L^2(\Omega)\}$. 则存在 $s\in[0,1]$有 $g_t:D(\mathbf{A})\to\rho(v_s,u)$,于是

$$\sup_{\substack{u\in D(\mathbf{A})\\|Au|<R_{\mathbf{A}}}}|g_t(u)|_{\rho(v_s,u)}\leqslant r<\infty \quad (4.15)$$

其中 $R_{\mathbf{A}}=\sup\limits_{\{\xi,\zeta\}\in E_0}|\mathbf{A}\xi|<\infty$. 且$\|g_t(u)\xi_j,\zeta_j\|$满足$\|g_t(u)\xi_j,\zeta_j\|\leqslant r\|\xi_j\|_s\|\zeta_j\|$.

由式(4.15)—式(4.16)可得

$$\begin{aligned}F_t((\Psi)\phi_j,\phi_j)_{E_0}&\leqslant -a(\|\xi_j\|^2+\|\zeta_j\|^2)+r\|\xi_j\|_s\|\zeta_j\|\\&\leqslant-\frac{a}{2}(\|\xi_j\|^2+\|\zeta_j\|^2)+\frac{r^2}{2a}\|\xi_j\|_s^2\end{aligned}\quad (4.16)$$

由于$\{\phi_j(\tau)\}_{j=1,2,\cdots,n}$是 $Q_n(\tau)_{E_0}$上的正交基,则$\|\xi_j\|^2+\|\zeta_j\|^2=\|\phi_j\|_{E_0}^2=1$. 于是

$$\sum_{j=1}^{n}(F_t(\Psi(\tau))\phi_j(\tau),\phi_j(\tau))_{E_0}\leqslant-\frac{na}{2}+\frac{r^2}{2a}\|\xi_j\|_s^2 \quad (4.17)$$

几乎对所有的 t,有

$$\sum_{j=1}^{n}\|\xi_j\|_s^2\leqslant\sum_{j=1}^{n-1}\lambda_j^{s-1} \quad (4.18)$$

因而有

$$TrF_t(\Psi(\tau))\cdot Q_n(\tau)\leqslant -\frac{na}{2}+\frac{r^2}{2a}\sum_{j=1}^{n-1}\lambda_j^{s-1} \tag{4.19}$$

设

$$q_n(t)=\sup_{\Psi_0\in R_\varepsilon}\sup_{\substack{\omega\in E_0\\ \|\omega\|_{E_0}\leqslant 1}}\left(\frac{\int_0^t TrF_t(S_\varepsilon(\tau)\Psi_0)\cdot Q_n(\tau)\mathrm{d}\tau}{t_0}\right),j=1,2,\cdots,n \tag{4.20}$$

$$q_n=\limsup_{t\to\infty} q_n(t) \tag{4.21}$$

则根据式(4.20)—式(4.22)可知

$$q_n(t)\leqslant -\frac{na}{2}+\frac{r^2}{2a}\sum_{j=1}^{n-1}\lambda_j^{s-1} \tag{4.22}$$

$$q_n\leqslant -\frac{na}{2}+\frac{r^2}{2a}\sum_{j=1}^{n-1}\lambda_j^{s-1} \tag{4.23}$$

于是 F_t 的 Lyapunov 指数 $\mu_j(j\in\mathbf{N})$ 一致有解,即

$$\mu_1+\mu_2+\cdots+\mu_n\leqslant -\frac{na}{2}+\frac{r^2}{2a}\sum_{j=1}^{n}\lambda_j^{s-1} \tag{4.24}$$

通过上述讨论可知存在 $n\geqslant 1$,a 和 r 是常数,使得

$$\frac{1}{n}\sum_{j=1}^{n}\lambda_j^{s-1}\leqslant\frac{a^2}{6r^2} \tag{4.25}$$

$$q_n\leqslant -\frac{na}{2}\left(1-\frac{r^2}{a^2}\sum_{j=1}^{n}\lambda_j^{s-1}\right)\leqslant -\frac{5na}{12} \tag{4.26}$$

$$(q_j)_+\leqslant\frac{r^2}{2a}\sum_{i=1}^{j}\lambda_j^{s-1}\leqslant\frac{na}{12},j=1,2,\cdots,n \tag{4.27}$$

$$\max_{1\leqslant j\leqslant n-1}\frac{(q_j)_+}{|q_n|}\leqslant\frac{1}{5} \tag{4.28}$$

故半群一致 Fréchet 可微. 根据文献[9]、[35]可知,$d_H(A)\leqslant\frac{n}{5}$,$d_F(A)\leqslant\frac{6n}{5}$.

5 结论

在本节中,人们证明了具有线性阻尼的高阶非线性 Kirchhoff 方程具有唯一的光滑解(u,u_t)在 $L^\infty((0,+\infty);H^{2m}(\Omega)\times H_0^m(\Omega))$中. 此外,人们获得解半群 $S(t):H^{2m}(\Omega)\times H_0^m(\Omega)\to H^{2m}(\Omega)\times H_0^m(\Omega)$有全局吸引子 A. 最后证明了方程在 $L^\infty((0,+\infty);H^{2m}(\Omega)\times H_0^m(\Omega))$中具有有限的 Hausdorff 维数和分形维数.

2.9 带有强非线性阻尼项的高阶 Kirchhoff 方程整体吸引子

人们研究的是带有非线性强阻尼项的高阶 Kirchhoff 方程的解的整体适定性和整体吸引子. 对于强非线性项 σ 和 ϕ,人们对其进行了适当假设. 主要的结果是通过 Galerkin 方法证明

了方程解的存在唯一性,然后找到了解半群的整体吸引子.

1　介绍

考虑下面的高阶 Kirchhoff 方程:

$$u_{tt}+\sigma(\|\nabla^m u\|^2)(-\Delta)^m u_t+\phi(\|\nabla^m u\|^2)(-\Delta)^m u=f(x) \tag{1.1}$$

$$u(x,t)=0,\frac{\partial^i u}{\partial v^i}=0,i=1,2,\cdots,m-1,x\in\partial\Omega,t\in(0,\infty) \tag{1.2}$$

$$u(x,0)=u_0(x),u_t(x,0)=u_1(x),x\in\Omega \tag{1.3}$$

其中 Ω 是 $\mathbf{R}^n$ 上带有光滑边界 $\partial\Omega$ 的有界区域,v 是 $\partial\Omega$ 上的外法向量,$m>1$ 是一个正整数,$\sigma(s)$ 和 $\phi(s)$ 是两个标量函数,$f(x)$ 是给定的已知函数.

这种波方程可以追溯到 G. Kirchhoff[1],并且已经被许多研究者在不同的假设下进行了讨论. 针对 Kirchhoff 方程的整体吸引子的存在性,可以参考文献[18]、[61]、[14]、[68]、[69];对于高阶 Kirchhoff 方程的研究,可以参看文献[70]、[64]、[71].

杨志坚和丁鹏岩[18]在 $\mathbf{R}^n$ 上研究了带有强阻尼项和临界的非线性项 Kirchhoff 方程的长时间性态:

$$u_{tt}-\Delta u_t-M(\|\nabla u\|^2)\Delta u+u_t+g(x,u)=f(x) \tag{1.4}$$

在临界的非线性条件下,他们建立了适定性,整体吸引子和指数吸引子在空间 $H=H^1(\mathbf{R}^N)\times L^2(\mathbf{R}^N)$. 在此基础上,他们也研究了带有分形阻尼项和超临界非线性项的 Kirchhoff 方程的整体适定性和长时间性态[61]

$$u_{tt}-M(\|\nabla u\|^2)\Delta u+(-\Delta)^\alpha u_t+f(u)=g(x),\alpha\in\left(\frac{1}{2},1\right) \tag{1.5}$$

主要的结果是在非线性项 $f(u)$ 随指数 p 增长的情况下考虑方程的整体适定性和长时间性态. ⅰ)即使 p 增长到非临界范围内,$1\leqslant p\leqslant\frac{n+4\alpha}{(n-4\alpha)^+}$,解的适定性和长时间行为是这种抛物型方程的特征;ⅱ)当 $\frac{n+4\alpha}{(n-4\alpha)^+}\leqslant p<\frac{n+4}{(n-4)^+}$,存在极限解的对应子类 G 和一个弱的整体吸引子.

VargaKalantarov 和 Sergey Zelik[68]使用了一种新的方法研究了一类被称为拟线性强阻尼波方程在有界的 3D 区域上的性态

$$\partial_t^2 u-\gamma\partial_t\Delta_x u-\Delta_x u+f(u)=\nabla_x\cdot\phi'(\nabla_x u)+g \tag{1.6}$$

当非线性项 ϕ 是指数不超过 6 的增长型函数,并且 f 是任意的多项式时,这种方法建立了能量解的存在唯一性. 另外,证明了方程解半群的有限维的整体吸引子、指数吸引子和正则性的存在性. 在 $\phi\equiv0$ 这种特殊条件下,其相应的半线性强阻尼波方程的结果不会受到 $|f(u)|\leqslant C(1+|u|^5)$ 条件的限制. 许多文章研究了在 ϕ 和 f 的不同假设下,这种方程的 Cauchy 问题和初边值问题,但是作者使用了一种新的方法,可供人们参考借鉴.

林秀丽和李福山[69]考虑了非线性 Kirchhoff 方程在两种边界条件下的初边值问题

$$
\begin{cases}
u_{tt}-\varphi(\|\nabla u\|_2^2)\Delta u-\alpha\Delta u_t=b|u|^{\beta-2}u, & (x,t)\in(\Omega\times(0,\infty)),\\
u(x,t)=0, & (x,t)\in\Gamma_1\times(0,\infty),\\
\varphi(\|\nabla u\|_2^2)\dfrac{\partial u}{\partial v}+a\dfrac{\partial u_t}{\partial v}=g(u_t), & (x,t)\in\Gamma_0\times(0,\infty),\\
u(u)=u_0,u_t(x,0)=u_1, & x\in\Omega
\end{cases}
\tag{1.7}
$$

其中 $a,b>0$ 和 $\beta>2$ 是常数,φ 是 C^1 类函数,并且当任意 $s\geqslant0$ 时,$\varphi(s)\geqslant\lambda_0>0$.

在合适的初值下,他们通过 Galerkin 方法证明了整体解的存在唯一性,并使用积分不等式证明了能量的一致衰减. 此时对 $\varphi(s)$ 假设,$\varphi(s)$ 满足 $\varphi(s)\geqslant m_0>1$ 和 $s\varphi(s)\geqslant\int_0^s\varphi(\tau)\mathrm{d}\tau$, $\forall s\in(0,\infty)$. 在本节中,对强非线性阻尼 σ 和 ϕ 进行了类似假设,这些假设将在下面详细陈述.

在 2007 年,李福财[70]在有界区域内处理了带有非线性耗散的高阶 Kirchhoff 方程

$$
u_{tt}+\Big(\int_\Omega|D^m u|^2\mathrm{d}x\Big)^q(-\Delta)^m u+u_t|u_t|^r=|u|^p u,x\in\Omega,t>0 \tag{1.8}
$$

其中 $m>1$ 是正常数,并且 $q,p,r>0$ 也是正常数. 当 $p\leqslant r$,获得了整体解的存在性,然而当 $p>\max\{r,2q\}$,对带有负初始能量的任意初值,在 L^{p+2} 范数的有限时间内方程的解爆破.

在 2007 年,Salim A. Messaoudi and Belkacern Said Houari[64]在李福财结论的基础上,将结论进行了改进,使得在有限时间内,某些带有正初始能量的解也爆破.

高庆永、李福山和王延国[71]证明了高阶非线性 Kirchhoff 方程的均匀 Dirichlet 边界问题的局部解的存在性

$$
u_{tt}+M(\|D^m u(t)\|_2^2)(-\Delta)^m u+|u_t|^{q-2}u_t=|u|^{p-2}u \tag{1.9}
$$

其中 $p>q\geqslant2,m\geqslant1$.

目前,大部分高阶 Kirchhoff 方程研究的是解的爆破. 但是,人们研究的是高阶 Kirchhoff 方程的解的适定性和整体吸引子.

Igor Chueshov[14]研究了带有强非线性阻尼的 Kirchhoff 方程的长时间性态

$$
u_{tt}-\sigma(\|\nabla u\|^2)(\Delta)u_t-\phi(\|\nabla u\|^2)(\Delta)u+f(u)=h(u),x\in\Omega,t>0 \tag{1.10}
$$

他证明了弱解的存在唯一性,并且在部分强拓扑下证明了一个有限维的整体吸引子.

在 Igor Chueshov 的基础上,人们研究了带有强非线性阻尼项的高阶 Kirchhoff 方程(1.1)的整体吸引子. 这类问题已经被许多作者研究,但是 $\sigma(\|\nabla^m u\|^2)$ 被定义为一个常数,甚至是 $\sigma(\|\nabla^m u\|^2)=0$,并且总体而言,方程都会带有一个非线性项 $f(u)$. 但是,在本节中,$\sigma(\|\nabla^m u\|^2)$ 是标量函数,并且 $f(u)=0$. 在合适的假设下,第二部分通过先验估计和 Galerkin 方法证明了解的存在性. 因此得到结论:ⅰ)问题(1.1)—问题(1.3)的解满足 $(u,v)\in H_0^m(\Omega)\times L^2(\Omega)$;更进一步;ⅱ)问题(1.1)—问题(1.3)的解满足 $(u,v)\in H_0^{2m}(\Omega)\times H_0^m(\Omega)$. 在第三部分,证明了在相同的初值下存在的两个解是相等的,即解是唯一的. 最后,根据定义获得了解的整体吸引子.

2 预备知识

为了简洁,定义了一些简单的记号,$\|\cdot\|$表示内积,并且有 $H^m=H^m(\Omega)$, $H_0^m=H_0^m(\Omega)$, $H_0^{2m}=H_0^{2m}(\Omega)$, $H=L^2$, $\|\cdot\|=\|\cdot\|_{L^2}$, $\|\cdot\|_\infty=\|\cdot\|_{L^\infty}$, $f=f(x)$, $c_i(i=0,1,\cdots,7)$ 是常数,$m_i,\mu_i(i=0,1)$

也是常数，λ^m 是算子∇^m 的第一特征值.

在这部分，为了得到证明结果，做了以下假设：

(H_1) 设 $\Sigma(s)=\int_0^s\sigma(\xi)\mathrm{d}\xi,\Phi(s)=\int_0^s\phi(\zeta)\mathrm{d}\zeta$，则

$$s\phi(s)-\varepsilon s\sigma(s)-\eta(\Phi(s)-\Sigma(s))>s \tag{2.1}$$

其中 $\forall\varepsilon>0,\forall\eta>0$.

(H_2)[22]

$$m_0<\phi(s)-\varepsilon\sigma(s)<m_1,m=\begin{cases}m_0,\dfrac{\mathrm{d}}{\mathrm{d}t}\|\Delta^m u\|^2\geqslant 0\\ m_1,\dfrac{\mathrm{d}}{\mathrm{d}t}\|\Delta^m u\|^2<0\end{cases} \tag{2.2}$$

(H_3)

$$\sigma(s),\phi(s)\in C^1(\Omega) \tag{2.3}$$

(H_4)

$$\mu_0<\phi(s)+\varepsilon\sigma(s)<\mu_1,\mu=\begin{cases}\mu_0,\dfrac{\mathrm{d}}{\mathrm{d}t}\|\nabla^m w\|^2\geqslant 0\\ \mu_1,\dfrac{\mathrm{d}}{\mathrm{d}t}\|\nabla^m w\|^2<0\end{cases} \tag{2.4}$$

现对方程(1.1)做先验估计.

引理 2.1　假设(H_1)成立，并且$(u_0,u_1)\in H^m\times H,f\in H$，则问题(1.1)—问题(1.3)的光滑解满足：$(u,v)\in H^m\times H$，并且

$$\|(u,v)\|_{H^m\times H}^2=\|\nabla^m u\|^2+\|v\|^2\leqslant W_1(0)\mathrm{e}^{-\gamma_1 t}+\frac{c_1}{\gamma_1}(1-\mathrm{e}^{-\gamma_1 t}) \tag{2.5}$$

其中 $v=u_t+\varepsilon u,W_1(0)=\|v_0\|^2+2\Phi(\|\nabla^m u_0\|^2)-2\varepsilon\Sigma(\|\nabla^m u_0\|^2),v_0=u_1+\varepsilon u_0$.

因此存在 R_1 和 $t=t_1>0$，使得

$$\overline{\lim_{t\to\infty}}\|(u,v)\|^2\leqslant\frac{c_1}{\gamma_1}=R_1 \tag{2.6}$$

证明　用 $v=u_t+\varepsilon u$ 与方程(1.1)取内积，

$$(u_{tt}+\sigma(\|\nabla^m u\|^2)(-\Delta)^m u_t+\phi(\|\nabla^m u\|^2)(-\Delta)^m u,v)=(f(x),v) \tag{2.7}$$

下面分别处理式(2.7)中的每一项

$$\begin{aligned}(u_{tt},v)&=(v_t-\varepsilon u_t,v)=(v_t,v)-\varepsilon(u_t,v)=(v_t,v)-\varepsilon(v-\varepsilon u,v)\\&\geqslant\frac{1}{2}\frac{\mathrm{d}}{\mathrm{d}t}\|v\|^2-\varepsilon\|v\|^2-\frac{\varepsilon^2}{2\lambda_m}\|\nabla^m u\|^2-\frac{\varepsilon^2}{2}\|v\|^2\end{aligned} \tag{2.8}$$

$$\begin{aligned}&(\sigma(\|\nabla^m u\|^2)(-\Delta)^m u_t,v)\\&=(\sigma(\|\nabla^m u\|^2)(-\Delta)^m(v-\varepsilon u),v)\\&=(\sigma(\|\nabla^m u\|^2)(-\Delta)^m v,v)-\varepsilon(\sigma(\|\nabla^m u\|^2)(-\Delta)^m v,v)\\&=\sigma(\|\nabla^m u\|^2)\|\nabla^m v\|^2-\varepsilon(\sigma(\|\nabla^m u\|^2)(-\Delta)^m u,u_t+\varepsilon u)\\&=\sigma(\|\nabla^m u\|^2)\|\nabla^m v\|^2-\frac{\mathrm{d}}{\mathrm{d}t}\varepsilon\Sigma(\|\nabla^m u\|^2)-\varepsilon^2\sigma(\|\nabla^m u\|^2)\|\nabla^m u\|^2\end{aligned}$$

$$\geqslant \lambda^m\sigma(\|\nabla^m u\|^2)\|v\|^2 \frac{\mathrm{d}}{\mathrm{d}t}\varepsilon\Sigma(\|\nabla^m u\|^2)-\varepsilon^2\sigma(\|\nabla^m u\|^2)\|\nabla^m u\|^2 \tag{2.9}$$

$$\begin{aligned}&(\phi\|\nabla^m u\|^2)(-\Delta)^m u,v)\\&=(\phi(\|\nabla^m u\|^2)(-\Delta)^m u,u_t+\varepsilon u)\\&=(\phi(\|\nabla^m u\|^2)(-\Delta)^m u,u_t)+\varepsilon(\phi(\|\nabla^m u\|^2)(-\Delta)^m u,u)\\&=\frac{\mathrm{d}}{\mathrm{d}t}\Phi(\|\nabla^m u\|^2)\varepsilon\phi(\|\nabla^m u\|^2)\|\nabla^m u\|^2\end{aligned} \tag{2.10}$$

因为$f\in H$,通过使用 Holder 不等式、Young 不等式有

$$(f(x),v)\leqslant\|f\|\|v\|\leqslant\frac{1}{2\varepsilon^2}\|f\|^2+\frac{\varepsilon^2}{2}\|v\|^2 \tag{2.11}$$

从上面的估计有

$$\begin{aligned}&\frac{\mathrm{d}}{\mathrm{d}t}(\|v\|^2+2\Phi(\|\nabla^m u\|^2)-2\varepsilon\Sigma(\|\nabla^m u\|^2))+(2\lambda^m\sigma(\|\nabla^m u\|^2)-2\varepsilon-2\varepsilon^2)\|v\|^2+\\&\left(2\varepsilon\phi(\|\nabla^m u\|^2)-2\varepsilon^2\sigma(\|\nabla^m u\|^2)-\frac{\varepsilon^2}{\lambda^m}\right)\|\nabla^m u\|^2\leqslant\frac{1}{\varepsilon^2}\|f\|^2\end{aligned} \tag{2.12}$$

通过假设(H_1),当 $\varepsilon<2\lambda^m$ 时有

$$\begin{aligned}&\left(2\varepsilon\phi(\|\nabla^m u\|^2)-2\varepsilon^2\sigma(\|\nabla^m u\|^2)-\frac{\varepsilon^2}{\lambda^m}\right)\|\nabla^m u\|^2\\&\geqslant(2\varepsilon\phi(\|\nabla^m u\|^2)-2\varepsilon^2\sigma(\|\nabla^m u\|^2)-2\varepsilon)\|\nabla^m u\|^2\\&\geqslant2\varepsilon\eta(\Phi(\|\nabla^m u\|^2)-\Sigma(\|\nabla^m u\|^2))\end{aligned} \tag{2.13}$$

将式(2. 13)代入式(2. 12)有

$$\begin{aligned}&\frac{\mathrm{d}}{\mathrm{d}t}(\|v\|^2+2\Phi(\|\nabla^m u\|^2)-2\varepsilon\Sigma(\|\nabla^m u\|^2))+(2\lambda^m\sigma(\|\nabla^m u\|^2)-2\varepsilon-2\varepsilon^2)\|v\|^2+\\&2\varepsilon\eta(\Phi(\|\nabla^m u\|^2)-\Sigma(\|\nabla^m u\|^2))\leqslant\frac{1}{\varepsilon^2}\|f\|^2\end{aligned} \tag{2.14}$$

处理式(2. 14)中的项

$$\begin{aligned}&(2\lambda^m\sigma(\|\nabla^m u\|^2)-2\varepsilon-2\varepsilon^2)\|v\|^2+2\varepsilon\eta(\Phi(\|\nabla^m u\|^2)-\Sigma(\|\nabla^m u\|^2))\\&=(2\lambda^m\sigma(\|\nabla^m u\|^2)-2\varepsilon-2\varepsilon^2)\|v\|^2+2\varepsilon\eta\Phi(\|\nabla^m u\|^2)-\varepsilon^2\eta\Sigma(\|\nabla^m u\|^2)+\\&\varepsilon^2\eta\Sigma(\|\nabla^m u\|^2)-2\varepsilon\eta\Sigma(\|\nabla^m u\|^2)\\&=(2\lambda^m\sigma(\|\nabla^m u\|^2)-2\varepsilon-2\varepsilon^2)\|v\|^2+\varepsilon\eta(2\Phi(\|\nabla^m u\|^2)-\varepsilon\Sigma(\|\nabla^m u\|^2))+\\&(\varepsilon^2\eta-2\varepsilon\eta)\Sigma(\|\nabla^m u\|^2)\\&\geqslant\gamma_1(\|v\|^2+2\Phi(\|\nabla^m u\|^2)-\varepsilon\Sigma(\|\nabla^m u\|^2))-\gamma_1\varepsilon\Sigma(\|\nabla^m u\|^2)\\&=\gamma_1(\|v\|^2+2\Phi(\|\nabla^m u\|^2)-2\varepsilon\Sigma(\|\nabla^m u\|^2))\end{aligned} \tag{2.15}$$

其中选取合适的 ε,使得

$$2\lambda^m\sigma(\|\nabla^m u\|^2)-2\varepsilon-2\varepsilon^2>0,\gamma_1=\min\{2\lambda^m\sigma(\|\nabla^m u\|^2)-2\varepsilon-2\varepsilon^2,\varepsilon\eta\},\eta=\frac{\gamma_1}{2-\varepsilon}$$

因此

$$\frac{\mathrm{d}}{\mathrm{d}t}W_1(t)+\gamma_1 W_1(t)\leqslant c_1 \tag{2.16}$$

其中

$$W_1(t)=\|v\|^2+2\Phi(\|\nabla^m u\|^2-2\varepsilon\Sigma(\|\nabla^m u\|^2)$$
$$c_1=\frac{1}{\varepsilon^2}\|f\|^2 \tag{2.17}$$

根据 Gronwall 不等式,则有

$$W_1(t)\leqslant W_1(0)\mathrm{e}^{-\gamma_1 t}+\frac{c_1}{\gamma_1}(1-\mathrm{e}^{-\gamma_1 t}) \tag{2.18}$$

其中

$$W_1(0)=\|v_0\|^2+2\Phi(\|\nabla^m u_0\|^2)-2\varepsilon\Sigma(\|\nabla^m u_0\|^2)$$
$$v_0=u_1+\varepsilon u_0 \tag{2.19}$$

从而有

$$\|(u,v)\|^2_{H^m\times H}=\|\nabla^m u\|^2+\|v\|^2\leqslant W_1(0)\mathrm{e}^{-\gamma_1 t}+\frac{c_1}{\gamma_1}(1-\mathrm{e}^{-\gamma_1 t}) \tag{2.20}$$

和

$$\overline{\lim_{t\to\infty}}\|(u,v)\|^2\leqslant\frac{c_1}{\gamma_1} \tag{2.21}$$

因此存在 $t=t_1(\Omega)$ 和 R_1,使得

$$\|(u,v)\|^2_{H^m\times H}\leqslant\frac{c_1}{\gamma_1}=R_1(t>t_1) \tag{2.22}$$

注 2.1　假设(H_1)暗示

$$\Phi(\|\nabla^m u\|^2)>\varepsilon\Sigma(\|\nabla^m u\|^2)>\varepsilon\|\nabla^m u\|^2+c_0 \tag{2.23}$$

使得式(2.20)成立.

证毕.

引理 2.2　假设(H_2)成立,并且 $f\in H_0^m$,$(u_0,u_1)\in H^{2m}\times H_0^m$,则问题(1.1)—问题(1.3)的光滑解满足:$(u,v)\in H^{2m}\times H_0^m$,并且

$$\|\nabla^m v\|^2+\|\nabla^m u\|^2\leqslant\frac{W_2(0)}{L}\mathrm{e}^{-\gamma_2 t}+\frac{c_2}{L\gamma_2}(1-\mathrm{e}^{-\gamma_2 t}) \tag{2.24}$$

其中 $v=u_t+\varepsilon u$,$0<L<\min\{1,m\}$,$W_2(0)=\|\nabla^m v_0\|^2+m\|\Delta^m u_0\|^2$,$v_0=u_1+\varepsilon u_0$.

因此存在 $t=t_2(\Omega)$ 和 R_2,使得

$$\overline{\lim_{t\to\infty}}\|(u,v)\|^2_{H^{2m}\times H_0^m}\leqslant\frac{c_2}{L\gamma_2}=R_2 \tag{2.25}$$

证明　用 $(-\Delta)^m v=(-\Delta)^m u_t+\varepsilon(-\Delta)^m u$ 与方程(1.1)取内积

$$(u_{tt}+\sigma(\|\nabla^m u\|^2)(-\Delta)^m u_t+\phi(\|\nabla^m u\|^2)(-\Delta)^m u,(-\Delta)^m v)=(f(x),(-\Delta)^m v) \tag{2.26}$$

下面对式(2.26)逐项处理

$$\begin{aligned}(u_{tt},(-\Delta)^m v)&=(v_t-\varepsilon u_t,(-\Delta)^m v)\\&=\frac{1}{2}\frac{\mathrm{d}}{\mathrm{d}t}\|\nabla^m v\|^2-\varepsilon(v-\varepsilon u,(-\Delta)^m v)\\&=\frac{1}{2}\frac{\mathrm{d}}{\mathrm{d}t}\|\nabla^m v\|^2-\varepsilon\|\nabla^m v\|^2+\varepsilon(u,(-\Delta)^m v)\\&\geqslant\frac{1}{2}\frac{\mathrm{d}}{\mathrm{d}t}\|\nabla^m v\|^2-\varepsilon\|\nabla^m v\|^2-\frac{\varepsilon^2}{2\lambda^m}\|\Delta^m u\|^2-\frac{\varepsilon^2}{2}\|\nabla^m v\|^2\end{aligned}\tag{2.27}$$

$$\begin{aligned}&(\sigma(\|\nabla^m u\|^2)(-\Delta)^m u_t,(-\Delta)^m v)\\&=(\sigma(\|\nabla^m u\|^2)(-\Delta)^m v-\varepsilon(-\Delta)^m u,(-\Delta)^m v)\\&=\sigma(\|\nabla^m u\|^2)\|\Delta^m v\|^2-(\sigma(\|\nabla^m u\|^2)\varepsilon(-\Delta)^m u,(-\Delta)^m u_t+\varepsilon(-\Delta)^m u)\\&=\sigma(\|\nabla^m u\|^2)\|\Delta^m v\|^2-\frac{1}{2}\varepsilon\sigma(\|\nabla^m u\|^2)\frac{\mathrm{d}}{\mathrm{d}t}\|\Delta^m u\|^2-\varepsilon^2\sigma(\|\nabla^m u\|^2)\|\Delta^m u\|^2\\&\geqslant\lambda^m\sigma(\|\nabla^m u\|^2)\|\nabla^m v\|^2-\frac{1}{2}\varepsilon\sigma(\|\nabla^m u\|^2)\frac{\mathrm{d}}{\mathrm{d}t}\|\Delta^m u\|^2-\varepsilon^2\sigma(\|\nabla^m u\|^2)\|\Delta^m u\|^2\end{aligned}\tag{2.28}$$

$$\begin{aligned}&(\phi(\|\nabla^m u\|^2)(-\Delta)^m u,(-\Delta)^m v)\\&=(\phi(\|\nabla^m u\|^2)(-\Delta)^m u,(-\Delta)^m u_t+\varepsilon(-\Delta)^m u)\\&=\frac{1}{2}\phi(\|\nabla^m u\|^2)\frac{\mathrm{d}}{\mathrm{d}t}\|\Delta^m u\|^2+\varepsilon\phi(\|\nabla^m u\|^2)\|\Delta^m u\|^2\end{aligned}\tag{2.29}$$

由于$f\in H_0^m$，通过使用 Holder 不等式、Young 不等式有

$$(f(x),(-\Delta)^m v)\leqslant\frac{\varepsilon^2}{2}\|\nabla^m v\|^2+\frac{1}{2\varepsilon^2}\|\nabla^m f\|^2\tag{2.30}$$

由上面的估计可获得

$$\begin{aligned}&\frac{\mathrm{d}}{\mathrm{d}t}\|\nabla^m v\|^2+(\phi(\|\nabla^m u\|^2)-\varepsilon\sigma(\|\nabla^m u\|^2))\frac{\mathrm{d}}{\mathrm{d}t}\|\Delta^m u\|^2+\\&(2\lambda^m\sigma(\|\nabla^m u\|^2)-2\varepsilon-2\varepsilon^2)\|\nabla^m v\|^2+\\&\left(2\varepsilon\phi(\|\nabla^m u\|^2)-2\varepsilon^2\sigma(\|\nabla^m u\|^2)-\frac{\varepsilon^2}{\lambda^m}\right)\|\Delta^m u\|^2\leqslant\frac{1}{\varepsilon^2}\|\nabla^m f\|^2\end{aligned}\tag{2.31}$$

根据假设(H_2)有

$$\begin{aligned}&(\phi(\|\nabla^m u\|^2-\varepsilon\sigma(\|\nabla^m u\|^2))\frac{\mathrm{d}}{\mathrm{d}t}\|\Delta^m u\|^2+\\&\left(2\varepsilon\phi(\|\nabla^m u\|^2)-2\varepsilon^2\sigma(\|\nabla^m u\|^2)-\frac{\varepsilon^2}{\lambda^m}\right)\|\Delta^m u\|^2\\&\geqslant m\frac{\mathrm{d}}{\mathrm{d}t}\|\Delta^m u\|^2+\left(2\varepsilon m_0-\frac{\varepsilon^2}{\lambda^m}\right)\|\Delta^m u\|^2\end{aligned}\tag{2.32}$$

将式(2.32)代入式(2.31)得

$$\begin{aligned}&\frac{\mathrm{d}}{\mathrm{d}t}(\|\nabla^m v\|^2+m\|\Delta^m u\|^2)+(2\lambda^m\sigma(\|\nabla^m u\|^2)-2\varepsilon-2\varepsilon^2)\|\nabla^m v\|^2+\\&\left(2\varepsilon m_0-\frac{\varepsilon^2}{\lambda^m}\right)\|\Delta^m u\|^2\leqslant\frac{1}{\varepsilon^2}\|\nabla^m f\|^2\end{aligned}\tag{2.33}$$

当$0<\varepsilon<\lambda^m(2m_0-m)$时，存在

$$\left(2\varepsilon m_0-\frac{\varepsilon^2}{\lambda^m}\right)\|\Delta^m u\|^2\geqslant\varepsilon m\|\Delta^m u\|^2 \tag{2.34}$$

将式(2.34)代入式(2.33)能得到下面不等式

$$\begin{aligned}&\frac{\mathrm{d}}{\mathrm{d}t}(\|\nabla^m v\|^2+m\|\Delta^m u\|^2)+[2\lambda^m\sigma(\|\nabla^m u\|^2)-2\varepsilon-2\varepsilon^2]\|\nabla^m v\|^2+\\&\varepsilon m\|\Delta^m u\|^2\leqslant\frac{1}{\varepsilon^2}\|\nabla^m f\|^2\end{aligned} \tag{2.35}$$

因此选取合适的 ε，使得 $2\lambda^m\sigma(\|\nabla^m u\|^2)-2\varepsilon-2\varepsilon^2>0$ 成立，得

$$\frac{\mathrm{d}}{\mathrm{d}t}W_2(t)+\gamma_2 W_2(t)\leqslant c_2 \tag{2.36}$$

其中

$$\begin{gathered}W_2(t)=\|\nabla^m v\|^2+m\|\Delta^m u\|^2\\\gamma_2=\min\{2\lambda^m\sigma(\|\nabla^m u\|^2)-2\varepsilon-2\varepsilon^2,\varepsilon\}\\c_2=\frac{1}{\varepsilon^2}\|\nabla^m f\|^2\end{gathered} \tag{2.37}$$

通过 Gronwall 不等式最终得到

$$W_2(t)\leqslant W_2(0)\mathrm{e}^{-\gamma_2 t}+\frac{c_2}{\gamma_2}(1-\mathrm{e}^{-\gamma_2 t}) \tag{2.38}$$

其中

$$\begin{aligned}&W_2(0)=\|\nabla^m v_0\|^2+m\|\Delta^m u_0\|^2\\&v_0=u_1+\varepsilon u_0\end{aligned} \tag{2.39}$$

取 $L=\min\{1,m\}$ 有

$$\|\nabla^m v\|^2+\|\Delta^m u\|^2\leqslant\frac{W_2(0)}{L}\mathrm{e}^{-\gamma_2 t}+\frac{c_2}{L\gamma_2}(1-\mathrm{e}^{-\gamma_2 t}) \tag{2.40}$$

并且

$$\overline{\lim_{t\to\infty}}\|(u,v)\|^2_{H^{2m}\times H_0^m}\leqslant\frac{c_2}{L\gamma_2} \tag{2.41}$$

因此，存在 $t=t_2(\Omega)$ 和 R_2，使得

$$\|(u,v)\|^2_{H^{2m}\times H_0^m}\leqslant R_2(t>t_2) \tag{2.42}$$

3　整体吸引子

1. 解的存在唯一性

定理 3.1　假设(H_1)—(H_4)成立，并且$(u_0,u_1)\in H^{2m}\times H_0^m$，$f(x)\in H_0^m$，$v=u_t+\varepsilon u$，方程(1.1)存在一个光滑解：$(u,v)\in L^\infty((0,+\infty),H^{2m}\times H_0^m)$.

注 2.2　$S(t)$是在 $H^{2m}\times H_0^m$ 上的连续半群，在定理3.1中，定义的解具有下面的性质

$$S(t)(u_0,u_1)=(u(t),u_t(t))$$

证明　通过 Galerkin 方法、引理2.1和引理2.2，人们可得到解的存在性，在这里将过程省略. 接下来将详细证明解的唯一性.

设 u,v 是问题(1.1)—问题(1.3)的两个解，令 $w=u-v$，则 $w(x,0)=w_0(x)=0$，

$w_t(x,0)=w_1(x)=0$. 现将两个解代入方程(1.1),并将其作差,得到

$$w_{tt}+\sigma(\|\nabla^m u\|^2)(-\Delta)^m u_t-\sigma(\|\nabla^m v\|^2)(-\Delta)^m v_t+\phi(\|\nabla^m u\|^2)(-\Delta)^m u-\phi(\|\nabla^m v\|^2)(-\Delta)^m v=0 \tag{3.1}$$

用 $w_t+\varepsilon w$ 与式(3.1)作内积,有

$$(w_{tt}+\sigma(\|\nabla^m u\|^2)(-\Delta)^m u_t-\sigma(\|\nabla^m v\|^2)(-\Delta)^m v_t+\phi(\|\nabla^m u\|^2)(-\Delta)^m u-\phi(\|\nabla^m v\|^2)(-\Delta)^m v,w_t+\varepsilon w) \tag{3.2}$$

下面逐项进行估计

$$\begin{aligned}(w_{tt},w_t+\varepsilon w)&=(w_{tt},w_t)+\varepsilon(w_{tt},w_t)\\&=\frac{1}{2}\frac{\mathrm{d}}{\mathrm{d}t}\|w_t\|^2+\varepsilon\frac{\mathrm{d}}{\mathrm{d}t}(w_t,w)-\varepsilon\|w_t\|^2\end{aligned} \tag{3.3}$$

$$\begin{aligned}&(\sigma(\|\nabla^m u\|^2)(-\Delta)^m u_t-\sigma(\|\nabla^m v\|^2)(-\Delta)^m v_t,w_t+\varepsilon w)\\&=(\sigma(\|\nabla^m u\|^2)(-\Delta)^m u_t-\sigma(\|\nabla^m v\|^2)(-\Delta)^m v_t,w_t)+\\&\varepsilon(\sigma(\|\nabla^m u\|^2)(-\Delta)^m u_t-\sigma(\|\nabla^m v\|^2)(-\Delta)^m v_t,w)\\&:=I_1+\varepsilon I_2\end{aligned} \tag{3.4}$$

接下来,依次处理每一项

$$\begin{aligned}I_1&=(\sigma(\|\nabla^m u\|^2)(-\Delta)^m u_t-\sigma(\|\nabla^m u\|^2)(-\Delta)^m v_t+\\&\quad\sigma(\|\nabla^m u\|^2)(-\Delta)^m v_t-\sigma(\|\nabla^m v\|^2)(-\Delta)^m v_t,w_t)\\&=\sigma(\|\nabla^m u\|^2)((-\Delta)^m w_t,w_t)+(\sigma(\|\nabla^m u\|^2)-\sigma(\|\nabla^m v\|^2))((-\Delta)^m v_t,w_t)\\&=\sigma(\|\nabla^m u\|^2)\|\nabla^m w_t\|^2+\sigma'(\xi)(\|\nabla^m u\|+\|\nabla^m v\|)(\|\nabla^m u\|-\|\nabla^m v\|)(\nabla^m v_t,\nabla^m w_t)\\&\geqslant\sigma(\|\nabla^m u\|^2)\|\nabla^m w_t\|^2-\|\sigma'(\xi)\|(\|\nabla^m u\|+\|\nabla^m v\|)\|\nabla^m w\|\|\nabla^m v_t\|\|\nabla^m w_t\|\\&\geqslant\sigma(\|\nabla^m u\|^2)\|\nabla^m w_t\|^2-\|\sigma'(\xi)\|_\infty(\|\nabla^m u\|+\|\nabla^m v\|)\|\nabla^m w\|\|\nabla^m v_t\|\|\nabla^m w_t\|\\&=\sigma(\|\nabla^m u\|^2)\|\nabla^m w_t\|^2-c_3\|\nabla^m w\|\|\nabla^m w_t\|\\&\geqslant\sigma(\|\nabla^m u\|^2)\|\nabla^m w_t\|^2-\frac{\varepsilon}{2}\|\nabla^m w\|^2-\frac{c_3^2}{2\varepsilon}\|\nabla^m w_t\|^2\\&=\left(\sigma(\|\nabla^m u\|^2)-\frac{c_3^2}{2\varepsilon}\right)\|\nabla^m w_t\|^2-\frac{\varepsilon}{2}\|\nabla^m w\|^2\end{aligned} \tag{3.5}$$

类似 I_1,处理 I_2

$$\begin{aligned}I_2&=(\sigma(\|\nabla^m u\|^2)(-\Delta)^m u_t-\sigma(\|\nabla^m u\|^2)(-\Delta)^m v_t+\\&\quad\sigma(\|\nabla^m u\|^2)(-\Delta)^m v_t-\sigma(\|\nabla^m v\|^2)(-\Delta)^m v_t,w)\\&=\frac{\sigma(\|\nabla^m u\|^2)}{2}\frac{\mathrm{d}}{\mathrm{d}t}\|\nabla^m w\|^2+\\&\quad\sigma'(\xi)(\|\nabla^m u\|+\|\nabla^m v\|)(\|\nabla^m u\|-\|\nabla^m v\|)((-\Delta)^m v_t,w)\\&\geqslant\frac{\sigma(\|\nabla^m u\|^2)}{2}\frac{\mathrm{d}}{\mathrm{d}t}\|\nabla^m w\|^2-|\sigma'(\xi)|(\|\nabla^m u\|+\|\nabla^m v\|)\|\nabla^m v_t\|\|\nabla^m w\|^2\\&\geqslant\frac{\sigma(\|\nabla^m u\|^2)}{2}\frac{\mathrm{d}}{\mathrm{d}t}\|\nabla^m w\|^2-c_4\|\nabla^m w\|^2\end{aligned} \tag{3.6}$$

结合式(3.5)和式(3.6),从式(3.4)得到

$$
\begin{aligned}
&(\sigma(\|\nabla^m u\|^2)(-\Delta)^m u_t-\sigma(\|\nabla^m v\|^2)(-\Delta)^m v_t,w_t+\varepsilon w)\\
\geqslant&\left((\sigma(\|\nabla^m u\|^2)-\frac{c_3^2}{2\varepsilon}\right)\|\nabla^m w_t\|^2-\frac{\varepsilon}{2}\|\nabla^m w\|^2+\\
&\frac{\varepsilon}{2}\sigma(\|\nabla^m u\|^2)\frac{\mathrm{d}}{\mathrm{d}t}\|\nabla^m w\|^2-\varepsilon c_4\|\nabla^m w\|^2 \qquad (3.7)\\
=&\left(\sigma(\|\nabla^m u\|^2)-\frac{c_3^2}{2\varepsilon}\right)\|\nabla^m w_t\|^2+\frac{\varepsilon}{2}\sigma(\|\nabla^m u\|^2)\frac{\mathrm{d}}{\mathrm{d}t}\|\nabla^m w\|^2-\left(\varepsilon c_4+\frac{\varepsilon}{2}\right)\|\nabla^m w\|^2
\end{aligned}
$$

类似地

$$
\begin{aligned}
&(\phi(\|\nabla^m u\|^2)(-\Delta)^m u-\phi(\|\nabla^m v\|^2)(-\Delta)^m v,w_t+\varepsilon w)\\
=&(\phi(\|\nabla^m u\|^2)(-\Delta)^m u-\phi(\|\nabla^m v\|^2)(-\Delta)^m v,w_t)+\\
&\varepsilon(\phi(\|\nabla^m u\|^2)(-\Delta)^m u-\phi(\|\nabla^m v\|^2)(-\Delta)^m v,w)\\
\geqslant&\frac{\phi(\|\nabla^m u\|^2)}{2}\frac{\mathrm{d}}{\mathrm{d}t}\|\nabla^m w\|^2-\frac{\varepsilon}{2}\|\nabla^m w\|^2-\frac{c_5^2}{2\varepsilon}\|\nabla^m w_t\|^2+ \qquad (3.8)\\
&\varepsilon\phi(\|\nabla^m u\|^2)\|\nabla^m w\|^2-\varepsilon c_6\|\nabla^m w\|^2\\
=&\frac{\phi(\|\nabla^m u\|^2)}{2}\frac{\mathrm{d}}{\mathrm{d}t}\|\nabla^m w\|^2-\frac{c_5^2}{2\varepsilon}\|\nabla^m w_t\|^2+\left(\varepsilon\phi(\|\nabla^m u\|^2)-\frac{\varepsilon}{2}-\varepsilon c_6\right)\|\nabla^m w\|^2
\end{aligned}
$$

因此,通过以上不等式,有

$$
\begin{aligned}
&\frac{\mathrm{d}}{\mathrm{d}t}(\|w_t\|^2+2\varepsilon(w_t,w))+(\phi(\|\nabla^m u\|^2)+\varepsilon\sigma(\|\nabla^m u\|^2))\frac{\mathrm{d}}{\mathrm{d}t}\|\nabla^m w\|^2+\\
&\left(2\sigma(\|\nabla^m u\|^2)-\frac{c_5^2+c_3^2}{\varepsilon}\right)\|\nabla^m w_t\|^2-2\varepsilon\|w_t\|^2+ \qquad (3.9)\\
&(2\varepsilon\phi(\|\nabla^m u\|^2)-2\varepsilon-2\varepsilon c_4-2\varepsilon c_6)\|\nabla^m w\|^2\leqslant 0
\end{aligned}
$$

当 $\sigma(\|\nabla^m u\|^2)>\dfrac{c_5^2+c_3^2}{2\varepsilon}$时,有

$$
\begin{aligned}
&\frac{\mathrm{d}}{\mathrm{d}t}(\|w_t\|^2+2\varepsilon(w_t,w))+(\phi(\|\nabla^m u\|^2)+\varepsilon\sigma(\|\nabla^m u\|^2))\frac{\mathrm{d}}{\mathrm{d}t}\|\nabla^m w\|^2 \qquad (3.10)\\
\leqslant&2\varepsilon\|w_t\|^2+2\varepsilon(1+c_4+c_6-\phi(\|\nabla^m u\|^2))\|\nabla^m w\|^2
\end{aligned}
$$

由假设(H_4),存在一个常数μ,令 $c_7=1+c_4+c_6$,使得

$$
\frac{\mathrm{d}}{\mathrm{d}t}(\|w_t\|^2+2\varepsilon(w_t,w)+\mu\|\nabla^m w\|^2)\leqslant 2\varepsilon\|w\|^2+2\varepsilon(c_7-\phi(\|\nabla^m u\|^2))\|\nabla^m w\|^2 \qquad (3.11)
$$

根据 Hölder 不等式、Young 不等式和 Poincaré 不等式

$$
\varepsilon^2(w_t,w)\geqslant-\frac{\varepsilon^2}{2}\|w_t\|^2-\frac{\varepsilon^2}{2}\|w\|^2\geqslant-\frac{\varepsilon^2}{2}\|w_t\|^2-\frac{\varepsilon^2}{2\lambda^m}\|\nabla^m w\|^2 \qquad (3.12)
$$

结合式(3.11)和式(3.12),得到

$$
\begin{aligned}
&\frac{\mathrm{d}}{\mathrm{d}t}(\|w_t\|^2+2\varepsilon(w_t,w)+\mu\|\nabla^m w\|^2)\\
\leqslant&(2\varepsilon+\varepsilon^2)\|w_t\|^2+2\varepsilon\left(c_7+\frac{\varepsilon^2}{2\lambda^m}-\phi(\|\nabla^m u\|^2)\right)\|\nabla^m w\|^2+2\varepsilon^2(w_t,w) \qquad (3.13)\\
=&\varepsilon\left[(2+\varepsilon)\|w_t\|^2+2\left(c_7+\frac{\varepsilon^2}{2\lambda^m}-\phi(\|\nabla^m u\|^2)\right)\|\nabla^m w\|^2+2\varepsilon(w_t,w)\right]
\end{aligned}
$$

下面,证明存在一个足够大的常数 K,使得

$$(2+\varepsilon)\|w_t\|^2+2\left(c_7+\frac{\varepsilon^2}{2\lambda^m}-\phi(\|\nabla^m u\|^2)\right)\|\nabla^m w\|^2+2\varepsilon(w_t,w)$$
$$\leqslant K(\|w_t\|^2+2\varepsilon(w_t,w)+\mu\|\nabla^m w\|^2) \tag{3.14}$$

假设存在一个足够大的常数 K,当 $\varepsilon=\min\{1,\lambda^m\mu\}$,$\phi(\|\nabla^m u\|^2)<c_7+\frac{\varepsilon^2}{2\lambda^m}$时,有

$$\begin{aligned}
&(2+\varepsilon-K)\|w_t\|^2+2\left(c_7+\frac{\varepsilon^2}{2\lambda^m}-\phi(\|\nabla^m u\|^2)-\frac{1}{2}K\mu\right)\|\nabla^m w\|^2+\\
&\quad(2\varepsilon-2\varepsilon K)(w_t,w)\\
&\leqslant(2+\varepsilon-K)\|w_t\|^2+2\left(c_7+\frac{\varepsilon^2}{2\lambda^m}-\phi(\|\nabla^m u\|^2)-\frac{1}{2}K\mu\right)\|\nabla^m w\|^2+\\
&\quad|(2\varepsilon-2\varepsilon K)(w_t,w)|\\
&\leqslant(2+\varepsilon-K)\|w_t\|^2+2\left(c_7+\frac{\varepsilon^2}{2\lambda^m}-\phi(\|\nabla^m u\|^2)-\frac{1}{2}K\mu\right)\|\nabla^m w\|^2+\\
&\quad2\varepsilon(K-1)\|w_t\|\|w\|\\
&\leqslant(2+\varepsilon-K)\|w_t\|^2+2\left(c_7+\frac{\varepsilon^2}{2\lambda^m}-\phi(\|\nabla^m u\|^2)-\frac{1}{2}K\mu\right)\|\nabla^m w\|^2+\\
&\quad\varepsilon(K-1)\|w_t\|^2+\frac{\varepsilon(K-1)}{\lambda^m}\|\nabla^m w\|^2\\
&=[2+(\varepsilon-1)K]\|w_t\|^2+2\left[c_7-\phi(\|\nabla^m u\|^2)+\left(\frac{\varepsilon^2}{2\lambda^m}-\frac{1}{2}\mu\right)K\right]\|\nabla^m w\|^2\\
&\leqslant0
\end{aligned} \tag{3.15}$$

因此,存在一个足够大的常数 K,使得式(3.14)成立.

根据式(3.14)可得

$$\frac{\mathrm{d}}{\mathrm{d}t}Y(t)\leqslant\varepsilon KY(t) \tag{3.16}$$

其中

$$Y(t)=\|w_t\|^2+2\varepsilon(w_t,w)+\mu\|\nabla^m w\|^2 \tag{3.17}$$

因此

$$0\leqslant Y(t)\leqslant Y(0)\mathrm{e}^{\varepsilon Kt}=0 \tag{3.18}$$

其中

$$Y(0)=\|w_t(0)\|^2+2\varepsilon(w_t(0),w(0))+\mu\|\nabla^m w(0)\|^2 \tag{3.19}$$

所以可得到

$$\|w_t\|^2+2\varepsilon(w_t,w)+\mu\|\nabla^m w\|^2=0 \tag{3.20}$$

根据式(3.12)可得

$$(1-\varepsilon)\|w_t\|^2+\left(\mu-\frac{\varepsilon}{\lambda^m}\right)\|\nabla^m w\|^2\leqslant0 \tag{3.21}$$

这表明

$$\|w_t\|^2=0,\|\nabla^m w\|^2=0 \tag{3.22}$$

即

$$w(x,t)=0 \tag{3.23}$$

因此

$$u=v \tag{3.24}$$

所以证明了解的唯一性.

证毕.

2. 整体吸引子

定理 3.2[12]　设 E 是 Banach 空间,$\{S(t)\}(t\geqslant 0)$ 是 E 上的算子半群.

$S(t):E\to E, S(t+\tau)=S(t)S(\tau)(\forall t,\tau\geqslant 0), S(0)=\mathbf{I}$,其中 $\mathbf{I}$ 是一个单位算子. 设 $S(t)$ 满足下列条件:

①半群 $S(t)$ 在 E 中一致有界,即 $\forall R>0, \|u\|_E\leqslant R$,存在一个常数 $C(R)$,使得

$$\|S(t)u\|_E\leqslant C(R)(t\in[0,+\infty)) \tag{3.25}$$

②存在 E 中的有界吸收集 $B_0\subset E$,即 $\forall B\subset E$,存在 t_0,使得

$$S(t)B\subset B_0(t\geqslant t_0) \tag{3.26}$$

其中 B_0 和 B 是有界集.

③当 $t>0$ 时,$S(t)$ 是一个全连续映射. 因此,半群 $S(t)$ 具有紧的整体吸引子 A.

定理 3.3　在引理 2.1、引理 2.2 和定理 3.1 条件下,方程具有整体吸引子

$$A=\omega(B_0)=\bigcap_{\tau\geqslant 0}\overline{\bigcup_{t\geqslant\tau}S(t)B_0} \tag{3.27}$$

其中

$$B_0=\{(u,v)\in H^{2m}(\Omega)\times H_0^m(\Omega):\|(u,v)\|^2_{H^{2m}\times H_0^m}=\|u\|^2_{H^{2m}}+\|v\|^2_{H_0^m}\leqslant R_0+R_1\} \tag{3.28}$$

B_0 是 $H^{2m}\times H_0^m$ 中的有界吸收集满足:

①$S(t)A=A, t>0$;

②$\lim\limits_{t\to\infty}\operatorname{dist}(S(t)B,A)=0$ 其中 $B\subset H^{2m}\times H_0^m$ 是一个有界集,且

$$\operatorname{dist}(S(t)B,A)=\sup_{x\in B}(\inf_{y\in A}\|S(t)x-y\|_{H^{2m}\times H_0^m})\to 0, t\to\infty \tag{3.29}$$

证明　在定理 3.1 的条件下,方程存在解半群 $S(t):H^{2m}\times H_0^m\to H^{2m}\times H_0^m$,记作:$E=H^{2m}(\Omega)\times H_0^m(\Omega)$.

①由引理 2.1 和引理 2.2,可得:$\forall B\subset H^{2m}(\Omega)\times H_0^m(\Omega)$ 是一个在球 $\{\|(u,v)\|_{H^{2m}\times H_0^m}\leqslant R\}$ 中的有界集,且

$$\begin{aligned}\|S(t)(u_0,v_0)\|^2_{H^{2m}\times H_0^m}&=\|u\|^2_{H^{2m}}+\|v\|^2_{H_0^m}+C\\&\leqslant\|u_0\|^2_{H^{2m}}+\|v_0\|^2_{H_0^m}+C\\&\leqslant R^2+C,(t\geqslant 0,(u_0,v_0)\in B)\end{aligned} \tag{3.30}$$

这说明 $S(t)(t\geqslant 0)$ 在 $H^{2m}(\Omega)\times H_0^m(\Omega)$ 中是一致有界的.

②更进一步,对于任意 $(u_0,v_0)\in H^{2m}\times H_0^m$,当 $t\geqslant\max\{t_1,t_2\}$ 时,有

$$\|S(t)(u_0,v_0)\|^2_{H^{2m}\times H_0^m}=\|u\|^2_{H^{2m}}+\|v\|^2_{H_0^m}\leqslant R_1+R_2 \tag{3.31}$$

所以得到 B_0 是一个有界吸收集.

③由于 $H^{2m}(\Omega)\times H_0^m(\Omega)\to H^{2m}(\Omega)\times L^2(\Omega)$ 是紧嵌入的,这意味着在 $H^{2m}\times H^m$ 的有界集在 $H^m\times H$ 中是紧的. 因此,算子半群 $S(t)$ 存在一个紧的整体吸引子 A.

证毕.

4 结论

本节主要证明了解的整体吸引子的存在性. 首先,人们证明了解的存在性,得到结论: i) 问题(1.1)—问题(1.3)的解满足$(u,v)\in H_0^m(\Omega)\times L^2(\Omega)$;更进一步, ii) 问题(1.1)—问题(1.3)的解满足$(u,v)\in H^{2m}(\Omega)\times H_0^m(\Omega)$. 然后证明了解的唯一性. 最后,根据定义和定理获得了解的整体吸引子的存在性.

2.10 一类广义非线性高阶 Kirchhoff 方程的反向吸引子

问题可以写为:

$$u''+\sigma(\|\nabla^m u\|^2)(-\Delta)^m u'+\phi(\|\nabla^m u\|^2)(-\Delta)^m u=f(x)+h(t,u_t),t>0 \tag{1.1}$$

$$u(t)=\Psi(t-\tau),t\in[\tau-r,\tau] \tag{1.2}$$

$$u'(t)=\Psi(t-\tau),t\in[\tau-r,\tau] \tag{1.3}$$

一般而言,如$(X,\|\cdot\|_X)$是 Banach 空间,用 C_X 表示空间 $C^0([-r,0];X)$,对任意的 $\Psi\in C_X$,其范数定义为$\|\Psi\|_{C_X}=\sup\limits_{\theta\in[-r,0]}\|\Psi(\theta)\|_X$. 如果$(Y,\|\cdot\|_Y)$也是一个 Banach 空间,并且 $X\subset Y$ 是连续的,故用 $C_{X,Y}$表示 Banach 空间 $C_X\cap C^1([-r,0];Y)$,对任意的 $\Psi\in C_{X,Y}$,其范数定义为

$$\|\Psi\|_{C_{X,Y}}^2=\|\Psi\|_{C_X}^2+\|\Psi_t\|_{C_Y}^2 \tag{1.4}$$

在本章中需要使用通过以上方式定义空间 $C_X,C_Y,C_{V,H}$和 $C_{D(A),H_0^1}$.

定义 1.1 在完备度量空间 X 上定义一个双参数半群(或过程)U,$U(t,\tau)\Psi$ 表示解在时间 t 处的值,这个值和在时间 τ 处的初值是一样的,并且

$$U(t,\tau)U(\tau,r)=U(t,r),\forall t\geqslant\tau\geqslant r \tag{1.5}$$

紧集 $A(t)_{t\in R}$称为 U 的反向吸引子,对任意的 $\tau\in R$,如果它满足:

①$U(t,\tau)A(\tau)=A(\tau)$, $\forall t\geqslant\tau$;

②$\lim\limits_{s\to\infty}\mathrm{dist}_X(U(t,t-s)D,A(t))=0$,对所有的有界集 $D\subset X$, $\forall t\in R$.

定义 1.2 ①如果 $\forall t\in R$,对所有的有界集 $D\subset X$,都存在 $T_D(t)>0$,使得对所有的 $s>T_{\varepsilon,D}(t)$,$U(t,t-s)D\subset B(t)$,都成立,则$\{B(t)\}_{t\in R}$是关于 U 的反向吸收集.

②如果对所有的 $t\in\mathbf{R}$,对所有的有界集 $D\subset X$, 并且 $\forall\varepsilon>0$,都存在 $T_{\varepsilon,D}(t)>0$,使得对任意的 $s>T_{\varepsilon,D}(t)$,都有 $\mathrm{dist}_X(U(t,t-s)D,B(t))<\varepsilon$ 成立,则$\{B(t)\}_{t\in R}$是关于 U 的反向吸引集.

③如果①中的 $T_D(t)$[②中的 $T_{\varepsilon,D}(t)$]不依赖于时间,则$\{B(t)\}_{t\in R}$是反向一致吸收集(反向一致吸引集).

定理 1.1 $U(t,\tau)$是一个双参数半群,假设对 $\forall t\geqslant\tau$,$U(t,\tau):X\to X$ 是连续的. 如果存在一个紧的反向吸引集$\{B(t)\}_{t\in R}$,那么存在一个反向吸引子 $A(t)_{t\in R}$,使得对任意的 $t\in\mathbf{R}$,都有 $A(t)\subset B(t)$,并且有

$$A=\overline{\bigcup_{D\subset X}\Lambda_D(t)} \tag{1.6}$$

其中 $\Lambda_D(t)=\bigcap\limits_{n\in N}\overline{\bigcup\limits_{s\geqslant n}U(t,-s)D}$.

首先证明解的存在唯一性. 为了研究问题,故对函数进行假设:

(A_1)　设 $\phi'(s)-\varepsilon\sigma'(s)>0,\sigma(s)>1,\forall\alpha>0$, 有

$$\begin{aligned}&(\phi(\|\nabla^m u\|^2)-\varepsilon\sigma(\|\nabla^m u\|^2))\|\nabla^m u\|^2\\&\geqslant\int_0^{\|\nabla^m u\|^2}\phi(s)-\varepsilon\sigma(s)\mathrm{d}s\\&\geqslant\alpha\|\nabla^m u\|^2+c_0\end{aligned}\tag{1.7}$$

$$(A_2)\ \mu_0<\phi(s)<\mu_1,\mu=\begin{cases}\mu_0,\dfrac{\mathrm{d}}{\mathrm{d}t}\|\nabla^m w\|^2\geqslant 0\\\mu_1,\dfrac{\mathrm{d}}{\mathrm{d}t}\|\nabla^m w\|^2<0\end{cases}\tag{1.8}$$

$h:R\times C_H\to H$.

(G_1)　$\forall\xi\in C_H,t\in\mathbf{R}\to h(t,\xi)\in H$ 是连续的;

(G_2)　$\forall t\in\mathbf{R},h(t,0)=0$;

(G_3)　$\exists L_h>0$,使得对 $\forall t\in\mathbf{R},\forall\xi,\eta\in C_H$,有

$$\|h(t,\xi)-h(t,\eta)\|\leqslant L_h\|\xi-\eta\|_{C_H}\tag{1.9}$$

(G_4) $\exists m_0>0,C_h>0$, 使得对 $\forall m\in[0,m_0],\tau<t$,并且 $u,v\in C^0([\tau-r,t];H)$,有

$$\int_\tau^t \mathrm{e}^{ms}\|h(s,u_s)-h(s,v_s)\|^2\mathrm{d}s\leqslant C_h^2\int_{\tau-r}^t\mathrm{e}^{ms}\|u(s)-v(s)\|^2\mathrm{d}s\tag{1.10}$$

$(G_5)h\in C^1(R\times C_H;H)$,并且存在 $C>0$,使得对任意的 $(t,\xi)\in R\times C_H$,Fréchet 导数 $\delta h(t,\xi)\in L(R\times C_H,H)$ 满足

$$\|\delta h(t,\xi)\|_{L(R\times C_H,H)}\leqslant C(1+\|\xi\|_{C_H})\tag{1.11}$$

定理 1.2　假设 $f\in L^2_{loc}(R,H),\Psi\in C_{V,H},\sigma$ 和 ϕ 满足 (A_1)—(A_2),和 h 满足 (G_1)—(G_4). 则对任意的 $\tau\in\mathbf{R}$, 问题(1.1)存在唯一的解 $u(\cdot)=u(\cdot;\tau,\Psi)$,使得 $u\in C^0([\tau-t,\infty];V)\cap C^1([\tau-r,\infty];H)$.

证明　设 $v=u'+\varepsilon u$, 则方程(1.1)变为

$$\begin{aligned}&v'-\varepsilon v+\varepsilon^2u+\sigma(\|\nabla^m u\|^2)(-\Delta)^m v-\varepsilon\sigma(\|\nabla^m u\|^2)(-\Delta)^m u+\\&\phi(\|\nabla^m u\|^2)(-\Delta)^m u=f(x)+h(t,u_t)\end{aligned}\tag{1.12}$$

用 v 与方程(1.12)的两边取内积,并且得到

$$\begin{aligned}&\frac{1}{2}\frac{\mathrm{d}}{\mathrm{d}t}\|v\|^2-\varepsilon\|v\|+\varepsilon^2(u,v)+\sigma(\|\nabla^m u\|^2)((-\Delta)^m v,v)-\\&\varepsilon\sigma(\|\nabla^m u\|^2)((-\Delta)^m u,v)+\phi(\|\nabla^m u\|^2)((-\Delta)^m u,v)\\&=(f(x),v)+(h(t,u_t),v)\end{aligned}\tag{1.13}$$

分别处理式(1.13)中的各项,有

$$\varepsilon^2(u,v)=\varepsilon^2(u,u'+\varepsilon u)=\frac{\varepsilon^2}{2}\frac{\mathrm{d}}{\mathrm{d}t}\|u\|^2+\varepsilon^3\|u\|^2\tag{1.14}$$

$$\sigma(\|\nabla^m u\|^2)((-\Delta)^m v,v)=\sigma(\|\nabla^m u\|^2)\|\nabla^m v\|^2\tag{1.15}$$

$$
\begin{aligned}
&(\phi(\|\nabla^m u\|^2)-\varepsilon\sigma(\|\nabla^m u\|^2))((-\Delta)^m u,v)\\
&=(\phi(\|\nabla^m u\|^2)-\varepsilon\sigma(\|\nabla^m u\|^2))((-\Delta)^m u,u'+\varepsilon u)\\
&=\frac{\phi(\|\nabla^m u\|^2)-\varepsilon\sigma(\|\nabla^m u\|^2)}{2}\frac{\mathrm{d}}{\mathrm{d}t}\|\nabla^m u\|^2+\\
&\quad\varepsilon(\phi(\|\nabla^m u\|^2)-\varepsilon\sigma(\|\nabla^m u\|^2))\|\nabla^m u\|^2
\end{aligned}
\tag{1.16}
$$

通过使用 Hölder 不等式、Young 不等式可得到

$$
(f(x),v)\leqslant\|f(x)\|\|v\|\leqslant\frac{1}{2\varepsilon}\|f\|^2+\frac{\varepsilon}{2}\|v\|^2 \tag{1.17}
$$

$$
(h(t,u_t),v)\leqslant\|h(t,u_t)\|\|v\|\leqslant\frac{1}{2\varepsilon}\|h\|^2+\frac{\varepsilon}{2}\|v\|^2 \tag{1.18}
$$

根据以上不等式,可得到

$$
\begin{aligned}
&\frac{1}{2}\frac{\mathrm{d}}{\mathrm{d}t}\left[\|v\|^2+\varepsilon^2\|u\|^2+\int_0^{\|\nabla^m u\|^2}(\phi(s)-\varepsilon\sigma(s))\mathrm{d}s\right]+\sigma(\|\nabla^m u\|^2)\|\nabla^m v\|^2-\\
&2\varepsilon\|v\|^2+\varepsilon^3\|u\|^2+\varepsilon(\phi(\|\nabla^m u\|^2)-\varepsilon\sigma(\|\nabla^m u\|^2))\|\nabla^m u\|^2\\
&\leqslant\frac{1}{2\varepsilon}\|f\|^2+\frac{1}{2\varepsilon}\|h\|^2
\end{aligned}
\tag{1.19}
$$

如果假设 (A_1) 成立,并且 $\varepsilon<\frac{\lambda^m}{2}$,有

$$
\begin{aligned}
&\frac{1}{2}\frac{\mathrm{d}}{\mathrm{d}t}\left[\|v\|^2+\varepsilon^2\|u\|^2+\int_0^{\|\nabla^m u\|^2}(\phi(s)-\varepsilon\sigma(s))\mathrm{d}s\right]+(\sigma(\|\nabla^m u\|^2)-1)\|\nabla^m v\|^2+\\
&(\lambda^m-2\varepsilon)\|v\|^2+\varepsilon^3\|u\|^2+\varepsilon\int_0^{\|\nabla^m u\|^2}(\phi(s)-\varepsilon\sigma(s))\mathrm{d}s\\
&\leqslant\frac{1}{2\varepsilon}\|f\|^2+\frac{1}{2\varepsilon}\|h\|^2
\end{aligned}
\tag{1.20}
$$

通过假设可得到

$$
\begin{aligned}
&\frac{\mathrm{d}}{\mathrm{d}t}\left[\|v\|^2+\varepsilon^2\|u\|^2+\int_0^{\|\nabla^m u\|^2}(\phi(s)-\varepsilon\sigma(s))\mathrm{d}s\right]+\\
&\gamma_1\left(\|v\|^2+\varepsilon^2\|u\|^2+\int_0^{\|\nabla^m u\|^2}(\phi(s)-\varepsilon\sigma(s))\mathrm{d}s\right)\\
&\leqslant\frac{1}{\varepsilon}\|f\|^2+\frac{1}{\varepsilon}\|h\|^2
\end{aligned}
\tag{1.21}
$$

其中 $\gamma_1=\min\{2\lambda^m-4\varepsilon,2\varepsilon\}$.

定义 $H_1(t)=\|v\|^2+\varepsilon^2\|u\|^2+\int_0^{\|\nabla^m u\|^2}(\phi(s)-\varepsilon\sigma(s))\mathrm{d}s$.

由于

$$
\begin{aligned}
&\frac{\mathrm{d}}{\mathrm{d}t}\left[\mathrm{e}^{mt}\left(\|v\|^2+\varepsilon^2\|u\|+\int_0^{\|\nabla^m u\|^2}(\phi(s)-\varepsilon\sigma(s))\mathrm{d}s\right)\right]\\
&=m\mathrm{e}^{mt}\left(\|v\|^2+\varepsilon^2\|u\|+\int_0^{\|\nabla^m u\|^2}(\phi(s)-\varepsilon\sigma(s))\mathrm{d}s\right)+\\
&\mathrm{e}^{mt}\frac{\mathrm{d}}{\mathrm{d}t}\left(\|v\|^2+\varepsilon^2\|u\|+\int_0^{\|\nabla^m u\|^2}(\phi(s)-\varepsilon\sigma(s))\mathrm{d}s\right)
\end{aligned}
\tag{1.22}
$$

因此,可得到下面的不等式

$$\frac{\mathrm{d}}{\mathrm{d}t}\Big[\mathrm{e}^{mt}\big(\|v\|^2+\varepsilon^2\|u\|^2+\int_0^{\|\nabla^m u\|^2}(\phi(s)-\varepsilon\sigma(s))\mathrm{d}s\big)\Big]$$

$$\leqslant(m-\gamma_1)\mathrm{e}^{mt}\big(\|v\|^2+\varepsilon^2\|u\|^2+\int_0^{\|\nabla^m u\|^2}(\phi(s)-\varepsilon\sigma(s))\mathrm{d}s\big)+ \tag{1.23}$$

$$\frac{\mathrm{e}^{mt}}{\varepsilon}\|f\|^2+\frac{\mathrm{e}^{mt}}{\varepsilon}\|h\|^2$$

对上式在区间$[\tau,t]$上积分，有

$$\mathrm{e}^{mt}\big(\|v\|^2+\varepsilon^2\|u\|^2+\int_0^{\|\nabla^m u\|^2}(\phi(s)-\varepsilon\sigma(s))\mathrm{d}s\big)$$

$$\leqslant\mathrm{e}^{m\tau}\big(\|v\|^2+\varepsilon^2\|u\|^2+\int_0^{\|\nabla^m u\|^2}(\phi(s)-\varepsilon\sigma(s))\mathrm{d}s\big)+$$

$$\int_\tau^t\frac{\mathrm{e}^{ms}}{\varepsilon}\|f\|^2\mathrm{d}s+\int_\tau^t\frac{\mathrm{e}^{ms}}{\varepsilon}\|h(s,u_s)\|^2\mathrm{d}s+$$

$$(m-\gamma_1)\int_\tau^t\mathrm{e}^{ms}\big(\|v\|^2+\varepsilon^2\|u\|^2+\int_0^{\|\nabla^m u\|^2}(\phi(s)-\varepsilon\sigma(s))\mathrm{d}s\big)\mathrm{d}s$$

$$\leqslant\mathrm{e}^{m\tau}H_1(t)+(m-\gamma_1)\int_\tau^t\mathrm{e}^{ms}H_1(t)\mathrm{d}s+ \tag{1.24}$$

$$\frac{1}{\varepsilon m}\|f\|^2(\mathrm{e}^{mt}-\mathrm{e}^{m\tau})+\frac{C_h^2\lambda^{-m}}{\varepsilon}\int_{\tau-r}^t\mathrm{e}^{ms}\|\nabla^m u\|^2\mathrm{d}s$$

$$=\mathrm{e}^{m\tau}H_1(t)+(m-\gamma_1)\int_\tau^t\mathrm{e}^{ms}H_1(t)\mathrm{d}s+\frac{1}{\varepsilon m}\|f\|^2(\mathrm{e}^{mt}-\mathrm{e}^{m\tau})+$$

$$\frac{C_h^2\lambda^{-m}}{\varepsilon}\int_{\tau-r}^\tau\mathrm{e}^{ms}\|\nabla^m u\|^2\mathrm{d}s+\frac{C_h^2\lambda^{-m}}{\varepsilon}\int_t^\tau\mathrm{e}^{ms}\|\nabla^m u\|^2\mathrm{d}s$$

假设(A_1) 暗示

$$\alpha\|\nabla^m u\|<\|v\|^2+\varepsilon^2\|u\|^2+\int_0^{\|\nabla^m u\|^2}(\phi(s)-\varepsilon\sigma(s))\mathrm{d}s+c_1=H_1(t)+c_1 \tag{1.25}$$

因此得到下面的不等式

$$\|\nabla^m u\|\leqslant\frac{\|v\|^2+\varepsilon^2\|u\|^2+\int_0^{\|\nabla^m u\|^2}(\phi(s)-\varepsilon\sigma(s))\mathrm{d}s+c_1}{\alpha}=\frac{H_1(t)+c_1}{\alpha} \tag{1.26}$$

式(1.26)意味着

$$\int_\tau^t\mathrm{e}^{ms}\|\nabla^m u(s)\|^2\mathrm{d}s$$

$$\leqslant\int_\tau^t\mathrm{e}^{ms}\frac{H_1(t)}{\alpha}\mathrm{d}s+\int_\tau^t\mathrm{e}^{ms}\frac{c_1}{\alpha}\mathrm{d}s \tag{1.27}$$

$$\leqslant\frac{1}{\alpha}\int_\tau^t\mathrm{e}^{ms}H_1(t)\mathrm{d}s+\frac{c_1}{\alpha m}(\mathrm{e}^{mt}-\mathrm{e}^{m\tau})$$

并且

$$\begin{aligned}
&\int_{\tau-r}^{\tau} e^{ms}\|\nabla^m u\|^2 ds \\
&\leqslant \int_{\tau-r}^{\tau} e^{ms}\frac{H_1(t)}{\alpha}ds + \int_{\tau-r}^{\tau} e^{ms}\frac{c_1}{\alpha}ds \\
&\leqslant \frac{1}{\alpha}\int_{\tau-r}^{t} \tau e^{ms}H_1(t)ds + \frac{c_1}{\alpha m}(e^{m\tau} - e^{m(\tau-r)})
\end{aligned} \tag{1.28}$$

有界集 $D\subset C_{V,H}$，对任意的 $u\in D$，存在一个常数 d 使得

$$\|v\|^2 + \|\nabla^m u\|^2 \leqslant d^2 \tag{1.29}$$

$$H_1(t) = \|v\|^2 + \varepsilon^2\|u\|^2 + \int_0^{\|\nabla^m u\|^2}(\phi(s) - \varepsilon\sigma(s))ds \leqslant d^2 \tag{1.30}$$

选取一个合适的常数 $\alpha>0$，使得 $-\gamma_1 + \dfrac{C_h^2\lambda^{-m}}{\alpha\varepsilon}<0$. 并且能够选取已足够小的常数 $m\in(0,m_0)$，使得 $m-\gamma_1 + \dfrac{C_h^2\lambda^{-m}}{\alpha\varepsilon}<0$.

根据上面的选取,式(1.24)变为

$$\begin{aligned}
e^{mt}H_1(t) &\leqslant e^{m\tau}d^2 + \frac{1}{\varepsilon m}\|f\|^2(e^{mt} - e^{m\tau}) + \left(m - \gamma_1 + \frac{C_h^2\lambda^{-m}}{\alpha\varepsilon}\right)\int_\tau^t e^{ms}H_1(t)ds + \\
&\quad \frac{C_h^2c_1\lambda^{-m}}{\alpha\varepsilon m}(e^{mt} - e^{m\tau}) + \frac{C_h^2c_1\lambda^{-m}}{\alpha\varepsilon m}(e^{m\tau} - e^{m(\tau-r)}) + \frac{C_h^2\lambda^{-m}r}{\alpha\varepsilon}e^{m\tau}d^2 \\
&\leqslant e^{m\tau}d^2\left(1 + \frac{C_h^2\lambda^{-m}r}{\alpha\varepsilon}\right) + \frac{1}{\varepsilon m}\|f\|^2(e^{mt} - e^{m\tau}) + \\
&\quad \frac{C_h^2c_1\lambda^{-m}}{\alpha\varepsilon m}(e^{mt} - e^{m\tau}) + \frac{C_h^2c_1\lambda^{-m}}{\alpha\varepsilon m}(e^{m\tau} - e^{m(\tau-r)})
\end{aligned} \tag{1.31}$$

因此

$$\begin{aligned}
H_1(t) &\leqslant e^{-mt}e^{m\tau}d^2\left(1 + \frac{C_h^2\lambda^{-m}r}{\alpha\varepsilon}\right) + \frac{1}{\varepsilon m}\|f\|^2(1 - e^{mt} - e^{m\tau}) + \\
&\quad \frac{C_h^2c_1\lambda^{-m}}{\alpha\varepsilon m}(1 - e^{-mt}e^{m\tau}) + \frac{C_h^2c_1\lambda^{-m}}{\alpha\varepsilon m}(e^{m\tau}e^{-mt} - e^{m(\tau-r)}e^{-mt}) \\
&\leqslant e^{-mt}e^{m\tau}d^2\left(1 + \frac{C_h^2\lambda^{-m}r}{\alpha\varepsilon}\right) + \frac{1}{\varepsilon m}\|f\|^2 + \frac{2C_h^2c_1\lambda^{-m}}{\alpha\varepsilon m}
\end{aligned} \tag{1.32}$$

如果记作

$$\rho_0^2 = \frac{1}{\varepsilon m}\|f\|^2 + \frac{2C_h^2c_1\lambda^{-m}}{\alpha\varepsilon m}, \hat{\rho}_0^2 = 1 + \frac{C_h^2\lambda^{-m}r}{\alpha\varepsilon}$$

由式(1.32)得到

$$\|v\|^2 + \varepsilon^2\|u\|^2 + \int_0^{\|\nabla^m u\|^2}(\phi(s) - \varepsilon\sigma(s))ds \leqslant \rho_0^2 + \hat{\rho}_0^2d^2e^{m(\tau-t)} \tag{1.33}$$

根据假设,则有

$$\|v\|^2 + \|\nabla^m u\|^2 \leqslant \rho_0^2 + \hat{\rho}_0^2d^2e^{m(\tau-t)}, \forall t\geqslant\tau \tag{1.34}$$

通过上面的证明,方程的解是存在的. 下面在证明解的唯一性之前,先证明以下结论.
记为:

$$F(t)=f+h(t,u_t),t\geqslant t_0-s \tag{1.35}$$

根据假设 (G_3) 有

$$\|F(t)\|\leqslant\|f\|+L_h\|u_t\|_{C_H} \tag{1.36}$$

则方程 (1.1) 变为

$$\begin{aligned}&v'-\varepsilon v+\varepsilon^2u+\sigma(\|\nabla^m u\|^2)(-\Delta)^m v-\varepsilon\sigma(\|\nabla^m u\|^2)(-\Delta)^m u+\\&\phi(\|\nabla^m u\|^2)(-\Delta)^m u=F(t)\end{aligned} \tag{1.37}$$

用方程(1.37)与 v 取内积,得

$$\begin{aligned}&\frac{1}{2}\frac{\mathrm{d}}{\mathrm{d}t}\|v\|^2-\varepsilon\|v\|+\varepsilon^3(u,v)+\sigma(\|\nabla^m u\|^2)\|\nabla^m v\|^2-\varepsilon\sigma(\|\nabla^m u\|^2)((-\Delta)^m u,v)+\\&\phi(\|\nabla^m u\|^2)((-\Delta)^m u,v)=(F(t),v)\end{aligned} \tag{1.38}$$

通过 Hölder 不等式和 Young 不等式故有

$$(F(t),v)\leqslant\|F(t)\|\|v\|\leqslant\frac{1}{4\varepsilon}\|F\|^2+\varepsilon\|v\|^2 \tag{1.39}$$

结合式(1.3)、式(1.5)和式(1.28)可得

$$\begin{aligned}&\frac{1}{2}\frac{\mathrm{d}}{\mathrm{d}t}\Big[\|v\|^2+\varepsilon^2\|u\|^2+\int_0^{\|\nabla^m u\|^2}(\phi(s)-\varepsilon\sigma(s))\mathrm{d}s\Big]+\sigma(\|\nabla^m u\|^2)\|\nabla^m v\|^2-\\&2\varepsilon\|v\|^2+\varepsilon^3\|u\|^2+\varepsilon(\phi(\|\nabla^m u\|^2)-\varepsilon\sigma(\|\nabla^m u\|^2))\|\nabla^m u\|^2\leqslant\frac{1}{4\varepsilon}\|F\|^2\end{aligned} \tag{1.40}$$

当假设(A_1) 成立,并且 $\varepsilon<\dfrac{\lambda^m}{2}$, 得

$$\begin{aligned}&\frac{1}{2}\frac{\mathrm{d}}{\mathrm{d}t}\Big[\|v\|^2+\varepsilon^2\|u\|^2+\int_0^{\|\nabla^m u\|^2}(\phi(s)-\varepsilon\sigma(s))\mathrm{d}s\Big]+(\sigma(\|\nabla^m u\|^2)-1)\|\nabla^m v\|^2+\\&(\lambda^m-2\varepsilon)\|v\|^2+\varepsilon^3\|u\|^2+\varepsilon\int_0^{\|\nabla^m u\|^2}(\phi(s)-\varepsilon\sigma(s))\mathrm{d}s\leqslant\frac{1}{4\varepsilon}\|F\|^2\end{aligned} \tag{1.41}$$

由假设可得

$$\frac{\mathrm{d}}{\mathrm{d}t}H_2(t)+2\gamma_2H_2(t)+2(\sigma(\|\nabla^m u\|^2)-1)\|\nabla^m v\|^2\leqslant\frac{1}{2\varepsilon}\|F\|^2 \tag{1.42}$$

其中 $H_2(t)=\|v\|^2+\varepsilon^2\|u\|^2+\int_0^{\|\nabla^m u\|^2}(\phi(s)-\varepsilon\sigma(s))\mathrm{d}s,\gamma_2=\min\{2\lambda^m-4\varepsilon,2\varepsilon\}$

根据 Gronwall 不等式可得

$$H_2(t)<C \tag{1.43}$$

同时也可得到

$$\int_0^t\|\nabla^m v\|^2\mathrm{d}s<C \tag{1.44}$$

因此

$$\begin{aligned}&\int_s^t\|\nabla^m v\|^2\mathrm{d}s\\&\leqslant\Big(\int_s^t\|\nabla^m v\|^2\mathrm{d}s\Big)^{\frac{1}{2}}(t-s)^{\frac{1}{2}}\\&\leqslant\frac{k}{2}(t-s)+b,\forall t>s\geqslant0,\exists k,b>0\end{aligned} \tag{1.45}$$

现在证明解的唯一性. 假设 $u(\cdot)=u(\cdot,\cdot,\tau,\Psi)$ 和 $v(\cdot)=v(\cdot,\cdot,\tau,\kappa)$ 是初边值问题(1.1)的两个解,Ψ,κ 是相应的初值, 定义 $w(\cdot)=u(\cdot)-v(\cdot)$. 故有

$$w''+\sigma(\|\nabla^m u\|^2)(-\Delta)^m u'-\sigma(\|\nabla^m v\|^2)(-\Delta)^m v'+\phi(\|\nabla^m u\|)(-\Delta)^m u-\phi(\|\nabla^m v\|^2)(-\Delta)^m v=h(t,u_t)-h(t,v_t) \tag{1.46}$$

用上述方程与 w' 取内积,并且分别处理各项

$$(w'',w')=\frac{1}{2}\frac{\mathrm{d}}{\mathrm{d}t}\|w'\|^2 \tag{1.47}$$

$$\begin{aligned}
&(\sigma(\|\nabla^m u\|^2)(-\Delta)^m u'-\sigma(\|\nabla^m v\|^2)(-\Delta)^m v',w')\\
&=(\sigma(\|\nabla^m u\|^2)(-\Delta)^m u'-\sigma(\|\nabla^m u\|^2)(-\Delta)^m v'+\\
&\sigma(\|\nabla^m u\|^2)(-\Delta)^m v'-\sigma(\|\nabla^m v\|^2)(-\Delta)^m v',w')\\
&=\sigma(\|\nabla^m u\|^2)\|\nabla^m w'\|^2+(\sigma(\|\nabla^m u\|^2-\sigma(\|\nabla^m v\|^2)((-\Delta)^m v',w')\\
&=\sigma(\|\nabla^m u\|^2)\|\nabla^m w'\|^2+\sigma'(\xi)(\|\nabla^m u\|+\|\nabla^m v\|)\|\nabla^m w\|((-\Delta)^m v',w')\\
&\geqslant\sigma(\|\nabla^m u\|^2)\|\nabla^m w'\|^2-\|\sigma'(\xi)\|_\infty(\|\nabla^m u\|+\|\nabla^m v\|)\|\nabla^m v'\|\|\nabla^m w\|\|\nabla^u w'\|\\
&=\sigma(\|\nabla^m u\|^2)\|\nabla^m w'\|^2-c_2\|\nabla^m w\|\|\nabla^m w'\|\\
&\geqslant\sigma(\|\nabla^m u\|^2)\|\nabla^m w'\|^2-\frac{\varepsilon}{2}\|\nabla^m w\|^2-\frac{c_2^2}{2\varepsilon}\|\nabla^m w'\|^2\\
&=(\sigma(\|\nabla^m u\|^2)-\frac{c_2^2}{2\varepsilon})\|\nabla^m w'\|^2-\frac{\varepsilon}{2}\|\nabla^m w\|^2
\end{aligned} \tag{1.48}$$

类似有

$$\begin{aligned}
&(\phi(\|\nabla^m u\|^2)(-\Delta)^m u-\phi(\|\nabla^m v\|^2)(-\Delta)^m v,w')\\
&\geqslant\frac{1}{2}\phi(\|\nabla^m u\|^2)\frac{\mathrm{d}}{\mathrm{d}t}\|\nabla^m w\|^2-\frac{\varepsilon}{2}\|\nabla^m w\|^2-\frac{c_3^2}{2\varepsilon}\|\nabla^m w'\|^2
\end{aligned} \tag{1.49}$$

因此,通过上面各式可得

$$\frac{\mathrm{d}}{\mathrm{d}t}\|w'\|^2+\phi\|\nabla^m u\|^2)\frac{\mathrm{d}}{\mathrm{d}t}\|\nabla^m w\|^2+(2\sigma(\|\nabla^m u\|^2)-\frac{c_2^2+c_3^2}{\varepsilon})\|\nabla^m w'\|^2-\varepsilon\|\nabla^m w\|^2\leqslant 2(h(t,u_t)-h(t,v_t),w') \tag{1.50}$$

因为

$$2(h(t,u_t)-h(t,v_t),w')\leqslant\|h(t,u_t)-h(t,v_t)\|^2+\|w'\|^2 \tag{1.51}$$

根据(A_2)和 $\sigma>\dfrac{c_2^2+c_3^2}{2\varepsilon}$有

$$\frac{\mathrm{d}}{\mathrm{d}t}(\|w'\|^2+\mu\|\nabla^m w\|^2)\leqslant\|h(t,u_t)-h(t,v_t)\|^2+\|w'\|^2+\varepsilon\|\nabla^m w\|^2 \tag{1.52}$$

所以

$$\begin{aligned}
&\frac{\mathrm{d}}{\mathrm{d}t}(\|w'\|^2+\|\nabla^m w\|^2)\\
&\leqslant\frac{1}{\beta}\|h(t,u_t)-h(t,v_t)\|^2+\frac{1}{\beta}\|w'\|^2+\frac{\varepsilon}{\beta}\varepsilon\|\nabla^m w\|^2\\
&\leqslant\frac{1}{\beta}\|h(t,u_t)-h(t,v_t)\|^2+c_4(\|w'\|^2+\|\nabla^m w\|^2)
\end{aligned} \tag{1.53}$$

其中 $\beta=\min\{1,\mu\}$，$c_4=\max\left\{\frac{1}{\beta},\frac{\varepsilon}{\beta}\right\}$.

由于

$$\begin{aligned}&\int_\tau^t\|h(t,u_t)-h(t,v_t)\|^2\mathrm{d}s\\&\leqslant C_h^2\int_{\tau-r}^\tau\|u-v\|^2\mathrm{d}s\\&\leqslant\lambda^{-m}C_h^2r\|\Psi-\kappa\|_{C_{V,H}}^2+\lambda^{-m}C_h^2\int_\tau^t\|w\|^2\mathrm{d}s\end{aligned}\tag{1.54}$$

对式(1.53)两边在区间$[\tau,t]$取积分可得到

$$\begin{aligned}&\|w'(t)\|^2+\|\nabla^m w(t)\|^2\\&\leqslant\|w'(\tau)\|^2+\|\nabla^m w(\tau)\|^2+c_4\int_\tau^t(\|w'\|^2+\|\nabla^m w(\tau)\|^2)\mathrm{d}s+\\&\beta^{-1}\lambda^{-m}C_h^2r\|\Psi-\kappa\|_{C_{V,H}}^2+\beta^{-1}\lambda^{-m}C_h^2\int_\tau^t\|w\|^2\mathrm{d}s\\&=(1+\beta^{-1}\lambda^{-m}C_h^2r)\|\Psi-\kappa\|_{C_{V,H}}^2+\int_\tau^t((c_4+\beta^{-1}\lambda^{-m}C_h^2)\|\nabla^m w\|^2+c_4\|w'\|^2)\mathrm{d}s\end{aligned}\tag{1.55}$$

设 $\gamma_3=\max\{c_4+\beta^{-1}\lambda^{-m}C_h^2,c_4\}$，则可得

$$\begin{aligned}&\|w'(t)\|^2+\|\nabla^m w(t)\|^2\\&\leqslant(1+\beta^{-1}\lambda^{-m}C_h^2r)\|\Psi-\kappa\|_{C_{V,H}}^2+\gamma_3\int_\tau^t(\|\nabla^m w\|^2+\|w'\|^2)\mathrm{d}s\end{aligned}\tag{1.56}$$

应用 Gronwall 不等式，得

$$\begin{aligned}&\|w'(t)\|^2+\|\nabla^m w(t)\|^2\\&\leqslant(1+\beta^{-1}\lambda^{-m}C_h^2r)\|\Psi-\kappa\|_{C_{V,H}}^2\mathrm{e}^{\gamma_3(t-\tau)},t\geqslant\tau\end{aligned}\tag{1.57}$$

如果 Ψ 和 κ 代表相同的初值，有

$$\|w'(t)\|^2+\|\nabla^m w(t)\|^2\leqslant0\tag{1.58}$$

显然

$$\|w'(t)\|^2=0,\|\nabla^m w(t)\|^2=0\tag{1.59}$$

即

$$w(t)=0\tag{1.60}$$

因此

$$u=v\tag{1.61}$$

解的唯一性得证，定理 1.2 证毕.

下面，在定理 1.2 的结论下假设 $f\in H$，讨论初边值问题(1.1)的反向吸引子. 在 $C_{V,H}$上构造双参数半群或者过程 $U(\cdot,\cdot)$，并且定义

$$U(t,\tau)(\Psi)=u_t(\cdot,\cdot,\tau,\Psi),t\geqslant\tau,\Psi\in C_{V,H}\tag{1.62}$$

引理 1.1　设 $\Psi,\kappa\in C_{V,H}$是问题(1.1)的两个初值，并且 $\tau\in\mathbf{R}$ 是初始时间. 用 $u(\cdot)=u(\cdot,\cdot,\tau,\Psi)$和 $v(\cdot)=v(\cdot,\cdot,\tau,\kappa)$表示问题(1.1)对应的两个解. 则存在一个不依赖初值和时间的常数 γ_3，使得

$$\begin{aligned}&\|u'(t)-v'(t)\|^2+\|\nabla^m u(t)-\nabla^m v(t)\|^2\\&\leqslant(1+\beta^{-1}\lambda^{-m}C_h^2r)\|\Psi-\kappa\|_{C_{V,H}}^2\mathrm{e}^{\gamma_3(t-\tau)},\ \forall t\geqslant\tau\end{aligned}\tag{1.63}$$

和

$$\|u_t - v_t\|_{C_{V,H}}^2 \leqslant (1+\beta^{-1}\lambda^{-m}C_h^2 r)\|\Psi-\kappa\|_{C_{V,H}}^2 e^{\gamma_3(t-\tau)}, \forall t \geqslant \tau + r \tag{1.64}$$

证明 记 $w=u-v$,通过式(1.46)可知,式(1.63)容易证得.

如果考虑 $t\geqslant\tau+r$,则对任意的 $\theta\in[-r,0]$,有 $t+\theta\geqslant\tau$, 并且

$$\begin{aligned}&\|w'(t+\theta)\|^2+\|\nabla^m w(t+\theta)\|^2\\ \leqslant&(1+\beta^{-1}\lambda^{-m}C_h^2 r)\|\Psi-\kappa\|_{C_{V,H}}^2 e^{\gamma_3(t-\tau+\theta)}\\ \leqslant&(1+\beta^{-1}\lambda^{-m}C_h^2 r)\|\Psi-\kappa\|_{C_{V,H}}^2 e^{\gamma_3(t-\tau)}, \forall t\geqslant\tau+r\end{aligned} \tag{1.65}$$

即

$$\|w_t\|^2 \leqslant (1+\beta^{-1}\lambda^{-m}C_h^2 r)\|\Psi-\kappa\|_{C_{V,H}}^2 e^{\gamma_3(t-\tau)}, \forall t\geqslant\tau+r \tag{1.66}$$

定理 1.3 对任意的 $t\geqslant\tau$,映射 $U(t,\tau):C_{V,H}\to C_{V,H}$是连续的.

证明 设 $\Psi,\kappa\in C_{V,H}$是问题(1.1)的初值并且 $t\geqslant\tau$. 令 $u(\cdot)=u(\cdot,\cdot,\tau,\Psi)$ 和 $v(\cdot)=v(\cdot,\cdot,\tau,\kappa)$ 是式(1.1)相应的解. 又令 $w=u-v$,可获得下面的结果. 如果 $t\in[\tau-r,\tau]$,则 $w(t)=\Psi(t-\tau)-\kappa(t-\tau)$,并且

$$\begin{aligned}&\|w'(t)\|^2+\|\nabla^m w(t)\|^2\\ \leqslant&\|\Psi-\kappa\|_{C_V}^2+\|\Psi'-\kappa'\|_{C_H}^2\\ \leqslant&(1+\beta^{-1}\lambda^{-m}C_h^2 r)\|\Psi-\kappa\|_{C_{V,H}}^2 e^{\gamma_3(t-\tau+r)}\end{aligned} \tag{1.67}$$

即

$$\|w'(t)\|^2+\|\nabla^m w(t)\|^2 \leqslant (1+\beta^{-1}\lambda^{-m}C_h^2 r)\|\Psi-\kappa\|_{C_{V,H}}^2 e^{\gamma_3(t-\tau+r)}, \forall t\geqslant\tau-r \tag{1.68}$$

因此

$$\|w_t\|^2 \leqslant (1+\beta^{-1}\lambda^{-m}C_h^2 r)\|\Psi-\kappa\|_{C_{V,H}}^2 e^{\gamma_3(t-\tau+r)}, \forall t\geqslant\tau \tag{1.69}$$

这暗示了 $U(t,\tau)$的连续性.

定理 1.4 假设(A_1)—(A_2)和(G_1)—(G_4)成立,并且 $m_0>0, f\in H$. 补充假设 $C_h^2\lambda^{-m}<\gamma_1\alpha\varepsilon$. 则在 $C_{V,H}$上存在一个有界集$\{B(t)\}_{t\in\mathbf{R}}$,在 $U(\cdot,\cdot)$过程,它是一致反向吸收集. 另外,对任意的 $t\in\mathbf{R}$,有 $B(t)=B^0$,其中 B^0 是 $C_{V,H}$上的有界集.

证明 通过式(1.34)有

$$\|u'(t;\tau,\Psi)\|^2+\|\nabla^m u(t;\tau,\Psi)\|^2 \leqslant \rho_0^2+\hat{\rho}_0^2 d^2 e^{m(\tau-t)}, \forall t\geqslant\tau \tag{1.70}$$

并且

$$\|u'(t;\tau,\Psi)\|^2+\|\nabla^m u(t;\tau,\Psi)\|^2 \leqslant \rho_0^2+\hat{\rho}_0^2 d^2, \forall t\geqslant\tau \tag{1.71}$$

同时,对 $t\in[\tau-r,\tau]$有 $u(t;\tau,\Psi)=\psi(t-\tau)$和 $u'(t;\tau,\Psi)=\Psi'(t-\tau)$,则对 $t\geqslant\tau-r$ 不等式(1.71)成立.

现在,如果取 $t\geqslant\tau+r$,则对于所有的 $\theta\in[-r,0]$有 $t+\theta\geqslant\tau$,并且

$$\|u'(t+\theta;\tau,\Psi)\|^2+\|\nabla^m u(t+\theta;\tau,\Psi)\|^2 \leqslant \rho_0^2+\hat{\rho}_0^2 d^2 e^{m(\tau-t)}e^{mr}, \forall t\geqslant\tau \tag{1.72}$$

或者

$$\|U(t,\tau)\Psi\|_{C_{V,H}}^2 \leqslant \rho_0^2+\hat{\rho}_0^2 d^2 e^{m(\tau-t)}e^{mr}, \forall t\geqslant\tau+r, \Psi\in D \tag{1.73}$$

因此存在 $T_D\geqslant r$,使得

$$\|U(t,t-s)\Psi\|_{C_{V,H}}^2 \leqslant \rho_0^2, \forall t\in\mathbf{R}, s\in T_D, \Psi\in D \tag{1.74}$$

这意味着球 $B_{C_{V,H}}(0,\rho_0)=B^0\subset C_{V,H}$是对过程 $U(\cdot,\cdot)$的一致反向吸收集.

附注　一方面,如果 $t\geqslant t_0\in\mathbf{R}$, 则

$$u(t+\theta;t_0-s,\Psi)=u(t+\theta;t-(s+t-t_0),\Psi)$$

和

$$u'(t+\theta;t_0-s,\Psi)=u'(t+\theta;t-(s+t-t_0),\Psi)$$

其中 $s+t-t_0\geqslant s$. 作为式(1.74)的结果有

$$\|U(t,t_0-s)\Psi\|_{C_{V,H}}^2\leqslant\rho_0^2,\ \forall t\in\mathbf{R},t\geqslant t_0,s\in T_D,\Psi\in D \tag{1.75}$$

或者等同于, $\forall t_0\in\mathbf{R},t\geqslant t_0,\theta\in[-r,0],s\in T_D,\Psi\in D$,

$$\|u'(t+\theta;t_0-s,\Psi)\|^2+\|\nabla^m u(t+\theta;t_0-s,\Psi)\|^2\leqslant\rho_0^2 \tag{1.76}$$

另一方面,式(1.71) 暗示, $\forall t_0\in\mathbf{R},t\geqslant t_0,s\in\mathbf{R},t\in t_0-s-r,\Psi\in D$,

$$\|u'(t+\theta;t_0-s,\Psi)\|^2+\|\nabla^m u(t+\theta;t_0-s,\Psi)\|^2\leqslant\rho_0^2+\hat{\rho}_0^2d^2 \tag{1.77}$$

引理 1.2　设 $y:\mathbf{R}^+\to\mathbf{R}^+$ 是一致连续函数满足:

$$\frac{\mathrm{d}}{\mathrm{d}t}y(t)+2\varepsilon y(t)\leqslant h(t)y(t)+z(t),t>0 \tag{1.78}$$

其中对于 $t\geqslant s\geqslant 0,\exists m>0,\forall\varepsilon>0,z\in L_{loc}^1(\mathbf{R}^+)$, $\int_s^t h(s)\mathrm{d}s\leqslant\varepsilon(t-s)+m$, 则

$$y(t)\leqslant\mathrm{e}^m\left(y(0)\mathrm{e}^{-\varepsilon t}+\int_0^t|z(t)|\mathrm{e}^{-\varepsilon(t-\tau)}\mathrm{d}\tau\right),t>0 \tag{1.79}$$

引理 1.3　在定理 1.1 的假设下, 补充条件(G_5),则存在一个紧集 $B_2\subset C_{V,H}$, 对于过程 $U(\cdot,\cdot)$是一致反向吸收集, 并且存在反向吸引子 $A(t)_{t\in\mathbf{R}}$. 同时,对于所有的 $t\in\mathbf{R}$, 有$A(t)_{t\in\mathbf{R}}\subset C_{D(A),V}$.

证明　对任意 $\varepsilon\in\mathbf{R}$,范数 $\|\Psi\|_\varepsilon^2=\|\Psi\|_{C_V}^2+\|\Psi'+\varepsilon\Psi\|_{C_H}^2,\Psi\in C_{V,H}$ 等价于范数 $\|\cdot\|_0:=\|\cdot\|_{C_{V,H}}$. 取适当的 ε,通过在新范数下证明吸收球的存在性,在原来的范数下获得吸收球. 记 $B_\varepsilon(0,\rho)=\{\Psi\in C_{V,H}:\|\Psi\|_\varepsilon<\rho\}$.

注意到对于 $c_5=\max\{2,1+2\varepsilon^2\lambda^{-m}\}$,有

$$\begin{aligned}\|\Psi\|_{C_{V,H}}^2&=\|\Psi\|_{C_V}^2+\|\Psi'+\varepsilon\Psi-\varepsilon\Psi\|_{C_H}^2\\&\leqslant\|\Psi\|_{C_V}^2+2\|\Psi'+\varepsilon\Psi\|_{C_H}^2+2\varepsilon^2\|\Psi\|_{C_H}^2\\&\leqslant(1+2\varepsilon^2\lambda^{-m})\|\Psi\|_{C_V}^2+2\|\Psi'+\varepsilon\Psi\|_{C_H}^2\\&\leqslant c_5\|\Psi\|_\varepsilon^2\end{aligned} \tag{1.80}$$

则有 $B_\varepsilon(0,\rho)\subset B_0(0,C_5^{\frac{1}{2}}\rho)$.

设$D\subset C_{V,H}$是一个有界集, 即存在 $d>0$,使得对于任意的 $\Psi\in D$, $\|\Psi\|_\varepsilon^2=\|\Psi\|_{C_V}^2+\|\Psi'+\varepsilon\Psi\|_{C_H}^2\leqslant d^2$ 成立,因此,$\|\Psi\|_{C_{V,H}}^2\leqslant c_5d^2$.

一般而言,记 $u(\cdot)=u(\cdot,\cdot,\tau,\Psi)$是问题(1.1)的解, 并且考虑下面的问题.

$$\begin{cases}v''+\sigma(\|\nabla^m u\|^2)(-\Delta)^m v'+\phi(\|\nabla^m u\|^2)(-\Delta)^m v=f(t)+h(t,u_t),t\geqslant\tau\\v(t)=0,t\in[\tau-r,\tau]\\v'(t)=0,t\in[\tau-r,\tau]\end{cases} \tag{1.81}$$

$$\begin{cases}w''+\sigma(\|\nabla^m u\|^2)(-\Delta)^m w'+\phi(\|\nabla^m u\|^2)(-\Delta)^m w=0,t\geqslant\tau\\w(t)=\Psi(t-\tau),t\in[\tau-r,\tau]\\w'(t)=\Psi'(t-\tau),t\in[\tau-r,\tau]\end{cases} \tag{1.82}$$

从问题(1.1)的解的唯一性，根据式(1.81)和式(1.82)，故将解记为

$$u(\cdot)=v(\cdot)+w(\cdot),\ \forall t\in\mathbf{R},\ \forall t\geqslant\tau-r \tag{1.83}$$

结果，$U(t,\tau)$能被写成

$$U(t,\tau)(\Psi)=U_1(t,\tau)(\Psi)+U_2(t,\tau)(\Psi),\Psi\in C_{V,H},t\geqslant\tau-r \tag{1.84}$$

其中 $U_1(t,\tau)(\Psi)=v_t(\cdot)=v_t(\cdot,\cdot,\tau,\Psi)$和 $U_2(t,\tau)(\Psi)=w_t(\cdot)=w_t(\cdot,\cdot,\tau,\Psi)$是式(1.81)和式(1.82)两个相应的解.

首先，由于式(1.71)，但是当$f=h=0$时，有

$$\|w'(t;\tau,\Psi)\|^2+\|\nabla^m w(t;\tau,\Psi)\|^2\leqslant c_5d^2,\ \forall t\geqslant\tau,\Psi\in D \tag{1.85}$$

并且式(1.72)意味着

$$\|w_t(\cdot,\cdot,\tau,\Psi)\|_{C_V}^2+\|w'_t(\cdot,\cdot,\tau,\Psi)\|^2\leqslant c_5d^2\mathrm{e}^{mr}\mathrm{e}^{m(\tau-t)},\ \forall t\geqslant\tau+r,\Psi\in D \tag{1.86}$$

更进一步，对于 $t_0\in\mathbf{R},t\geqslant t_0$ 和 $s>T_D\geqslant r$,

$$w(t;t_0-s,\Psi)=w(t;t-(s+t-t_0),\Psi) \tag{1.87}$$

其中 $s+t-t_0>s\geqslant T_D\geqslant r$.

特殊而言，式(1.86) 暗示着

$$\begin{aligned}&\|w(t;t_0-s,\Psi)\|^2\\ &\leqslant c_5d^2\mathrm{e}^{mr}\mathrm{e}^{m(t_0-s-t)}\\ &\leqslant c_5d^2\mathrm{e}^{mr}\mathrm{e}^{-ms},\ \forall t_0\in\mathbf{R},t\geqslant t_0,s\geqslant T_D,\Psi\in D\end{aligned} \tag{1.88}$$

则式(1.86)也意味着

$$\|U_2(t,t-s)\Psi\|_{C_{V,H}}^2\leqslant c_5d^2\mathrm{e}^{mr}\mathrm{e}^{-ms},\ \forall t\in\mathbf{R},s\geqslant r,\Psi\in D \tag{1.89}$$

因此

$$\lim_{s\to+\infty}\sup_{t\in\mathbf{R}}\sup_{\Psi\in D}\|U_2(t,t-s)\Psi\|_{C_{V,H}}^2=0 \tag{1.90}$$

现在处理另外的项. 当 $t_0\in\mathbf{R},s\geqslant T_D,\Psi\in D$ 时，记作

$$u(t)=u(t;t_0-s,\Psi),v(t)=v(t;t_0-s,\Psi),t\geqslant t_0-s-r \tag{1.91}$$

和

$$F(t)=f+h(t,u_t),t\geqslant t_0-s \tag{1.92}$$

则

$$\|F(t)\|\leqslant\|f\|+L_h\|u_t\|_{C_H} \tag{1.93}$$

从式(1.76) 可得

$$\|F(t)\|\leqslant\|f\|+L_h\lambda^{\frac{-m}{2}}\rho_0=L_1,\ \forall t\geqslant t_0 \tag{1.94}$$

并且从式(1.77)可知

$$\begin{aligned}&\|F(t)\|\leqslant\|f\|+L_h\lambda^{\frac{-m}{2}}(\rho_0^2+\hat{\rho}_0^2\mathrm{d}^2)^{\frac{1}{2}}\\ &\leqslant L_1+L_h\lambda^{\frac{-m}{2}}\rho_0\mathrm{d},\ \forall t\geqslant t_0-S\end{aligned} \tag{1.95}$$

设 $q=v'+\varepsilon v$, 则方程(1.81)变为

$$\begin{aligned}&q'-\varepsilon q+\varepsilon^2v+\sigma(\|\nabla^m u\|^2)(-\Delta)^m q-\varepsilon\sigma(\|\nabla^m u\|^2)(-\Delta)^m v+\\ &\phi(\|\nabla^m u\|^2)(-\Delta)^m v=F(t)\end{aligned} \tag{1.96}$$

用$(-\Delta)q$ 在方程(1.96)两边取内积，得

$$\frac{1}{2}\frac{\mathrm{d}}{\mathrm{d}t}\|\nabla q\|^2+\frac{\varepsilon^2}{2}\frac{\mathrm{d}}{\mathrm{d}t}\|\nabla v\|^2+\frac{1}{2}(\phi(\|\nabla^m u\|^2)-\varepsilon\sigma(\|\nabla^m u\|^2))\frac{\mathrm{d}}{\mathrm{d}t}\|\nabla^{m+1}v\|^2+$$
$$\varepsilon^3\|\nabla v\|^2+\varepsilon(\phi(\|\nabla^m u\|^2)-\varepsilon\sigma(\|\nabla^m u\|^2))\|\nabla^{m+1}v\|^2+ \tag{1.97}$$
$$\sigma(\|\nabla^m u\|^2)\|\nabla^{m+1}q\|^2\leqslant\frac{1}{2}\|F\|^2+\frac{1}{2}\|\Delta q\|^2$$

在式(1.97)中,有

$$(\phi(\|\nabla^m u\|^2)-\varepsilon\sigma(\|\nabla^m u\|^2))\frac{\mathrm{d}}{\mathrm{d}t}\|\nabla^{m+1}v\|^2$$
$$=\frac{\mathrm{d}}{\mathrm{d}t}[(\phi(\|\nabla^m u\|^2)-\varepsilon\sigma(\|\nabla^m u\|^2))\|\nabla^{m+1}v\|^2]-$$
$$2\|\nabla^{m+1}v\|^2(\phi'(\|\nabla^m u\|^2)-\varepsilon\sigma'(\|\nabla^m u\|^2))(\nabla^m u,\nabla^m u') \tag{1.98}$$
$$\geqslant\frac{\mathrm{d}}{\mathrm{d}t}[(\phi(\|\nabla^m u\|^2)-\varepsilon\sigma(\|\nabla^m u\|^2))\|\nabla^{m+1}v\|^2]-$$
$$2\|\nabla^{m+1}v\|^2(\phi'(\|\nabla^m u\|^2)-\varepsilon\sigma'(\|\nabla^m u\|^2))\|\nabla^m u\|\|\nabla^m u'\|$$

$$\sigma(\|\nabla^m u\|^2)\|\nabla^{m+1}q\|^2-\frac{1}{2}\|\Delta q\|^2$$
$$\geqslant(\sigma(\|\nabla^m u\|^2)-1\|\nabla^{m+1}q\|^2 \tag{1.99}$$
$$\geqslant\lambda^m(\sigma(\|\nabla^m u\|^2)-1)\|\nabla q\|^2$$

将式(1.98)、式(1.99)代入式(1.97)

$$\frac{1}{2}\frac{\mathrm{d}}{\mathrm{d}t}[\|\nabla q\|^2+\varepsilon^2\|\nabla v\|^2+(\phi(\|\nabla^m u\|^2)-\varepsilon\sigma(\|\nabla^m u\|^2))\|\nabla^{m+1}v\|^2]+\varepsilon^3\|\nabla v\|^2+$$
$$\lambda^m(\sigma(\|\nabla^m u\|^2)-1)\|\nabla q\|^2+\varepsilon(\phi(\|\nabla^m u\|^2)-\varepsilon\sigma(\|\nabla^m u\|^2))\|\nabla^{m+1}v\|^2$$
$$\leqslant\frac{1}{2}\|F\|^2+\|\nabla^{m+1}v\|^2(\phi'(\|\nabla^m u\|^2)-\varepsilon\sigma'(\|\nabla^m u\|^2))\|\nabla^m u\|\|\nabla^m u'\| \tag{1.100}$$

因此

$$\frac{\mathrm{d}}{\mathrm{d}t}y(t)+\gamma_4 y(t)\leqslant\|F\|^2+C\|\nabla^m u'\|\|\nabla^{m+1}v\|^2$$
$$\leqslant\|F\|^2+C\|\nabla^m u'\|y(t) \tag{1.101}$$

其中 $y(t)=\|\nabla q\|^2+\varepsilon^2\|\nabla v\|^2+(\phi(\|\nabla^m u\|^2)-\varepsilon\sigma(\|\nabla^m u\|^2))\|\nabla^{m+1}v\|^2$, $\gamma_4=\min\{2(\sigma(\|\nabla^m u\|^2)-1),2\varepsilon\}$.

一方面,对于所有的 $t\geqslant t_0-s$

$$\frac{\mathrm{d}}{\mathrm{d}t}y(t)+\gamma_4 y(t)\leqslant(L_1+L_h\lambda^{\frac{-m}{2}}\rho_0\mathrm{d})^2+C\|\nabla^m u'\|y(t) \tag{1.102}$$

注意到 $y(t_0-s)=0$,

根据引理 1.2 和式(1.45),可得到

$$y(t_0)\leqslant Cy(t_0-s)\mathrm{e}^{-kt_0}+\int_{t_0-s}^{t_0}\mathrm{e}^{-ks}\|F\|^2\mathrm{d}t$$
$$\leqslant\|F\|^2=(L_1+L_h\lambda^{\frac{-m}{2}}\rho_0 d)^2=L_2^2 \tag{1.103}$$

另一方面,如果 $t\geqslant t_0$ 有,

$$
\begin{aligned}
y(t) &\leqslant Cy(t_0)\mathrm{e}^{-kt} + \int_{t_0}^{t} \mathrm{e}^{k(t-t_0)} \|F\|^2 \mathrm{d}t \\
&\leqslant \|F\|^2 + Cy(t_0)\mathrm{e}^{-kt} \\
&\leqslant L_1^2 + CL_2^2\mathrm{e}^{-kt}
\end{aligned} \tag{1.104}
$$

则存在 $T'_D \leqslant T_D$,如果 $s \geqslant T'_D$

$$
y(t) \leqslant L_1^2 + CL_2^2\mathrm{e}^{-kt}, t_0 \in \mathbf{R}, t \geqslant t_0 \tag{1.105}
$$

重新记 $y(t)=y(t;t_0-s,\Psi)$,当 $t \geqslant t_0$,取 $s=T'_D$,并且令 $\tilde{s}=t-t_0+T'_D$,当 t 足够大时,有

$$
y(t;t_0-T'_D,\Psi)=y(t;t-(t-t_0+T'_D),\Psi)=y(t;t-\tilde{s},\Psi) \leqslant 2L_1^2 \tag{1.106}
$$

结果,存在 $T''_D>0$ 使得对所有的 $t \in \mathbf{R}$,并且对所有的 $s \geqslant T'_D+T''_D$

$$
y(t;t-s,\Psi) \leqslant 2L_1^2, \forall \Psi \in D \tag{1.107}
$$

令 $\hat{T}_D=T'_D+T''_D+\mathbf{R}$, 对所有的 $\Psi \in D, t \in \mathbf{R}, s \geqslant \hat{T}_D$

$$
\|\nabla q\|^2+\varepsilon^2\|\nabla v\|^2+(\phi(\|\nabla^m u\|^2)-\varepsilon\sigma(\|\nabla^m u\|^2))\|\nabla^{m+1}v\|^2 \leqslant 2L_1^2 \tag{1.108}
$$

其中 $F(t;t-s,\Psi)=f+h(t,u_t(\cdot,\cdot,t-s,\Psi))$.

结果,对于所有的 $\Psi \in D, t \in \mathbf{R}$, $s \geqslant \hat{T}_D$

$$
\|\nabla v'\|^2+\|\nabla^{m+1}v\|^2 \leqslant \frac{2}{\gamma_5}L_2^2 \leqslant \frac{4}{\gamma_5}\|f\|^2+\frac{4}{\gamma_5}L_h^2\lambda^{-m}\rho_0^2 \tag{1.109}
$$

其中 $\gamma_5=\min\{1,\varepsilon^2,\phi(\|\nabla^m u\|^2)-\varepsilon\sigma(\|\nabla^m u\|^2)\}$,并且重复前面的过程, 对所有的 $\Psi \in D, t \in \mathbf{R}, s \geqslant \hat{T}_D$.

$$
\|\nabla v_t(\cdot,\cdot,t-s,\Psi)\|^2_{C_{D(A),H_0^1}} \leqslant \rho_1^2=\frac{4}{\gamma_5}\|f\|^2+\frac{4}{\gamma_5}L_h^2\lambda^{-m}\rho_0^2 \tag{1.110}
$$

这意味着球 $B^1=B_{C_{D(A),H_0^1}}(0,\rho_0)$是在 $C_{D(A),H_0^1}$上的有界集,另外它是算子 $U_1(\cdot,\cdot)$的一直反向吸收集. 由于 B^1 是 $C_{V,H}$上的有界集,则存在 $T_{B^1} \geqslant r$ 使得

$$
U_1(t,t-s)B^1 \subset B^1, \forall t \in \mathbf{R}, s \geqslant T_{B^1} \tag{1.111}
$$

并且给出有界集 $B^2 \subset C_{D(A),H_0^1}$,

$$
B^2=\bigcup_{t \in \mathbf{R}} \bigcup_{S \geqslant T_{B1}} U_1(t,t-s)B^1 \subset B^1 \subset B^1 \tag{1.112}
$$

是对 $U_1(\cdot,\cdot)$在 $C_{V,H}$上的一致反向吸引集.

通过 Ascoli-Arzelà 定理,人们能够证明$\overline{B^2}$是紧的, 所以$\{B(t)\equiv B^2\}_{t \in \mathbf{R}}$是 $C_{V,H}$上的紧子集, 对 $U(\cdot,\cdot)$它也是一致反向吸引子.

第 3 章　惯性解集与惯性流形

3.1　一类广义非线性 Kirchhoff-Sine-Gordon 方程的指数吸引子及其惯性流形

本节研究了一类广义非线性 Kirchhoff-Sine-Gordon 方程在 n 维条件下的长时间性态. 首先证明了与该初边值问题有关的非线性半群的 Lipschitz 性质和挤压性质,进而得到其指数吸引子的存在性,随后,又运用图换的方法讨论了当 $\mathbf{N}$ 充分大时该初边值问题惯性流形的存在性.

1　引言

指数吸引子是一个紧的正不变的存在有限维分形维数且指数吸引每条轨道的集合,是描述非线性偏微分方程长时间性态的一个重要特征. 自 1994 年 Foias 等提出这一概念起,不少数学工作者在指数吸引子方面作了深入研究. 而惯性流形是指有限维的正不变的,包含整体吸引子以指数速度吸引所有解轨道的 Lipschitz 流形,它是联系无穷维动力系统和有线维动力系统的重要桥梁.

在文献[48]中,作者通过运用算子分解和有限覆盖的方法,研究了下列非线性波方程的指数吸引子

$$\begin{cases} u_{tt}+\alpha u_t-\Delta u+g(u)=f(x),(x,t)\in\Omega\times\mathbf{R}^+ \\ u=0,(x,t)\in\partial\Omega\times\mathbf{R}^+ \\ u(x,0)=u_0(x),u_1(x,0)=u_1(x) \end{cases}$$

在文献[82]中,范小明等研究了下列带有阻尼项的二阶非线性波方程的指数吸引子

$$u_{tt}-\beta\Delta u_t+h(u_t)-\Delta u+\lambda u+g(u)=f(x)$$

其中 $\beta>0,\lambda>0$.

在文献[83]中,作者主要研究了如下二阶时滞波方程的惯性流形

$$\begin{cases} u_{tt}-\beta\Delta u_t+\alpha u_t-\Delta u+g(u)=f(x)+h(t,u_t),t>0,\alpha>0,\beta>0 \\ u(\theta)=u_0(\theta),u_t(0,x)=u_1(x),\theta\in[-r,0] \end{cases}$$

在文献[84]中,Zheng Songmu 等研究了一类带有干扰项的 Cahn-Hilliard 方程

$$\varepsilon u_{tt}+u_t+\Delta(\Delta u-u^3+u-\delta u_t)=0$$

在一维空间上的指数吸引子和惯性流形的存在性,其中 $\varepsilon\geqslant0,\delta\geqslant0$.

关于指数吸引子和惯性流形的更多结果,请参考文献[9]、[12]、[25]和[85]—[94].

受以上研究的启发,本节将讨论一类广义的带有阻尼项的 Kirchhoff-Sine-Gordon 方程指数吸引子和惯性流形的存在性.

$$\begin{cases} u_{tt} - \beta\Delta u_t + \alpha u_t - \phi(\|\nabla u\|^2)\Delta u + g(\sin u) = f(x) & (1.1) \\ u(x,t) = 0, x \in \partial\Omega, t \geqslant 0 & (1.2) \\ u(x,0) = u_0(x), u_t(x,0) = u_1(x), x \in \Omega & (1.3) \end{cases}$$

其中 $\Omega \subset \mathbf{R}^n (n \geqslant 1)$ 是具有光滑边界 $\partial\Omega$ 的有界区域,$\alpha > 0$ 为耗散系数,β 为正常数,$f(x)$,$u_0(x)$,$u_1(x)$ 是关于 x 的已知函数,且 $f(x)$ 为外力干扰项,非线性函数 $\phi(s)$,$g(s)$ 的具体假设稍后会给出.

本节内容主要分为:第二部分给出本节的一些基本假设. 第三部分将证明该方程指数吸引子的存在性. 第四部分证明了该方程惯性流形的存在性.

2 基本假设

为了简便,定义如下空间

$H = L^2(\Omega), V_1 = H_0^1(\Omega), V_2 = H^2(\Omega) \cap H_0^1(\Omega)$.

$E_0 = H_0^1(\Omega) \times L^2(\Omega) = V_1 \times H, E_1 = (H^2(\Omega) \cap H_0^1(\Omega)) \times H_0^1(\Omega) = V_2 \times V_1$.

用 $(\cdot,\cdot)$ 和 $\|\cdot\|$ 分别表示 H 空间上的内积和范数,即

$$(u,v) = \int_\Omega u(x)v(x)\mathrm{d}x, \|u\|^2 = (u,u)$$

非线性函数 $g(s)$ 满足下列条件 (G):

① $g(s) \in C^2(\mathbf{R})$;

② $|g(s)| \leqslant c_0(1 + |s|^p) \leqslant c_1$;

③ $\left|\dfrac{\mathrm{d}g(s)}{\mathrm{d}s}\right| \leqslant c_0(1 + |s|^{p-1}) \leqslant c_2$,其中 $c_i > 0, i = 0,1,2, 1 \leqslant p \leqslant \dfrac{2n}{n-2}, n \geqslant 3$;

非线性函数 $\phi(s)$ 满足下列条件 (F):

④ $\phi(s) \in C^1([0,+\infty),\mathbf{R})$;

⑤ $0 < \dfrac{m_1 + 2}{2} < m_0 \leqslant \phi(s) \leqslant m_1, 0 \leqslant \dfrac{\mathrm{d}\phi(s)}{\mathrm{d}s} \leqslant c$;

⑥ $\phi(s) = \displaystyle\int_0^u \phi(\tau)\mathrm{d}\tau$;

⑦ $\phi(s)s \geqslant c_3\phi(s)$

其中 $c_3 \geqslant \dfrac{2(m+1)}{m_0}, m = \begin{cases} m_0, \dfrac{\mathrm{d}}{\mathrm{d}t}\|\Delta u\|^2 \geqslant 0; \\ m_1, \dfrac{\mathrm{d}}{\mathrm{d}t}\|\Delta u\|^2 < 0 \end{cases}$

⑧ $\phi(\|\nabla u\|^2)(\nabla u, \nabla \nu) \geqslant (\nabla u, \nabla v), \forall u, \nu \in H_0^1(\Omega)$.

3 指数吸引子

为了后面证明的需要,故对 E_0 的内积与范数进行定义

$$\forall U_i = (u_i, v_i) \in E_0, i = 1,2,$$

$$(U_1,U_2)=(\nabla u_1,\nabla u_2)+(v_1,v_2) \tag{3.1}$$

$$\|U\|_{E_0}^2=(U,U)_{E_0}=\|\nabla u\|^2+\|v\|^2 \tag{3.2}$$

令 $U=(u,v)\in E_0,v=u_t+\varepsilon u,0<\varepsilon\leqslant\min\left\{\frac{\alpha}{4},\frac{m_0}{2\beta},\frac{2m_0-m-2}{3\beta},\frac{\lambda_1\alpha}{\lambda_1+\alpha^2}\right\}$,则方程(1.1)等价于

$$U_t+H(U)=F(U) \tag{3.3}$$

其中

$$H(U)=\begin{pmatrix}\varepsilon u-\nu\\(\alpha-\varepsilon)v+\varepsilon(\varepsilon-\alpha)u+\beta\varepsilon\Delta u-\beta\Delta v-\phi(\|\nabla u\|^2)\Delta u\end{pmatrix},F(U)=\begin{pmatrix}0\\f(x)-g(\sin u)\end{pmatrix}$$

由定义可知 E_0,E_1 为两个 Hilbert 空间,E_1 在 E_0 中稠密且紧嵌入 E_0 中,设 $S(t)$ 是 E_i 到 E_i 的映射,$i=0,1$.

定义 3.1　若在 E_0 中存在紧集 $A\subset E_0$,A 吸引 E_1 中所有有界集,并且在 $S(t)$ 作用下是不变集,即 $S(t)A=A,\forall t\geqslant0$,则称半群 $S(t)$ 具有 (E_1,E_0) 型紧吸引子 A.

定义 3.2　若 $A\subset M\subset B$ 且满足:

①$S(t)M\subseteq M,\forall t\geqslant0$;

②M 有有限分形维数,$d_f(M)<+\infty$;

③存在常数 $\eta>0,\delta>0$,使得 $\mathrm{dist}(S(t),B,M)\leqslant\eta\mathrm{e}^{-\delta t},t>0$,其中

$\mathrm{dist}_{E_0}(A,B)=\sup\limits_{x\in A}\inf\limits_{y\in B}|x-y|_{E_0}$,$B\subset E_0$ 在 $S(t)$ 作用下是正不变集.

则紧集 $M\subset E_0$ 称为 $(S(t),B)$ 的 (E_1,E_0) 型指数吸引子.

定义 3.3　若存在有界函数 $l(t)$,使得

$$|S(t)u-S(t)v|_{E_0}\leqslant l(t)|u-v|_{E_0},\forall u,v\in B$$

则称半群 $S(t)$ 在 B 中是 Lipschitz 连续的.

定义 3.4　若对 $\delta\leqslant\left(0,\frac{1}{8}\right)$ 存在阶等于 N 的正交投影 P_N,使得 $\forall u,v\in B$,有

$$|S(t_*)u-S(t_*)v|_{E_0}\leqslant\delta|u-v|_{E_0}$$

或者

$$|Q_N(S(t_*)u-S(t_*)v)|_{E_0}\leqslant|P_N(S(t_*)u-S(t_*)v)|_{E_0}$$

成立,则称半群 $S(t)$ 在 B 中是挤压的,这里 $Q_N=I-P_N$.

定理 3.1[91]　假设满足:

①$S(t)$ 存在一个 (E_1,E_0) 型紧吸引子 A;

②在 E_0 中存在对 $S(t)$ 作用正不变的紧集 B;

③$S(t)$ 在 B 中 Lipschitz 连续,且在 B 中是挤压的.

则称 $S(t)B$ 存在 (E_1,E_0) 型指数吸引子 M,$M=\bigcup\limits_{0\leqslant t\leqslant t_*}S(t)M_*$,

$M_*=A\cup\left(\bigcup\limits_{j=1}^{\infty}\bigcup\limits_{k=1}^{\infty}S(t_*)^j(E^{(k)})\right)$,$M$ 的分型维数满足 $d_f(M)\leqslant cN_0+1$,其中 N_0 是使挤压性成立的最小的 N,关于 $E^{(k)}$ 的定义请参考文献[13].

定理 3.2[22]　假设非线性函数 $g(s)$,$\phi(s)$ 满足条件(G)—(F),$(u_0,v_0)\in E_k,k=0,1$,则问题(1.1)—(1.3)存在唯一解 $(u,v)\in L^\infty(\mathbf{R}^+,E_k)$,且解具有下列性质:

$\|(u,v)\|_{E_0}^2 = \|\nabla u\|^2 + \|v\|^2 \leqslant c(R_0),\|(u,v)\|_{E_0}^2 = \|\nabla v\|^2 + \|\Delta u\|^2 \leqslant c(R_1),t \geqslant t_k$

由定理3.1,可以在 E_0 中定义解半群 $S(t)$:$S(t)(u_0,v_0)=(u(t),v(t))$,则 $S(t)$ 在 E_0 中是连续半群,且存在

$B_1 = \{(u,v) \in E_0 : \|(u,v)\|_{E_0}^2 \leqslant c(R_0)\},B_2 = \{(u,v) \in E_1 : \|(u,v)\|_{E_1}^2 \leqslant c(R_1)\}$

分别是 E_0 和 E_1 中的吸收集.

注意到存在 $t_0(B_2)$ 使得 $B=\overline{\bigcup_{0\leqslant t\leqslant t_0(B_2)} S(t)B_2}$ 是 E_0 中紧的正不变集,并且吸收 E_1 中所有有界子集,其中 B_0 为 $S(t)$ 在 E_1 中闭吸收集.由文献[18]和定理3.1可得半群 $\{S(t)\}_{t\geqslant 0}$ 存在一个 (E_1,E_0) 型紧整体吸引子 $A=\bigcap_{s\geqslant 0}\overline{\bigcup_{t\geqslant s}S(t)B_2}$,这里的闭包在 E_0 中取,A 在 E_1 中有界.

引理3.1 对 $\forall U=(u,v)\in E_0$ 有

$$(H(U),U) \geqslant k_1\|U\|_{E_0}^2 + k_2\|\nabla v\|^2$$

证明 由式(3.1)和式(3.2)得

$$(H(U),U)_{E_0} = \varepsilon\|\nabla u\|^2 - (\nabla v,\nabla u) + (\alpha-\varepsilon)\|v\|^2 + \varepsilon(\varepsilon-\alpha)(u,v) + \beta\varepsilon(\Delta u,v) + \beta\|\nabla v\|^2 + \phi(\|\nabla u\|^2)(\nabla u,\nabla v) \tag{3.4}$$

结合 Holder 不等式,Young 不等式及 Poincare 不等式,处理式(3.4)

$$\varepsilon(\varepsilon-a)(u,v) \geqslant \frac{\varepsilon(\varepsilon-\alpha)}{\sqrt{\lambda_1}}\|\nabla u\|\|v\| \geqslant -\frac{\varepsilon\alpha}{\sqrt{\lambda_1}}\left(\frac{\sqrt{\lambda_1}}{4\alpha}\|\nabla u\|^2 + \frac{\alpha}{\sqrt{\lambda_1}}\|v\|^2\right) \geqslant -\frac{\varepsilon}{4}\|\nabla u\|^2 - \frac{\varepsilon\alpha^2}{\lambda_1}\|v\|^2 \tag{3.5}$$

其中 $0<\varepsilon\leqslant\frac{\alpha}{4}$.

$$\beta\varepsilon(\Delta u,v) = -\beta\varepsilon(\nabla u,\nabla v) \geqslant -\frac{\varepsilon}{4}\|\nabla u\|^2 - \beta^2\varepsilon\|\nabla v\|^2 \tag{3.6}$$

将式(3.5)、式(3.6)代入式(3.4)及条件(F)(8)得

$$(H(U),U)_{E_0} \geqslant \varepsilon\|\nabla u\|^2 + (\alpha-\varepsilon)\|v\|^2 + \beta\|\nabla v\|^2 - \frac{\varepsilon}{4}\|\nabla u\|^2 - \frac{\varepsilon\alpha^2}{\lambda_1}\|v\|^2 - \frac{\varepsilon}{4}\|\nabla u\|^2 - \beta^2\varepsilon\|\nabla v\|^2 \tag{3.7}$$

$$= \frac{\varepsilon}{2}\|\nabla u\|^2 + \left(\alpha-\varepsilon-\frac{\varepsilon\alpha^2}{\lambda_1}\right)\|v\|^2 + \beta(1-\beta\varepsilon)\|\nabla v\|^2$$

由于 $0<\varepsilon\leqslant\frac{\lambda_1\alpha}{\lambda_1+\alpha^2}$,$0<\beta\varepsilon\leqslant 1$,则 $\alpha-\varepsilon-\frac{\varepsilon\alpha^2}{\lambda_1}\geqslant 0$,$\beta(1-\beta\varepsilon)\geqslant 0$.

令 $k_1=\min\left\{\frac{\lambda_1\alpha}{\lambda_1+\alpha^2},\alpha-\varepsilon-\frac{\varepsilon\alpha^2}{\lambda_1}\right\}$,$k_2=\beta(1-\beta\varepsilon)$,则有

$$(H(U),U) \geqslant k_1\|U\|_{E_0}^2 + k_2\|\nabla v\|^2$$

令 $S(t)U_0=U(t)=(u(t),v(t))^{\mathrm{T}}$,$v=u_t(t)+\varepsilon u(t)$,

$S(t)V_0=V(t)=\left(\bar{u}(t),\bar{v}(t)\right)^{\mathrm{T}}$,$\bar{v}=\bar{u}_t(t)+\varepsilon\bar{u}(t)$,

$\phi(t)=S(t)U_0-S(t)V_0=U(t)-V(t)=(w(t),z(t))^{\mathrm{T}}$,

其中 $z(t)=w_t(t)+\varepsilon w(t)$，则 $\phi(t)$ 满足：

$$\phi_t(t)+H(U)-H(V)+\Big(0,g(\sin u)-g(\sin \bar{u})\Big)^{\mathrm{T}}=0 \tag{3.8}$$

$$\phi(0)=U_0-V_0 \tag{3.9}$$

引理 3.2（Lipschitz 性）　$\forall U_0,V_0\in B,T\geqslant 0$ 有

$$\|S(t)U_0-S(t)V_0\|_{E_0}^2\leqslant \mathrm{e}^{kt}\|U_0-V_0\|_{E_0}^2$$

证明　将式(3.8)与 $\phi(t)$ 在 E_0 中作内积，可得

$$\frac{1}{2}\frac{\mathrm{d}}{\mathrm{d}t}\|\phi(t)\|^2+(H(U)-H(V),\phi(t))+\Big(g(\sin u)-g(\sin \bar{u}),z(t)\Big)=0 \tag{3.10}$$

与引理 3.1 类似，可得

$$(H(U),H(V),\phi(t))_{E_0}\geqslant k_1\|\phi(t)\|_{E_0}^2+k_2\|\nabla z(t)\|_{E_0}^2 \tag{3.11}$$

结合条件(G)(3)，Young 不等式及 Poincare 不等式、拉格朗日中值定理，可得

$$|(g(\sin u)-g(\sin \bar{u}),z(t))|\leqslant|g'(\theta)|\|w(t)\|\|z(t)\|\leqslant c_2\lambda_1^{-\frac{1}{2}}\|\nabla w(t)\|\|z(t)\|$$

$$\leqslant\frac{C_2\lambda_1^{-\frac{1}{2}}}{2}\Big(\|\nabla w(t)\|^2+\|z(t)\|^2\Big)=\frac{c_2\lambda_1^{-\frac{1}{2}}}{2}\|\phi(t)\|^2 \tag{3.12}$$

将式(3.11)、式(3.12)代入式(3.10)有

$$\frac{\mathrm{d}}{\mathrm{d}t}\|\phi(t)\|^2+2k_1\|\phi(t)\|^2+2k_2\|\nabla z\|^2\leqslant c_2\lambda_1^{-\frac{1}{2}}\|\phi(t)\|^2 \tag{3.13}$$

进一步可得

$$\frac{\mathrm{d}}{\mathrm{d}t}\|\phi(t)\|^2\leqslant c_2\lambda_1^{-\frac{1}{2}}\|\phi(t)\|^2 \tag{3.14}$$

通过 Gronwall 不等式，可得

$$\|\phi(t)\|^2\leqslant \mathrm{e}^{c_2\lambda_1^{-\frac{1}{2}}t}\|\phi(0)\|^2=\mathrm{e}^{kt}\|\phi(0)\|^2 \tag{3.15}$$

其中 $k=c_2\lambda_1^{-\frac{1}{2}}$.

从而有 $\|S(t)U_0-S(t)V_0\|_{E_0}^2\leqslant\mathrm{e}^{kt}\|U_0-V_0\|_{E_0}^2$.

现在引入 $D(\mathbf{A})$ 到 H 的算子，$\mathbf{A}=-\Delta:D(\mathbf{A})\to H$，其中

$$D(\mathbf{A})=\{u\in H\,|\,\mathbf{A}u\in H\}=\{u\in H^2\,|\,u|_{\partial\Omega}=\nabla u|_{\partial\Omega}=0\},$$

显然 $\mathbf{A}$ 是无界自伴正定算子，因此其逆算子 $\mathbf{A}^{-1}$ 是紧的. 因此，存在 H 空间上的一组正交基底 $\{w_i\}_{i=1}^{\infty}$ 构成 $\mathbf{A}$ 的特征向量，使得

$$\mathbf{A}w_i=\lambda_i w_i,0<\lambda_1\leqslant\lambda_2\leqslant\cdots\leqslant\lambda_i\to+\infty$$

$\forall N$，用 $P=P_n:H\to\mathrm{span}\{w_1,\cdots,w_N\}$ 表示正交投影算子，其中 $Q=Q_N=I-P_N$.
则有

$$\|\mathbf{A}u\|=\|\Delta u\|\geqslant\lambda_{m+1}\|u\|,\forall u\in Q_m(H^2(\Omega)\cap H_0^1(\Omega)),$$

$$\|Q_m u\|\leqslant\|u\|,u\in H.$$

引理 3.3　$\forall U_0,V_0\in B$，

令

$$Q_{m_0}(t)=Q_{m_0}(U(t)-V(t))=Q_{m_0}\phi(t)=(w_{m_0}(t),z_{m_0}(t))^{\mathrm{T}},$$

则 $$\|\phi_{m_0}(t)\|_{E_0}^2 \leqslant \left(\mathrm{e}^{-2k_1 t} + \frac{c_2 \lambda_{m_0+1}^{-\frac{1}{2}}}{2k_1 + k}\mathrm{e}^{kt}\right)\|\phi(0)\|^2$$

证明 将 $Q_{m_0}(t)$ 作用到式(3.8)得

$$\phi_{m_{0t}}(t) + Q_{m_0}(H(U) - H(V)) + (0, Q_{m_0}(g(\sin u) - g(\sin \bar{u})))^{\mathrm{T}} = 0 \tag{3.16}$$

将式(3.16)与 $\phi_{m_0}(t)$ 在 E_0 中作内积得

$$\frac{1}{2}\frac{\mathrm{d}}{\mathrm{d}t}\|\phi_{m_0}(t)\|^2 + k_1\|\phi_{m_0}(t)\|^2 + k_2\|\nabla z_{m_0}\|^2 + Q_{m_0}(g(\sin u) - g(\sin \bar{u}), z_{m_0}(t)) = 0 \tag{3.17}$$

由 Young 不等式及条件(G)的(3)知

$$|Q_{m_0}(g(\sin u) - g(\sin \bar{u}), z_{m_0}(t))| \leqslant |g'(\eta)|\|w_{m_0}(t)\|\|z_{m_0}(t)\| \leqslant$$

$$c_2 \lambda_{m_0+1}^{-\frac{1}{2}}\|\nabla w_{m_0}(t)\|\|z_{m_0}(t)\| \leqslant \frac{c_2 \lambda_{m_0+1}^{-\frac{1}{2}}}{2}\|\phi_{m_0}(t)\|^2 \tag{3.18}$$

将式(3.18)代入式(3.17)得

$$\frac{\mathrm{d}}{\mathrm{d}t}\|\phi_{m_0}(t)\|^2 + 2k_1\|\phi_{m_0}(t)\|^2 \leqslant c_2 \lambda_{m_0+1}^{-\frac{1}{2}}\|\phi_{m_0}(t)\|^2 = c_2 \lambda_{m_0+1}^{-\frac{1}{2}}\|S(t)U_0 - S(t)V_0\|^2 \leqslant$$

$$c_2 \lambda_{m_0+1}^{-\frac{1}{2}}\mathrm{e}^{kt}\|U_0 - V_0\|^2 = c_2 \lambda_{m_0+1}^{-\frac{1}{2}}\mathrm{e}^{kt}\|\phi(0)\|^2 \tag{3.19}$$

由 Gronwall 不等式得

$$\|\phi_{m_0}(t)\|^2 \leqslant \|\phi(0)\|^2\mathrm{e}^{-2k_1 t} + \frac{c_2 \lambda_{m_0+1}^{-\frac{1}{2}}}{2k_1 + k}\mathrm{e}^{kt}\|\phi(0)\|^2$$

$$= \left(\mathrm{e}^{-2k_1 t} + \frac{c_2 \lambda_{m_0+1}^{-\frac{1}{2}}}{2k_1 + k}\mathrm{e}^{kt}\right)\|\phi(0)\|^2 \tag{3.20}$$

从而引理 3.3 得证.

引理 3.4(离散挤压性) $\forall U_0, V_0 \in B$,若

$\|P_{m_0}(S(T^*)U_0 - S(T^*)V_0)\|_{E_0} \leqslant \|(I - P_{m_0})(S(T^*)U_0 - S(T^*)V_0)\|_{E_0}$,则

$$\|(S(T^*)U_0 - S(T^*)V_0)\|_{E_0} \leqslant \frac{1}{8}\|U_0 - V_0\|_{E_0}$$

证明 若$\|P_{m_0}(S(T^*)U_0 - S(T^*)V_0)\|_{E_0} \leqslant \|(I - P_{m_0})(S(T^*)U_0 - S(T^*)V_0)\|_{E_0}$,则

$$\|S(T^*)U_0 - S(T^*)V_0\|^2 \leqslant \|(I - P_{m_0})(S(T^*)U_0 - S(T^*)V_0)\|_{E_0}^2 +$$

$$\|P_{m_0}(S(T^*)U_0 - S(T^*)V_0)\|_{E_0}^2$$

$$\leqslant 2\|(I - P_{m_0})(S(T^*)U_0 - S(T^*)V_0)\|_{E_0}^2 \leqslant 2\left(\mathrm{e}^{-2k_1 T^*} + \frac{c_2 \lambda_{m_0+1}^{-\frac{1}{2}}}{2k_1 + k}\mathrm{e}^{kt^*}\right)\|U_0 - V_0\|^2 \tag{3.21}$$

令 T^* 足够大

$$\mathrm{e}^{-2k_1 T^*} \leqslant \frac{1}{256} \tag{3.22}$$

同样令 m_0 足够大

$$\frac{c_2 \lambda_{m_0+1}^{-\frac{1}{2}}}{2k_1 + k}\mathrm{e}^{kT^*} \leqslant \frac{1}{256} \tag{3.23}$$

将式(3.22)、式(3.23)代入式(3.21)中,可得

$$\|(S(T^*)U_0 - S(T^*)V_0)\|_{E_0} \leqslant \frac{1}{8}\|U_0 - V_0\|_{E_0} \tag{3.24}$$

从而引理3.4得证.

定理3.3 假设非线性函数 $g(s)$,$\phi(s)$满足条件(G)—(F),$(u_0,v_0)\in E_k$,$k=0,1$,$f\in H$,$v=u_t+\varepsilon u$,$0<\varepsilon\leqslant\min\left\{\frac{\alpha}{4},\frac{m_0}{2\beta},\frac{2m_0-m-2}{3\beta},\frac{\lambda_1\alpha}{\lambda_1+\alpha^2}\right\}$,则问题(1.1)—问题(1.3)的解半群在 B 上具有(E_1,E_0)型指数吸引子 M,且

$$M = \bigcup_{0\leqslant t\leqslant T^*} S(t)\left(A \cup \left(\bigcup_{j=1}^{\infty}\bigcup_{k=1}^{\infty} S(T^*)^j(E^{(k)})\right)\right) \tag{3.25}$$

分形维数满足

$$d_f(M) \leqslant 1 + cN_0 \tag{3.26}$$

证明 通过定理3.1、引理3.2、引理3.4、定理3.2很容易得证.

4 惯性流形

在这一部分,将通过图换的方法,得到当 N 充分大时,该方程惯性流形的存在性.下面先给出一些基本概念.

定义4.1[12] 设 $S=(S(t))_{t\geqslant 0}$是Banach空间 $E_0=H_0^1(\Omega)\times L^2(\Omega)$上的解半群,一个子集 $\mu_0\subset E_0$ 满足

①μ 是有限维Lipschitz流形;

②μ 是正不变的,即 $S(t)\mu\subset\mu$,$t\geqslant 0$;

③μ 以指数形式吸引解轨道,即 $\forall x\in E_0$ 存在常数 $\eta>0$,$\gamma>0$,使得

$$\operatorname{dist}(S(t)x,\mu) \leqslant \gamma e^{-\eta t}, t \geqslant 0$$

则称 μ 是关于 $S(t)$ 的一个惯性流形.

设算子 $\mathbf{A}:E_0\to E_0$ 有可数个正实部的特征值,其特征函数$\{w_j\}_{j\geqslant 1}$张成 E_0 上相应的正交空间,且 $F\in C_b(E_0,E_0)$满足Lipschitz条件:

$$\|F(u) - F(v)\|_{E_0} \leqslant l_F\|u - v\|_{E_0}, u,v \in E_0$$

定义4.2 若算子 $\mathbf{A}$ 的点谱可分为两个部分,即 σ_1 和 σ_2,且 σ_1 是有限的,

$$\Lambda_1 = \sup\{Re\lambda \mid \lambda \in \sigma_1\}, \Lambda_2 = \inf\{Re\lambda \mid \lambda \in \sigma_2\} \tag{4.1}$$

$$X_i = \operatorname{span}\{w_j \mid \lambda_j \in \sigma_i\}, i = 1,2, \text{span 表示张成空间符号} \tag{4.2}$$

且满足条件

$$\Lambda_2 - \Lambda_1 > 4l_F \tag{4.3}$$

及正交分解

$$E_0 = X_1 \oplus X_2 \tag{4.4}$$

设 $P_1:E_0\to X_1$,$P_2:E_0\to X_2$ 是连续投影,则称算子 $\mathbf{A}$ 满足谱间隔条件. (4.5)

方程(1.1)等价于下列一阶发展方程

$$U_t + AU = F(U) \tag{4.6}$$

其中 $U=(u,v)=(u,u_t)$,

$$\mathbf{A}=\begin{pmatrix}0 & -I\\ -\phi(\|\nabla u\|^2)\Delta & -\beta\Delta+\alpha\end{pmatrix},F(U)=\begin{pmatrix}0\\ f(x)-g(\sin u)\end{pmatrix} \tag{4.7}$$

令 $D'(\mathbf{A})=\{u\in H_0^1(\Omega)\mid u\in H_0^1(\Omega),\Delta u\in L^2(\Omega)\}\times L^2(\Omega)$.

定义 E_0 上的内积

$$<U,V>_{E_0}=(\nabla u,\nabla\bar{y})+(\bar{z},v) \tag{4.8}$$

其中 $U=(u,v)$, $V=(y,z)\in E_0$, $\bar{y},\bar{z}$ 分别表示 y 和 z 的共轭, $z,v\in L^2(\Omega)$, $u,y\in H_0^1(\Omega)$.

对 $\forall U\in D'(\mathbf{A})$,有

$$\begin{aligned}<\mathbf{A}U,U>_{E_0}&=-(\nabla v,\nabla\bar{u})+(\bar{v},-\phi(\|\nabla u\|^2)\Delta u-\beta\Delta v+\alpha v)\\&=-(\nabla v,\nabla\bar{u})+(\nabla\bar{v},\phi(\|\nabla u\|^2)\nabla u)+\beta(\nabla\bar{v},\nabla u)+\alpha(\bar{v},v)\\&\geqslant\beta\|\nabla v\|^2+\alpha\|v\|^2,\end{aligned}$$

因此,算子 $\mathbf{A}$ 是单调递增的,且 $<\mathbf{A}U,U>_{E_0}$ 是非负实数.

特征方程 $\mathbf{A}U=\lambda U$, $U=(u,v)\in E_0$ 等价于

$$-v=\lambda u \tag{4.9}$$

$$-\phi(\|\nabla u\|^2)\Delta u-\beta\Delta v+\alpha v=\lambda v \tag{4.10}$$

因此,λ 满足下列特征值问题

$$\begin{cases}\lambda^2u+(\beta\Delta u-\alpha u)\lambda-\phi(\|\nabla u\|^2)\Delta u=0,\\ u\mid_{\partial\Omega}=0\end{cases} \tag{4.11}$$

由式(4.9)、式(4.10)知,相应特征函数为

$$U_k^{\pm}=(u_k,-\lambda_k^{\pm}u_k),\mu_k^2=\lambda_1k^{\frac{2}{n}} \tag{4.12}$$

其中 μ_k 是 $-\Delta$ 在 $H_0^2(\Omega)$ 中的特征根.

对任意正整数 $k\geqslant1$,有

$$\|u_k\|=1,\|\nabla u_k\|=\mu_k,\|\nabla^{-1}u_k\|=\frac{1}{\mu_k} \tag{4.13}$$

将 $u_k(x)$ 代入式(4.10)中 u 的位置,两边用 $u_k(x)$ 取内积得

$$\lambda^2\|u_k\|^2-(\beta\|\nabla u_k\|^2+\alpha\|u_k\|^2)\lambda+\|\nabla u_k\|^2\phi(\|\nabla u_k\|^2)=0 \tag{4.14}$$

将式(4.13)代入式(4.14)得

$$\begin{aligned}\lambda_k^{\pm}&=\frac{\alpha+\beta\mu_k^2\pm\sqrt{(\alpha+\beta\mu_k^2)^2-4\mu_k^2\phi(\mu_k^2)}}{2}\\&=\frac{\alpha+\beta\mu_k^2\pm\sqrt{(\alpha+\beta\mu_k^2+2\mu_k\sqrt{\phi(\mu_k^2)})(\alpha+\beta\mu_k^2-2\mu_k\sqrt{\phi(\mu_k^2)})}}{2}\end{aligned} \tag{4.15}$$

引理 4.1 令 $g(u)=g(\sin u)$,则 $g:H_0^1(\Omega)\to H_0^1(\Omega)$ 是整体有界和整体 Lipschitz 连续的函数.

证明 $\forall u_1,u_2\in H_0^1(\Omega)$

$$\begin{aligned}&\|g(\sin u_1)-g(\sin u_2)\|=\|g'(\xi)(\sin u_1-\sin u_2)\|\leqslant\\&|g'(\xi)|\|u_1-u_2\|\leqslant c_2\|u_1-u_2\|\end{aligned}$$

令 $l=c_2$,则 l 为函数 $g(\sin u)$ 的 Lipschitz 系数.

定理 4.1 假设 $\alpha\beta>m_1$, l 是函数 $g(\sin u)$ 的 Lipschitz 系数,若当 $N_1\in N$ 充分大且 $N\geqslant N_1$

时,有下列不等式成立

$$(\mu_{N+1}^2 - \mu_N^2)(\beta - \sqrt{\alpha^2\beta^2 - m_1^2}) \geqslant \frac{8l}{\sqrt{\alpha\beta - m_1}} + 1 \tag{4.16}$$

$$\left| \sqrt{R(N)} - \sqrt{R(N+1)} + (\mu_{N+1}^2 - \mu_N^2)\sqrt{\alpha^2\beta^2 - m_1^2} \right| \leqslant 1 \tag{4.17}$$

其中 $R(N) = (\alpha + \beta u_{N+1}^2)^2 - 4\mu_N^2\phi(\mu_N^2)$. (4.18)

则算子 **A** 满足谱间隔条件(4.3).

证明　当 $\alpha\beta > m_1$ 时,算子 **A** 的所有特征根都是实特征根,而且特征根序列 $\{\lambda_j^+\}_{j\geqslant 1}$ 和 $\{\lambda_j^-\}_{j\geqslant 1}$ 都是单调递增的.

令 $\gamma = \alpha\beta + \sqrt{\alpha^2\beta^2 - m_1^2}$,当 $k \to +\infty$ 时,有

$$\lambda_k^+ = \gamma\mu_k^2 + \alpha + \frac{\alpha^2\beta}{\sqrt{\alpha^2\beta^2 - m_1^2}} + 0\left(\frac{1}{\mu_k^2}\right) \tag{4.19}$$

$$\lambda_k^- = \frac{1}{\gamma}\mu_k^2 + \alpha - \frac{\alpha^2\beta}{\sqrt{\alpha^2\beta^2 - m_1^2}} + 0\left(\frac{1}{\mu_k^2}\right) \tag{4.20}$$

至少有一个正整数 k,使得 $U_k^- \in X_1$ 且 $U_k^+ \in X_2$,并且由式(4.7)和式(4.13)及 $\lambda_k^- \cdot \lambda_k^+ = \mu_k^2\phi(\mu_k^2)$,可得

$$\begin{aligned}(U_K^-, U_K^+)_{E_0} &= \|\nabla u_k\|^2 + (-\lambda_k^- u_k, -\lambda_k^+ u_k) = \mu_k^2 + \lambda_k^- \cdot \lambda_k^+ \|u_k\|^2 \\ &= \mu_k^2 + \mu_k^2\phi(\mu_k^2) \geqslant \mu_k^2\end{aligned}$$

由于 $\gamma > \alpha\beta$ 由式(4.19)、式(4.20)可知 **A** 的点谱子空间 X_1 和 X_2 不可能正交,为克服这一困难,重新定义 E_0 的内积使之等价于(4.8).

引理 4.2　若特征值 $\lambda_k^\pm, k \geqslant 1$ 是非减的,则对任意 $m \in N$,存在 $N \geqslant m$,使得 λ_N^- 和 λ_{N+1}^- 是相邻值.

已知 N 使 λ_N^- 和 λ_{N+1}^- 是相邻值,可将 **A** 的特征值分解为

$$\sigma_1 = \{\lambda_j^-, \lambda_k^+ \mid \max\{\lambda_j^-, \lambda_k^+\} \leqslant \lambda_N^-\}, \sigma_2 = \{\lambda_j^+, \lambda_k^\pm \mid \lambda_j^- \leqslant \lambda_N^- < \min\{\lambda_j^+, \lambda_k^\pm\}\}$$

则 E_0 可分解为

$$X_1 = \operatorname{span}\{U_j^-, U_k^+ \mid \lambda_j^-, \lambda_k^+ \in \sigma_1\} \tag{4.21}$$

$$X_2 = \operatorname{span}\{U_j^-, U_k^\pm \mid \lambda_j^-, \lambda_k^\pm \in \sigma_2\} \tag{4.22}$$

下面将找出两个正交的子空间,使得 $X_2 = X_C \oplus X_R$,

$$X_C = \operatorname{span}\{U_j^+ \mid \lambda_j^- \leqslant \lambda_N^- < \lambda_j^+\} \tag{4.23}$$

$$X_R = \operatorname{span}\{U_k^\pm \mid \lambda_N^- < \lambda_k^\pm\} \tag{4.24}$$

设 $X_N = X_1 \oplus X_C$,注意到 X_1 和 X_C 是有限维子空间,$\lambda_N^- \in X_1$,$\lambda_{N+1}^- \in X_R$,因为 X_1 与 X_R 正交,X_1 与 X_C 不正交,X_1 与 X_2 不正交.

设函数 $\boldsymbol{\Phi}: X_N \to R$,$\boldsymbol{\Psi}: X_R \to R$,

$$\begin{aligned}\Phi(U,V) &= \beta(\nabla u, \nabla \bar{y}) + \beta(\nabla^{-1}z, \nabla u) + \beta(\nabla^{-1}v, \nabla \bar{y}) + (\nabla^{-1}z, \nabla^{-1}v) + \\ &\quad (\alpha\beta - \phi(\|\nabla u\|^2))(\bar{u}, y) + (\beta - \beta^2)(\nabla \bar{u}, \nabla y)\end{aligned} \tag{4.25}$$

$$\begin{aligned}\Psi(U,V) &= (\nabla u, \nabla y) + 2(\nabla^{-1}z, \nabla u) + (\nabla^{-1}z, \nabla^{-1}v) + (\alpha\beta - \phi(\|\nabla u\|^2))(\bar{u}, y) + \\ &\quad 2\beta(\nabla \bar{u}, \nabla y)\end{aligned} \tag{4.26}$$

其中 $U = (u, v)$,$V = (y, z) \in Z_N$,则

$$\Phi(U,U)=\beta(\nabla u,\nabla\bar{u})+\beta(\nabla^{-1}v,\nabla u)+\beta(\nabla^{-1}v,\nabla\bar{u})+(\nabla^{-1}v,\nabla^{-1}v)+(\alpha\beta-\phi(\|\nabla u\|^2))(\bar{u},u)+(\beta^2-\beta)(\nabla\bar{u},\nabla u)$$
$$=\beta\|\nabla u\|^2+2\beta(\nabla^{-1}v,\nabla u)+\|\nabla^{-1}v\|^2+(\alpha\beta-\phi(\|\nabla u\|^2))\|u\|^2+(\beta^2-\beta)\|\nabla u\|^2$$
$$=(\alpha\beta-\phi(\|\nabla u\|^2))\|u\|^2 \tag{4.27}$$

由于 $\alpha\beta>m_1,m_0\leqslant\phi(\|\nabla u\|^2)\leqslant m_1$，则 $\Phi(U,V)\geqslant0,\forall U\in X_N$，即 Φ 是正定的.

同理，$\forall U\in X_R$

$$\Psi(U,U)=(\nabla u,\nabla\bar{u})+2(\nabla^{-1}v,\nabla u)+(\nabla^{-1}v,\nabla^{-1}v)+(\alpha\beta-\phi(\|\nabla u\|^2))(\bar{u},u)+2\beta(\nabla\bar{u},\nabla u)$$
$$\geqslant\|\nabla u\|^2-\|\nabla^{-1}v\|^2-\|\nabla u\|^2+\|\nabla^{-1}v\|+(\alpha\beta-\phi(\|\nabla u\|^2))\|u\|^2+2\beta\|\nabla u\|^2$$
$$=(\alpha\beta-\phi(\|\nabla u\|^2))\|u\|^2+2\beta\|\nabla u\|^2 \tag{4.28}$$

可得 $\forall U\in X_R,\Psi(U,U)\geqslant0$，因此 Ψ 也是正定的.

规定 E_0 的内积

$$<<U,V>>_{E_0}=\Phi(P_NU,P_NV)+\Psi(P_RU,P_RV) \tag{4.29}$$

其中 P_N 和 P_R 分别是到 X_N 和 X_R 的投影，把式(4.29)简记为

$$<<U,V>>_{E_0}=\Phi(U,V)+\Psi(U,V) \tag{4.30}$$

在 E_0 的内积式(4.29)下，X_1 与 X_2 正交，事实上只要 X_1 与 X_C 正交，就只需证明

$$<<U_j^-,U_j^+>>_{E_0}=\Phi(U_j^-,U_j^+)=$$
$$\beta(\nabla u_j,\nabla\overline{u_j})+\beta(-\lambda_j^+\nabla^{-1}u_j,\nabla u_j)+\beta(-\lambda_j^-\nabla^{-1}u_j,\nabla\overline{u_j})+(-\lambda_j^+\nabla^{-1}u_j,-\lambda_j^-\nabla^{-1}u_j)+(\alpha\beta-\phi(\|\nabla u\|^2))(\overline{u_j},u_j)+(\beta^2-\beta)(\nabla\overline{u_j},\nabla u_j)$$
$$=\beta\|\nabla u_j\|^2+\beta(\lambda_j^++\lambda_j^-)\|u_j\|^2+\lambda_j^+\cdot\lambda_j^-\|\nabla^{-1}u_j\|^2+(\alpha\beta-\phi(\|u_j^2\|^2))\|u_j\|^2+(\beta^2-\beta)\|\nabla u_j\|^2$$
$$=0$$

根据式(4.13)及 $\lambda_j^++\lambda_j^+=\alpha+\beta\mu_j^2,\lambda_j^+\cdot\lambda_j^+=\mu_j^2\phi(\mu_j^2)$.

在式(4.29)内积下定义 E_0 的模 $\||\cdot|\|_{E_0}$，需要证明谱间隔条件式(4.3)成立. 在式(4.4)中已经建立了正交分解，现在估计 F 的 Lipschitz 常数 l_F，其中 $F(U)=\begin{pmatrix}0\\f(x)-g(\sin u)\end{pmatrix}$，$g:H_0^1(\Omega)\to H_0^1(\Omega)$ 是整体 Lipschitz 连续的，

令 $P_1:E_0\to X_1,P_2:E_0\to X_2$ 是正交投影，

若 $U=(u,v)\in X,U_1=(u_1,v_1)=P_1U,U_2=(u_2,v_2)=P_2U$，则

$$P_1u=u_1,P_2u=u_2,$$
$$\||U|\|_{E_0}^2=\Phi(P_1U,P_1U)+\Psi(P_2U,P_2U)$$
$$\geqslant(\alpha\beta-\phi(\mu_k^2))\|u_1\|^2+(\alpha\beta-\phi(\mu_k^2))\|u_2\|^2 \tag{4.31}$$
$$\geqslant(\alpha\beta-m_1)\|u\|^2$$

令 $U=(u,\bar{u}),V=(v,\bar{v})\in E_0$，则

$$\|F(U)-F(V)\|_{E_0}=\|g(\sin u)-g(\sin v)\|\leqslant l\|u-v\|\leqslant\frac{l}{\sqrt{\alpha\beta-m_1}}\|U-V\|E_0 \tag{4.32}$$

因此

$$l_F \leqslant \frac{l}{\sqrt{\alpha\beta - m_1}} \tag{4.33}$$

由式(4.33)可知,若

$$\lambda_{N+1}^{-} - \lambda_N^{-} > \frac{4l}{\sqrt{\alpha\beta - m_1}} \tag{4.34}$$

成立,则谱间隔条件式(4.3)是成立的,由式(4.18)得

$$\lambda_{N+1}^{-} - \lambda_N^{-} = \frac{\beta}{2}(\mu_{N+1}^2 - \mu_N^2) + \frac{1}{2}(\sqrt{R(N)} - R(N+1)) \tag{4.35}$$

并且有

$$\lim_{N\to+\infty}(\sqrt{R(N)} - \sqrt{R(N+1)} + (\mu_{N+1}^2 - \mu_N^2)\sqrt{\alpha^2\beta^2 - m_1^2}) = 0 \tag{4.36}$$

令 $R_1(N) = 1 + \frac{2\alpha^2\beta}{(\alpha^2\beta^2 - m_1^2)\mu_N^2} + \frac{\alpha^2}{(\alpha^2\beta^2 - m_1^2)\mu_N^4}$　　(4.37)

则有

$$\begin{aligned}&\sqrt{R(N)} - \sqrt{R(N+1)} + (\mu_{N+1}^2 - \mu_N^2)\sqrt{\alpha^2\beta^2 - m_1^2}\\ &= \sqrt{\alpha^2\beta^2 - m_1^2}(\mu_{N+1}^2(1 - \sqrt{R_1(N+1)}) - \mu_N^2(1 - \sqrt{R_1(N)}))\end{aligned} \tag{4.38}$$

易得

$$\lim_{N\to+\infty}\mu_N^2(1 - \sqrt{R_1(N)}) = \mu_N^2 \cdot \frac{1 - R_1(N)}{1 + \sqrt{R_1(N)}} = -\frac{\alpha^2\beta}{\alpha^2\beta^2 - m_1^2} \tag{4.39}$$

则式(4.36)得证.

从条件(4.17)可以确定 $N_1 > 0$,使得 $N \geqslant N_1$,结合式(4.34)得

$$\lambda_{N+1}^{-} - \lambda_N^{-} \geqslant \frac{1}{2}((\beta - \sqrt{\alpha^2\beta^2 - m_2^1})(\mu_{N+1}^2 - \mu_N^2) - 1) \tag{4.40}$$

这表明由式(4.16)、式(4.35)和式(4.40)得式(4.34)成立.

因此,当 $\alpha\beta > m_1$ 时,定理4.1证毕.

附注4.1　由于 $m_0 < \phi(\|\nabla u\|^2) \leqslant m_1$,经分析得:

当 $\alpha\beta < m_0$ 或 $\alpha\beta \in [m_0, m_1]$ 时,算子 **A** 的特征根是有限的复特征根,当 N 充分大时,有无限个实特征根.当特征根是实根时,讨论结果与定理4.1类似,故不再赘述.由定理4.1和附注4.1,能推断出下列定理:

定理4.2　方程(4.6)在 E_0 中存在一个惯性流形 μ,

$$\mu = \text{graph}(\Phi) = \{\omega + \Phi(\zeta) \mid \omega \in X_1\}$$

其中 X_2, X_2 定义如同式(4.21),式(4.22),且 $\Phi: X_1 \to X_2$ 是一个 Lipschitz 连续函数.

证明　根据定理4.1,附注4.1,定理4.2很容易被证明.

3.2　一类广义非线性 Kirchhoff-Boussinesq 型方程的指数吸引子及其惯性流形

本节研究了具有阻尼项的广义非线性 Kirchhoff-Boussinesq 型方程:$u_{tt} + \alpha u_t - \beta\Delta u_t +$

$\Delta^2 u = \mathrm{div}(g(|\nabla u|^2)\nabla u) + \Delta h(u) + f(x)$的整体动力学. 本节研究了该模型的非线性半群的强挤压性及证明了方程指数吸引子的存在性,并对方程的惯性流形也进行了证明.

1 引言

本节研究下列具有阻尼项的广义非线性 Kirchhoff-Boussinesq 型方程的指数吸引子和惯性流形的存在性:

$$u_{tt} + \alpha u_t - \beta\Delta u_t + \Delta^2 u = \mathrm{div}(g(|\nabla u|^2)\nabla u) + \Delta h(u) + f(x) in\Omega \times \mathbf{R} \tag{1.1}$$

$$u(x,0) = u_0(x); u_t(x,0) = u_1(x), x \in \Omega \tag{1.2}$$

$$u(x,t)|_{\partial\Omega} = 0, \Delta u(x,t)|_{\partial\Omega} = 0 \tag{1.3}$$

其中 Ω 是 $P^N(N=2,3)$ 中具有光滑边界的有界域$\partial\Omega$,且 α,β 都是正常数,有关 $\mathrm{div}(g(|\nabla u|^2)\nabla u)$,$\Delta h(u)$的假设将会在后文中给出.

与整体吸引子相反,指数吸引子在其解的不变吸收集上具有均匀的指数收敛率. 正因如此,指数吸引子具有更深且更实用的性质,并且在扰动和数值近似下,指数吸引子比整体吸引子更稳健. 因此,从 1994 年开始,许多学者便开始研究指数及数值近似的存在,而不是整体吸引子. 具体参见文献[9]、[25]、[42]、[50]、[82]、[91]、[92]和[97]—[100].

惯性流形是研究具有耗散性演化方程的解的长时间性态. 当它们存在时,惯性流形是包含整体吸引子的有限维不变光滑流形,并且以指数速率吸引解轨道. 对于正在考虑的系统的大部分动力学性态都是在这种流形下产生的,这使得对动力学性态的研究更加简便. 同时,在惯性流形的限制下,即使初始系统是无限维的,此时的系统也变成了有限维的. 这种系统称为惯性系统,重现了许多初始系统的大部分动力学性态. 惯性流形和相应的惯性形式对研究耗散方程的有限维动力学性态是有力的工具. 参见文献[15]—[22],下面将举例说明.

最近,Meihua Yang 和 Chunyou Sun[92]研究了下列具有强阻尼项的波方程的指数吸引子

$$\begin{cases} \partial_{tt}u - \Delta\partial_t u - \Delta u + f(u) = g(x), \\ (u(0), \partial_t u(0)) = (u_0, \nu_0,) \\ u|_{\partial\Omega} = 0 \end{cases} \tag{1.4}$$

其中$f \in C^1(R)$,且$f(0) = 0$,满足下列情形:
增长条件,

$$|f'(s)| \leqslant C(1 + |s|^p) \text{ 对于所有 } s \in \mathbf{R} \tag{1.5}$$

耗散条件,

$$\liminf_{|s| \mapsto \infty} \frac{f(s)}{s^2} > -\lambda_1 \tag{1.6}$$

其中 $0 \leqslant p \leqslant 4$ 和 λ_1 是 $-\Delta$ 在 Ω 上带有齐次 Dirichlet 边界条件的第一特征值.

本节首先证明了当外力项 $g \in H^{-1}$时存在$(H_0^1(\Omega) \times L^2(\Omega), H_0^1(\Omega) \times H_0^1(\Omega))$-整体吸引子的存在性,证明了当 $T>0$ 时在 $H^2 \times H^1$ 存在指数吸引每个 $H^1 \times L^2$-有界集的有界集,还证明了当 $g \in L^2(\Omega)$是在相空间 $H_0^1(\Omega) \times H_0^1(\Omega)$存在有限分形维数.

Ke Li 和 Zhijian Yang[42]同样研究了问题(1.4). 他们假设 $g \in L^2(\Omega)$,$f \in C^2(\mathbf{R})$且$f(0) = 0$ $\liminf_{|s| \mapsto \infty} f'(s) > -\lambda_1$,$f$还满足临界增长性:对所有 $s \in \mathbf{R}$,$|f''(s)| \leqslant C(1 + |s|^3)$. 该节首先通

过l－轨道理论证明了在临界条件下方程的解半群存在指数吸引子，然后根据方程的数据得到在此临界条件下给出了指数吸引子的分形维数的准确上界.

Zhijian Yang 和 Zhiming Liu[25]也研究了具有非线性强阻尼项及超临界非线性的 Kirchhoff 型方程的指数吸引子的存在性 $u_{tt}-\sigma(\|\nabla u\|^2)\Delta u_t-\phi(\|\nabla u\|^2)\Delta u+f(u)=h(x)$. 该节主要的结论是建立在非线性$f(u)$是超临界增长的，在此条件下通过使用一个基于弱似稳态估计新方法（相对于通常所讲的强稳态而讲）建立了在自然能量空间下的指数吸引子.

Xiaoming Fan 和 Han Yang[82]构造出了一个在 $\mathbf{R}^+$ 上基于波方程的空间离散化，具有非线性阻尼项的二阶晶格动力系统的指数吸引子：$u_{tt}-\beta\Delta u_t+h(u_t)-\Delta u+\lambda u+\bar{g}u=\bar{q}$. 文章假设存在4种正常数 c_1,c_2,α_1 和 α_2 使得下面条件成立

$$(H_1)g(0)=0,sg(s)\geqslant c_1G(s)\geqslant 0,\forall s\in\mathbf{R},G(s)=\int_0^s g(\tau)\mathrm{d}\tau$$

(H_2) 存在一个连续增函数 $K(r):\mathbf{R}^+\to\mathbf{R}^+$ 且 $K(0)=0$ 使得 $\sup\limits_{t\in\mathbf{R}}\sup\limits_{|s|\leqslant r}|g'(s)|\leqslant K(r^2)$，其中 $\mathbf{R}^+=[0,+\infty)$.

$$(H_3)h(0)=0,\alpha_1\leqslant h'(s)\leqslant\alpha_2,\forall s\in\mathbf{R}$$

现在普遍认为，惯性流形存在的一个充分条件是线性算子 $\mathbf{A}$ 的谱间隔条件及非线性项的 Lipschitz 连续性成立（$\|f(x,t)-f(y,t)\|\leqslant q\|x-y\|$，其中为 q 独立于 t 的 Lipschitz 常数），见参考文献[86,88,102,103,104].

Songmu Zheng 和 Albert Milani[84]分别考虑了在一维空间中无黏性的 Cahn-Hilliard 方程的两种边值问题的奇异摄动性. 该节证明了基于这两种边值问题的动力系统在相空间 $H_0^1(0,\pi)\times H^{-1}(0,\pi)$ 存在指数吸引子和惯性流形.

Xu Guigui, Wang Libo 和 Lin Guoguang[83]在时滞时间很小的假设下讨论了一类时滞非线性波方程$\dfrac{\partial^2 u}{\partial^2 t}+\alpha\dfrac{\partial u}{\partial t}-\beta\Delta\dfrac{\partial u}{\partial t}-\Delta u+g(u)=f(x)+h(t,u_t),t>0,\alpha>0,\beta>0$ 的惯性流形的存在性.

Bin Zhao 和 Guoguang Lin[106]考虑了基于 Cahn-Hilliard 的奇异摄动方程上，具有双重扰动的 Cahn-Hilliard 方程 $\varepsilon(u_{tt}+u_t)-\alpha\Delta u_t+\Delta^2 u_t-\Delta u^k=f,k\geqslant 2$ 的惯性流形的存在性.

本章结构如下：在第二部分中，给出主要记号和主要假设. 在第三部分中，指数吸引子的建立. 在第四部分中，方程惯性流形的讨论.

2　记号和主要假设

为叙述方便，引入下列符号：

$$L^p=L^p(\Omega),W^{k,p}=W^{k,p}(\Omega),H^k=W^{k,2},H=L^2,\|\cdot\|=\|\cdot\|_{L^2}$$

$$\|\cdot\|_p=\|\cdot\|_{L^p},V_1=(H^2\cap H_0^1)\times H,V_2=H^3\cap H^1,$$

其中 $p\geqslant 1$. $W^{-1,p'}$ 为 $W_0^{1,p}$ 的共轭空间，$p'=\dfrac{p}{p-1}$. H^k 是 L^2－内积下的 Sobolev 空间，同时 H_0^k 表示 $C_0^\infty(\Omega)$ 在 H^k 中的闭包($k>0$). 符号$(\cdot,\cdot)$表示 H－内积.

在这部分中给出了下面证明所需的主要假设：

$(H_1)g\in C^1(\Omega)$,

$$\liminf_{|s|\to\infty} \frac{G(s)}{|s|^{\frac{m+3}{2}}} \geq 0 \tag{2.1}$$

$$\liminf_{|s|\to\infty} \frac{sg(s) - \rho G(s)}{|s|^{\frac{m+3}{2}}} \geq 0 \tag{2.2}$$

其中 $G(s) = \int_0^s g(\tau)\mathrm{d}\tau, 0 < \rho < 2$ 且当 $N \geq 2$ 时,

$$|g'(s)| \leq C\left(1 + |s|^{\frac{m-1}{2}}\right), s \in \Omega \tag{2.3}$$

其中当 $N=2$ 时,$1 \leqslant m < \infty$;当 $N=3$ 时,$m=1$.

(H_1) $h \in C^2(\Omega)$,$\lambda_1(>0)$是 $-\Delta$ 在 Ω 上带有齐次 Dirichlet 边界条件的第一特征值.

3 指数吸引子

设 V_1, V_2 是两个 Hilbert 空间,V_2 在 V_1 中稠密并且紧嵌入 V_1 中. 设 $S(t)$ 为从 $V_1(V_2)$ 到自身的映射.

定义 3.1 半群 $S(t)$ 存在(V_2, V_1)-型紧吸引子 A,如果存在一个紧集 $A \subset V_1$,A 吸引所有在 V_2 中的有界子集并且在 $S(t)$ 的作用下是不变的.

定义 3.2 紧集 M 称为$(S(t), B)$的(V_2, V_1)-型指数吸引子,如果 $A \subseteq M \subseteq B$ 且

①$S(t)M \subseteq M, \forall t \geqslant 0$,

②M 有有限维分形维数,$d_F(M) < +\infty$,

③存在正常数 c_1, c_2 使得

$$\mathrm{dist}(S(t)B, M) \leqslant c_1 \mathrm{e}^{-c_2 t}, \forall t > 0,$$

其中 $\mathrm{dist}_{V_1}(A', B') = \sup_{x \in A'} \inf_{y \in B'} |x - y|_{V_1}$,$B$ 为 V_1 中关于 $S(t)$ 的正不变集.

定义 3.3 $S(t)$ 在 B 中是挤压的,如果对所有的 $\delta \in \left(0, \frac{1}{8}\right)$ 存在阶等于 N 的正交投影 P_N 使得对所有 B 中的 u 和 v,或者

$$|S(t_*)u - S(t_*)v|_{V_1} \leqslant \delta |u - v|_{V_1}$$

或者

$$|Q_N(S(t_*)u - S(t_*)v)|_{V_1} \leqslant |P_N(S(t_*)u - S(t_*)v)|_{V_1}$$

这里 $Q_N = I - P_N$.

定理 3.1[91] 假设

①$S(t)$ 存在(V_2, V_1)-型紧吸引子 A;

②在 V_1 中存在对于 $S(t)$ 作用正不变的紧集 B;

③$S(t)$ 在 B 中 Lipschitz 连续且在 B 中是挤压的.

则$(S(t), B)$存在(V_2, V_1)-型指数吸引子 M,且

$$M = \bigcup_{0 \leqslant t \leqslant t_*} S(t) M_*, M_* = A \cup \left(\bigcup_{j=1}^{\infty} \bigcup_{k=1}^{\infty} S(t_*)^j (E^{(k)})\right)$$

此外

$$d_F(M) \leqslant N \max\left\{1, \frac{\log(16l + 1)}{2 \log 2}\right\}$$

$$\mathrm{dist}_{V_1}(S(t)B,M) \leqslant c_1 e^{-c_2 t}, \forall t > 0,$$

其中 $N, E^{(k)}$ 如文献[12]中定义，l 为 $S(t_*)$ 在 B 中的 Lipachitz 常数.

命题 3.1[91]　存在 $t_0(B_0)$ 使得

$$B = \overline{\bigcup_{0 \leqslant t \leqslant t_0(B_0)} S(t)B_0}$$

是 V_1 中紧的正不变集，并且吸收 V_2 中的所有有界子集，其中 B_0 是 $S(t)$ 在 V_2 中的闭吸收集.

设 $V_1 = (H^2 \cap H_0^1) \times H$，并赋予其内积及规范：对任意的 $U_i = (u_i, v_i) \in V_1, i = 1,2$.

$$(U_1, U_2)_{V_1} = (\Delta u_1, \Delta u_2) + (v_1, v_2) \tag{3.1}$$

$$\|U\|_{V_1}^2 = (U, U)_{V_1} = \|\Delta u\|^2 + \|v\|^2, U \in V_1 \tag{3.2}$$

令

$$v = u_t + \varepsilon u, 0 < \varepsilon < \min\left\{\frac{\alpha}{4}, \frac{\lambda_1^2}{2\alpha}, \frac{\lambda_1}{4\beta}\right\} \tag{3.3}$$

则问题(1.1)—问题(1.3)可以写成

$$U_t + H(U) = F(U) \tag{3.4}$$

$$H(U) = \begin{pmatrix} \varepsilon u - v \\ (\alpha - \varepsilon)v + (\varepsilon^2 - \alpha\varepsilon)u - \beta\varepsilon\Delta v + \beta\varepsilon\Delta u + \Delta^2 u \end{pmatrix}$$

$$F(U) = \begin{pmatrix} 0 \\ \mathrm{div}(g(|\nabla u|^2)\nabla u) + \Delta h(u) + f(x) \end{pmatrix}$$

定理 3.2[21]　假设(H_1)，(H_2)成立，且设 $f \in H$，$(u_0, v_0) \in V_k, k = 1,2$，则问题(1.1)—问题(1.3)存在唯一的解 $(u,v) \in L^\infty(R^+; V_k)$，且解满足如下形式：

$$\|(u,v)\|_{V_1}^2 = \|\Delta u\|^2 + \|v\|^2 \leqslant E_1, \|(u,v)\|_{V_2}^2 = \|\nabla\Delta u\|^2 + \|\nabla v\|^2 \leqslant E_2, t \geqslant t_k$$

通过定理3.2，可定义算子 $S(t)(u_0, v_0) = (u(t), v(t))$. 则 $S(t)$ 是在 V_1 中的连续半群.

根据定理3.1，有球

$$B_j = \{(u,v) \in V_j : \|(u,v)\|_{V_j} \leqslant \sqrt{E_j}\} \tag{3.5}$$

是 $S(t)$ 在 $V_j(j = 1,2)$ 中的吸收集.

根据命题3.1有

$$B = \overline{\bigcup_{0 \leqslant t \leqslant t_0(B_2)} S(t)B_2} \tag{3.6}$$

是 $S(t)$ 在 V_1 中的正定不变集并且吸收 V_2 中的所有有界子集，由文献[23]和定理3.1，知道由问题(1.1)—问题(1.3)定义的半群 $S(t)$ 拥有(V_2, V_1)－型紧吸引子

$$A = \bigcap_{s \geqslant 0} \overline{\bigcup_{t \geqslant s} S(t)B_2} \tag{3.7}$$

这里的闭包在 V_1 中取，A 在 V_2 中有界.

引理 3.1　对任意的 $U = (u,v) \in V_1$，

$$(H(U), U)_{V_1} \geqslant \frac{\varepsilon}{2}\|U\|_{V_1}^2 + \frac{\beta}{2}\|\nabla v\|^2$$

成立.

证明　由式(3.1)和式(3.2)，得到

$$(H(U), U)_{V_1} = \varepsilon\|\Delta u\|^2 + (\alpha - \varepsilon)\|v\|^2 + (\varepsilon^2 - \alpha\varepsilon)(u, \nu) + \beta\|\nabla v\|^2 + \beta\varepsilon(\Delta u, v) \tag{3.8}$$

应用 Holder 不等式、Young 不等式、Poincare 不等式及式(3.3)，可得到

$$(\alpha-\varepsilon)\|v\|^2 \geqslant \frac{3\alpha}{4}\|v\|^2$$

$$(\varepsilon^2-\alpha\varepsilon)(u,v) \geqslant -\frac{\varepsilon}{4}\|\Delta u\|^2-\frac{\alpha}{2}\|v\|^2$$

$$\beta\varepsilon(\Delta u,v) \geqslant -\frac{\beta\varepsilon}{\sqrt{\lambda_1}}\|\Delta u\|\cdot\|\nabla v\| \geqslant -\frac{\beta\varepsilon^2}{2\lambda_1}\|\Delta u\|^2-\frac{\beta}{2}\|\nabla v\|^2$$

代入式(3.8)得到

$$(H(U),U)_{V_1} \geqslant \varepsilon\left(\frac{3}{4}-\frac{\beta\varepsilon}{2\lambda_1}\right)\|\Delta u\|^2+\frac{\alpha}{4}\|v\|^2+\frac{\beta}{2}\|\nabla v\|^2 \geqslant \frac{\varepsilon}{2}\|U\|_{V_1}^2+\frac{\beta}{2}\|\nabla v\|^2 \quad (3.9)$$

由式(3.3)可得到$\left(\frac{3}{4}-\frac{\beta\varepsilon}{2\lambda_1}\right)>\frac{1}{2}$.

证毕.

设 $S(t)U_0=U(t)=(u(t),v(t))^{\mathrm{T}}$，其中 $\nu(t)=u_t(t)+\varepsilon u(t)$；

$S(t)V_0=V(t)=(\tilde{u}(t),\tilde{v}(t))^{\mathrm{T}}$，其中 $\tilde{\nu}(t)=\tilde{u}_t(t)+\varepsilon\tilde{u}(t)$.

令 $\phi(t)=S(t)U_0-S(t)V_0=U(t)-V(t)=(w(t),z(t))^{\mathrm{T}}$，其中 $z(t)=w_t(t)-\varepsilon w(t)$，$w(t)=u(t)-\tilde{u}(t)$，$w_t(t)=v(t)-\tilde{\nu}(t)$；则 $\phi(t)$ 满足

$$\phi_t+H(U)-H(V)-[0,\operatorname{div}(g(|\nabla u|^2)\nabla u)-\operatorname{div}(g(|\nabla\tilde{u}|^2)\nabla\tilde{u})+\Delta h(u)-\Delta h(\tilde{u})]^{\mathrm{T}}=0,$$
$$\phi(0)=U_0-V_0 \quad (3.10)$$

引理 3.2(Lipschitz 性质) 对任意的 $U_0,V_0\in B$ 和 $T\geqslant 0$，

$$\|S(t)U_0-S(t)V_0\|_{V_1} \leqslant \mathrm{e}^{Ct}\|U(t)-V(t)\|_{V_1} \quad (3.11)$$

成立.

证明 类似于引理 3.1 有

$$(H(U)-H(V),\phi)_{V_1} \geqslant \frac{\varepsilon}{2}\|\phi\|_{V_1}^2+\frac{\beta}{2}\|\nabla z\|^2. \quad (3.12)$$

根据(H_1)、(H_2)得到

$$|(\operatorname{div}(g(|\nabla u|^2)\nabla u)-\operatorname{div}(g(|\nabla\tilde{u}|^2)\nabla u),z)|=\left|\left(\int_0^1\frac{\mathrm{d}}{\mathrm{d}\theta}(g(|\nabla U_\theta|)\nabla U_\theta)\mathrm{d}\theta,\nabla z\right)\right|$$

$$\leqslant\left|\left(\int_0^1(2g'(|\nabla U_\theta|^2)|\nabla U_\theta|^2+g(|\nabla U_\theta|^2)\right)\mathrm{d}\theta\nabla w,\nabla z)\right|$$

$$\leqslant C_1\left|\left(\int_0^1(1+|\nabla U_\theta|^{m+1}\right)\mathrm{d}\theta\nabla w,\nabla z)\right|$$

$$\leqslant\frac{C_1}{2}(\|\Delta w\|^2+\|z\|^2)+C_1\int_0^1\|\nabla U_\theta\|_{2(m+2)}^{m+1}\mathrm{d}\theta\|\nabla w\|_{2(m+2)}\|\nabla z\|$$

$$\leqslant\frac{C_1}{2}\|\phi\|_{V_1}^2+\frac{C_2^2}{\beta}\left(\int_0^1\|\Delta U_\theta\|^2\mathrm{d}\theta\right)^2\|\phi\|_{V_1}^2+\frac{\beta}{4}\|\nabla z\|^2 \quad (3.13)$$

$$|(\Delta h(u)-\Delta h(\tilde{u}),z)| \leqslant |(h(u)-h(\tilde{u}),\Delta z)| \leqslant \frac{\|h'(\xi)\|_\infty}{2}\|\phi\|_{V_1}^2 \quad (3.14)$$

其中 $U_\theta=\theta u+(1-\theta)\tilde{u}$，$0<\theta<1$，$\xi=\zeta u+(1-\zeta)\tilde{u}$，$0\leqslant\zeta\leqslant 1$，以及事实上运用了嵌入定

理 $H_0^1 \to L^{2(m+2)}$.

取式(3.10)同 $\phi(t)$ 作 $(\cdot,\cdot)_{V_1}$ 内积,根据式(3.12)—式(3.14)及 Gronwall 不等式可得到

$$\|S(t)U_0 - S(t)V_0\|_{V_1} \leqslant e^{Ct}\|U(t) - V(t)\|_{V_1} \tag{3.15}$$

证毕.

现在引入由 $D(\mathbf{A})$ 到 H 的算子 $\mathbf{A} = -\Delta$,具有定义域:

$$D(\mathbf{A}) = \{u \in H \mid \mathbf{A}u \in H\} = \{u \in H^2 \mid u|_{\partial\Omega} = \nabla u|_{\partial\Omega} = 0\}$$

明显地,$\mathbf{A} = -\Delta$ 是无界自伴正定算子并且其逆算子 $\mathbf{A}^{-1}$ 为紧的. 因此存在 H 的一组正交基底 $\{\omega_j\}_{j=1}^{\infty}$ 构成 $\mathbf{A}$ 的特征向量,使得

$$\begin{cases}\mathbf{A}\omega_j = \lambda_j\omega_j, & j = 1,2,\cdots \\ 0 < \lambda_1 \leqslant \lambda_2 \leqslant \cdots, & \lambda_j \to \infty, 当 j \to \infty.\end{cases}$$

对 $\forall m$,用 $P = P_m : H \to \mathrm{span}\{\omega_1,\omega_2,\cdots,\omega_m\}$ 表示正交投影算子,$Q = Q_m = I - P_m$.

下面利用

$$\|\mathbf{A}u\| = \|\Delta u\|, u \in H^2 \cap H_0^1,$$
$$\|\mathbf{A}u\| \geqslant \lambda_{m+1}\|u\|, u \in Q_m(H^2 \cap H_0^1),$$
$$\|Q_m u\| \leqslant \|u\|, u \in H,$$
$$\|\mathbf{A}Q_m u\| = \|Q_m\mathbf{A}u\| \leqslant \|\mathbf{A}u\|, u \in D(\mathbf{A}).$$

引理 3.3　对任意的 $U_0, V_0 \in B$,令

$$\phi_{m_0}(t) = \phi_{m_0}(U(t) - V(t)) = Q_{m_0}\phi(t) = (w_{m_0}, z_{m_0})^{\mathrm{T}}$$

其中 U, V 及 ϕ 如前面定义,则

(1)如果 $n=2, \alpha>0, \beta>0$ 有

$$\|\phi_{m_0}\|_{V_1}^2 \leqslant \left(e^{-\varepsilon t} + \frac{\widetilde{C}\lambda_{m_0+1}^{-1}}{\varepsilon + 2C}e^{2Ct}\right)\|U_0 - V_0\|_{V_1}^2$$

(2)如果 $n=3, \alpha>0, \beta>\lambda_{m_0+1}$ 有

$$\|\phi_{m_0}\|_{V_1}^2 \leqslant \left(e^{-\varepsilon t} + \frac{\widetilde{C}\lambda_{m_0+1}^{-1}}{\varepsilon + 2C}e^{2Ct}\right)\|U_0 - V_0\|_{V_1}^2$$

证明　对式(3.10)作用 Q_{m_0},得到

$$\begin{aligned}&\phi_{m_0t} + Q_{m_0}(H(U) - H(V)) - [0, Q_{m_0}(\mathrm{div}(g(|\nabla u|^2)\nabla u) - \\ &\mathrm{div}(g(|\nabla \tilde{u}|^2)\nabla \tilde{u}) + \Delta h(u) - \Delta h(\tilde{u}))]^{\mathrm{T}} = 0\end{aligned} \tag{3.16}$$

取式(3.16)同 ϕ_{m_0} 作 $(\cdot,\cdot)_{V_1}$ 内积,得到

$$\begin{aligned}\frac{1}{2}\frac{\mathrm{d}}{\mathrm{d}t}\|\phi_{m_0}\|_{V_1}^2 + \frac{\varepsilon}{2}\|\phi_{m_0}\|_{V_1}^2 + \frac{\beta}{2}\|\nabla z_{m_0}\|^2 - [Q_{m_0}(\mathrm{div}(g(|\nabla u|^2)\nabla u) - \mathrm{div}(g(|\nabla \tilde{u}|^2)\nabla \tilde{u})), z_{m_0}] - \\ [Q_{m_0}(\Delta h(u) - \Delta h(\tilde{u})), z_{m_0}] \leqslant 0\end{aligned} \tag{3.17}$$

(1)如果 $n=2, \alpha>0, \beta>0$,

$$|[Q_{m_0}(\mathrm{div}(g(|\nabla u|^2)\nabla u) - \mathrm{div}(g(|\nabla \tilde{u}|^2)\nabla \tilde{u})), z_{m_0}]| \leqslant \left|Q_{m_0}\left(\int_0^1 \frac{\mathrm{d}}{\mathrm{d}\theta}(g(|\nabla U_\theta|^2)\nabla U_\theta)\mathrm{d}\theta, \nabla z_{m_0}\right)\right|$$

$$\leqslant C_1 |(\nabla w_{m_0}, \nabla z_{m_0})| + C_1 \left| \left(Q_{m_0} \left(\int_0^1 |\nabla U_\theta|^{m+1} \mathrm{d}\theta \nabla w \right), \nabla z_{m_0} \right) \right|$$

$$\leqslant \frac{\beta}{4} \|\nabla z_{m_0}\|^2 + \frac{2C_1^2}{\beta} \lambda_{m_0+1}^{-1} \|\Delta w_{m_0}\|^2 + \frac{2C_1^2}{\beta} \lambda_{m_0+1}^{-1} \left(\int_0^1 \|\nabla U_\theta\|_\infty^{m+1} \mathrm{d}\theta \right)^2 \|\Delta w_{m_0}\|^2$$

$$\leqslant \frac{\beta}{4} \|\nabla z_{m_0}\|^2 + \left(\frac{2C_1^2}{\beta} + \frac{2C_3^2}{\beta} \left(\int_0^1 \|\Delta U_\theta\|^{m+1} \mathrm{d}\theta \right)^2 \right) \lambda_{m_0+1}^{-1} \|\phi\|_{V_1}^2 \tag{3.18}$$

$$|[Q_{m_0}(\Delta h(u) - \Delta h(\tilde{u})), z_{m_0}]| \leqslant \|h'(\xi)\|_\infty \|\Delta w_{m_0}\| \cdot \|z_{m_0}\|$$

$$\leqslant \frac{\beta}{4} \|\nabla z_{m_0}\|^2 + \frac{\|h'(\xi)\|_\infty^2}{\beta} \lambda_{m_0+1}^{-1} \|\phi\|_{V_1}^2 \tag{3.19}$$

其中 $U_\theta = \theta u + (1-\theta)\tilde{u}$, $0<\theta<1$, $\xi = \zeta u + (1-\zeta)\tilde{u}$, $0\leqslant\zeta\leqslant1$,以及事实上运用了嵌入定理当 $n=2$ 时,$H_0^1 \to L^\infty$.

结合式(3.17)—式(3.19)及引理 3.2,得到

$$\frac{\mathrm{d}}{\mathrm{d}t} \|\phi_{m_0}\|_{V_1}^2 + \varepsilon \|\phi_{m_0}\|_{V_1}^2 \leqslant \tilde{C} \lambda_{m_0+1}^{-1} \|U_0 - V_0\|_{V_1}^2 \mathrm{e}^{Ct} \tag{3.20}$$

其中 $\tilde{C} = 2\left(\frac{2C_1^2}{\beta} + \frac{2C_3^2}{\beta} \left(\int_0^1 \|\Delta U_\theta\|^{m+1} \mathrm{d}\theta \right)^2 + \frac{\|h'(\xi)\|_\infty^2}{\beta} \right)$.

(2)如果 $n=3$, $\alpha>0$, $\beta>\lambda_{m_0+1}$,

$$|[Q_{m_0}(\mathrm{div}(g(|\nabla u|^2)\nabla u) - \mathrm{div}(g(|\nabla \tilde{u}|^2)\nabla \tilde{u})), z_{m_0}]| \leqslant \left| Q_{m_0} \left(\int_0^1 \frac{\mathrm{d}}{\mathrm{d}\theta} (g(|\nabla U_\theta|^2) \nabla U_\theta) \mathrm{d}\theta, \nabla z_{m_0} \right) \right|$$

$$\leqslant C_1 |(\nabla w_{m_0}, \nabla z_{m_0})| + C_1 \left| \left(Q_{m_0} \left(\int_0^1 |\nabla U_\theta|^{m+1} \mathrm{d}\theta \nabla w \right), \nabla z_{m_0} \right) \right|$$

$$\leqslant \frac{\beta}{8} \|\nabla z_{m_0}\|^2 + \frac{2C_1^2}{\beta} \lambda_{m_0+1}^{-1} \|\Delta w_{m_0}\|^2 + C_1 \int_0^1 \|\nabla U_\theta\|_6^2 \mathrm{d}\theta \|\Delta w_{m_0}\|_6 \|\nabla z_{m_0}\|$$

$$\leqslant \left(\frac{\beta}{4} + \frac{\lambda_{m_0+1}}{4} \right) \|\nabla z_{m_0}\|^2 + \left(\frac{2C_1^2}{\beta} + C_4^2 \left(\int_0^1 \|\Delta U_\theta\|^2 \mathrm{d}\theta \right)^2 \right) \lambda_{m_0+1}^{-1} \|\phi\|_{V_1}^2 \tag{3.21}$$

$$|[Q_{m_0}(\Delta h(u) - \Delta h(\tilde{u})), z_{m_0}]| \leqslant \|h'(\xi)\|_\infty \|\Delta w_{m_0}\| \cdot \|z_{m_0}\|$$

$$\leqslant \frac{\beta}{8} \|\nabla z_{m_0}\|^2 + \frac{2\|h'(\xi)\|_\infty^2}{\beta} \lambda_{m_0+1}^{-1} \|\phi\|_{V_1}^2 \tag{3.22}$$

其中 $U_\theta = \theta u + (1-\theta)\tilde{u}$, $0<\theta<1$, $\xi = \zeta u + (1-\zeta)\tilde{u}$, $0\leqslant\zeta\leqslant1$,以及事实上运用了嵌入定理当 $n=3$ 时,$H_0^1 \to L^6$.

结合式(3.17)、式(3.21)、式(3.22)及引理 3.2,得到

$$\frac{\mathrm{d}}{\mathrm{d}t} \|\phi_{m_0}\|_{V_1}^2 + \varepsilon \|\phi_{m_0}\|_{V_1}^2 + \left(\frac{\beta}{2} - \frac{\lambda_{m_0+1}}{2} \right) \|\nabla z_{m_0}\|^2 \leqslant \tilde{C} \lambda_{m_0+1}^{-1} \|U_0 - V_0\|_{V_1}^2 \mathrm{e}^{Ct} \tag{3.23}$$

其中 $\tilde{C} = 2\left(\frac{2C_1^2}{\beta} + C_4^2 \left(\int_0^1 \|\Delta U_\theta\|^2 \mathrm{d}\theta \right)^2 + \frac{2\|h'(\xi)\|_\infty^2}{\beta} \right)$.

根据式(3.20)、式(3.23)及 Gronwall 不等式可得到

$$\|\phi_{m_0}\|_{V_1}^2 \leqslant \|Q_{m_0}(U_0 - V)_0\|_{V_1}^2 \mathrm{e}^{-\varepsilon t} + \frac{\tilde{C} \lambda_{m_0+1}^{-1}}{\varepsilon + 2C} \|U_0 - V_0\|_{V_1}^2 \mathrm{e}^{-\varepsilon t} \leqslant \left(\mathrm{e}^{-\varepsilon t} + \frac{\tilde{C} \lambda_{m_0+1}^{-1}}{\varepsilon + 2C} \mathrm{e}^{Ct} \right) \|U_0 - V_0\|_{V_1}^2 \tag{3.24}$$

证毕.

引理 3.4(离散挤压性)　对任意的 $U_0, V_0 \in B$,如果

$$\|P_{m_0}(S(T^*)U_0 - S(T^*)V_0)\|_{V_1} \leqslant \|(I - P_{m_0})(S(T^*)U_0 - S(T^*)V_0)\|_{V_1} \tag{3.25}$$

则

$$\|S(T^*)U_0 - S(T^*)V\|_{V_1} \leqslant \frac{1}{8}\|(U_0 - V_0)\|_{V_1} \tag{3.26}$$

证明　如果$\|P_{m_0}(S(T^*)U_0 - S(T^*)V_0)\|_{V_1} \leqslant \|(I - P_{m_0})(S(T^*)U_0 - S(T^*)V_0)\|_{V_1}$,则

$$\|P_{m_0}(S(T^*)U_0 - S(T^*)V_0)\|_{V_1}^2 \leqslant \|(I - P_{m_0})(S(T^*)U_0 - S(T^*)V_0)\|_{V_1}^2 + \|P_{m_0}(S(T^*)U_0 - S(T^*)V_0)\|_{V_1}^2$$

$$\leqslant 2\|(I - P_{m_0})(S(T^*)U_0 - S(T^*)V_0)\|_{V_1}^2 \leqslant 2\left(\mathrm{e}^{-\varepsilon T^*} + \frac{\tilde{C}\lambda_{m_0+1}^{-1}}{\varepsilon + 2C}\mathrm{e}^{CT^*}\right)\|U_0 - V_0\|_{V_1}^2 \tag{3.27}$$

令 T^* 足够大,使得

$$\mathrm{e}^{-\varepsilon T^*} \leqslant \frac{1}{256} \tag{3.28}$$

并且选取 m_0 足够大,使得

$$\frac{\tilde{C}\lambda_{m_0+1}^{-1}}{\varepsilon + 2C}\mathrm{e}^{CT^*} \leqslant \frac{1}{256} \tag{3.29}$$

结合式(3.27)—式(3.29),得到

$$\|P_{m_0}(S(T^*)U_0 - S(T^*)V_0)\|_{V_1}^2 \leqslant \frac{1}{64}\|U_0 - V_0\|_{V_1}^2 \tag{3.30}$$

引理3.4证毕.

定理 3.3　令(H_1)、(H_2)成立,且设$f \in H$,$(u_0, v_0) \in V_k$,$k = 1,2$,则由问题(1.1)—(1.3)定义的半群 $S(t)$ 拥有(V_2, V_1)-型指数吸引子 M

$$M = \bigcup_{0 \leqslant t \leqslant t_*} S(t)\left[A \cup \left(\bigcup_{j=1}^{\infty}\bigcup_{k=1}^{\infty} S(t_*)^j(E^{(k)})\right)\right] \tag{3.31}$$

此外,其分形维数满足

$$d_F(M) \leqslant m_0 \max\left\{1, \frac{\log(16l + 1)}{2\log 2}\right\} \tag{3.32}$$

证明　由定理3.1、引理3.2及引理3.4知道半群 $S(t)$ 拥有(V_2, V_1)-型指数吸引子 M,其分形维数满足式(3.32).

定理3.3证毕.

4　惯性流形

定义 4.1　设 $S = (S(t))_{t \geqslant 0}$是 Banach 空间 X 上的解半群,一个子集 $\mu \subset X$ 满足:

①μ 是有限维 Lipschitz 流形;

②μ 是正不变的,即 $S(t)\mu \subseteq \mu$,$t \geqslant 0$;

③μ 以指数吸引解轨道,即 $\forall x \in X$,存在常数 $\eta > 0$,$C > 0$ 使得

$$\mathrm{dist}(S(t)x, \mu) \leqslant C\mathrm{e}^{-\eta t}, t \geqslant 0.$$

则称 μ 是关于 $S = (S(t))_{t \geqslant 0}$的一个惯性流形.

设算子 $\mathbf{A}: X \to X$，设 $F \in C_b(X,X)$ 满足 Lipschitz 条件

$$\|F(U) - F(V)\|_X \leqslant l_F \|U - V\|_X, U, V \in X \tag{4.1}$$

算子 $\mathbf{A}$ 称为满足关于 F 的谱间隔条件，如果算子 $\mathbf{A}$ 的点谱可以分成两部分 σ_1 和 σ_2，且 σ_1 是有限的，

$$\Lambda_1 = \sup\{\mathrm{Re}\lambda \mid \lambda \in \sigma_1\}, \Lambda_2 = \inf\{\mathrm{Re}\lambda \mid \lambda \in \sigma_2\} \tag{4.2}$$

及

$$X_i = \mathrm{span}\{\omega_j \mid j \in \sigma_i\}, i = 1,2 \tag{4.3}$$

且有

$$\Lambda_2 - \Lambda_1 > 4 l_F \tag{4.4}$$

这里正交分解

$$X = X_1 \oplus X_2 \tag{4.5}$$

其中连续投影 $P_1: X \to X_1, P_2: X \to X_2$.

方程(1.1)等价于下列一阶发展方程

$$U_t + \mathbf{A}U = F(U) \tag{4.6}$$

其中

$$U = (u,v) = (u,u_t), \mathbf{A} = \begin{pmatrix} 0 & -I \\ \Delta^2 & \alpha - \beta\Delta \end{pmatrix}, F(U) = \begin{pmatrix} 0 \\ \mathrm{div}(g(|\nabla u|^2)\nabla u) + \Delta h(u) + f(x) \end{pmatrix} \tag{4.7}$$

令

$$D(\mathbf{A}) = \{u \in V_1 \mid u \in H^2 \cap H_0^1, \Delta u \in H\} \times H^1, X = (H^2 \cap H_0^1) \times H \tag{4.8}$$

对式(4.6)中矩阵型算子 $\mathbf{A}$ 的特征值的确定，先考虑 X 中的图模

$$< U,V >_X = (\Delta u, \Delta \bar{y}) + (v, \bar{z}); U = (u,v), V = (y,z) \tag{4.9}$$

$\bar{y}, \bar{z}$ 分别表示 y, z 的共轭.

对 $U \in D(\mathbf{A})$，计算得

$$< AU,U >_X = -(\Delta v, \Delta \bar{u}) + (\Delta^2 u + (\alpha - \beta\Delta)v, \bar{v}) = ((\alpha - \beta\Delta)v, \bar{v}) = \alpha\|v\|^2 + \beta\|\nabla v\|^2 \tag{4.10}$$

因此，算子 $\mathbf{A}$ 是单增而且 $<AU,U>_X$ 是非负实数.

为确定 $\mathbf{A}$ 的特征值，故给出了其特征方程

$$\mathbf{A}U = \lambda U, U = (u,v) \in X,$$

等价于

$$\begin{cases} -v = \lambda u, \\ \Delta^2 u + (\alpha - \beta\Delta)v = \lambda v \end{cases} \tag{4.11}$$

从而 u 满足特征值问题

$$\begin{cases} \Delta^2 u + \beta\lambda\Delta u = (\alpha\lambda - \lambda^2)u, \\ u|_{\partial\Omega} = \Delta u|_{\partial\Omega} = 0 \end{cases} \tag{4.12}$$

由式(4.11)可知，相应特征函数

$$U_k^{\pm} = (u_k, v_k) = (u_k, -\lambda_k^{\pm} u_k), u_k(x) = \left(\frac{2}{\pi}\right)^{\frac{n}{2}} \sin(j_1 x_1)\cdots\sin(j_n x_n), (n = 2,3) \tag{4.13}$$

对任意的整数 $k\geqslant 1, k=(j_1,j_2,\cdots,j_n)$，有

$$\|\nabla u_k\| = \sqrt{j_1^2+\cdots+j_n^2} = \mu_k, \|\nabla u_k\| = \mu_k^2 \tag{4.14}$$

因此将 $u_k(x)=\left(\frac{2}{\pi}\right)^{\frac{n}{2}}\sin(j_1x_1)\cdots\sin(j_nx_n)$ 代入式(4.12)中的 u 的位置，两边用 $u_k(x)$ 取内积并将式(4.14)代入得到特征值

$$\lambda_k^{\pm} = \frac{(\alpha+\beta\mu_k^2)\pm\sqrt{(\alpha+\beta\mu_k^2)^2-4\mu_k^4}}{2} = \frac{(\alpha+\beta\mu_k^2)\pm\sqrt{(\alpha+(\beta+2)\mu_k^2)(\alpha+(\beta-2)\mu_k^2)}}{2} \tag{4.15}$$

临时假设方程 $q:H^2\cap H_0^1\to H^1$ 和 $h:H^2\cap H_0^1\to H^2$ 是整体有界及整体 Lipschitz 连续(具体证明将在后文给出)，其中 $q(u)=g(|\nabla u|^2)\nabla u$.

定理 4.1　设 β 满足 $0<\beta<2$，l 是 $q+h$ 的 Lipschitz 常数，设 $N_1\in\mathbf{N}$ 使得当 $N\geqslant N_1$ 时，有

$$\beta(\mu_{N+1}+\mu_N)(\mu_{N+1}-\mu_N)\geqslant 8l \tag{4.16}$$

则算子满足定义4.2的谱间隔条件.

证明　由式(4.7)及式(4.9)可知，$U=(u,\bar{u}), V=(v,\bar{v})\in X$，则

$$\begin{aligned}\|F(U)-F(V)\|_X &= \|\mathrm{div}(g(|\nabla u|^2)\nabla u)+\Delta h(u)-\mathrm{div}(g(|\nabla v|^2)\nabla v)-\Delta h(v)\| \\ &\leqslant l\|\Delta(u-v)\|\leqslant l\|U-V\|_X\end{aligned} \tag{4.17}$$

即 $l_F\leqslant l$，由式(4.15)可知，$\lambda_k^{\pm}$ 是实数的充要条件是 $\alpha\geqslant(2-\beta)\mu_k^2$. 由假设 $0<\beta<2$，则 $\mathbf{A}$ 至多有有限 $2N_0$ 个实特征值，当 $N_0=0$ 即 $\alpha<(2-\beta)\mu_1=(2-\beta)n$，此时所有特征值都为复数，令 $\Lambda_0:=\max\{\lambda_k^{\pm}\mid k\leqslant N_0\}$，当 $k\geqslant N_0+1$ 时，特征值为复数，取其实部

$$\mathrm{Re}\lambda_k^{\pm} = \frac{\alpha+\beta\mu_k^2}{2} \tag{4.18}$$

因此，存在 $N_1\geqslant N_0+1$ 使得 $\mathrm{Re}\lambda_k^{\pm}>\Lambda_0$，当 $k\geqslant N_1$ 时，令 $N\geqslant N_1$ 使得式(4.16)成立. 进行 $\mathbf{A}$ 的点谱分解

$$\sigma_1=\{\lambda_k^{\pm}\mid k\leqslant N\}, \sigma_2=\{\lambda_k^{\pm}\mid k\geqslant N+1\} \tag{4.19}$$

相应的子空间

$$X_1=\mathrm{span}\{U_k^{\pm}\mid k\leqslant N\}, X_2=\mathrm{span}\{U_k^{\pm}\mid k\geqslant N+1\} \tag{4.20}$$

易知不存在 k 使得 $\mu_k^-\in\sigma_1$ 且 $\mu_k^+\in\sigma_2$，即不可能有 $U_k^-\in X_1$ 且 $U_k^+\in X_2$，所以，X_1 和 X_2 是 X 的正交子空间，根据式(4.2)，有 $\Lambda_1=\mathrm{Re}\lambda_N^+$，$\Lambda_2=\mathrm{Re}\lambda_{N+1}^-$，由式(4.18)得

$$\Lambda_2-\Lambda_1=\mathrm{Re}(\lambda_{N+1}^- - \lambda_N^+) = \left(\frac{\alpha+\beta\mu_{N+1}^2}{2}-\frac{\alpha+\beta\mu_N^2}{2}\right) = \frac{\beta(\mu_{N+1}+\mu_N)}{2}(\mu_{N+1}-\mu_N) \tag{4.21}$$

根据式(4.16)的假设可知，算子 $\mathbf{A}$ 满足谱间隔不等式(4.4)，所以，算子 $\mathbf{A}$ 满足谱间隔条件.

定理4.1证毕.

定理 4.2　设 β 满足 $\beta\geqslant 2$，l 是 $q+h$ 的 Lipschitz 常数.

①设 $\beta>2$，令 $N_1\in\mathbf{N}$ 充分大，当 $N\geqslant N_1$ 时有下列不等式成立：

$$(\mu_{N+1}^2-\mu_N^2)(\beta-\sqrt{\beta^2-4})\geqslant\frac{8l}{\sqrt{\beta-2}}+1 \tag{4.22}$$

$$\left|\sqrt{R(N)}-\sqrt{R(N+1)}+(\mu_{N+1}^2-\mu_N^2)\sqrt{\beta^2-4}\right|\leqslant 1 \tag{4.23}$$

其中

$$R(N) = (\beta^2 - 4)\mu_N^4 + 2\alpha\beta\mu_N^2 + \alpha^2 \tag{4.24}$$

②设 $\beta=2$，令 $N_1 \in \mathbf{N}$ 充分大，当 $N \geqslant N_1$ 时有下列不等式成立

$$(\mu_{N+1}^2 - \mu_N^2) > 4\frac{l}{b} + \frac{1}{2} + \sqrt{a}(\mu_{N+1} - \mu_N), b = \min\left\{1, \frac{\alpha}{\mu_N^2}\right\} \tag{4.25}$$

及

$$\left|\sqrt{\alpha^2 + 4\alpha\mu_N^2} - \sqrt{\alpha^2 + 4\alpha\mu_{N+1}^2} + 2\sqrt{\alpha}(\mu_{N+1} - \mu_N)\right| < 1 \tag{4.26}$$

则在上述①和②的任何一种情况下，算子 $\mathbf{A}$ 都满足定义 4.2 的谱间隔条件.

证明 由于 $\beta \geqslant 2$，算子 $\mathbf{A}$ 的特征值都是正实数，而且 $(\lambda_k^-)_{k\geqslant1}$ 和 $(\lambda_k^+)_{k\geqslant1}$ 都是单增序列.

(1) 设 $\beta>2$，则有 $\gamma=\beta+\sqrt{\beta^2-4}(>2)$，当 $k\to+\infty$ 时，得到

$$\lambda_k^+ = \frac{1}{2}\left(\gamma\mu_k^2 + \alpha + \frac{\alpha\beta}{\sqrt{\beta^2 - 4}}\right) + 0\left(\frac{1}{\mu_k^2}\right) \tag{4.27}$$

$$\lambda_k^- = \frac{1}{2}\left(\gamma\mu_k^2 + \alpha - \frac{\alpha\beta}{\sqrt{\beta^2 - 4}}\right) + 0\left(\frac{1}{\mu_k^2}\right) \tag{4.28}$$

由 $\beta>2$，式(4.27)和式(4.28)可知 $\mathbf{A}$ 的点谱相应的子空间 X_1 和 X_2 不可能正交. 事实上，如分解式(4.19)时，至少存在一个 k 使得 $U_k^- \in X_1, U_k^+ \in X_2$，并且由式(4.9)和式(4.14)以及 $\lambda_k^- \cdot \lambda_k^+ = \mu_k^4$ 可得

$$< U_k^-, U_k^+ >_X = \|\Delta u_k\|^2 + (-\lambda_k^- u_k, -\lambda_k^+ u_k) = \|\Delta u_k\|^2 + \lambda_k^-\lambda_k^+\|u_k\|^2 = 2\mu_k^4 \neq 0 \tag{4.29}$$

为克服这个困难，需重新定义 X 的内积使之等价于式(4.9)，因是单增序列，则存在足够大的 N 使得 λ_N^- 和 λ_{N+1}^- 是相邻值.

引理 4.1[84] 已知 $\lambda_N^\pm$ 是非减序列，对任意的 $m \in \mathbf{N}$，存在 $N \geqslant m$ 使得 λ_N^- 和 λ_{N+1}^- 是相邻值.

已知 N 使得 λ_N^- 和 λ_{N+1}^- 是相邻值，可将算子 $\mathbf{A}$ 的特征值分解为

$$\begin{aligned}\sigma_1 &= \{\lambda_j^-, \lambda_k^+ \mid \max(\lambda_j^-, \lambda_k^+) \leqslant \lambda_N^-\}\\ \sigma_2 &= \{\lambda_j^+, \lambda_k^\pm \mid \lambda_j^- \leqslant \lambda_N^- < \min(\lambda_j^+, \lambda_k^\pm)\}\end{aligned} \tag{4.30}$$

相应空间 X 可分解为

$$\begin{aligned}X_1 &= \{U_j^-, U_k^+ \mid \lambda_j^-, \lambda_k^+ \in \sigma_1\}\\ X_2 &= \{U_j^+, U_k^\pm \mid \lambda_j^+, \lambda_k^\pm \in \sigma_2\}\end{aligned} \tag{4.31}$$

目标是定义新的内积使得在这两个子空间正交，且对 $\Lambda_1 = \lambda_N^-$ 及 $\Lambda_2 = \lambda_{N+1}^-$ 证明式(4.4)成立.

根据式(4.30)及式(4.31)可以进一步分解 $X_2 = X_C \oplus X_R$，其中

$$\begin{aligned}X_C &= \{U_k^+ \mid \lambda_j^- \leqslant \lambda_N^- < \lambda_k^+\}\\ X_2 &= \{U_k^\pm \mid \lambda_N^- < \lambda_k^\pm\}\end{aligned} \tag{4.32}$$

令 $X_N = X_1 \oplus X_C$，注意到 X_1 和 X_C 是有限维子空间，$\lambda_N^- \in X_1, \lambda_{N+1}^- \in X_R$，因为 X_1 和 X_R 正交，而 X_1 和 X_C 不正交，故 X_1 与 X_2 在式(4.9)定义的内积下不正交.

下面重新定义等价内积.

设函数 $\Phi: X_N \to R$ 和 $\Psi: X_R \to R$，

$$\Phi(U,V) = \alpha(\nabla u,\nabla \bar{y}) + (\beta - 1)(\Delta u,\Delta\bar{y}) + (\bar{z},(-\Delta)u) + (\bar{v},(-\Delta)y) + (\bar{z},v) \tag{4.33}$$

$$\Psi(U,V) = \beta(\Delta u,\Delta\bar{y}) + (\bar{z},(-\Delta)u) + (\bar{v},(-\Delta)y) + (\bar{z},v) \tag{4.34}$$

其中 $U=(u,v)$，$V=(y,z)\in X_N(\in X_R)$.

由 $U=(u,v)\in X_N$，

$$\begin{aligned}\Phi(U,U) &= \alpha\|\nabla u\|^2 + (\beta-1)\|\Delta u\|^2 - 2(\bar{v},(-\Delta)u) + \|v\|^2\\ &\geqslant \alpha\|\nabla u\|^2 + (\beta-1)\|\Delta u\|^2 - 2\|v\|\cdot\|\Delta u\| + \|v\|^2\\ &\geqslant \alpha\|\nabla u\|^2 + (\beta-1)\|\Delta u\|^2 - \|v\|^2 - \|\Delta u\| + \|v\|^2 \geqslant \alpha\|\nabla u\|^2 + (\beta-2)\|\Delta u\|^2\end{aligned} \tag{4.35}$$

由于 $\beta>2$，得到对于所有的 $U=(u,v)\in X_N$，$\Phi(U,U)\geqslant 0$ 成立，即 Φ 是正定的.

同理，由 $U=(u,v)\in X_R$，

$$\begin{aligned}\Psi(U,U) &= \beta\|\Delta u\|^2 + 2(\bar{v},(-\Delta)u) + \|v\|^2 \geqslant \beta\|\Delta u\|^2 - 2\|v\|\cdot\|\Delta u\| + \|v\|^2\\ &\geqslant \beta\|\Delta u\|^2 - \|v\|^2 - \|\Delta u\|^2 + \|v\| \geqslant (\beta-1)\|\Delta u\|^2\end{aligned} \tag{4.36}$$

由于 $\beta>2$，得到对于所有的 $U=(u,v)\in X_R$，$\Psi(U,U)\geqslant 0$ 成立，即 Ψ 是正定的. 现在规定 X 的内积

$$\ll U,V \gg_X = \Phi(P_N U,P_N V) + \Psi(P_R U,P_R V) \tag{4.37}$$

这里 P_N 和 P_R 分别是 X 到 X_N 和 X_R 的投影.

在 X 的内积式(4.37)下，由式(4.31)分解的子空间 X_1 与 X_2 正交，事实上，要证明 X_1 与 X_2 正交，只要证明当 $U_j^-\in X_1$，$U_j^+\in X_C$ 时，$\ll U_j^-,U_j^+\gg_X=0$. 根据式(4.33)、式(4.34)可以计算得到：

$$\ll U,V \gg_X = \Phi(P_N U,P_N V) = \alpha\|\nabla u_j\|^2 + (\beta-1)\|\Delta u_j\|^2 - (\lambda_j^- + \lambda_j^+)\|\nabla u_j\|^2 + \lambda_j^-\lambda_j^+\|u_j\|^2 \tag{4.38}$$

又根据式(4.14)及 $\lambda_j^- + \lambda_j^+ = \alpha + \beta\mu_j^2$，$\lambda_j^-\lambda_j^+ = \mu_j^4$，易得式(4.38)中 $\ll U_j^-,U_j^+\gg_X=0$. 由此证明了在式(4.37)定义下的等价内积，由式(4.31)分解的子空间 X_1 与 X_2 正交.

下面将证明在式(4.37)内积定义 X 的模 $|||\cdot|||_X$ 下谱间隔条件式(4.4)成立.

首先，估计 $F(U)=(0,\operatorname{div}(g(|\nabla u|^2)\nabla u)+\Delta h(u)+f(x))^{\mathrm{T}}$ 的 Lipschitz 常数 l_F. 因前面临时假设方程 $q:H^2\cap H_0^1\to H^1$，$h:H^2\cap H_0^1\to H^2$ 是整体有界且整体 Lipschitz 连续(证明详见后文)，其中 $q(u)=\operatorname{div}(g(|\nabla u|^2)\nabla u)$. 令 $P_1:X\to X_N$，$P_2:X\to X_R$，根据式(4.5)相对应的正交投影分解，相对应的如果 $U=(u,\nu)\in X$，则 $U_1=(u_1,v_1)=P_1U$，$U_2=(u_2,v_2)=P_2U$，其中 $P_1u=u_1$，$P_2u=u_2$，则

$$\begin{aligned}|||U|||_X^2 &= \Phi(P_1U,P_1V) + \Psi(P_2U,P_2V) \geqslant \alpha\|\nabla P_1u\|^2 + (\beta-2)\|\Delta P_1u\|^2 + (\beta-1)\|\Delta P_2u\|^2\\ &\geqslant (\beta-2)(\|\Delta P_1u\|^2 + \|\Delta P_2u\|^2) \geqslant (\beta-2)\|\Delta u\|^2\end{aligned} \tag{4.39}$$

设 $U=(u,\tilde{u})$，$V=(v,\tilde{v})$，计算

$$\begin{aligned}|||F(U)-F(V)|||_X^2 &= \|\operatorname{div}(g(|\nabla u|^2)\nabla u) - \operatorname{div} g(g(|\nabla u|^2)\nabla v) + \Delta h(u) - \Delta h(u)\|\\ &\leqslant t\|\Delta(u-v)\| \leqslant \frac{l}{\sqrt{\beta-2}}|||U-V|||_X\end{aligned} \tag{4.40}$$

因此

$$l_F \leqslant \frac{l}{\sqrt{\beta-2}} \tag{4.41}$$

通过式(4.41),如果

$$\lambda_{N+1}^{-} - \lambda_{N}^{-} > \frac{4l}{\sqrt{\beta - 2}} \tag{4.42}$$

则满足谱间隔不等式(4.4).

由式(4.24)可得

$$\lambda_{N+1}^{-} - \lambda_{N}^{-} = \frac{1}{2}\left(\sqrt{R(N)} - \sqrt{R(N+1)} + \beta\left(\mu_{N+1}^{2} - \mu_{N}^{2}\right)\right) \tag{4.43}$$

并且有

$$\lim_{N\to+\infty}\left(\sqrt{R(N)} - \sqrt{R(N+1)} + (\mu_{N+1}^{2} - \mu_{N}^{2})\left(\sqrt{\beta^{2} - 4}\right)\right) \tag{4.44}$$

为了证明式(4.44),设

$$R_1(N) = 1 + \frac{2\alpha\beta}{(\beta^2 - 4)\mu_N^2} + \frac{\alpha^2}{(\beta^2 - 4)\mu_N^2} \tag{4.45}$$

能够得到

$$\begin{aligned} &\sqrt{R(N)} - \sqrt{R(N+1)} + (\mu_{N+1}^{2} - \mu_{N}^{2})(\sqrt{\beta^{2} - 4}) \\ &= \sqrt{\beta^{2} - 4}\left(\mu_{N+1}^{2}\left(1 - \sqrt{R_1(N+1)}\right) - \mu_{N}^{2}\left(1 - \sqrt{R_1(N+1)}\right)\right) \end{aligned} \tag{4.46}$$

易得

$$\lim_{N\to+\infty}\left(\mu_N^2\left(1 - \sqrt{R_1(N)}\right)\right) = \lim_{N\to+\infty}\mu_N^2\frac{1 - R_1(N)}{1 + \sqrt{R_1(N)}} = \frac{\alpha\beta}{\beta^2 - 4} \tag{4.47}$$

由此,式(4.44)成立.

当 $N_1 \geqslant 0$ 时,对所有的 $N \geqslant N_1$,式(4.23)成立. 则由式(4.43)可知,如果 $N \geqslant N_1$,可得

$$\lambda_{N+1}^{1} - \lambda_{N}^{1} \geqslant \frac{1}{2}\left((u_{N+1}^{2} - \mu_{N}^{2})(\beta - \sqrt{\beta^{2} - 4}) - 1\right) \tag{4.48}$$

这意味着式(4.44)成立,并且 $N \geqslant N_1$ 满足式(4.22),由式(4.43)及式(4.48)谱间隔不等式(4.42)成立.

当 $\beta > 2$ 时,可证明定理 4.2 的结论.

(2)如果 $\beta = 2$,设 $U = (u, v) \in X_N$,当 X_N 是有限维时,$\|\Delta u\| \leqslant u_N \|\nabla u\|$这种情况是明显成立的.

对式(4.36)进行估计:

$$\Phi(U, U) \geqslant \alpha\|\Delta u\|^2 + \|\Delta u\|^2 - 2\|u\|\|\Delta u\| + \|v\|^2 \geqslant \alpha\|\Delta u\|^2 \geqslant \frac{\alpha}{\mu_N^2}\|\Delta u\|^2 \tag{4.49}$$

得到

$$\Phi(U, U) \geqslant \frac{\alpha}{\mu_N^2}\|\Delta u\|^2 \tag{4.50}$$

当 $\beta = 2$ 时,由式(4.50),将式(4.39)和式(4.41)进行替换,得到下面估计

$$\|U\|_X \geqslant b\|\Delta u\|, b = \min\left\{1, \frac{\alpha}{\mu_N^2}\right\}, l_F \leqslant \frac{l}{b} \tag{4.51}$$

则谱间隔不等式(4.43)满足

$$\lambda_{N+1}^{1} - \lambda_{N}^{1} = \frac{1}{2}\left(\sqrt{\alpha^2 + 4\alpha\mu_N^2} - \sqrt{\alpha^2 - 4\alpha\mu_{N+1}^2}\right) + \mu_{N+1}^2 - \mu_N^2 > 4\frac{l}{b} \tag{4.52}$$

易证明得

$$\lim_{N\to+\infty}\left(\sqrt{\alpha^2+4\alpha\mu_N^2}-\sqrt{\alpha^2-4\alpha\mu_{N+1}^2}+2\sqrt{a}(\mu_{N+1}-\mu_N)\right)=0 \tag{4.53}$$

因此可得到，当 $N_1\geqslant 0$ 时，对所有的 $N\geqslant N_1$，式(4.25)成立，并且 $N\geqslant N_1$ 满足式(4.26)时，由式(4.52)可证明谱间隔条件成立.

定理4.2的结论得到了完整的证明. 证毕.

定理4.3　在定理4.1和定理4.2的假设下，初边值问题(1.1)—问题(1.3)在空间 X 上有惯性流形 μ，且形式为

$$\mu=\mathrm{graph}(\Phi)=\{\xi+\Phi(\xi)\mid\xi\in X_1\} \tag{4.54}$$

其中 X_1,X_2 定义在式(4.20)和式(4.31)中，$\Phi:X_1\to X_2$ 是 Lipschitz 连续函数，并且 $\mathrm{graph}(\Phi)$ 是 Φ 的图.

接下来，研究非线性项 $q(u)=g(|\nabla u|^2)\nabla u$ 和 $\Delta h(u)$. q 从 $H^2\cap H_0^1\to H^1$ 是整体有界和 Lipschitz 连续的函数，h 从 $H^2\cap H_0^1\to H^2$ 也是整体有界和 Lipschitz 连续的函数. 总而言之，这将暗示相应的 F 从 $X\to X$ 是整体有界和 Lipschitz 连续的.

引理4.2　在(H_1)的假设下，函数 q 从 $H^2\cap H_0^1$ 嵌入 H^1 是整体有界和整体 Lipschitz 连续的. 其中 l_q 是 Lipschitz 常数.

证明　对于任意 $u_1,u_2\in H^2\cap H_0^1$，

$$\begin{aligned}&\|\nabla(q(u_1)-q(u_2))\|=\|\mathrm{div}(g(|\nabla u_1|^2)\nabla u_1-g(|\nabla u_1|^2)\nabla u_1)\|\\&\leqslant 2\|g'(|\nabla u_1|^2)|\nabla u_1|^2\nabla u_1-g'(|\nabla u_1|^2)|\nabla u_1|^2\nabla u_2\|+\\&\|g(|\nabla u_1|^2)\nabla u_1-g(|\nabla u_1|^2)\nabla u_2\|=2q_1+q_2\end{aligned} \tag{4.55}$$

从两部分估计 q_1，

①当 $n=2$ 时，$|g'(s)|\leqslant C\left(1+|s|^{\frac{m-1}{2}}\right)$，$1\leqslant m<\infty$，则

$$\begin{aligned}q_1&\leqslant\|g'(|\nabla u_1|^2)\|\Delta u_2\|^2(\Delta u_1-\Delta u_2)\|+\|g'(|\nabla u_1|^2)\|\Delta u_1\|^2-g'(|\nabla u_1|^2)\|\|\Delta u_2\|^2\\&\leqslant C_5(\|\Delta u_1\|_4^2+\|\Delta u_1\|_\infty^{m+1})\|\Delta(u_1-u_2)\|+q_3\leqslant C_6\|\Delta u_1\|\|\Delta(u_1-u_2)\|+q_3\end{aligned} \tag{4.56}$$

至于 q_3，进一步估计，

$$\begin{aligned}q_3&\leqslant\|g'(|\nabla u_1|^2)(\Delta(u_1+u_2))(\Delta(u_1-u_2))\Delta u_2\|+\\&\|\nabla(u_1-u_2)\|+\|\nabla\rho\|_\infty^{m-3}\|\Delta u_2\|_4^2\|\Delta u_2\|\|\nabla(u_1+u_2)\|\|\nabla(u_1-u_2)\|\leqslant(C_7(1+\|\nabla u_1\|^{m+1})\\&\|\nabla(u_1+u_2)\|\|\Delta u_2\|+\|\nabla\rho\|^{m-3}\|\Delta u_2\|^2\|\Delta u^2\|\|\nabla(u_1+u_2)\|\|\nabla(u_1-u_2)\|\end{aligned} \tag{4.57}$$

对于 q_2，进一步估计，

$$\begin{aligned}q_2&\leqslant\|g(|\nabla u_1|^2)\Delta(u_1-u_2)\|+\|g((|\nabla u_1|^2)-g(|\nabla u_2|^2))\Delta u_2\|\\&\leqslant C_8(1+\|\nabla u_1\|_\infty^{m+1})\|\Delta(u_1-u_2)\|+C_9(1+\|\nabla\rho\|_\infty^{m+1})\|\nabla(u_1+u_2)\|\|\Delta u_2\|\|\nabla(u_1-u_2)\|\\&\leqslant(C(_{10}1+\|\Delta u_1\|^{m+1})+C_{11}(1+\|\Delta\rho\|^{m+1})\|\nabla(u_1+u_2)\|\|\Delta u_2\|)\|\Delta(u_1-u_2)\|\end{aligned} \tag{4.58}$$

其中，当 $m\geqslant 3$ 时，$\rho=\varepsilon u_1+(1-\varepsilon)u-2$，$\varepsilon\in(0,1)$，$|g''(s)|\leqslant C|s|^{\frac{m-3}{2}}$；当 $n=2$ 时，$H_0^1\to L^4$，$H_0^1\to L^\infty$.

②当 $n=3$ 时，$m=1$，则

$$q_1\leqslant\|g'(|\nabla u_1|^2)|\nabla u_1|^2(\Delta u_1-\Delta u_2)\|+\|(g'(|\nabla u_1|^2)|\Delta u_1|^2-g'(|\nabla u_2|^2)|\nabla u_2|^2)\Delta u_2\|$$

$$\leqslant C_5(\|\Delta u_1\|_4^2\|\Delta(u_1-u_2)\|+q_3\leqslant C_{12}\|\Delta u_1\|\|\Delta(u_1-u_2)\|+q_3 \tag{4.59}$$

至于 q_3，进一步估计，

$$q_3\leqslant \|g'(|\nabla u_1|^2)(\Delta(u_1+u_2))(\Delta(u_1-u_2))\Delta u_2\|+$$
$$\|(g'(|\nabla u_1|^2)-g'(|\nabla u_2|^2))|\nabla u_2|^2\Delta u_2\|\leqslant C_5\|\nabla(u_1+u_2)\|\|\Delta U_2\|\|\nabla(u_1-u_2)\|$$
$$\leqslant C_{13}\|\nabla(u_1+u_2)\|\|\Delta u_2\|\|\Delta(u_1-u_2)\| \tag{4.60}$$

对于 q_2，进一步估计，

$$q_2\leqslant \|g(|\nabla u_1|^2)\Delta(u_1-u_2)\|+\|g(|\nabla u_1|^2)-g(|\nabla u_2|^2))\Delta u_2\|$$
$$\leqslant C_{14}(1+\|\nabla u_1\|_4^2)\|\Delta(u_1-u_2)\|+C_{15}\|\nabla(u_1+u_2)\|\|\Delta u_2\|\|\nabla(u_1-u_2)\|$$
$$\leqslant(C_{16}(1+\|\Delta u_1\|^2)+C_{17}\|\nabla(u_1+u_2)\|\|\Delta u_2\|)\|\Delta(u_1-u_2)\| \tag{4.61}$$

事实上，当 $n=3$ 时，$H_0^1\to L^4$.

总之，从式(4.48)到式(4.54)有

$$\|\nabla(q(u_1)-q(u_2))\|=\|\mathrm{div}(g(|\nabla u_1|^2)\nabla u_1-g(|\nabla u_2|^2)\nabla u_2)\|\leqslant l_q\|\Delta(u_1-u_2)\| \tag{4.62}$$

引理 4.3　在(H_2)的假设下，函数 h 从 $H^2\cap H_0^1$ 嵌入 H^2 是整体有界和整体 Lipschitz 连续的. 其中 l_h 是 Lipschitz 常数.

证明：对于任意 $u_1,u_2\in H^2\cap H_0^1$，任意 $\sigma\in H$，

$$|(\Delta(h(u_1)-h(u_2)),\sigma)|\leqslant|(h(u_1)-h(u_2),\Delta\sigma|\leqslant\|h'(\varepsilon)\|_\infty\|\Delta(u_1-u_2)\|\|\sigma\| \tag{4.63}$$

故

$$\|\Delta(h(u_1)-h(u_2))\|\leqslant\|h'(\varepsilon)\|_\infty\|\Delta(u_1-u_2)\| \tag{4.64}$$

证毕.

由引理 4.2 和引理 4.3 可得整体 Lipschitz 连续.

3.3　一类非线性阻尼 Kirchhoff 方程的指数吸引子

本节讨论了方程 $u_{tt}+\alpha_1u_t-\gamma\Delta u_t-(\alpha+\beta\|\nabla u\|^2)^\rho\Delta u=f(x)$ 解的长时间性态，证明了与该方程相关的非线性半群的挤压特性和指数吸引子的存在.

1　引言

本节研究了如下非线性阻尼 Kirchhoff 方程的整体吸引子和指数吸引子：

$$u_{tt}+\alpha_1u_t-\gamma\Delta u_t-(\alpha+\beta\|\nabla u\|^2)^\rho\Delta u=f(x) \tag{1.1}$$

$$u(x,0)=u_0(x);u_t(x,0)=u_1(x) \tag{1.2}$$

$$u(x,t)|_{\partial\Omega}=0,\Delta u(x,t)|_{\partial\Omega}=0 \tag{1.3}$$

在这里 Ω 是 $\mathbf{R}^N$ 中具有光滑边界 $\partial\Omega$ 的有界区域，$\alpha_1,\gamma,\alpha,\beta$ 是正常数，$(\alpha+\beta\|\nabla u\|^2)^\rho=\Delta u$ 将在后面指定假设，$f(x)$ 是外力项.

自 20 世纪 80 年代以来，一方面由于实际问题及其他学科的推动，另一方面由于数学自身

发展的深入,无穷维动力系统的研究成为动力系统中重要的研究课题之一. 从偏微分方程理论研究来看,无穷维动力系统问题主要是对时间充分长解的渐进性质的研究,其核心和关键问题是对解作时间 t 的一致性的先验估计. 无穷维动力系统的一个重要概念是整体吸引子,整体吸引子是所有吸引子中最大的,而且是唯一的. 对于常微分方程而言,即 H 具有有限维,整体吸引子的存在性早已被研究,对于无穷维动力系统而言,吸引子的存在是后面才陆续被证明[37]. R. Teman、C. Foias 等人于 20 世纪 90 年代提出了指数吸引子的概念[38],指数吸引子是一个具有有限维分形维数的紧的正不变集,且指数吸引子像空间中的解轨道. 由于它对解轨道是指数吸引的,所以它比全局吸引子有更好的稳定性,且指数吸引子是不唯一的[39].

在引文[40]中,Perikles G. Papadopoulos、Nikos M. Stavrakakis 研究如下方程的整体存在和爆破:

$$u_{tt} - \phi(x)\|\nabla u(t)\|^2\Delta u + \delta u_t = |u|^\alpha u, x \in \mathbf{R}^N, t \geqslant 0 \tag{1.4}$$

初始条件 $u(x,0) = u_0(x), u_t(x,0) = u_1(x)$.

在引文[107]中,Zhijian Yang、Pengyan Ding、Zhiming Liu 考虑如下方程的整体吸引子:

$$u_{tt} - \sigma(\|\nabla u\|^2)\Delta u_t - \phi(\|\nabla u\|^2)\Delta u + f(u) = h(x), \text{in } \Omega \times \mathbf{R}^+ \tag{1.5}$$

初始条件 $u|_{\partial\Omega} = 0, u(x,0) = u_0(x), u_t(x,0) = u_1(x)$.

在引文[41]中,郭春晓、穆春来考虑指数吸引子的经典扩散方程:

$$u_t - \Delta u_t - \Delta u = f(u) + g(x), \text{in}\Omega \times \mathbf{R}^+ \tag{1.6}$$

在引文[42]中,李可、杨志坚考虑关于在具有平滑边界$\partial\Omega$ 的有界域 $\Omega \subset R^3$ 上的如下强阻尼波方程

$$u_{tt} - \Delta u_t - \Delta u + \varphi(u) = f \tag{1.7}$$

更多关于整体吸引子和指数吸引子的研究见参考文献 [38—51]和[55—56].

2　预备知识

为简洁起见定义如下 Sobolev 空间

$$H = L^2(\Omega), V_1 = H_0^1(\Omega) \times L^2(\Omega), V_2 = (H^2(\Omega) \cap H_0^1(\Omega)) \times H_0^1(\Omega)$$

在这里$(\cdot,\cdot)$和$\|\cdot\|$是 H 上的内积和范数,空间 V_1 中的内积和范数定义如下

$$\forall U_i = (u_i, v_i) \in V_i, i = 1,2$$

有

$$(U_1, U_2) = (\nabla u_1, \nabla u_2) + (v_1, v_2) \tag{2.1}$$

$$\|U\|_{V_1}^2 = (U,U)_{V_1} = \|\nabla u\|^2 + \|v\|^2 \tag{2.2}$$

设 $v = u_t + \varepsilon u, v = u_t + \varepsilon u$,方程(1.1)等价于

$$U_t + H(U) = F(U) \tag{2.3}$$

在这里

$$H(U)\begin{pmatrix} \varepsilon u - v \\ (\alpha_1 - \varepsilon)v + (\varepsilon^2 - \varepsilon\alpha_1)u + \gamma\varepsilon\Delta u - \gamma\Delta v - (\alpha + \beta\|\nabla u\|^2)^\rho\Delta u \end{pmatrix}, F(U) = \begin{pmatrix} 0 \\ f(x) \end{pmatrix}.$$

3　指数吸引子

现使用以下符号,设 V_1, V_2是两个 Hilbert 空间,有 $V_2 \rightarrow V_1$,具有密集和连续映射,并且$V_2 \rightarrow$

V_1 是紧的,设 $S(t)$ 是从 V_i 到 V_i,$i=1,2$ 的映射.

定义 3.1 半群 $S(t)$ 有一个 (V_2,V_1) 紧的吸引子 A,如果存在一个紧集 $A\subset V_1$,A 吸引 V_2 中所有有界子集,并在 $S(t)$ 不变的情况下:$S(t)A=A$, $\forall t\geqslant 0$.

定义 3.2 A 的紧集 M 被称作一个 (V_2,V_1)-指数吸引子,对于系统 $(S(t),B)$,如果 $A\subseteq M\subseteq B$ 并且

①$S(t)M\subseteq M$, $\forall t\geqslant 0$;

②M 有有限维分形维数 $d_f(M)<+\infty$;

③存在正常数 m_0,m_1,使得 $\mathrm{dist}(S(t)B,M)\leqslant m_0\mathrm{e}^{-m_1t}$, $t>0$,在这里 $\mathrm{dist}_{V_1}(A,B)=\sup\limits_{x\in A}\inf\limits_{y\in B}|x-y|_{V_1}$, $B\subset V_1$ 是 $S(t)$ 中的正不变集.

定义 3.3 $S(t)$ 在 B 上满足离散挤压性,如果存在正交投影 P_N 使得 B 中任意的 u 和 v,有

$$|S(t_*)u-S(t_*)v|_{V_1}\leqslant\delta|u-v|_{V_1},\delta\in\left(0,\frac{1}{8}\right)$$

或

$$|Q_N(S(t_*)u-S(t_*)v)|_{V_1}\leqslant|P_N(S(t_*)u-S(t_*)v)|_{V_1}$$

在这里 $Q_N=1-P_N$.

定理 3.1 假设

①$S(t)$ 有一个 (V_2,V_1)-紧吸引子 A;

②$S(t)$ 中存在一个正不变集 $B\subset V_1$;

③$S(t)$ 是一个 Lipschitz 连续映射,在 B 上有 Lipschitz 常数 L_B,并且在 B 上满足离散挤压性,因而 $S(t)$ 在 B 上有一个 (V_2,V_1)-的指数吸引子 $A\subset M$,并且

$$M=\bigcup_{0\leqslant t\leqslant t_*}S(t)M_*,M_*=A\cup\left(\bigcup_{j=1}^{\infty}\bigcup_{k=1}^{\infty}S(t_*)^j(E)^k\right)$$

并且,M 的分形维数满足

$$d_f(M)\leqslant N_0\max\left\{1,\frac{\ln(16L_B+1)}{\ln 2}\right\}$$

在这里 $N_0,E^{(k)}$ 被定义.

定理 3.2 $(u_0,v_0)\in V_k$, $k=1,2$,问题 (1.1)—问题(1.3)有唯一解 $(u,v)\in L^\infty(\mathbf{R}^+,V_k)$,这个解有如下性质:

$$\|(u,v)\|_{V_1}^2=\|\nabla u\|^2+\|v\|^2\leqslant M_0,\|(u,v)\|_{V_1}^2=\|\nabla v\|^2+\|\nabla u\|^2\leqslant M_1,t\geqslant t_k,k=1,2$$

表示定理 3.1 的解,由 $S(t)(u_0,v_0)=(u_{(t)},v_{(t)})$,$S(t)$ 是 V_1 中一个连续半群,有球

$$B_1=\left\{(u,v)\in V_1:\|(u,v)\|_{V_1}^2\leqslant M_0\right\},$$

分别是 $S(t)$ 在 V_1 和 V_2 中的吸收集.

注意到,存在 $t_0(B_2)$ 使得 $B=\overline{\bigcup_{0\leqslant t\leqslant t_0(B_2)}S(t)B_2}$ 是 $S(t)$ 在 V_1 中的正不变集,并且是 V_2 中所有有界吸收子集. 根据定理 3.1,有半群 $\{S(t)\}_{t\geqslant 0}$ 有 (V_2,V_1)-紧的吸引子

$$A=\bigcap_{s\geqslant 0}\overline{\bigcup_{t\geqslant s}S(t)B_2}$$

其中 A 在 V_1 中是闭的,在 V_2 中是有界的.

引理 3.1 对任意的 $U=(u,v)\in V_1$,有 $(H(U),U)\geqslant\delta_4\|U\|_{V_1}^2+\delta_5\|\nabla v\|^2$.

证明 由式(2.1)和式(2.2)有

$$(H(U),U)_{V_1}=\varepsilon\|\nabla u\|^2-(\nabla v,\nabla u)+(\alpha_1-\varepsilon)\|v\|^2+(\varepsilon^2-\varepsilon\alpha_1)(u,v)+\gamma\varepsilon(\Delta u,v)+\gamma\|\nabla v\|^2+(\alpha+\beta\|\nabla u\|^2)^{\rho}(\nabla u,\nabla v) \tag{3.1}$$

由 Holder 不等式、Young 不等式和 Poincare 不等式，处理式(3.1)中的项如下：

$$(\varepsilon^2-\varepsilon\alpha_1)(u,v)\geqslant(\varepsilon^2-\varepsilon\alpha_1)\lambda_1^{-\frac{1}{2}}\|\nabla u\|\|v\|\geqslant-\varepsilon\alpha\lambda_1^{-\frac{1}{2}}\left(\frac{\lambda_1^{\frac{1}{2}}}{4\alpha_1}\|\nabla u\|^2+\alpha_1\lambda_1^{-\frac{1}{2}}\|v\|^2\right)$$

$$\geqslant-\frac{\varepsilon}{4}\|\nabla u\|^2-\frac{\varepsilon\alpha_1^2}{\lambda_1}\|v\|^2 \tag{3.2}$$

$$\beta\varepsilon(\Delta u,v)=-\beta\varepsilon(\nabla u,\nabla v)\geqslant-\frac{\varepsilon}{4}\|\nabla u\|^2-\beta^2\varepsilon\|\nabla v\|^2 \tag{3.3}$$

$$((\alpha+\beta\|\nabla u\|^2)^{\rho}-1)(\nabla u,\nabla v)\geqslant C(\nabla u,\nabla v)\geqslant-\frac{C}{2}\|\nabla u\|^2-\frac{C}{2}\|\nabla v\|^2 \tag{3.4}$$

将式(3.2)、式(3.3)、式(3.4)代入式(3.1)得

$$(H(U),U)_{V_1}\geqslant\varepsilon\|\nabla u\|^2+(\alpha_1-\varepsilon)\|v\|^2+\gamma\|\nabla v\|^2-\frac{\varepsilon}{4}\|\nabla u\|^2-\frac{\varepsilon\alpha_1^2}{\lambda_1}\|v\|^2-\frac{\varepsilon}{4}\|\nabla u\|^2-\gamma^2\varepsilon\|\nabla v\|^2-\frac{C}{2}\|\nabla u\|^2-\frac{C}{2}\|\nabla v\|^2 \tag{3.5}$$

$$=\left(\frac{\varepsilon}{2}-\frac{C}{2}\right)\|\nabla u\|^2+\left(\alpha_1-\varepsilon-\frac{\varepsilon\alpha_1^2}{\lambda_1}\right)\|v\|^2+\left(\gamma\text{-}\gamma^2\varepsilon-\frac{C}{2}\right)\|\nabla v\|^2$$

当$\frac{\varepsilon}{2}-\frac{C}{2}\geqslant0,\alpha_1-\varepsilon-\frac{\varepsilon\alpha_1^2}{\lambda_1}\geqslant0,\gamma-\gamma^2\varepsilon-\frac{C}{2}\geqslant0$时，$C\leqslant\varepsilon\leqslant\frac{\lambda_1\alpha}{\lambda_1+\alpha^2}$，

设$\delta_4=\min\left\{\frac{\lambda_1\alpha_1}{\lambda_1+\alpha_1^2},\alpha_1-\varepsilon-\frac{\varepsilon\alpha_1^2}{\lambda_1}\right\},\delta_5=\gamma-\gamma^2\varepsilon-\frac{C}{2}$，可得到

$$(H(U),U)\geqslant\delta_4\|U\|_{V_1}^2+\delta_5\|\nabla v\|^2,$$

令 $S(t)U_0=U(t)=(u(t),v(t))^{\mathrm{T}},v=u_t(t)+\varepsilon u(t)$，并且

$$S(t)V_0=V(t)=(u(t),v(t))^{\mathrm{T}},$$

设

$$\varphi(t)=S(t)U_0-S(t)V_0=U(t)-V(t)=(\omega(t),y(t))^{\mathrm{T}},$$

$$y(t)=\omega_t(t)+\varepsilon\omega(t),$$

$$\varphi_t(t)+H(U)-H(V)=0 \tag{3.6}$$

和

$$\varphi(0)=U_0-V_0 \tag{3.7}$$

引理 3.2[51]　(Lipschitz property)对任意的 $U_0,V_0\in B,T\geqslant0$ 有

$$\|S(t)U_0-S(t)V_0\|_{V_1}^2\leqslant \mathrm{e}^{\delta t}\|U_0-V_0\|_{V_1}^2.$$

证明　在 V_1 中，用 $\varphi(t)$ 与方程(3.5)取内积得

$$\frac{1}{2}\frac{\mathrm{d}}{\mathrm{d}t}\|\varphi(t)\|^2+(H(U)-H(V),\varphi(t))=0 \tag{3.8}$$

类似引理 3.1 可得

$$(H(U)-H(V),\varphi(t))_{V_1}\geqslant\delta_4\|\varphi(t)\|_{V_1}^2+\delta_5\|\nabla y(t)\|_{V_1}^2 \tag{3.9}$$

将式(3.9)代入式(3.8)，有

$$\frac{\mathrm{d}}{\mathrm{d}t}\|\varphi(t)\|^2 + 2\delta_4\|\varphi(t)\|^2 + 2\delta_5\|\nabla y(t)\|^2 \leqslant 0 \tag{3.10}$$

进而有

$$\frac{\mathrm{d}}{\mathrm{d}t}\|\varphi(t)\|^2 \leqslant -2\delta_4\|\varphi(t)\|^2 \tag{3.11}$$

使用 Gronwall 不等式可得

$$\|\varphi(t)\|^2 \leqslant \mathrm{e}^{-2\delta_4}\|\varphi(0)\|^2 = \mathrm{e}^{\delta t}\|\varphi(0)\|^2 \tag{3.12}$$

因此有

$$\|S(t)U_0 - S(t)V_0\|_{\mathrm{V}_1}^2 \leqslant \mathrm{e}^{\delta t}\|U_0 - V_0\|_{\mathrm{V}_1}^2$$

引入算子 $\mathbf{A} = -\Delta$ 从 $D(\mathbf{A})$ 到 H 有定义

$$D(\mathbf{A}) = \{u \in H \mid \mathbf{A}u \in H\} = \{u \in H^2 \mid u\mid_{\partial\Omega} = \nabla u\mid_{\partial\Omega} = 0\},$$

显然，$\mathbf{A}$ 是一个无界正定自伴算子并且它的逆算子 $\mathbf{A}^{-1}$ 是紧的，因此存在一个由特征向量组成的标准正交基，使得

$$\mathbf{A}w_i = \lambda_i w_i, 0 < \lambda_1 \leqslant \lambda_2 \leqslant \cdots \leqslant \lambda_i \to +\infty,$$

$\forall N$ 定义

$$P = P_n : H \to \mathrm{span}\{w_1, \cdots, w_N\},$$

投影

$$Q = Q_N = I - P_N,$$

如下有

$$\|\mathbf{A}u\| = \|\Delta u\| \geqslant \lambda_{m+1}\|u\|, \forall u \in Q_m(H^2(\Omega) \cap H_0^1(\Omega)),$$
$$\|Q_m u\| \leqslant \|u\|, u \in H.$$

引理 3.3 $\forall U_0, V_0 \in B$，设 $Q_{m_0}(t) = Q_{m_0}(U(t) - V(t)) = Q_{m_0}\varphi(t) = (w_{m_0}, y_{m_0})^{\mathrm{T}}$，因此

$$\|\varphi_{m_0}(t)\|_{\mathrm{V}_1}^2 \leqslant \left(\mathrm{e}^{-2k_1 t} + \frac{c_2\lambda_{m_0+1}^{-\frac{1}{2}}}{2k_1 + k}\mathrm{e}^{kt}\right)\|\varphi(0)\|^2$$

证明 在式(3.6)中取 $Q_{m_0}(t)$，可得

$$\varphi_{m_{0t}}(t) + Q_{m_0}(H(U) - H(V)) = 0 \tag{3.13}$$

$\varphi_{m_0}(t)$ 与式(3.3)作内积得

$$\frac{1}{2}\frac{\mathrm{d}}{\mathrm{d}t}\|\varphi_{m_0}(t)\|^2 + \delta_4\|\varphi_{m_0}(t)\|^2 + \delta_5\|\nabla y_{m_0}(t)\|^2 \leqslant 0 \tag{3.14}$$

$$\frac{\mathrm{d}}{\mathrm{d}t}\|\varphi_{m_0}(t)\|^2 \leqslant -2\delta_4\|\varphi_{m_0}(t)\|^2 \tag{3.15}$$

由 Gronwall 不等式可得

$$\|\varphi_{m_0}(t)\|^2 \leqslant \mathrm{e}^{-2\delta_4 t}\|\varphi(0)\|^2 \tag{3.16}$$

引理 3.4 (Discrete squeezing property)对任意的 $U_0, V_0 \in B$，如果

$\|P_{m_0}(S(T^*)U_0 - S(T^*)V_0)\|_{\mathrm{V}_1} \leqslant \|(I - P_{m_0})(S(T^*)U_0 - S(T^*)V_0)\|_{\mathrm{V}_1}$，则

$$\|(S(T^*)U_0 - S(T^*)V_0)\|_{\mathrm{V}_1} \leqslant \frac{1}{8}\|U_0 - V_0\|_{\mathrm{V}_1}$$

证明 如果 $\|P_{m_0}(S(T^*)U_0 - S(T^*)V_0)\|_{\mathrm{V}_1} \leqslant \|(I - P_{m_0})(S(T^*)U_0 - S(T^*)V_0)\|_{\mathrm{V}_1}$，

则

$$\begin{aligned}\|S(T^*)U_0 - S(T^*)V_0\|^2 &\leqslant \|(I-P_{m_0})(S(T^*)U_0 - S(T^*)V_0)\|_{V_1}^2 + \\ &\quad \|P_{m_0}(S(T^*)U_0 - S(T^*)V_0)\|_{V_1}^2 \\ &\leqslant 2\|(I-P_{m_0})(S(T^*)U_0 - S(T^*)V_0)\|_{V_1}^2 \\ &\leqslant 2e^{-2\delta_4 T^*}\|U_0 - V_0\|^2\end{aligned} \tag{3.17}$$

令 T^* 足够大

$$e^{-2\delta_4 T^*} \leqslant \frac{1}{128} \tag{3.18}$$

将式(3.17)代入式(3.18),有

$$\|(S(T^*)U_0 - S(T^*)V_0)\|_{V_1} \leqslant \frac{1}{8}\|U_0 - V_0\|_{V_1} \tag{3.19}$$

引理 3.4 得证.

定理 3.3　$(u_0,v_0)\in V_k, k=1,2, f\in H, v=u_t+\varepsilon u$,方程(1.1)—方程(1.3)初边值问题的解半群 $S(t)$ 在 B 上有 (V_2,V_1) – 指数吸引子,

$$M = \bigcup_{0\leqslant t\leqslant T^*} S(t)\left(A \cup \left(\bigcup_{j=1}^{\infty}\bigcup_{k=1}^{\infty} S(T^*)^j(E^{(k)})\right)\right)$$

并且分形维数满足

$$d_f(M) \leqslant N_0 \max\left\{1, \frac{\ln(16L_B+1)}{\ln 2}\right\}$$

证明　根据定理 3.1、引理 3.2 和引理 3.4,定理 4.2 容易得证.

3.4　一类带有非线性强阻尼项的 Kirchhoff 波方程的近似惯性流形

本节考虑了下列一类非线性强阻尼项 Kirchhoff 波方程的初边值问题的长时间行为:$u_{tt} - \varepsilon_1\Delta u_t + \alpha|u_t|^{p-1}u_t + \beta|u|^{q-1}u - \phi(\|\nabla u\|^2)\Delta u = f(x)$. 首先,为了证明解的光滑效应,人们利用所研究方程中的微分算子在相空间中生成的解析半群的性质,证明了解的更高光滑效应及其整体吸引子的正则性,进而构造了近似惯性流形. 最后证明了 Kirchhoff 波方程的任意解轨道在时间充分大之后将进入近似惯性流形的一个充分小的领域内.

1　引言

近似惯性流形是一个无穷维的光滑流形,方程的每一个解都在有限时间里进入其某个狭窄领域内,特别地,解所对应的整体吸引子也在其某个领域内. 关于许多带有耗散项的偏微分方程的近似惯性流形已经被研究过,文献参考[12]、[29]、[108-112].

在本节中,考虑了以下一类带有非线性强阻尼项 Kirchhoff 波方程的初边值问题的长时间行为

$$u_{tt} - \varepsilon_1\Delta u_t + \alpha|u_t|^{p-1}u_t + \beta|u|^{q-1}u - \phi(\|\nabla u\|^2)\Delta u = f(x), (x,t)\in\Omega\times\mathbf{R}^+ \tag{1.1}$$

$$u(x,0) = u_0(x); u_t(x,0) = u_1(x), x\in\Omega \tag{1.2}$$

$$u(x,0)=u_0(x);u_t(x,0)=u_1(x),x\in\Omega \tag{1.3}$$

这里 Ω 是 $\mathbf{R}^N$ 中具有光滑边界 $\partial\Omega$ 的有界区域，$\varepsilon_1,\alpha,\beta$ 是正常数，关于 $\phi(\|\nabla u\|^2)$ 的假设稍后将详细给出.

在文献[8]中，G. Kirchhoff 首先研究了弹性弦非线性振动模型，Kirchhoff 波方程已经被许多学者研究过了，需了解更多可参看参考文献[30,32,113]，在文献[56]中对于问题(1.1)—问题(1.3)的解的长时间行为，算子半群 $S(t)$ 所对应的整体吸引子的存在性以及整体吸引子的维数估计也被研究过.

在文献[114]中，Dai Zhengde、Guo Boling、Lin Guoguang 研究了广义 Kuramoto-Sivashinsky 方程吸引子的分形结构

$$u_t+\alpha u_{xx}+\beta u_{xxx}+\gamma u_{xxxx}+f(u)_x+\varphi(u)_{xx}=g(u)+h(x),t>0,x\in\mathbf{R} \tag{1.4}$$

$$u(x,0)=u_0(x) \tag{1.5}$$

$$u(x-D,t)=u(x+D,t),t>0,x\in\mathbf{R} \tag{1.6}$$

这里 $\alpha\geqslant0,\gamma>0,D>0$.

在文献[115]中，Li Yongsheng, Zhang Weiguo 研究了强阻尼波动方程的吸引子及其正则性

$$u_{tt}-\alpha u_{xxt}-\beta u_{xx}+h(u)u_t+f(u)=g(x),t>0,x\in(0,1) \tag{1.7}$$

$$u(0,t)=u(1,t)=0,t\geqslant0 \tag{1.8}$$

$$u(x,0)=u_0(x),u_t(x,0)=u_1(x),x\in(0,1) \tag{1.9}$$

这里 α,β 是正常数.

在文献[116]中，Luo Hong、Pu Zhilin and Chen Guanggan 研究了非线性强阻尼波方程吸引子的正则性及近似惯性流形

$$u_{tt}-\alpha u_{xxt}-\sigma(u_x)_x+f(u)=g(x),x\in(0,1),t\in[0,\infty) \tag{1.10}$$

$$u(0)=u_0,u_t(0)=u_1 \tag{1.11}$$

$$u(0,t)=u(1,t)=0 \tag{1.12}$$

这里 α 是正常数.

在文献[117]中，Wang Lei、Dang Jinbao and Lin Guoguang 研究了分数次非线性 Schrödinger 方程的近似惯性流形

$$\mathrm{i}u_t+(-\Delta)^\alpha u+\beta|u|^\rho u+\mathrm{i}\delta u=f(x),x\in\Omega,t>0 \tag{1.13}$$

$$u(x,0)=u_0(x),x\in\Omega \tag{1.14}$$

$$u(x+L\mathrm{e}_i,t)=u(x,t),x\in\Omega,t>0 \tag{1.15}$$

这里 $\Omega=(0,L)^n,\mathrm{e}_i=(0,\cdots,0,1,0,\cdots,0),(i=1,2,\cdots,n)$ 是一组规范正交基，i 是虚数单位，$\alpha>\frac{n}{2},\beta>0,\rho>0,\delta>0$.

最近，在文献[118]中，Zhang Sufang、Zhang Jianwen 研究了强阻尼波动方程：

$$u_{tt}-\Delta u-\Delta u_t-\alpha\Delta u_{tt}+f(u)=g(x,t),(x,t)\in\Omega\times\mathbf{R}^+ \tag{1.16}$$

$$u(x,0)=u_0,u_t(x,0)=u_1,x\in\Omega \tag{1.17}$$

$$u(x,t)=0,(x,t)\in\partial\Omega\times\mathbf{R}^+ \tag{1.18}$$

这里 Ω 是 $\mathbf{R}^N$ 中具有光滑边界 $\partial\Omega$ 的有界区域，α 是正常数，函数 $g\in L^2(\Omega)$.

有许多文献都对非线性波方程的近似惯性流形进行了研究，想了解更多可以参看文献

[119-125],为了构造初边值问题的近似惯性流形,在文献[115]、[116]中,获得了整体吸引子,近似惯性流形. 在文献[119]中,利用样条小波基构造弱阻尼 Kdv 方程的近似惯性流形. 本节参考了文献[115]、[116],首先估计问题(1.1)至问题(1.3)的整体吸引子具有更高的正则性,进而构造了近似惯性流形.

本节是按以下方式安排的,在第二部分一些假设、概念和主要结果被陈述. 第三部分在第二部分的假设下,证明了问题(1.1)—问题(1.3)的整体吸引子具有更高的正则性. 在第四部分,由第三部分对整体吸引子正则性的估计构造了近似惯性流形.

2　主要结果的陈述

为了方便起见,用$(\cdot,\cdot)$和$\|\cdot\|$表示$L^2(\Omega)$空间中的内积和范数,$L^p=L^p(\Omega)$,$H^k=H^k(\Omega)$,$H_0^k=H_0^k(\Omega)$,$\|\cdot\|_p=\|\cdot\|_{L^p}$.

设$E=L^2(\Omega)$,这儿$\Omega\subset R^N$是一个有界区域. $E=L^2(\Omega)$,$\mathbf{A}=-\Delta$是无界正定自伴算子. 设$D(\mathbf{A})=H^2(\Omega)\cap H_0^1(\Omega)$,根据参考文献[9],在$E$中,$\mathbf{A}^{-1}$是紧的,$D(\mathbf{A})$是稠密的. 又由$E=\operatorname{span}\{\omega_k\}_{k=1}^{\infty}$,这里$\omega_k$是空间$E$的一组规范正交基.

在这部分,陈述了在证明主要结论时需要的一些假设和概念. 首先假设

(G_1)根据参考文献[56],设常数:$\varepsilon_1>0,\varepsilon>0,\gamma_1>0,\gamma_2>0,K\geqslant 0$,使得

$$K-2\varepsilon\geqslant 0,\varepsilon_1\varepsilon\leqslant\phi(\|\nabla u\|^2)\leqslant\frac{\gamma_1}{K-2\varepsilon}\left(1-\frac{K-2\varepsilon}{\gamma_1}\mathrm{e}^{-(K-2\varepsilon)t}\right)$$

(G_2)设$\phi(s)\in C^1([0,+\infty))$,且$\phi(0)=0,\sup|\phi'(s)|\leqslant r_0,\forall s\in[0,+\infty)$

定理 2.1　根据参考文献[56],(G_1)、(G_2)的基本假设成立,

(ⅰ)设$f(x)\in L^2(\Omega)$,进而对于每一个$u_0\in H^2(\Omega)\cap H_0^1(\Omega)$,$u_1\in L^2(\Omega)$,

问题(1.1)—问题(1.3)存在一个整体解u,$u\in C_b([0,+\infty);D(\mathbf{A}))$;

$u_t\in C_b([0,+\infty);E)\cap L^2(0,T;H_0^1(\Omega))$,$\forall T>0$.

(ⅱ)设$f(x)\in H_0^1(\Omega)$,$S(t)$是问题(1.1)—问题(1.3)的算子半群,那么$S(t)$存在一个紧的整体吸引子A_0. 因此,找到了一个紧连通不变集B,它吸收$D(\mathbf{A})\times E$中的所有有界集.

3　整体吸引子的正则性

为了获得整体吸引子更高的光滑性,人们需要对整体解做更高阶的一致先验估计.

设$v=u_t$,那么问题(1.1)可以重写为以下形式

$$v=u_t \tag{3.1}$$

$$v_t-\varepsilon_1\Delta v+\alpha|v|^{p-1}v+\beta|u|^{q-1}u-\phi(\|\nabla u\|^2)\Delta u=f(x) \tag{3.2}$$

设$U=\begin{pmatrix}u\\v\end{pmatrix}$,$\Lambda=\begin{pmatrix}0 & -I\\-\phi(\|\nabla u\|^2)\Delta & -\varepsilon_1\Delta\end{pmatrix}$,

$$FU=\begin{pmatrix}0\\F_1(u,v)\end{pmatrix},\quad D(B)=[D(\mathbf{A})]^2 \tag{3.3}$$

这里$F_1(u,v)=f(x)-\alpha|v|^{p-1}v-\beta|u|^{q-1}u$.

进一步,人们重写问题(1.1)—问题(1.3)为以下形式

$$\frac{\mathrm{d}U}{\mathrm{d}t}+\Lambda U=F(U),\qquad U(0)=U_0=\begin{pmatrix}u_0\\u_1\end{pmatrix}\tag{3.4}$$

根据参考文献[126]、[127],得到 Λ 是 $D(\mathbf{A})\times E$ 中的线性稠密闭算子,且具有有界逆,Λ 在$D(\mathbf{A})\times E$ 中生成一个解析半群.

引理 3.1 根据参考文献[115]、[116],有假设(G_1)、(G_2)成立,设$f\in L^2(\Omega)$,$u(x,t)\mid_{\partial\Omega}=0$. 那么,对于每一个$(u_0,u_1)\in D(\mathbf{A})\times E$,问题(1.1)—问题(1.3)的解满足以下条件

$$u,u_t\in C^\theta((0,+\infty);D(\mathbf{A})),u_{tt}\in C^\theta((0,+\infty);E),\forall\theta\in(0,1)\tag{3.5}$$

且存在 $\tau_0>0,K_0>0$,使得以下估计成立

$$\|u_t(t)\|_{D(\mathbf{A})}\leqslant K_0,\|u_{tt}(t)\|\leqslant R_1,\forall t\geqslant K_0\tag{3.6}$$

这里 $D(\mathbf{A})=H^2(\Omega)\cap H_0^1(\Omega)$,$K_0$ 是与初始值 U_0 无关的常数.

证明 利用定理 2.1 的第一个结论,当 $u_0\in D(\mathbf{A})$,$u_1\in E$ 时,那么解 u 满足 $u\in C_b([0,+\infty);D(\mathbf{A}))$,$u_t\in C_b([0,+\infty);L^2(\Omega))$,$\forall T>0$,$u_t\in L^2(0,T;H_0^1(\Omega))$. 利用定理 2.1 的第二个结论可得,存在 $\tau>0,R_0>0$,当 $t>\tau$ 时,

$$\|u\|_{D(\mathbf{A})}\leqslant R_0,\|u_t\|\leqslant R_0\tag{3.7}$$

同时,Δu 在 E 中一致有界,当 $t\in[0,+\infty)$.

$$FU=(0,F_1(u,v))^{\mathrm{T}}=(0,f(x)-\alpha|v|^{p-1}\nu-\beta|u|^{q-1}u)^{\mathrm{T}}\in C_b([0,+\infty);D(\mathbf{A})\times E)\tag{3.8}$$

那么 $F_1(u,v)\in C_b([0,T];D(\mathbf{A})\times E)\to L^p(0,T;D(\mathbf{A})\times E)$. $p=\dfrac{1}{1-\theta}$,$\theta\in(0,1)$. 根据参考文献[27],由 Λ 生成的解析半群的性质和方程(3.4),立即得到$\forall 0<t_0<T$,解 $U(\cdot)\in C^\theta([t_0,T];D(\mathbf{A})\times E)$,进一步,对于方程(3.4)中的非齐次项 $F_1(u,v)$满足:$F_1(u,v)\in C^\theta([t_0,T];D(\mathbf{A})\times E)$,那么 $U(\cdot)\in C^\theta((t_0,T];D(\Lambda))$,$U_t(\cdot)$,$\Lambda U(\cdot)\in C^\theta((t_0,T);D(\mathbf{A})\times E)$. 由于 T,t_0 是任意的,所以 $U(\cdot)\in C^\theta((0,+\infty);D(\Lambda))$,$U_t(\cdot)\in C^\theta((0,+\infty);D(\mathbf{A})\times E)$.

因为 $U(\tau)\in D(\Lambda)$,$U_t(\tau)\in D(\mathbf{A})\times E$,现在考虑 τ,$U_t(\tau)$分别作为初试时间和初始值,接下来考虑关于 $V=U_t=(v,v_t)^{\mathrm{T}}$ 的方程.

$$V_t+\Lambda V=F(U)_t=(0,-\alpha(|v|^{p-1}v)_t-\beta(|u|^{q-1}u)_t)^{\mathrm{T}}\tag{3.9}$$

那么

$$v_{tt}-\varepsilon_1\Delta v_t-(\phi\|\nabla u\|^2)\Delta u)_t+\alpha(|\nu|^{p-1}v)_t+\beta(|u|^{q-1}u)_t=0\tag{3.10}$$

$$v(x,\tau)=u_t(x,\tau)\in D(\mathbf{A})\tag{3.11}$$

$$v_t(x,\tau)=u_{tt}(x,\tau)\in E\tag{3.12}$$

$$v(x,t)\mid\partial\Omega=0,\Delta v(x,t)\mid\partial\Omega=0,x\in\Omega,t\geqslant\tau\tag{3.13}$$

接下来,用 $v_t+\varepsilon v$ 关于方程(3.10)取内积得

$$(v_{tt},v_t+\varepsilon v)=\frac{1}{2}\frac{\mathrm{d}}{\mathrm{d}t}\|v_t\|^2+\varepsilon\frac{\mathrm{d}}{\mathrm{d}t}(\int_\Omega v\cdot v_t\mathrm{d}x)-\varepsilon\|v_t\|^2\tag{3.14}$$

$$(-\varepsilon_1\Delta v_t,v_t+\varepsilon v)=\varepsilon_1\|\nabla v_t\|^2+\frac{1}{2}\varepsilon^2\frac{\mathrm{d}}{\mathrm{d}t}\|\nabla v\|^2\tag{3.15}$$

$$(-(\phi(\|\nabla u\|^2)\Delta u)_t,v_t+\varepsilon v)$$

$$= (-(\phi(\|\nabla u\|^2)\Delta u)_t, v_t) + (-(\phi(\|\nabla u\|^2)\Delta u)_t, \varepsilon v) \tag{3.16}$$

根据假设(G_2)

$$\begin{aligned}
&(-(\phi(\|\nabla u\|^2)\Delta u)_t, v_t) \\
&= -\phi(\|\nabla u\|^2)_t \int_\Omega \Delta u v_t \mathrm{d}x + \frac{\mathrm{d}}{\mathrm{d}t}\left[\frac{1}{2}\phi(\|\nabla u\|^2)\|\nabla v\|^2\right] - \frac{1}{2}\phi(\|\nabla u\|^2)_t \cdot \|\nabla v\|^2 \\
&\geqslant -\frac{r_0}{2}\|\nabla u\|^2 - \frac{r_0}{2}\|\nabla v_t\|^2 + \frac{\mathrm{d}}{\mathrm{d}t}\left[\frac{1}{2}\phi(\|\nabla u\|^2)\|\nabla v\|^2\right] - \frac{r_0}{2}\|\nabla v\|^2
\end{aligned} \tag{3.17}$$

$$\begin{aligned}
&(-(\phi(\|\nabla u\|^2)\Delta u)_t, \varepsilon v) \\
&= -\varepsilon\phi(\|\nabla u\|^2)_t \cdot (\Delta u, v) + \varepsilon\phi(\|\nabla u\|^2)\|\nabla v\|^2 \\
&\geqslant -\frac{r_0\varepsilon}{2}\|\nabla u\|^2 - \frac{r_0\varepsilon}{2}\|\nabla v\|^2 + \varepsilon_1\varepsilon^2\|\nabla v\|^2
\end{aligned} \tag{3.18}$$

$$\alpha((|v|^{p-1}v)_t, v_t + \varepsilon v) = \alpha((|v|^{p-1}v)_t, v_t) + \alpha\varepsilon((|v|^{p-1}v)_t, v) \tag{3.19}$$

$$\begin{aligned}
\alpha((|v|^{p-1}v)_t, v_t) &= \int_\Omega |v|^{p-1}v_t v_t \mathrm{d}x + \int_\Omega \left((v^2)^{\frac{p-1}{2}}\right)_t v v_t \mathrm{d}x \\
&= \alpha\int_\Omega |v|^{p-1}v_t v_t \mathrm{d}x + \alpha\int_\Omega \frac{p-1}{2}\left((v^2)^{\frac{p-3}{2}}\right)2v v_t v v_t \mathrm{d}x \\
&= \alpha\int_\Omega |v|^{p-1}v_t v_t \mathrm{d}x + \alpha(p-1)\int_\Omega |v|^{p-1}v_t v_t \mathrm{d}x \\
&= \alpha p\int_\Omega |v|^{p-1}v_t^2 \mathrm{d}x
\end{aligned} \tag{3.20}$$

$$\alpha\varepsilon((|v|^{p-1}v)_t, v) = \alpha\varepsilon\frac{\mathrm{d}}{\mathrm{d}t}(\int_\Omega |v|^{p-1}vv\mathrm{d}x) - \alpha\varepsilon\int_\Omega |v|^{p-1}vv_t\mathrm{d}x \tag{3.21}$$

这里

$$\alpha\varepsilon\int_\Omega |v|^{p-1}vv_t\mathrm{d}x \leqslant \alpha\varepsilon(\int_\Omega |v|^{2p}\mathrm{d}x)^{\frac{1}{2}} \cdot (\int_\Omega v_t^2\mathrm{d}x)^{\frac{1}{2}} = \alpha\varepsilon\|v\|_{2p}^p\|v_t\|$$

使用 Gagliardo-Nirenberg 嵌入不等式和 Hölder 不等式可得

$$\begin{aligned}
\|v\|_{2p}^p\|v_t\| &\leqslant C_1\|\nabla v\|^{\frac{(p-1)n}{2}}\|v\|^{\frac{2p-(p-1)n}{2}}\|v_t\| \\
&\leqslant \frac{C_1^2\alpha\varepsilon\|v_t\|^2}{2} + \frac{\|\nabla v\|^{(p-1)n}\|v\|^{2p-(p-1)n}}{2\alpha\varepsilon} \\
&\leqslant \frac{C_1^2\alpha\varepsilon\|v_t\|^2}{2} + \frac{C^2\|v\|^2}{4\alpha\varepsilon} + \frac{C_2\|\nabla v\|^2}{4\alpha\varepsilon} + C_3(C_2, \alpha, \varepsilon)
\end{aligned} \tag{3.22}$$

类似式(3.20)得

$$\beta((|u|^{q-1}u)_t, v_t + \varepsilon\nu) = \beta q\int_\Omega |u|^{q-1}vv_t\mathrm{d}x + \beta q\varepsilon\int_\Omega |u|^{q-1}v^2\mathrm{d}x \tag{3.23}$$

使用 Hölder 不等式，Young 不等式和 Sobolev 不等式得到

$$\begin{aligned}
\beta q\int_\Omega |u|^{q-1}vv_t\mathrm{d}x &\leqslant \beta q\int_\Omega |u|^{q-1}|v||v_t|\mathrm{d}x \\
&\leqslant \beta q\int_\Omega |u|^{q-1}\left(\frac{|v|^2}{2} + \frac{{v_t}^2}{2}\right)\mathrm{d}x
\end{aligned} \tag{3.24}$$

$$\frac{\beta q}{2}\int_\Omega |u|^{q-1}|v_t|^2\mathrm{d}x \leqslant \frac{\beta q}{2}(\int_\Omega |u|^{2(q-1)}\mathrm{d}x)^{\frac{1}{2}}(\int_\Omega |v_t|^4\mathrm{d}x)^{\frac{1}{2}}$$

$$= \frac{\beta q}{2}\|u\|_{2(q-1)}^{q-1}\|v_t\|_4^2 \tag{3.25}$$

$$\|u\|_{2(q-1)}^{q-1} \leqslant C_4\|\Delta u\|^{\frac{n(q-2)}{4}}\|u\|^{\frac{4(q-1)-n(q-2)}{2}} \tag{3.26}$$

$$\|v_t\|_4^2 \leqslant C_5\|\nabla v_t\|^{\frac{n}{2}}\|v_t\|^{\frac{4-n}{2}} \leqslant \frac{\varepsilon_2\|\nabla v_t\|^2}{2} + \frac{\|v_t\|^2}{2\varepsilon_2} + C_6(\varepsilon_2, C_5) \tag{3.27}$$

在参考文献[56]中,通过一致先验估计得$\|\Delta u\|$,$\|u\|$有界,

$$\|u\|_{2(q-1)}^{q-1}\|v_t\|_4^2 \leqslant C_7(C_4, \|u\|_\infty, \|\Delta u\|_\infty)\frac{\varepsilon_2\|\nabla v_t\|^2}{2} + \frac{\|v_t\|^2}{2\varepsilon_2} + C_6 \tag{3.28}$$

因此得到

$$\begin{aligned}&\beta((|u|^{q-1}u)_t, v_t + \varepsilon v)\\ &\geqslant \left(\beta q\varepsilon - \frac{\beta q}{2}\right)\int_\Omega |u|^{q-1}v^2\mathrm{d}x - \frac{\beta q C_7\varepsilon_2}{2}\|\nabla v_t\|^2 - \\ &\frac{\beta q C_7}{2\varepsilon_2}\|v_t\|^2 - \beta q C_7 C_6\end{aligned} \tag{3.29}$$

综合以上,可得到

$$\begin{aligned}\Phi_1 = &\frac{1}{2}\|v_t\|^2 + \varepsilon\int_\Omega vv_t\mathrm{d}x + \frac{\varepsilon\varepsilon_1}{2}\|\nabla v\|^2 + \\ &\alpha\varepsilon\int_\Omega \|v\|^{p-1}v^2\mathrm{d}x + \frac{1}{2}\phi(\|\nabla u\|^2)\|\nabla v\|^2\end{aligned} \tag{3.30}$$

$$\begin{aligned}\Psi_1 &= \varepsilon_1\|\nabla v_t\|^2 - \varepsilon\|v_t\|^2 - \phi(\|\nabla u\|^2)_t\int_\Omega \Delta uv_t\mathrm{d}x - \\ &\frac{1}{2}\phi(\|\nabla u\|^2)_t\cdot\|\nabla v\|^2 - \varepsilon\phi(\|\nabla u\|^2)_t(\Delta u, v) + \varepsilon\phi(\|\nabla u\|^2)\|\nabla v\|^2 + \\ &\alpha p\int_\Omega |v|^{p-1}v_t^2\mathrm{d}x + \beta q\varepsilon\int_\Omega |u|^{q-1}v^2\mathrm{d}x - \\ &\alpha\varepsilon\int_\Omega |v|^{p-1}vv_t\mathrm{d}x + \beta q\int_\Omega |u|^{q-1}vv_t\mathrm{d}x\end{aligned} \tag{3.31}$$

取 $\kappa_1 > 0$,可得

$$\begin{aligned}\Psi_1 - \kappa_1\Phi_1 \geqslant &\varepsilon_1\|\nabla v_t\|^2 - \varepsilon\|v_t\|^2 - \frac{r_0}{2}\|\Delta u\|^2 - \\ &\frac{r_0}{2}\|v_t\|^2 - \frac{r_0}{2}\|\nabla v\|^2 - \frac{r_0\varepsilon}{2}\|\nabla u\|^2 - \frac{r_0\varepsilon}{2}\|\nabla v\|^2 + \\ &\varepsilon^2\varepsilon_1\|\nabla v\|^2 - \frac{C_1^2\alpha^2\varepsilon^2}{2}\|v_t\|^2 - \frac{C_2\|v\|^2}{4} - \frac{C_2\|\nabla v\|^2}{4} - \\ &C_3 - \frac{\beta q C_7\varepsilon_2}{2}\|\nabla v_t\|^2 - \frac{\beta q C_7}{2\varepsilon_2}\|v_t\|^2 - \\ &\beta q C_7 C_6 - \frac{\kappa_1\|v_t\|^2}{2} - \frac{\kappa_1\varepsilon\|v\|^2}{2} - \kappa_1\alpha\varepsilon\int_\Omega |v|^{p-1}v^2\mathrm{d}x - \\ &\frac{\kappa_1\varepsilon_1\varepsilon\|\nabla v\|^2}{2} - \frac{\kappa_1\gamma_1\|\nabla v\|^2}{2(K - 2\varepsilon)}\end{aligned} \tag{3.32}$$

$$\begin{aligned}
&\int_{\Omega}|v|^{p-1}v^2\mathrm{d}x \leqslant (|\Omega|)^{\frac{1}{2}}\|v\|_{2(p+1)}^{p+1}\\
&\leqslant C_8((|\Omega|)^{\frac{1}{2}})\|\nabla v\|^{\frac{np}{2}}\|v\|^{\frac{2p+2-np}{2}}\\
&\leqslant C_9\frac{\|v\|^2}{2}+C_9\frac{\|\nabla v\|^2}{2}+C_{10}(C_8,C_9)
\end{aligned} \tag{3.33}$$

最后可得到

$$\begin{aligned}
&\Psi_1-\kappa_1\Phi_1 \geqslant \left(\varepsilon_1-\frac{C_7\beta q\varepsilon_2}{2}\right)\|\nabla v_t\|^2-\\
&\left(\varepsilon+\frac{r_0}{2}+\frac{C_1^2\alpha^2\varepsilon^2}{2}+\frac{C_7\beta q}{2\varepsilon_2}+\frac{\kappa_1}{2}+\frac{\kappa_1\varepsilon}{2}\right)\|v_t\|^2+\\
&\left(\varepsilon^2\varepsilon_1-\frac{r_0}{2}-\frac{r_0\varepsilon}{2}-\frac{\kappa_1\varepsilon_1\varepsilon}{2}-\frac{C_9\kappa_1\alpha\varepsilon}{2}-\frac{C_2}{4}-\frac{\kappa_1\gamma_1}{2(K-2\varepsilon)}\right)\|\nabla v\|^2-\\
&\left(\frac{C_2}{4}+\frac{\kappa_1\varepsilon}{2}+\frac{C_9\kappa_1\alpha\varepsilon}{2}\right)\|v\|^2-C
\end{aligned} \tag{3.34}$$

设

$$m_1=\varepsilon_1-\frac{C_7\beta q\varepsilon_2}{2};\quad m_2=\varepsilon+\frac{r_0}{2}+\frac{C_1^2\alpha^2\varepsilon^2}{2}+\frac{C_7\beta q}{2\varepsilon_2}+\frac{\kappa_1}{2}+\frac{\kappa_1\varepsilon}{2}$$

$$m_3=\varepsilon^2\varepsilon_1-\frac{r_0}{2}-\frac{r_0\varepsilon}{2}-\frac{\kappa_1\varepsilon_1\varepsilon}{2}-\frac{C_9\kappa_1\alpha\varepsilon}{2}-\frac{C_2}{4}-\frac{\kappa_1\gamma_1}{2(K-2\varepsilon)}$$

$$m_4=\frac{C_2}{4}+\frac{\kappa_1\varepsilon}{2}+\frac{C_9\kappa_1\alpha\varepsilon}{2}$$

使用 Poincare 不等式可得到

$$\Psi_1-\kappa_1\Phi_1 \geqslant (\lambda_1 m_1-m_2)\|\nabla v_t\|^2+(\lambda_1 m_3-m_4)\|v\|^2-C \tag{3.35}$$

取 $\varepsilon,\varepsilon_1,\varepsilon_2,\gamma_1,\kappa_1,r_1,\alpha,\beta$,使得

$$\begin{cases}\lambda_1 m_1-m_2\geqslant 0\\ \lambda_1 m_3-m_4\geqslant 0\end{cases}$$

那么

$$\Psi_1-\kappa_1\Phi_1\geqslant -C \tag{3.36}$$

从式(3.36)可得

$$\frac{\mathrm{d}}{\mathrm{d}t}\Phi_1(t)+\kappa_1\Phi_1(t)\leqslant C,t\geqslant\tau \tag{3.37}$$

通过使用 Gronwall 不等式可得

$$\Phi_1(t)\leqslant\Phi_1(\tau)\mathrm{e}^{-\kappa_1(t-\tau)}+\frac{C}{\kappa_1}(1-\mathrm{e}^{-\kappa_1(t-\tau)}),t\geqslant\tau \tag{3.38}$$

取 $\tau_0\leqslant\tau$,使得 $\Phi_1(\tau)\mathrm{e}^{-\kappa_1(t-\tau)}\leqslant 1$,那么

$$\Phi_1(t)\leqslant 1+\frac{C}{\kappa_1},\forall t\geqslant\tau_0 \tag{3.39}$$

这里

$$\Phi_1=\frac{1}{2}\|v_t\|^2+\varepsilon\int_{\Omega}vv_t\mathrm{d}x+\frac{\varepsilon\varepsilon_1}{2}\|\nabla v\|^2+$$

$$\begin{aligned}
&\alpha\varepsilon\int_{\Omega}|v|^{p-1}v^{2}\mathrm{d}x+\frac{1}{2}\phi(\|\nabla u\|^{2})\|\nabla v\|^{2}\\
&\geqslant\frac{1}{2}\|v_{t}\|^{2}+\varepsilon\int_{\Omega}vv_{t}\mathrm{d}x+\frac{\varepsilon\varepsilon_{1}}{2}\|\nabla v\|^{2}+\\
&\alpha\varepsilon\int_{\Omega}|v|^{p-1}v^{2}\mathrm{d}x+\frac{1}{2}\phi(\|\nabla u\|^{2})\|\nabla v\|^{2}\\
&\geqslant\frac{(1-\varepsilon)}{2}\|v_{t}\|^{2}+\frac{(2\mu_{1}\varepsilon_{1}\varepsilon-C_{9}\mu_{1}\alpha\varepsilon-\varepsilon-C_{9}\alpha\varepsilon)}{2}\|v\|^{2}-\frac{C}{\kappa_{1}}
\end{aligned}\tag{3.40}$$

同时再次取适当常数 $\varepsilon,\varepsilon_1,\mu_1,\alpha$，使得

$$\begin{cases}1-\varepsilon>0\\ 2\mu_{1}\varepsilon_{1}\varepsilon-C_{9}\mu_{1}\alpha\varepsilon-\varepsilon-C_{9}\alpha\varepsilon>0\end{cases}$$

因此，存在 $\tau_0>0,K_0>0$，使得以下不等式成立

$$\|u_{t}(t)\|_{D(A)}\leqslant K_{0},\|u_{tt}(t)\|\leqslant K_{0},\forall_{t}\geqslant\tau_{0}\tag{3.41}$$

这里 $D(\mathbf{A})=H^{2}(\Omega)\cap H_{0}^{1}(\Omega)$，$K_0$ 与初始值 U_0 无关.

引理 3.2　根据参考文献[115]、[116]，在基本假设(G_1)、(G_2)成立的条件下，设 $f\in D(\mathbf{A})=H^{2}(\Omega)\cap H_{0}^{1}(\Omega)$，那么对于每一个 $\forall(u_0,u_1)\in D(\mathbf{A})\times E$，问题(1.1)—问题(1.3)的解满足以下条件

$$u,u_{t}\in C^{\theta}((0,+\infty);D(\mathbf{A}^{2})),u_{tt}\in C^{\theta}((0,+\infty);D(\mathbf{A})),\forall\theta\in(0,1)\tag{3.42}$$

且存在 $\tau_1>0,K_1>0$，使得以下不等式成立

$$\|u(t)\|_{D(\mathbf{A}^{2})}\leqslant K_{1},\|u_{t}(t)\|_{D(\mathbf{A}^{2})}\leqslant K_{1},\forall t\geqslant\tau_{1}\tag{3.43}$$

证明　取适当的 T，使得 $\forall 0<t_0<T,U(t_0)\in D(\mathbf{A})$，现在考虑方程(3.9)，假设$(G_1)$、$(G_2)$成立，$f\in D(\mathbf{A})$，$u,u_t\in C^{\theta}([t_0,T];D(\mathbf{A}))$，$u_{tt}\in C^{\theta}([t_0,T];E)$. 非线性项 $F(U(t)_t)\in C^{\theta}([t_0,T];D(\mathbf{A})\times E)$，根据参考文献[27]，方程(3.9)的解满足：

$$V(\cdot),V_{t}(\cdot),\Lambda V(\cdot)\in C^{\theta}([t_{0},T];D(A)\times E)$$

由式(3.4)可得到

$$U(\cdot)\in C^{\theta}([t_{0},T];D(\Lambda^{2}))$$

由 T,t_0 是任意的，所以 $U(\cdot)\in C^{\theta}((0,+\infty);D(\Lambda^{2}))$，$U(\cdot)_t\in C^{\theta}((0,+\infty);D(\Lambda))$. 那么可得到

$$u,u_{t}\in C^{\theta}((0,+\infty);D(\mathbf{A}^{2})),u_{tt}\in C^{\theta}((0,+\infty);D(\mathbf{A})),\forall\theta\in(0,1).$$

类似于引理(3.1)，现在考虑 $\tau_0,U_t(\tau_0)$ 分别作为初始时间和初始值. 接下来，再次考虑方程(3.9)—方程(3.13)，用 $-\Delta v_t-\varepsilon\Delta v$ 关于方程(3.10)取内积可得

$$(v_{tt},-\Delta v_{t}-\varepsilon\Delta v)=\frac{1}{2}\frac{\mathrm{d}}{\mathrm{d}t}\|\nabla v_{t}\|^{2}+\varepsilon\frac{\mathrm{d}}{\mathrm{d}t}\Big(\int_{\Omega}\nabla v\cdot\nabla v_{t}\mathrm{d}x\Big)-\varepsilon\|\nabla v_{t}\|^{2}\tag{3.44}$$

$$(-\varepsilon_{1}\Delta v_{t},-\Delta v_{t}-\varepsilon\Delta v)=\varepsilon_{1}\|\Delta v_{t}\|^{2}+\frac{\varepsilon_{1}\varepsilon}{2}\frac{\mathrm{d}}{\mathrm{d}t}\|\Delta v\|^{2}\tag{3.45}$$

$$\begin{aligned}
&(-(\phi(\|\nabla u\|^{2})\Delta u)_{t},-\Delta v_{t}-\varepsilon\Delta v)\\
&=(-(\phi\|\nabla u\|^{2})\Delta u)_{t},-\Delta v_{t})+(-(\phi(\|\nabla u\|^{2})\Delta u)_{t}-\varepsilon\Delta v)
\end{aligned}\tag{3.46}$$

根据假设(G_2)，

$$(-(\phi(\|\nabla u\|^{2})\Delta u)_{t},-\Delta v_{t})$$

$$\geqslant -\frac{r_0}{2}\|\Delta u\|^2 - \frac{r_0}{2}\|\Delta v_t\|^2 + \frac{1}{2}\frac{\mathrm{d}}{\mathrm{d}t}\left[\phi(\|\nabla u\|^2)\|\Delta v\|^2\right] - \frac{r_0}{2}\|\Delta v\|^2$$

$$(-(\phi(\|\nabla u\|^2)\Delta u)_t, -\varepsilon\Delta v) \geqslant -\frac{r_0\varepsilon}{2}\|\Delta u\|^2 - \frac{r_0\varepsilon}{2}\|\Delta v\|^2 + \varepsilon^2\varepsilon_1\|\Delta v\|^2$$

类似于引理(3.1)

$$\begin{aligned}&\alpha((|v|^{p-1}v)_t, -\Delta v_t - \varepsilon\Delta v)\\&= -\alpha p\int_\Omega |v|^{p-1}v_t\Delta v_t\mathrm{d}x - \alpha p\varepsilon\int_\Omega |v|^{p-1}v_t\Delta v\mathrm{d}x\end{aligned} \tag{3.47}$$

$$\begin{aligned}&\beta((|u|)^{q-1}u)_t, -\Delta v_t - \varepsilon\Delta v)\\&= -\beta q\int_\Omega |u|^{q-1}v\Delta v_t\mathrm{d}x - \beta q\varepsilon\int_\Omega |u|^{q-1}v\Delta v\mathrm{d}x\end{aligned} \tag{3.48}$$

同样类似于引理(3.1),通过使用 Hölder 不等式、Young 不等式和 Sobolev 不等式可得

$$\alpha p\int_\Omega |v|^{p-1}v_t\Delta v_t\mathrm{d}x$$

$$\leqslant \frac{\alpha p}{2}\|v\|_{4(p-1)}^{2(p-1)}\|\Delta v_t\| + \frac{\alpha p}{2}\|v_t\|_4^2\|\Delta v_t\|$$

$$\frac{\alpha p}{2}\|v\|_{4(p-1)}^{2(p-1)}\|\Delta v_t\|$$

$$\leqslant \frac{\alpha p}{2}C_1(\|v\|_\infty)\|\Delta v\|^{\frac{(2p-3)n}{4}}\|\Delta v_t\|$$

$$\leqslant \frac{r_0\|\Delta v\|^2}{8} + C_2(C_1,\alpha,p,r_0) + \frac{\alpha p\|\Delta v_t\|^2}{4}$$

$$\frac{\alpha p}{2}\|v_t\|_4^2\|\Delta v_t\|$$

$$\leqslant \frac{\alpha p}{4}C_3(\|v_t\|_\infty)\|\nabla v_t\|^n + \frac{\alpha p}{4}\|\Delta v_t\|^2$$

$$\leqslant \frac{\varepsilon_1\|\nabla v_t\|^2}{8} + C_4(C_3,\alpha,\varepsilon_1,p) + \frac{\alpha p}{4}\|\Delta v_t\|^2$$

$$\alpha p\int_\Omega |v|^{p-1}v_t\Delta v_t\mathrm{d}x$$

$$\leqslant \frac{r_0\|\Delta v\|^2}{8} + C_2(C_1,\alpha,p,r_0) + \frac{\alpha p\|\Delta v_t\|^2}{2} + \frac{\varepsilon_1\|\nabla v_t\|^2}{8} + C_4(C_1,\alpha,\varepsilon_1,p)$$

通过以上类似的方法可得

$$\alpha p\varepsilon\int_\Omega |v|^{p-1}v_t\Delta v\mathrm{d}x$$

$$\leqslant \frac{r_0\|\Delta v\|^2}{4} + C_7(C_5,\alpha,p,\varepsilon,r_0) + \frac{\alpha p\varepsilon}{4}\|\Delta v\|^2 + \frac{\varepsilon_1\|\nabla v_t\|^2}{8} + C_8(C_6,\alpha,\varepsilon,\varepsilon_1,p)$$

$$\beta q\int_\Omega |u|^{q-1}v\Delta v_t\mathrm{d}x$$

$$\leqslant \frac{\beta q}{8}\|\Delta u\|^2 + C_{11}(C_9,\beta,q) + \frac{\beta q}{2}\|\Delta v_t\|^2 + \frac{r_0\|\nabla v\|^2}{8} + C_{12}(C_{10},\beta,q,r_0)$$

$$\beta q\varepsilon\int_{\Omega}|u|^{q-1}v\Delta v\mathrm{d}x$$

$$\leqslant\frac{\beta q\varepsilon}{8}\|\Delta u\|^2+C_{15}(C_{13},\beta,q,\varepsilon)+\frac{\beta q\varepsilon}{2}\|\Delta v\|^2+\frac{r_0\|\nabla v\|^2}{8}+C_{16}(C_{14},\beta,q,\varepsilon,r_0)$$

从以上可得到

$$\Phi_2=\frac{1}{2}\|\nabla v_t\|^2+\varepsilon\int_{\Omega}\nabla v\nabla v_t\mathrm{d}x+\frac{\varepsilon\varepsilon_1}{2}\|\Delta v\|^2+\frac{1}{2}\phi(\|\nabla u\|^2)\|\Delta v\|^2 \tag{3.49}$$

$$\begin{aligned}\Psi_2=&\varepsilon_1\|\Delta v_t\|^2-\varepsilon\|\nabla v_t\|^2+\phi(\|\nabla u\|^2)_t\int_{\Omega}\Delta u\Delta v_t\mathrm{d}x-\\&\frac{1}{2}\phi(\|\nabla u\|^2)_t\cdot\|\Delta v\|^2+\varepsilon\phi(\|\nabla u\|^2)_t(\Delta u,\Delta v)+\varepsilon\phi(\|\nabla u\|^2)\|\Delta v\|^2-\\&\beta q\varepsilon\int_{\Omega}|u|^{q-1}v\Delta v\mathrm{d}x-\beta q\int_{\Omega}|u|^{q-1}v\Delta v_t\mathrm{d}x-\\&\alpha p\int_{\Omega}|v|^{p-1}v_t\Delta v_t\mathrm{d}x-\alpha p\varepsilon\int_{\Omega}|v|^{p-1}v_t\Delta v\mathrm{d}x\end{aligned} \tag{3.50}$$

取 $\kappa_2>0$,那么

$$\kappa_2\Phi_2\leqslant\frac{\kappa_2}{2}\|\nabla v_t\|^2+\frac{\kappa_2\varepsilon}{2}\|\nabla v\|^2+\frac{\kappa_2\varepsilon}{2}\|\nabla v_t\|^2+\frac{\kappa_2\gamma_1}{2(K-2\varepsilon)}\|\Delta v\|^2$$

最后得到

$$\begin{aligned}\Psi_2-\kappa_2\Phi_2\geqslant&\left(\varepsilon_1-\frac{r_0}{2}-\frac{\beta q}{2}-\frac{\alpha p}{2}\right)\|\Delta v_t\|^2-\left(\varepsilon+\frac{\varepsilon_1}{4}+\frac{\kappa_2}{2}+\frac{\kappa_2\varepsilon}{2}\right)\|\nabla v_t\|^2+\\&\left(\varepsilon^2\varepsilon_1-\frac{r_0}{2}-\frac{r_0\varepsilon}{2}-\frac{\beta q\varepsilon}{2}-\frac{3r_0}{8}-\frac{\alpha p\varepsilon}{4}-\frac{\kappa_2\varepsilon_1\varepsilon}{2}-\frac{\kappa_2\gamma_1}{2(K-2\varepsilon)}\right)\|\Delta v\|^2-\\&\left(\frac{r_0}{4}+\frac{\kappa_2\varepsilon}{2}\right)\|\nabla v\|^2-C\end{aligned} \tag{3.51}$$

设

$$n_1=\varepsilon_1-\frac{r_0}{2}-\frac{\beta q}{2}-\frac{\alpha p}{2}$$

$$n_2=\varepsilon+\frac{\varepsilon_1}{4}+\frac{\kappa_2}{2}+\frac{\kappa_2\varepsilon}{2}$$

$$n_3=\varepsilon^2\varepsilon_1-\frac{r_0}{2}-\frac{r_0\varepsilon}{2}-\frac{\beta q\varepsilon}{2}-\frac{3r_0}{8}-\frac{\alpha p\varepsilon}{4}-\frac{\kappa_2\varepsilon_1\varepsilon}{2}-\frac{\kappa_2\gamma_1}{2(K-2\varepsilon)}$$

$$n_4=\frac{r_0}{4}+\frac{\kappa_2\varepsilon}{2}$$

使用 Poincare 不等式可得到

$$\Psi_2-\kappa_2\Phi_2\geqslant(\lambda_1n_1-n_2)\|\nabla v_t\|^2+(\lambda_1n_3-n_4)\|v\|^2-C \tag{3.52}$$

适当取常数 $\varepsilon,\varepsilon_1,\gamma_1,\kappa_2,r_0,\alpha,\beta$,使得

$$\begin{cases}\lambda_1n_1-n_2\geqslant0\\\lambda_1n_3-n_4\geqslant0\end{cases}$$

那么

$$\Psi_2-\kappa_2\Phi_2\geqslant-C \tag{3.53}$$

由式(3.53)可得到

$$\frac{\mathrm{d}}{\mathrm{d}t}\Phi_2(t)+\kappa_2\Phi_2(t)\leqslant C,t\geqslant\tau_0 \tag{3.54}$$

使用 Gronwall 不等式，可得到

$$\Phi_2(t)\leqslant\Phi_2(\tau_0)\mathrm{e}^{-\kappa_2(t-\tau_0)}+\frac{C}{\kappa_2}\left(1-\mathrm{e}^{-\kappa_2(t-\tau_0)}\right),t\geqslant\tau_0 \tag{3.55}$$

取 $T_1>\tau_0$，使得 $\Phi_2(T_0)\mathrm{e}^{-\kappa_2(t-\tau_0)}\leqslant 1$，

$$\Phi_2(t)\leqslant 1+\frac{C}{\kappa_2},\forall t\geqslant T_1 \tag{3.56}$$

这里

$$\begin{aligned}\Phi_2&=\frac{1}{2}\|\nabla v_t\|^2+\varepsilon\int_\Omega\nabla v\nabla v_t\mathrm{d}x+\frac{\varepsilon\varepsilon_1}{2}\|\Delta v\|^2+\frac{1}{2}\phi(\|\nabla u\|^2)\|\Delta v\|^2\\&\geqslant\frac{(1-\varepsilon)}{2}\|\nabla v_t\|^2+\frac{(\lambda_1\varepsilon_1\varepsilon-\varepsilon)}{\lambda_1}\|\Delta v\|^2\\&\geqslant\frac{(1-\varepsilon)}{2}\|\nabla v_t\|^2+\frac{(\lambda_1\varepsilon_1\varepsilon-\varepsilon)}{\lambda_1}\|\Delta v\|^2-\frac{C}{\kappa_2}\end{aligned} \tag{3.57}$$

同时，再次适当取 $\varepsilon,\varepsilon_1$，使得

$$\begin{cases}1-\varepsilon>0\\\lambda_1\varepsilon_1\varepsilon-\varepsilon>0\end{cases}$$

因此，存在 $T_1>0,R_1>0$，使得以下估计成立

$$\|\mathbf{A}u(t)\|\leqslant R_1,\|\mathbf{A}^{\frac{1}{2}}u_t(t)\|\leqslant R_1,\forall t\geqslant T_1 \tag{3.58}$$

这里 R_1 与初始值 U_0 无关.

类似于以上讨论，存在 $T_2>T_1,R_2>0$ 使得以下估计成立

$$\|\mathbf{A}^{\frac{3}{2}}u_t(t)\|\leqslant R_2,\|\mathbf{A}u_{tt}(t)\|\leqslant R_2,\forall t\geqslant T_2 \tag{3.59}$$

这里 R_2 与初始值 U_0 无关.

把原方程(1.1)重写为以下形式

$$\begin{aligned}&\mathbf{A}(\varepsilon_1u_t+\phi(\|\mathbf{A}^{\frac{1}{2}}u\|^2)u)\\&=f(x)-u_{tt}-\alpha|u_t|^{p-1}u_t-\beta|u|^{q-1}u\in C_b([T_2,+\infty);D(\mathbf{A}))\end{aligned} \tag{3.60}$$

接下来，使用算子 $\mathbf{A}$ 的椭圆性质可得到

$$\begin{aligned}&\|\varepsilon_1u_t+\phi(\|\mathbf{A}^{\frac{1}{2}}u\|^2)u\|\\&\leqslant\|\mathbf{A}f(x)\|+\|\mathbf{A}u_{tt}\|+\|\mathbf{A}(\alpha|u_t|^{p-1}u_t)\|+\\&\quad\|\mathbf{A}(\beta|u|^{q-1}u)\|\leqslant R_3,\forall_t\geqslant T_2\end{aligned} \tag{3.61}$$

这里 R_3 与初始值 U_0 无关.

因此，存在 $\tau_0>T_2,K_1>0$，使得以下估计成立

$$\|u(t)\|_{D(\mathbf{A}^2)}\leqslant K_1,\|u_t(t)\|_{D(\mathbf{A}^2)}\leqslant K_1,\forall t\geqslant\tau_1 \tag{3.62}$$

这里 K_1 与初始值 U_0 无关.

根据引理 3.1 和引理 3.2，可得到以下定理：

定理 3.1　根据参考文献[115]，设 $S(t)$ 为问题(3.1)—问题(3.3)的算子半群，那么 $S(t)$ 在 $D(\mathbf{A}^2)$ 中存在一个紧的整体吸引子 A_1，且 $A_1=A_0$.

定理 3.1 的证明可以参考文献[14].

4 整体吸引子的近似惯性流形

在这一部分，人们首先构造了一个光滑流形 $M_1=\mathrm{graph}(\psi_0)$，然后证明了 M_1 是解半群 $S(t)$ 的近似惯性流形.

设 $E_N=\mathrm{span}\{\omega_k\}_{k=1}^N$，$P_N$ 是从 E 到子空间 E_N 的正交投影，则 $Q_N=I-P_N$. 这样，对于问题(3.1)—问题(3.3)的解 u 可以分解为：设 $p=P_Nu,p_t=P_Nu_t,q=Q_Nu,q_t=Q_Nu_t$. 那么，

$$\xi=(p,p_t)^{\mathrm T},\zeta=(q,q_t)^{\mathrm T},g(u)=|u|^{q-1}u,h(u_t)=|u_t|^{p-1}u_t.$$

用 P_N 和 Q_N 作用方程(3.1)，分别得到：

$$p_{tt}+\varepsilon_1\mathbf{A}p_t+\phi(\|\mathbf{A}^{\frac{1}{2}}u\|^2)Ap+P_N(\beta g(p+q)+\alpha h(p_t+q_t))=P_Nf(x)\quad x\in\Omega \tag{4.1}$$

$$q_{tt}+\varepsilon_1\mathbf{A}q_t+\phi(\|\mathbf{A}^{\frac{1}{2}}u\|^2)Aq+Q_N(\beta g(p+q)+\alpha h(p_t+q_t))=Q_Nf(x)\quad x\in\Omega \tag{4.2}$$

设

$$\overline{P}_N=\begin{pmatrix}P_N & 0\\ 0 & P_N\end{pmatrix},\overline{Q}_N\begin{pmatrix}Q_N & 0\\ 0 & Q_N\end{pmatrix} \tag{4.3}$$

那么问题(3.63)、问题(3.64)被改写为

$$\xi_t+\Lambda\xi=\overline{P}_NF(\xi+\zeta) \tag{4.4}$$

$$\zeta_t+\Lambda\zeta=\overline{Q}_NF(\xi+\zeta) \tag{4.5}$$

从以上有 $\forall U_0\in D(\mathbf{A})\times E$，存在与初值 U_0 无关的 $\tau_1,K_1>0$，且

$$U(\cdot)\in C_b([\tau_1,+\infty),D(\mathbf{A}\times E),\|u(t)\|_{D(\mathbf{A}^2)}\leqslant K_1,\|u_t(t)\|_{D(\mathbf{A}^2)}\leqslant K_1,\forall t\geqslant\tau_1$$

因此，对于

$q=Q_Nu,q_t=Q_Nu_t$，可得到

$$\|q\|\leqslant K_1\lambda_{N+1}^{-2},\|q_t\|\leqslant K_1\lambda_{N+1}^{-2},\forall t\geqslant\tau_1 \tag{4.6}$$

定理 4.1 根据参考文献[115,116,117]，根据引理 3.1、引理 3.2 和定理 3.1，设 $M_0=\overline{P}_N(D(\mathbf{A})\times E)$ 是 $D(\mathbf{A})\times E$ 中的 N 维线性子空间，那么存在 $\tau_1>0$，取 τ_1 充分大，使得当 $t>\tau_1$ 时，对于问题(1.1)—问题(1.3)的初值 U_0 出发的任意解轨道将会进入 M_0 中的一个半径为 $K_1\lambda_{N+1}^{-2}$ 的球领域内. 即 $\mathrm{dist}_{D(\mathbf{A})\times E}(S(t)U_0,M_0)\leqslant K_1\lambda_{N+1}^{-2}$，这时也称 M_0 为一个 N 维的平坦近似惯性流形.

4.1 **注记**：对于方程(4.66)，如果不考虑非线性项 ζ_i 和 ζ，对于 $\xi\in(E_N)^2$，人们定义映射 $\psi_0:\xi\rightarrow\psi_0(\xi)$. $\zeta_0:=\psi_0(\xi)$ 是方程(4.68)的解.

$$\Lambda\zeta_0=\overline{Q}_NF(\xi) \tag{4.7}$$

定理 4.2 根据参考文献[14,15,16]，以及引理 3.1、引理 3.2 和定理 3.1、定理 4.1，那么 $\forall U_0\in D(\mathbf{A})\times E$，存在 $\tau_1>0$，当 $t>\tau_1$ 时，对于问题(1.1)—问题(1.3)的初值 U_0 出发的任意解轨道将会进入 M_1 中的一个半径为 $K_1\lambda_{N+1}^{-1}$ 的球领域内. 这时，M_1 是解半群的一个近似惯性流形. 进一步，$\forall U_0\in D(\mathbf{A})\times E$，存在 $\tau_n>0$，适当取 τ_n 充分大，$n\geqslant1$. 当 $t>\tau_n$ 时，对于问题(1.1)—问题(1.3)的初值 U_0 出发的任意解轨道将会进入 M_n 中的一个半径 $K_n\lambda_{N+1}^{-n}$ 的球领域内，即 $\mathrm{dist}_{D(\mathbf{A})\times E}(S(t)U_0,M_n)\leqslant\overline{C_n}K_n\lambda_{N+1}^{-n}$.

证明 首先，设 $U(t)=S(t)U_0$，那么

$$\xi(t) = (p(t),p_t(t))^{\mathrm{T}} := \overline{P}_N U(t), \zeta(t) = (q(t),q_t(t))^{\mathrm{T}} : \overline{Q}_N U(t)$$

是问题(4.65)、问题(4.66)的解，又设

$$\zeta_0(t) = (q_0(t),q_{0t}(t))^{\mathrm{T}} := \psi_0(\xi(t)). W(t) = (\omega(t),\overline{\omega}(t))^{\mathrm{T}}$$

由方程(4.68)可得到

$$\phi(\|\mathbf{A}^{\frac{1}{2}}u\|^2)\mathbf{A}q_0 = Q_N(f - \beta g(p) - \alpha h(p_t)) \tag{4.8}$$

$$q_{0t} = 0 \tag{4.9}$$

那么从假设(G_1)，$\varepsilon_1\varepsilon \leqslant \phi(\|\mathbf{A}^{\frac{1}{2}}u\|^2)$可得

$$\zeta_0\begin{pmatrix} q_0 \\ q_{0t} \end{pmatrix} = \begin{pmatrix} \dfrac{1}{\phi(\|\mathbf{A}^{\frac{1}{2}}u\|^2)}\mathbf{A}^{-1}Q_N(f - \beta g(p) - \alpha h(p_t)) \\ 0 \end{pmatrix} \tag{4.10}$$

$$W(t) = (\omega(t),\overline{\omega}(t))^{\mathrm{T}} = U(t) - (\xi(t) + \zeta_0(t)) = \zeta(t) - \zeta_0(t) \tag{4.11}$$

$$\mathrm{dist}_{D(\mathbf{A})\times E}(S(t)U_0,M_1) \leqslant \|W(t)\|_{D(\mathbf{A})\times E} \tag{4.12}$$

将 $W(t)$ 代入式(4.68)，得到

$$\phi(\|\mathbf{A}^{\frac{1}{2}}u\|^2)\mathbf{A}\omega = \phi(\|\mathbf{A}^{\frac{1}{2}}u\|^2)\mathbf{A}q - \phi(\|\mathbf{A}^{\frac{1}{2}}u\|^2)\mathbf{A}q_0 \tag{4.13}$$

$$= Q_N[(\beta g(p) + \alpha h(p_t)) - (\beta g(p+q) + \alpha h(p_t + q_t)] - q_{tt} - \varepsilon_1\mathbf{A}q_t$$

$$\overline{\omega} = q_t \tag{4.14}$$

因此得到：

$$\begin{aligned} &\phi(\|\mathbf{A}^{\frac{1}{2}}u\|^2)\|\mathbf{A}^2\omega\| \\ &\leqslant \|\mathbf{A}Q_N[(\beta g(p) - \beta g(p+q))]\| + \|\mathbf{A}Q_N[\alpha h(p_t) - \alpha h(p_t + q_t)]\| + \\ &\|\mathbf{A}q_{tt}\| + \varepsilon_1\|\mathbf{A}^2 q_t\| \leqslant C_1(\varepsilon,\alpha,\beta,\varepsilon_1)K_1, t \geqslant \tau_1 \end{aligned} \tag{4.15}$$

$$\|\overline{\mathbf{A}\omega}\| \leqslant K_1, t \geqslant \tau_1 \tag{4.16}$$

那么

$$\|\mathbf{A}\omega\| \leqslant C_1K_1\lambda_{N+1}^{-1}, \|\overline{\omega}\| \leqslant K_1\lambda_{N+1}^{-1}, t \geqslant \tau_1 \tag{4.17}$$

因此可得到：

$$\begin{aligned} \mathrm{dist}_{D(\mathbf{A})\times E}(S(t)U_0,M_1) &\leqslant \|\mathbf{A}\omega\| + \|\overline{\omega}\| \\ &\leqslant (C_1 + 1)K_1\lambda_{N+1}^{-1} := \overline{C_1}K_1\lambda_{N+1}^{-1}, t \geqslant \tau_1 \end{aligned} \tag{4.18}$$

根据参考文献[115]，用类似的方法，可得到解半群 $S(t)$ 在 $D(\mathbf{A})^n$ 中存在一个紧的整体吸引子 A_n，且 $A_0 = A_1 = \cdots = A_n$，那么 $\forall U_0 \in D(\mathbf{A}) \times E$，存在 $\tau_n > 0$，适当取 τ_n 充分大，$n \geqslant 1$.

对于问题(1.1)—问题(1.3)的初值 U_0 出发的任意解轨道将会进入 M_n 中的一个半径 $K_n\lambda_{N+1}^{-n}$ 的球领域内，即

$$\mathrm{dist}_{D(\mathbf{A})\times E}(S(t)U_0,M_n) \leqslant \overline{C}_nK_n\lambda_{N+1}^{-n} \tag{4.19}$$

这里，M_n 是人们构造的一个光滑流形，它能作为一个在一定精度范围内逼近问题(1.1)—问题(1.3)的整体吸引子的近似惯性流形.

3.5　高阶非线性 Kirchhoff 方程的指数吸引子和惯性流形

在本节中，人们考虑了带有强耗散性的高阶 Kirchhoff 方程的指数吸引子的惯性流型

$$u_{tt}+(-\Delta)^m u_t+\phi(\|\nabla^m u\|^2)(-\Delta)^m u+g(u)=f(x)$$

在 n 维空间中,人们证明了方程的非线性算子半群的挤压性和指数吸引子的存在性,同时也得到了方程的惯性流形. 主要的结果是非线性项 $g(u)$ 是次临界的,即 $0<p\leqslant\frac{2n}{n-2m}, n\geqslant 3$;且 $\varepsilon\leqslant m_0\leqslant\phi(s)\leqslant m_1=\frac{2\mu_1-1}{4}$. 在这种情况下,建立了方程的指数吸引子和惯性流形.

1 引言

在本节中,考虑了带有强耗散性的高阶 Kirchhoff 方程的指数吸引子的惯性流型

$$u_{tt}+(-\Delta)^m u_t+\phi(\|\nabla^m u\|^2)(-\Delta)^m u+g(u)=f(x), x\in\Omega, t>0, m>1 \tag{1.1}$$

$$u(x,t)=0, \frac{\partial^i u}{\partial v^i}=0, i=1,2,\cdots,m-1, x\in\partial\Omega, t>0 \tag{1.2}$$

$$u(x,0)=u_0(x), u_t(x,0)=u_1(x) \tag{1.3}$$

其中 Ω 是 $\mathbf{R}^n$ 的有界区域,$\partial\Omega$ 是光滑边界,$u_0(x)$,$u_1(x)$是初始值,阻尼系数 ϕ 是$\|\nabla^m u\|^2$ 的函数,$g(u)$是非线性项,$(-\Delta)^m u_t$ 是强耗散项.

众所周知,在研究无穷维动力系统的长时间动态行为中,指数吸引子和惯性流形占有很重要的位置;因为指数吸引子具有更深层次和更实用的性质,它是一个紧不变集且指数吸引所有的解轨道,而惯性流形是一个有限维的不变 Lipschitz 流形且在系统相空间中以指数率吸引所有解轨道. 惯性流形在有限维动力系统和无限维动力系统中有很重要的作用.

在参考文献[84]中,Zheng Songmu 和 Albert Milani 在一维空间中研究了下面的 Cahn-Hilliard equations 的指数吸引子和惯性流形.

$$\varepsilon u_{tt}+u_t+\Delta(\Delta u-u^3+u-\delta u_t)=0 \tag{1.4}$$

其中 $\varepsilon\geqslant 0, \delta\geqslant 0$.

在参考文献[90]中,吴景珠、林国广在 $\alpha>2$ 的情况下,研究了二维强阻尼项的Boussinesq equation 的惯性流形的存在性.

$$\begin{cases}u_{tt}-\alpha\Delta u_t-\Delta u+u^{2k+1}=f(x,y), (x,y)\in\Omega,\\ u(x,y,0)=u_0(x,y), (x,y)\in\Omega,\\ u(x,y,t)=u(x+\pi,y,t)=u(x,y+\pi,t)=0, (x,y)\in\Omega\end{cases} \tag{1.5}$$

其中 $\Omega=(0,\pi)\times(0,\pi)\subset R\times R, t>0$.

最近,在参考文献[25]中,杨志坚等研究了下面具有非线性强阻尼和非线性次临界的 Kirchhoff 方程的指数吸引子.

$$\begin{cases}u_{tt}-\sigma(\|\nabla u\|^2)\Delta u_t-\phi(\|\nabla u\|^2)\Delta u+f(u)=h(x),\\ u|_{\partial\Omega}=0, u(x,0)=u_0(x), u_t(x,0)=u_1(x), x\in\Omega\end{cases} \tag{1.6}$$

其中 Ω 是 $\mathbf{R}^n$ 的有界区域,$\partial\Omega$ 是光滑边界,$u_0(x)$,$u_1(x)$是初始值,$\sigma(s)$,$\phi(s)$和$f(u)$是非线性函数,$h(x)$是外力项.

相关学者在自然能量空间中证明了指数吸引子,他们利用的是弱似稳态估计而非通常意义上的强稳态估计. Chueshov[14]第一次研究了问题(1.6)的解的存在唯一性和整体吸引子. 其结果表明非线性项 $f(u)$ 的增长指数 p 需要满足 $p_1<p<p_2$,其中 $p_1=\frac{N+2}{(N-2)^+}$,$p_2=$

$\frac{N+4}{(N-4)^+}$. 然而，当 $p\leqslant p_1$，其用强稳态估计证明了指数吸引子的存在.

Ke Li、Zhijian Yang[42] 研究了下面的强阻尼波方程的指数吸引子

$$\begin{cases} u_{tt} - \Delta u_t - \Delta u + \varphi(u) = f \\ u(0) = u_0, u_t(0) = u_t \\ u\mid_{\partial\Omega} = 0 \end{cases} \tag{1.7}$$

其中 $f\in L^2(\Omega)$，$\varphi\in C^2(\Omega)$，$\varphi(0)=0$.

(A_1) $\lim\limits_{|r|\mapsto\infty}\inf \varphi'(r) > -\lambda_1, r\in\mathbf{R}$，$\lambda_1$ 是 $-\Delta$ 的第一特征值，φ 指数增长.

(A_2) $\varphi''(r)\leqslant c(1+|r|^3), r\in\mathbf{R}$.

在 (A_1)、(A_2) 的假设条件下，用轨线法得到了式(1.7)的指数吸引子并且对分数维的指数吸引子给出了明确的上界.

问题(1.7)也被 Meihua Yang 和 Chunyou Sun 在文献[92]中研究过，当他们的假设增长条件为 (H_1) $\varphi\in C^1(R)$，$\varphi(0)=0$；(H_2) 增长条件 $|\varphi'(s)|\leqslant c(1+|s|^p)$；$(H_3)$ 耗散条件 $\lim\limits_{|s|\mapsto\infty}\inf\frac{\varphi(s)}{s} > -\lambda_1$，$0\leqslant p\leqslant 4$，结果表示对于每个固定的 $T>0$，有一个有界(在 $H^2\times H^1$ 中)集指数吸引 $H^1\times L^2$ 中的每一个有界集.

徐瑰瑰、王力波和林国广在文献[83]中研究了下面的强阻尼波方程的整体吸引子和惯性流形

$$\begin{cases} u_{tt} - \alpha\Delta u + \beta\Delta^2 u - \gamma\Delta u_t + g(u) = f(x,t), (x,t)\in\Omega\times\mathbf{R}^+, \\ u(x,0) = u_0(x), u_t(x,0) = u_1(x), x\in\Omega, \\ u\mid\partial\Omega = 0, \Delta u\mid\partial\Omega = 0, (x,t)\in\partial\Omega\times\mathbf{R}^+ \end{cases} \tag{1.8}$$

对非线性项 $g(u)$ 给出的假设满足下列不等式

(H_1) $\lim\limits_{|s|\mapsto\infty}\inf\frac{G(s)}{s^2}\geqslant 0, s\in R, G(S) = \int_0^s g(r)\,\mathrm{d}r$.

(H_2) 存在一个正常数 C_1 使得 $\lim\limits_{|s|\mapsto\infty}\inf\frac{sg(s)-C_1G(s)}{s^2}\geqslant 0, s\in\mathbf{R}$.

在这些合适的假设下，用 Hadamard's 图范转换的方法证明式(1.8)的惯性流形的存在性.

关于更多的指数吸引子和惯性流形的研究，我们可以阅读文献[97,100,102,104,128].

在本节中，指数吸引子的存在性是很容易被证明的，关于惯性流形在证明它的存在性过程中有很多困难，为了克服这些困难，人们用了 Hadamard's 图范转换的方法. 下面根据 Robinson[129]，将式(1.1)转换成一阶系统的等价形式.

$$U_t + AU = F(U), U\in X \tag{1.9}$$

为了克服困难，需要在文献[130]中的一些合理假设，现在将需要的假设重新写陈列：

①$g(u)\leqslant C_1(1+|u|^p)$，$0<p\leqslant\frac{2n}{n-2m}$，$n\geqslant 3$；

②$\phi(s)\in C^1(R)$；

③$\varepsilon \leqslant m_0 \leqslant \phi(s) \leqslant m_1 = \dfrac{2\mu_1 - 1}{4}$;

再给出一个新的假设：

④$(\phi - \gamma)(\nabla^m u, \nabla^m v) \geqslant (\nabla^m u, \nabla^m v), \gamma \in (\varepsilon, m_0)$.

本节安排如下：在第二部分，给出了本节所要用到的一些记号和基本概念；在第三部分，证明了指数吸引子的存在性；在第四部分，讨论了惯性流形的存在性.

2 预备知识

为了方便，现给出下面的一些记号：$H = L^2(\Omega)$，$V_1 = H_0^m(\Omega) \times L^2(\Omega)$，$V_2 = (H^{2m}(\Omega) \cap H_0^1(\Omega)) \times H_0^m(\Omega)$，其中，$(\cdot,\cdot)$和$\|\cdot\|$分别表示 H 中的内积和范数，内积和范数在 V_1 和 V_2 空间中的定义如下：

$\forall U_i \in (u_i, v_i) \in V_i, i = 1,2$，有

$$(U_1, U_2) = (\nabla^m u_1, \nabla^m u_2) + (v_1, v_2) \tag{2.1}$$

$$\|U\|_{V_1}^2 = (U, U)_{V_1} = \|\nabla^m u\|^2 + \|v\|^2 \tag{2.2}$$

设 $U = (u, v) \in V_1, v = u_t + \varepsilon u, \dfrac{c_0\gamma + \lambda_1^{-m}}{2 + c_0} \leqslant \varepsilon \leqslant \min\left\{\dfrac{\gamma}{\lambda_1^{\frac{m}{2}} + 2}, \sqrt[4]{2}\lambda_1^{\frac{m}{4}}\right\}$，方程(1.1)等价于下面的演化方程

$$U_t + AU = F(U), U \in X \tag{2.3}$$

其中

$$U = (u, v) \in V_1, v = u_t + \varepsilon u \tag{2.4}$$

$$AU = \begin{pmatrix} \varepsilon u - v \\ \varepsilon^2 u - \varepsilon v + (-\Delta)^m v + (\phi(\|\nabla^m u\|^2) - \varepsilon)(-\Delta)^m u \end{pmatrix} \tag{2.5}$$

$$F(U) = \begin{pmatrix} 0 \\ f(x) - g(u) \end{pmatrix} \tag{2.6}$$

将使用下面的记号，设 V_1, V_2 是两个 Hilbert 空间，V_2 在 V_1 中稠密并且紧嵌入 V_1 中，设 $S(t)$是从 V_i 到 V_i 的映射，$i = 1,2$.

定义 2.1[131] 非线性算子半群 $S(t)$容许有(V_2, V_1)型紧吸引子 A，即在 V_1 中存在紧集 A，A 吸引所有在 V_2 中的有界子集并且在 $S(t)$的作用下是不变的.

定义 2.2[91] A 的紧集 M 被称为$(S(t), B)$的(V_2, V_1)型的指数吸引子，如果 $A \subseteq M \subseteq B$ 且

①$S(t)M \subseteq M, \forall t \geqslant 0$；

②M 有有限的分形维数，$d_f(M) < +\infty$；

③存在正常数使 c_1, c_2 使得：

$$\operatorname{dist}(S(t)B, M) \leqslant c_1 e^{-c_2 t}, \forall t > 0$$

其中 $\operatorname{dist}_{V_1}(A, B) = \sup\limits_{x \in A}\inf\limits_{y \in B} |x - y|_{V_1}$，$B \subset V_1$，$B$ 为 V_1 中关于 $S(t)$的正不变集.

定义 2.3[91] 若对所有的$\delta \in \left(0, \dfrac{1}{8}\right)$存在阶等于 N 的正交投影 P_N 使得对所有 B 中的 u 和 v，或者

$$|S(t_*)u - S(t_*)v|_{V_1} \leqslant \delta |u - v|_{V_1}, \delta \in \left(0, \frac{1}{8}\right)$$

或者

$$|Q_N(S(t_*)u - S(t_*)v)|_{V_1} \leqslant |P_N(S(t_*)u - S(t_*)v)|_{V_1}$$

那么称 $S(t)$ 在 B 中是挤压的，这里 $Q_N = I - P_N$.

定理 2.1 假设

①$S(t)$ 有一个 (V_2, V_1) 型紧吸引子 A；

②在 V_1 中存在对于 $S(t)$ 作用正不变的紧集 B；

③$S(t)$ 在 B 中 Lipschitz 连续且 Lipschitz 常数 l，并且在 B 中是挤压的.

那么 $(S(t), B)$ 有一个 (V_2, V_1) 型的指数吸引子 M，且 $M = \bigcup_{0 \leqslant t \leqslant t_*} S(t_*)M$，

这里 $M_* = A \cup (\bigcup_{j=1}^{\infty} \bigcup_{k=1}^{\infty} S(t_*)^j (E^{(k)}))$. 此外 $d_f(M) \leqslant cN_0 + 1$，其中 $N_0, E^{(k)}$ 如文献[17]中定义.

命题 2.1[91] 存在 $t_0(B_0)$，使得 $B = \overline{\bigcup_{0 \leqslant t \leqslant t_0} S(t)B_0}$ 是 V_1 中紧的正不变集，并且吸收 V_2 中的所有有界子集，其中 B_0 是 $S(t)$ 在 V_2 中的闭吸收集.

命题 2.2[91] 设 B_0, B_1 分别为式(2.3)在 V_2, V_1 中的有界闭吸收集. 那么存在 (V_2, V_1) 型紧吸引子 A.

定义 2.4[9] 惯性流形 μ 是有限维的流形需要满足下述3条性质：

①μ 是有限维的 Lipschitz 流形；

②μ 是正不变集，即 $S(t)\mu \subset \mu, \forall t \geqslant 0$；

③μ 指数吸引所有的解轨道.

定义 2.5[129] 设 $\mathbf{A}_1: X \to X$ 是一个算子且假设 $F \in C_b(X, X)$ 满足 Lipschitz 条件

$$\|F(U) - F(V)\|_X \leqslant l_F \|U - V\|_X, U, V \in X$$

设算子 $\mathbf{A}_1$ 的点谱可以分成两部分 σ_1 和 σ_2 且 σ_1 是有限的，

$$\Lambda_1 = \sup\{\mathrm{Re}\lambda \mid \lambda \in \sigma_1\}, \Lambda_2 = \inf\{\mathrm{Re}\lambda \mid \lambda \in \sigma_2\} \tag{2.7}$$

且

$$X_i = \mathrm{span}\{\omega_j \mid j \in \sigma_i\}, i = 1, 2 \tag{2.8}$$

则

$$\Lambda_2 - \Lambda_1 > 4l_F \tag{2.9}$$

有正交分解

$$X = X_1 \oplus X_2 \tag{2.10}$$

连续投影 $P_1: X \to X_1$ 和 $P_2: X \to X_2$.

引理 2.1[84] 设特征值 $\mu_j^{\pm}, j \geqslant 1$ 是非减的，对所有 $m \in N$，当 $N \geqslant m$，μ_N^- 和 μ_{N+1}^- 是连续相邻值.

3 指数吸引子

定理 3.1[104] 在对 $g(u), \phi(s)$ 作合理假设后，初边值问题(1.1)—问题(1.3)存在唯一光滑解，并且解具有下面的性质

$$\|(u,v)\|_{V_1}^2 = \|\nabla^m u\|^2 + \|v\|^2 \leqslant c(R_0), \|(u,v)\|_{V_2}^2 = \|\Delta^m u\|^2 + \|\nabla^m v\|^2 \leqslant c(R_1)$$

用定理2.1来表示方程的解 $S(t)(u_0,v_0)=(u(t),v(t))$，则 $S(t)$ 是 V_1 中的连续算子半群，有球

$$B_1 = \{(u,v) \in V_1 : \|(u,v)\|_{V_1}^2 \leqslant c(R_0)\}$$
$$B_0 = \{(u,v) \in V_2 : \|(u,v)\|_{V_1}^2 \leqslant c(R_1)\}$$

分别是 $S(t)$ 在 V_1 和 V_2 中的吸收集.

引理 3.1　对任何 $U=(u,v)\in V_1$，有 $(AU,U)\geqslant k_1\|U\|_{V_1}^2+k_2\|\nabla^m v\|^2$.

证明　由式(2.1)和式(2.2)，可得到

$$\begin{aligned}(AU,U) &= (\nabla^m(\varepsilon u - v), \nabla^m u) + (A,v)\\ &= \varepsilon\|\nabla^m u\|^2 - (\nabla^m v, \nabla^m u) + (A,v)\end{aligned} \tag{3.1}$$

其中 $A=-\varepsilon v+\varepsilon^2 u+(\phi(\|\nabla^m u\|^2)-\varepsilon)(-\Delta)^m u+(-\Delta)^m v$

$$\begin{aligned}(A,v) &= (-\varepsilon v + \varepsilon^2 u + (\phi(\|\nabla^m u\|^2) - \varepsilon)(-\Delta)^m u + (-\Delta)^m v, v)\\ &= -\varepsilon\|v\|^2 + \varepsilon^2(u,v) + (\phi(\|\nabla^m u\|^2) - \varepsilon)(\nabla^m u, \nabla^m v) + \|\nabla^m u\|^2\end{aligned} \tag{3.2}$$

由新的假设4，Holder 不等式、Young 不等式和 Poincare 不等式，可以计算下述各项.

$$\begin{aligned}&(\phi(\|\nabla^m u\|^2) - \varepsilon)(\nabla^m u, \nabla^m v)\\ &= (\phi - \gamma)(\nabla^m u, \nabla^m v) + (\gamma - \varepsilon)(\nabla^m u, \nabla^m v)\\ &\geqslant (\nabla^m u, \nabla^m v) + \frac{\gamma - \varepsilon}{2}\lambda_1^{-\frac{m}{2}}\|v\|^2 - \frac{c_0(\gamma - \varepsilon)}{2}\|\nabla^m u\|^2\end{aligned} \tag{3.3}$$

$$\begin{aligned}\varepsilon^2(u,v) &\geqslant -\varepsilon^2\lambda_1^{-m}\|\nabla^m u\|\|\nabla^m v\| \geqslant -\varepsilon^2\lambda_1^{-m}\left(\frac{1}{2\varepsilon^2}\|\nabla^m u\|^2 + \frac{\varepsilon^2}{2}\|\nabla^m v\|^2\right)\\ &= -\frac{1}{2}\lambda_1^{-m}\|\nabla^m u\|^2 - \frac{1}{2}\lambda_1^{-m}\varepsilon^4\|\nabla^m v\|^2\end{aligned} \tag{3.4}$$

其中 $\lambda_1(>0)$ 算子 $-\Delta$ 的第一特征值.

由式(3.2)、式(3.3)、式(3.4)可得

$$(AU,U) \geqslant \left(\frac{\gamma - \varepsilon}{2}\lambda_1^{\frac{m}{2}} - \varepsilon\right)\|v\|^2 + \left[\frac{(2 + c_0)\varepsilon - c_0\gamma}{2} - \frac{\lambda_1^{-m}}{2}\right]\|\nabla^m u\|^2 + \left(1 - \frac{\lambda_1^{-m}\varepsilon^4}{2}\right)\|\nabla^m v\|^2$$

因为

$$\frac{c_0\gamma + \lambda_1^{-m}}{2 + c_0} \leqslant \varepsilon \leqslant \min\left\{\frac{\gamma}{\lambda_1^{\frac{m}{2}} + 2}, \sqrt[4]{2}\lambda_1^{\frac{m}{4}}\right\}$$

则

$$\left(\frac{\gamma - \varepsilon}{2}\lambda_1^{\frac{m}{2}} - \varepsilon\right) \geqslant 0, \left[\frac{(2 + c_0)\varepsilon - c_0\gamma}{2} - \frac{\lambda_1^{-m}}{2}\right] \geqslant 0, \left(1 - \frac{\lambda_1^{-m}\varepsilon^4}{2}\right) \geqslant 0$$

所以有

$$(AU,U) \geqslant k_1\|U\|_{V_1}^2 + k_2\|\nabla^m v\|^2$$

其中 $k_1=\min\left\{\left(\frac{\gamma-\varepsilon}{2}\lambda_1^{\frac{m}{2}}-\varepsilon\right),\left(\frac{(2+c_0)\varepsilon-c_0\gamma}{2}-\frac{\lambda_1^{-m}}{2}\right)\right\}, k_2=\left(1-\frac{\lambda_1^{-m}\varepsilon^4}{2}\right)\geqslant 0$

设 $S(t)U_0=U(t)=(u(t),v(t))^{\mathrm{T}}$，其中 $v=u_t(t)+\varepsilon u(t)$；

$S(t)V_0=V(t)=(\tilde{u}(t),\tilde{v}(t))^{\mathrm{T}}$，其中 $\tilde{v}=\tilde{u}_t(t)+\varepsilon\tilde{u}(t)$；

设 $W(t)=S(t)U_0-S(t)V_0=U(t)-V(t)=(w(t),z(t))^{\mathrm{T}}$；其中 $z(t)=w_t(t)+\varepsilon w(t)$，则 $W(t)$ 满足：

$$W_t(t)+AU-AV+(0,g(u)-g(\tilde{u}))^{\mathrm{T}}=0 \tag{3.5}$$

$$W(0)=U_0-V_0 \tag{3.6}$$

为了验证式(1.1)—式(1.3)有指数吸引子，首先证明动力系统 $S(t)$ 在 B 上 Lipschitz 连续.

引理 3.2(Lipschitz **性质**)　对任意 $U_0,V_0\in B,T\geqslant 0$，有

$$\|S(t)U_0-S(t)V_0\|_{V_1}^2\leqslant \mathrm{e}^{kt}\|U_0-V_0\|_{V_1}^2$$

证明　用 $W(t)$ 与式(3.5)在 V_1 空间中作内积，可得到

$$\frac{1}{2}\frac{\mathrm{d}}{\mathrm{d}t}\|W(t)\|^2+(AU-AV,W(t))+(z(t),g(u)-g(\tilde{u}))=0 \tag{3.7}$$

类似引理 3.1 的证明，得到

$$(AU-AV,W(t))_{V_1}\geqslant k_1\|W(t)\|_{V_1}^2+k_2\|\nabla^m z(t)\|_{V_1}^2 \tag{3.8}$$

用 Young 不等式，Poincare 不等式和最大值定理，有

$$\begin{aligned}|(g(u)-g(\tilde{u}),z(t))|&\leqslant |g'(\xi)|\|w(t)\|\|z(t)\|\\&\leqslant c_4\lambda_1^{-\frac{m}{2}}\|\nabla^m w(t)\|\|z(t)\| \qquad (3.9)\\&\leqslant \frac{c_4\lambda_1^{-\frac{m}{2}}}{2}(\|\nabla^m w(t)\|^2+\|z(t)\|^2)=\frac{c_4\lambda_1^{-\frac{m}{2}}}{2}\|W(t)\|^2\end{aligned}$$

所以有

$$\frac{\mathrm{d}}{\mathrm{d}t}\|W(t)\|^2+2k_1\|W(t)\|^2+2\|\nabla^m z(t)\|^2\leqslant c_4\lambda_1^{\frac{-m}{2}}\|W(t)\|^2 \tag{3.10}$$

通过使用 Gronwall 不等式，可得到

$$\|W(t)\|^2\leqslant \mathrm{e}^{c_4\lambda_1^{\frac{-m}{2}}}\|W(0)\|^2=\mathrm{e}^{kt}\|W(0)\|^2 \tag{3.11}$$

其中 $k=c_4\lambda_1^{\frac{-m}{2}}$

所以有

$$\|S(t)U_0-S(t)V_0\|_{V_1}^2\leqslant \mathrm{e}^{kt}\|U_0-V_0\|_{V_1}^2$$

现在，定义算子 $\mathbf{A}=-\Delta:D(\mathbf{A})\to H;D(\mathbf{A})=\{u\in H\mid \mathbf{A}^m u\in H\}$.

显然，$\mathbf{A}$ 是一个无界的正定自伴算子，且 $\mathbf{A}^{-1}$ 是紧的，可知通过基本的谱间隔理论存在 H 的标准正交基，由 $\mathbf{A}$ 的特征向量 ω_j 组成，使得

$$\mathbf{A}\omega_j=\lambda_j\omega_j,0<\lambda_1\leqslant\lambda_2\leqslant\cdots\leqslant\lambda_j\to+\infty.$$

对于 $\forall N$ 算子 P 被定义为 $P=P_N:H\to\mathrm{span}\{\omega_1,\cdots\omega_N\},Q=Q_N=I-P_N$.

接下来，将使用

$$\|\mathbf{A}^m u\|=\|(-\Delta^m u)\|\geqslant\lambda_{n+1}\|u\|,\forall u\in Q_n(H^{2m}(\Omega)\cap H_0^1(\Omega)),\|Q_n u\|\leqslant\|u\|,u\in H$$

引理 3.3　对任意 $U_0,V_0\in B,Q_{n_0}(t)=Q_{n_0}(U(t)-V(t))=Q_{n_0}W(t)=(w_{n_0},z_{n_0})^{\mathrm{T}}$，则

$$\|W_{n_0}(t)\|_{V_1}^2\leqslant\left(\mathrm{e}^{-2k_1t}+\frac{c_4\lambda_{n_0+1}^{-\frac{m}{2}}}{2k_1+k}\mathrm{e}^{kt}\right)\|W(0)\|^2$$

引理 3.3 的详细证明,请阅读文献[11],在这里可省略.

引理 3.4(挤压性) 对任意 $U_0, V_0 \in B$,如果
$\|P_{n_0}(S(T^*)U_0 - S(T^*)V_0)\|_{V_1} \leqslant \|(I-P_{n_0})(S(T^*)U_0 - S(T^*)V_0)\|_{V_1}$,则有

$$\|S(T^*)U_0 - S(T^*)V_0\|_{V_1} \leqslant \frac{1}{8}\|U_0 - V_0\|_{V_1}$$

证明 如果 $\|P_{n_0}(S(T^*)U_0 - S(T^*)V_0)\|_{V_1} \leqslant \|(I-P_{n_0})(S(T^*)U_0 - S(T^*)V_0)\|_{V_1}$,则

$$\begin{aligned}
&\|S(T^*)U_0 - S(T^*)V_0\|^2 \\
&\leqslant \|(I-P_{n_0})(S(T^*)U_0 - S(T^*)V_0)\|_{V_1}^2 + \|P_{n_0}(S(T^*)U_0 - S(T^*)V_0)\|_{V_1}^2 \\
&\leqslant 2\|(I-P_{n_0})(S(T^*)U_0 - S(T^*)V_0)\|_{V_1}^2 \\
&\leqslant 2\left(e^{-2k_1T^*} + \frac{c_4\lambda_{n_0+1}^{-\frac{m}{2}}}{2k_1+k}e^{kT^*}\right)\|U_0 - V_0\|^2
\end{aligned} \tag{3.12}$$

设 T^* 是足够大

$$e^{-2k_1T^*} \leqslant \frac{1}{256} \tag{3.13}$$

也设 n_0 是足够大的

$$\frac{c_4\lambda_{n_0+1}^{-\frac{m}{2}}}{2k_1+k}e^{kT^*} \leqslant \frac{1}{256} \tag{3.14}$$

将式(3.13)、式(3.14)加到式(3.12),可得到

$$\|S(T^*)U_0 - S(T^*)V_0\|_{V_1} \leqslant \frac{1}{8}\|U_0 - V_0\|_{V_1} \tag{3.15}$$

引理 3.4 证明结束.

定理 3.2 在以上合理假设下,$(u_0, v_0) \in V_k, k=1,2, f \in H, v = u_t + \varepsilon u, \dfrac{c_0\gamma + \lambda_1^{-m}}{2+c_0} \leqslant \varepsilon \leqslant \min\left\{\dfrac{\gamma}{\lambda_1^{\frac{m}{2}}+2}, \sqrt[4]{2}\lambda_1^{\frac{m}{4}}\right\}$,则初边值问题(1.1)—问题(1.3)的解半群有一个(V_2, V_1)-指数吸引子在 B 上,$M = \bigcup_{0\leqslant t\leqslant T^*} S(t)\left(A \cup \left(\bigcup_{j=1}^{\infty}\bigcup_{k=1}^{\infty} S(T^*)^j(E^{(k)})\right)\right)$,且分形维数满足 $d_f(M) \leqslant 1 + cN_0$.

证明 根据定理 2.1、引理 3.2、引理 3.4、定理 3.2 是容易证明的.

4 惯性流形

式(1.1)等价于下面的一阶演化方程

$$U_t + HU = F(U) \tag{4.1}$$

其中

$$U = (u, v), v = u_t, H = \begin{pmatrix} 0 & -I \\ \phi(\|\nabla^m u\|^2)(-\Delta)^m & (-\Delta)^m \end{pmatrix} \tag{4.2}$$

$$F(U) = \begin{pmatrix} 0 \\ f(x) - g(u) \end{pmatrix} \tag{4.3}$$

$$D(H) = \{u \in H^{2m}(\Omega) \mid u \in L^2(\Omega), (-\Delta)^m u \in H^{2m}(\Omega)\} \times H^m$$

用数量积定义在 X 中的图范 $(U,V)_X=(\phi\cdot\nabla^m u,\nabla^m\bar{y})+(\bar{z},v)$ (4.4)

且 $U=(u,v)$，$\nu=(y,z)\in X$，$\bar{y},\bar{z}$ 分别表示 y,z 的共轭，$u,y\in H^{2m}(\Omega)$，$v,z\in H^{2m}(\Omega)$，显然，定义在式(4.2)中的算子 $\mathbf{H}$ 是单调的，对于 $U\in D(\mathbf{H})$，

$$\begin{aligned}(\mathbf{H}U,U)_X&=((-v,\phi\cdot(-\Delta)^m u+(-\Delta)^m v),(u,v))_X\\&=(-\phi\cdot\nabla^m v,\nabla^m\bar{u})+(\bar{v},\phi\cdot(-\Delta)^m u+(-\Delta)^m v)\\&=(-\phi\cdot\nabla^m v,\nabla^m\bar{u})+(\nabla^m\bar{v},\phi\cdot\nabla^m u)+(\nabla^m\bar{v},\nabla^m v)\\&=\|\nabla^m v\|^2\geqslant 0\end{aligned}\tag{4.5}$$

因此，$(\mathbf{H}U,U)_X$ 是一个非负实数.

为了确定 $\mathbf{H}$ 的特征值，考虑下面的特征值方程

$$\mathbf{H}U=\lambda U,U=(u,v)\in X\tag{4.6}$$

即

$$\begin{cases}-v=\lambda u,\\\phi(\|\nabla^m u\|^2)(-\Delta)^m u+(-\Delta)^m v=\lambda v\end{cases}\tag{4.7}$$

将式(4.7)的第一个方程代入式(4.7)的第二个方程可得到

$$\begin{cases}\lambda^2 u+\phi(\|\nabla^m u\|^2)(-\Delta)^m u-\lambda(-\Delta)^m u=0,\\u\mid_{\partial\Omega}=(-\Delta)^m u\mid_{\partial\Omega}=0\end{cases}\tag{4.8}$$

用 u 与式(4.8)的第一个式子取内积，有

$$\lambda^2\|u\|^2+\phi(\|\nabla^m u\|^2)\|\nabla^m u\|^2-\lambda\|\nabla^m u\|^2=0\tag{4.9}$$

式(4.9)被看作关于 λ 的一元二次方程，所以有

$$\lambda_k^{\pm}=\frac{\mu_k\pm\sqrt{\mu_k^2-4\mu_k\phi(\mu_k)}}{2}\tag{4.10}$$

其中 μ_k 是 $(-\Delta)^m$ 在 $H_0^m(\Omega)$ 中的特征值，则 $\mu_k=\lambda_1 k^{\frac{m}{n}}$. 如果 $\mu_k\geqslant 4\phi(\mu_k)$，即 $\mu_k\geqslant 4m_1$，则 $\mathbf{H}$ 的所有特征值都是正实数，相应的特征向量的形式为 $U_k^{\pm}=(u_k,-\lambda_k^{\pm}u_k)$. 关于式(4.10)，为了方便下面的使用，将做以下标注，对所有的 $k\geqslant 1$，

$$\|\nabla^m u_k\|=\sqrt{\mu_k},\|u_k\|^2=1,\|\nabla^{-m}u_k\|=\frac{1}{\sqrt{\mu_k}}\tag{4.11}$$

引理 4.1 $g:H_0^m(\Omega)\to H_0^m(\Omega)$ 是一致有界的且整体 Lipschitz 连续.

证明 $\forall u_1,u_2\in H_0^m(\Omega)$ 有，

$$\|g(u_1)-g(u_2)\|=\|g'(\xi)(u_1-u_2)\|\leqslant|g'(\xi)|\|u_1-u_2\|$$

其中 $\xi\in(u_1,u_2)$，因为假设 1，能得到

$$\|g(u_1)-g(u_2)\|=\|g'(\xi)(u_1-u_2)\|\leqslant c_5\|u_1-u_2\|$$

设 $l=c_5$，则 l 是 $g(u)$ 的 Lipschitz 系数.

定理 4.1 当 $\mu_k\geqslant 4m_1$，下面的不等式成立，如果 l 是 $g(u)$ 的 Lipschitz 系数，设 $N_1\in N$ 是足够大的，使得 $N\geqslant N_1$，

$$(\mu_{N+1}-\mu_N)\left(\frac{1}{2}-\frac{1}{2}\sqrt{2\mu_1-4m_1}\right)\geqslant\frac{4l}{\sqrt{2\mu_1-4m_1}}+1\tag{4.12}$$

则算子 $\mathbf{H}$ 满足式(2.9)的谱间隔条件.

证明 当 $\mu_k \geqslant 4m_1$，$\mathbf{H}$ 的所有特征值都是正实数，并且知道数列 $\{\lambda_k^-\}_{k\geqslant 1}$ 和 $\{\lambda_k^+\}_{k\geqslant 1}$ 是递增的.

下面分 4 个步骤来证明定理 4.1.

①因为 $\lambda_k^{\pm}$ 是非减列. 根据引理 2.1，给出 N 使得 λ_N^- 和 λ_{N+1}^- 是相邻值，将 $\mathbf{H}$ 的特征值分解为

$$\begin{aligned}\sigma_1 &= \{\lambda_j^-,\lambda_k^+ \mid \max\{\lambda_j^-,\lambda_k^+\} \leqslant \lambda_N^-\}\\ \sigma_2 &= \{\lambda_j^-,\lambda_k^+ \mid \lambda_j^- \leqslant \lambda_N^- \leqslant \min\{\lambda_j^-,\lambda_k^{\pm}\}\}\end{aligned} \tag{4.13}$$

②相应 X 可分解为

$$\begin{aligned}X_1 &= \mathrm{span}\{U_j^-,U_k^+ \mid \lambda_j^-,\lambda_k^+ \in \sigma_1\}\\ X_2 &= \mathrm{span}\{U_j^-,U_k^{\pm} \mid \lambda_j^-,\lambda_k^{\pm} \in \sigma_2\}\end{aligned} \tag{4.14}$$

目的是使这两个子空间正交并且满足谱间式(2.9).

$\Lambda_1 = \lambda_N^-$，$\Lambda_2 = \lambda_{N+1}^-$，进一步分解 $X_2 = X_c \oplus X_R$，

$$\begin{aligned}X_c &= \mathrm{span}\{U_j^- \mid \lambda_j^- \leqslant \lambda_N^- < \lambda_j^+\}\\ X_R &= \mathrm{span}\{U_R^{\pm} \mid \lambda_N^- < \lambda_k^{\pm}\}\end{aligned} \tag{4.15}$$

且设 $X_N = X_1 \oplus X_c$.

接下来，规定特征值在 X 上的数量积，使得 X_1 和 X_2 正交，所以人们需要介绍两个函数 $\Phi: X_N \to \mathbf{R}$，$\Psi: X_R \to \mathbf{R}$.

$$\begin{aligned}\Phi(U,V) &= 2(\nabla^m u,\nabla^m \overline{y}) + 2(\nabla^{-m}\overline{z},\nabla^m u) + 2(\nabla^{-m}v,\nabla^m\overline{y}) +\\ &\quad 4(\nabla^{-m}\overline{v},\nabla^{-m}v) - 4\phi(\|\nabla^m u\|^2)(u,y)\end{aligned} \tag{4.16}$$

$$\Psi(U,V) = (\nabla^m u,\nabla^m\overline{y}) + (\nabla^{-m}\overline{v},\nabla^m u) - (\nabla^{-m}\overline{z},\nabla^m y) \tag{4.17}$$

其中 $U=(u,v)$，$V=(y,z)$，$\overline{y}$，$\overline{z}$ 分别表示 y,z 的共轭.

设 $U=(u,v)\in X_N$，则

$$\begin{aligned}\Phi(U,U) &= 2(\nabla^m u,\nabla^m\overline{u}) + 2(\nabla^{-m}\overline{v},\nabla^m u) + 2(\nabla^{-m}v,\nabla^m\overline{u}) +\\ &\quad 4(\nabla^{-m}\overline{v},\nabla^{-m}v) - 4\phi(\|\nabla^m u\|^2)(u,u)\\ &\geqslant 2\|\nabla^m u\|^2 - 4\|\nabla^{-m}v\|^2 - \|\nabla^m u\|^2 + 4\|\nabla^{-m}v\|^2 - 4\phi\|u\|^2\\ &= \|\nabla^m u\|^2 - 4\phi\|u\|^2 \geqslant (\mu_1 - 4m_1)\|u\|^2\end{aligned} \tag{4.18}$$

由于，对任何 k，$\mu_k \geqslant 4m_1$，能推算出 $\Phi(U,U)\geqslant 0$. 对所有的 $U\in X_N$，类似地，对 $U\in X_R$，有

$$\Psi(U,U) = (\nabla^m u,\nabla^m\overline{u}) + (\nabla^{-m}\overline{v},\nabla^m u) - (\nabla^{-m}\overline{v},\nabla^m u) \geqslant \mu_1\|u\|^2 \geqslant 0 \tag{4.19}$$

所以可知 $\Psi(U,U)\geqslant 0$，对所有 $U\in X_R$；因此用 Φ 和 Ψ 在 X 上定义数量积.

$$\langle\langle U,V\rangle\rangle_X = \Phi(P_N U,P_N V) + \Psi(P_R U,P_R V) \tag{4.20}$$

其中 P_N，P_R 分别是 $X\to X_N$，$X\to X_R$ 的映射，为了方便，重写式(4.20)的形式如下

$$\langle\langle U,V\rangle\rangle_X = \Phi(U,V) + \Psi(U,V) \tag{4.21}$$

将证明定义在式(4.14)中的两个子空间 X_1，X_2 关于数量积(4.21)是正交的. 事实上，X_N 和 X_c 是正交的，即 $\langle\langle U_j^+,U_j^-\rangle\rangle_X = 0$，对每一个 $U_j^+\in X_c$，$U_j^-\in X_N$，人们能从式(4.16)中推算出

$$\begin{aligned}\langle\langle U_j^+,U_j^-\rangle\rangle_X &= \Phi(U_j^+,U_j^-)\\ &= 2(\nabla^m u_j,\nabla^m\overline{u_j}) - 2\lambda_j^+(\nabla^{-m}\overline{u_j},\nabla^m u_j) -\end{aligned}$$

$$2\lambda_j^-(\nabla^{-m}u_j,\nabla^m\overline{u_j})+4\lambda_j^+\lambda_j^-(\nabla^{-m}\overline{u_j},\nabla^{-m}u_j)-4\phi\|u_j\|^2 \tag{4.22}$$
$$=2\|\nabla^m u_j\|^2-2(\lambda_j^-+\lambda_j^+)\|u_j\|^2+4\lambda_j^+\lambda_j^-\|\nabla^{-m}u_j\|^2-4\phi\|u_j\|^2$$
$$=2\mu_j-2(\lambda_j^-+\lambda_j^+)+4\lambda_j^+\lambda_j^-\cdot\frac{1}{\mu_j}-4\phi$$

根据式(4.10),有 $\lambda_j^++\lambda_j^-=\mu_j,\lambda_j^+\lambda_j^-=\phi\mu_j$,所以

$$<<U_j^+,U_j^->>_X=\Phi(U_j^+,U_j^-)=0 \tag{4.23}$$

③接下来估计 F 的 Lipschitz 常数 l_F,其中 $F(U)=(0,f(x)-g(u))^{\mathrm{T}},g:H^m\to H^m$,且 $l_F=l$,从式(4.17)、式(4.18)可知,对任意的 $U=(u,v)\in X$ 有

$$\begin{aligned}\|U\|_X^2&=\Phi(P_1U,P_1U)+\Psi(P_2U,P_2U)\\&\geqslant(\mu_1-4\phi)\|P_1u\|^2+\mu_1\|P_2u\|^2\\&\geqslant(2\mu_1-4m_1)\|u\|^2\end{aligned} \tag{4.24}$$

给 $U=(u,v),V=(\hat{u},\hat{v})\in X$ 有

$$\|F(U)-F(V)\|_X=\|g(u)-g(\hat{u})\|\leqslant l\|u-\hat{u}\|\leqslant\frac{l}{\sqrt{2\mu_1-4m_1}}\|U-V\|_X \tag{4.25}$$

故能得到结论

$$l_F\leqslant\frac{l}{\sqrt{2\mu_1-4m_1}} \tag{4.26}$$

④现在需要验证谱间隔条件式(2.9)成立. 由上面提到的 $\Lambda_1=\lambda_N^-$ 和 $\Lambda_1=\lambda_{N+1}^-$ 可得

$$\Lambda_2-\Lambda_1=\lambda_{N+1}^--\lambda_N^-=\frac{1}{2}(\mu_{N+1}-\mu_N)+\frac{1}{2}(\sqrt{R(N)}-\sqrt{R(N+1)}) \tag{4.27}$$

其中 $R(N)=\mu_N^2-4\phi\mu_N$.

确定 $N_1>0$ 使得对所有的 $N\geqslant N_1,R_1(N)=1-\sqrt{\dfrac{1}{2\mu_1-4m_1}-\dfrac{4m_1}{\mu_{N+1}(2\mu_1-4m_1)}}$,故能计算出

$$\begin{aligned}&\sqrt{R(N)}-\sqrt{R(N+1)}+\sqrt{2\mu_1-4m_1}(\mu_{N+1}-\mu_N)\\&=\sqrt{2\mu_1-4m_1}(\mu_{N+1}R_1(N+1)-\mu_NR_1(N))\end{aligned} \tag{4.28}$$

通过前面的假设 $\varepsilon\leqslant m_0\leqslant\phi(s)\leqslant m_1=\dfrac{2\mu_1-1}{4}$,很容易知道

$$\lim_{N\to\infty}(\sqrt{R(N)}-\sqrt{R(N+1)}+\sqrt{2\mu_1-4m_1}(\mu_{N+1}-\mu_N))=0 \tag{4.29}$$

则结合式(4.26)、式(4.27)、式(4.12)和式(4.28),可得

$$\Lambda_2-\Lambda_1>(\mu_{N+1}-\mu_N)\left(\frac{1}{2}-\frac{1}{2}\sqrt{2\mu_1-4m_1}\right)-1\geqslant\frac{4l}{\sqrt{2\mu_1-4m_1}}\geqslant 4l_F \tag{4.30}$$

定理 4.2　在定理 4.1 的假设性,初边值问题(1.1)—问题(1.3)在空间 X 上有惯性流形 μ,且形式为

$$\mu=\mathrm{graph}(m):=\{\zeta+m(\zeta):\zeta\in X_1\} \tag{4.31}$$

其中 X_1,X_2 是在式(4.14)中的定义,$m:X_1\to X_2$ 是 Lipschitz 连续函数.

5 总结

在第四部分,人们证明了惯性流形的存在,当 $\mu_k \geq 4\phi$,接下来讨论惯性流形的存在性.

当 $\mu_k < 4\phi$,此时 H 的特征值是复根,这时候取 $\mathrm{Re}\lambda_k^{\pm} = \frac{1}{2}\mu_k$,且当 N 足够大时,证明过程和定理 4.1 的证明过程类似,现省略.

参考文献

[1] G. Kirchhoff. Vorlesungen fiber Mechanik,Teubner[M]. Stuttgart, 1883.

[2] H. Masamro,Y. Yoshio. On some nonlinear wave equations 2:global existence and energy decay of solutions[J]. Fac Sci Univ Tokyo Sect,1991(38):239-250.

[3] B. D. Josephson. Possible new effects in superconductive tunneling[J]. Physics Letters,1962(1):251-253.

[4] Z. W. Zhu,Y. Lu. The existence and Uniqueness of Solution for Generalized Sine-Gordon Equation[J]. Chinese Quarterly Journal of Mathematics,2000,15(1):71-77.

[5] Q. X. Li, T. Zhong. Existence of global solutions for Kirchhoff type equations with dissipation and damping terms [J]. Journal of Xiamen University: Natural Science Edition,2002,41(4):419-422.

[6] Marcio Antonio Jorge Silva, T. F. Ma. Long-time dynamics for a class of Kirchhoff models with memory[J]. Journal of Mathematical Physics,2013,54(2):021505.

[7] J. W. Zhang,D. X. Wang, R. H. Wu. Global solutions for a class of generalized strongly damped Sine-Gordon equation[J]. Journal of mathematical physics,2008,57(4):2021-2025.

[8] L. Guo,Z. Q. Yuan, G. G. Lin. The global attractors for a nonlinear viscoelastic wave equation with strong damping and linear damping and source terms[J]. International Journal of Modern Nonlinear Theory and Application,2014(4):142-152.

[9] R. Teman. Infinite-Dimensional Dynamical Systems in Mechanics and Physics[M]. New York: Springer-Verlag,1988.

[10] Q. F. Ma,S. H. Wang, C. K. Zhong. Necessary and suficient conditions for that existence of globe attractors for semigroup and applications[J]. Indiana University Math J,2002,51(6):1541-1559.

[11] Q. Z. Ma,C. Y. Sun, C. K. Zhong. The existence of strong global attractors for nonlinear beam equations [J]. Journal of mathematical physics,2007,27A(5):941-948.

[12] Guoguang Lin. Nonlinear evolution equation[M]. Kunming:Yunnan University Press,2011.

[13] Zhijian Yang, Na Feng, To Fu Ma. Global attractor for the generalized double dispersion[J]. Nonlinear Analysis,2015(115):103-116.

[14] Igor Chueshov. Long-time dynamics of Kirchhoff wave models with strong nonlinear damping [J]. Journal of Differential Equations,2012(252):1229-1262.

[15] Tokio Matsuyama, Ryo Ikehata. On global solutions and energy decay for the wave equations of Kirchhoff type with nonlinear damping terms [J]. Journal of Mathematical Analysis and

Applications,1996(204):729-753.

[16] Cheng Jian ling, Yang Zhijian. Asymptotic behavior of the Kirchhoff type equation[J]. Acta Mathematica Scientia 2011,31A(4):1008-1021.

[17] Yang Zhijian. Longtime behavior of the Kirchhoff type equation with strong damping on R^N [J]. Journal of Differential Equations,2007(242):269-286.

[18] Zhijian Yang, Pengyan Ding. Longtime dynamics of the Kirchhoff equation with strong damping and critical nonlinearity on R^N[J]. J. Math. Anal. Appl.,2016(435):1826-1851.

[19] Claudianor O. Alves and Giovany M. Figueiredo. Nonlinear perturbations of a periodic Kirchhoff equation in R^N[J]. Nonlinear Analysis, 2012(75):2075-2759.

[20] Yang Zhijian, Jin Baoxia. Global attractor for a class of Kirchhoff models[J]. Journal of Mathematical Physics,2009(50):032701.

[21] Penghui Lv, Ruijin Lou, Guoguang Lin. Global attractor for a class of nonlinear generalized Kirchhoff-Boussinesq model [J]. International Journal of Modern Nonlinear Theory and Application,2016(5):82-92.

[22] Ruijin Lou, Penghui Lv, Guoguang Lin. Global Attractors for a Class of Generalized Nonlinear Kirchhoff-Sine-Gordon Equation [J]. International Journal of Modern Nonlinear Theory and Application,2016(5):73-81.

[23] Chueshov,I., Lasiecka,I. Existence,Uniqueness of Weak Solutions and Global Attractors for a Class of Nonlinear 2D Kirchhoff-Boussinesq Models [J]. AIM Journals, 2006 (15): 777-809.

[24] Ma,T. F., Pelicer,M. L. Attractors for Weakly Damped Beam Equations with p-Laplacian [J]. Discrete and Continuous Dynamical Systems. Seriess,2013(5):525-534.

[25] Yang,Z., Liu,Z. Exponential Attractor for the Kirchhoff Equations with Strong Nonlinear Damping and Supercritial Nonlinearity [J]. Applied Mathematics Letters, 2015 (46): 127-132.

[26] Kloeden,P. E., Simsen,J. Attractors of Asymptotically Autonomous Quasi-Linear Parabolic Equation with Spatially Variable Exponents [J]. Journal of Mathematical Analysis and Applications,2015(425):911-918.

[27] Silva,M. A. J., Ma,T. F. Long-Time Dynamics for a Class of Kirchhoff Models with Memory [J]. Journal of Mathematical Physics,2013(54)Article ID: 021505.

[28] Lin,G. G.,Xia,F. F., Xu,G. G. The Global and Pullback Attractors for a Strongly Damped Wave Equation with Delays [J]. International Journal of Modern Nonlinear Theory and Application,2013(2):209-218.

[29] A. V. Babin, M. I. Vishik. Attractors of Evolution Equations[J]. Studies in Math.,1992 (25):28.

[30] Mitsuhiro Nakao. An attractor for a nonlinear dissipative wave equation of Kirchhoff type[J]. Journal of Mathematical Analysis and Applications,2009(353):652-659.

[31] Yongqin Xie, Chengkui Zhong. The existence of global attractors for a class nonlinear evolution equation [J]. Journal of Mathematical Analysis and Applications, 2007

(336):54-69.

[32] Zhijian Yang, Pengyan Ding, Zhiming Liu. Global attractor for the Kirchhoff type equations with strong nonlinear damping and supercritical nonlinearity[J]. Applied Mathematics Letters,2014(33):12-17.

[33] Yang Zhijian, Wang Yunqing. Global attractor for the Kirchhoff type equation with a strong dissipation[J]. Journal of Differential Equations,2010(249):3258-3278.

[34] Meixia Wang, Cuicui Tian, Guoguang Lin. Global attractor and dimension estimation for a 2D generalized anisotropy Kuramoto-Sivashinsky equation[J]. International Journal of Modern Nonlinear Theory and Application,2014(3):163-172.

[35] Wu Jingzhu, Lin Guoguang. The global attractor of the Bossinesq equation with damping term and its dimension estimation[J]. Journal of Yunnan University,2009(31):335-340.

[36] Vincent, Xiaosong Liu. A sharp lower bound for the Hausdorff dimension of the globla attractors of the 2D Navier-Stokes equations[J]. Communications in Mathematical Physics, 1993(158):327-339.

[37] Guo Bailin, Jing Zhujun. Infinite-dimensional Dynamical Systems[J]. China Academic Journal,1996(2):90-96.

[38] Eden A, Folas C, Nicolaenko B, et al. Exponential attractors for dissipative evolution equations[J]. Research in Applied Mathematics,1994(37):57-59.

[39] Tang Ying,Li Xiaojun. Exponential Attractor for Nonlinear Parabolic Equations[J]. Journal of Chongqing University of Technology:Natural Science,2013,27(1):119-123.

[40] Perikles G. Papadopoulos,Nikos M. Stavrakakis. Global Existence and Blow-up Results for an Equation of Kirchhoff Type on R^N[J]. Journal of the Juliusz Schauder Center,2001(17): 91-109.

[41] Guo Chunxiao,Mu Chunlai. Exponential Attractors for a Non-classical Diffusion Equation[J]. Journal of Chongqing University(Natural Science Edition),2007,30(3):87-90.

[42] Ke Li,Zhijian Yang. Exponential attractors for the strongly damped wave equation[J]. Applied Mathematics and Computation,2013(220):155-165.

[43] Deng Jin,Qin Fajin,Zhang Zifang. Attractor for strong damped wave equations with delay[J]. Journal of Sichuan University:Natural Science Edition,2007,44(1):21-24.

[44] Xu Guigui, Lin Guoguang. The global attractor and the estimation of the dimention of a generalized Boussinesq equation[J]. China Science and Technology Information,2011(10): 54-61.

[45] Ma Qiaozhen. Global Attractors of Strong Solutions for the Beam Equation of Memory Type [J]. Journal of mathematical research and exposition,2007,27(2):307-315.

[46] Zhu Chaosheng,Pu Zhilin. Global Attractors and Exponential attractors for the Generalized B-BBM Equation[J]. Mathematica Applicata,2003,16(2):134-138.

[47] Babin A,Nicolaenko B. Exponential attractors of reaction-diffusion systems in an unbounded domain[J]. Jaernal of Dynamics and Differential Equations,1995,7(4):567-590.

[48] Dai Zhengde,Ma Dacai. Nonlinear wave equation of exponential attractor[J]. Chinese science

bulletin,1998,43(12):1269-1273.

[49] Fang Tianjin, Wang Suyun. The Exponential Attractors for a Non-classical Reaction-diffusion Equation[J]. Journal of Wenzhou University: Natural sciences, 2013, 34(3):52-55.

[50] Cha Lifang, Dang Jinbao, Lin Guoguang. Exponential attractor for generalized dissipative equations[J]. Journal of Yunnan University, 2010, 32(S1):315-320.

[51] Ruijin Lou, Penghui Lv, Guoguang Lin. Exponential attractors and inertial mainfolds for a class of generalized nonlinear Kirchhoff Sine-Gordon equation [J]. Journal of Advances in Mathematics, 2016, 12(6):6361-6375.

[52] Robert A. Adams, John J. F. Fournier. Sobolev Spaces[M]. Netherlands: Academic Publishing House, 2003.

[53] Marion M, Temam R. Nonlinear Galerkin methods[J]. SIMA J Numer Anal, 1989, 26(5): 1139-1157.

[54] Li Haiming, Yang Kuiyuan. Nonlinear Galerkin Methods for Reaction Diffusion Equation in High Space Dimension[J]. Journal of Lanzhou University (Natural Sciences), 1994, 30(3): 15-18.

[55] Shang Yadong, Guo Boling. Exponential Attractor for the Generalized Symmetric Regularized Long Wave Equation with Damping Term[J]. Applied Mathematics and Mechanics, 2005, 26(3):259-266.

[56] Ai Chengfei, Zhu Huixian, Lin Guoguang. The global attractors and dimensions estimation for the Kirchhoff type wave equations with nonlinear strongly damped terms [J]. Journal of Advances in Mathematics, 2016, 12(3):6087-6102.

[57] M, M. Cavalcanti, V. N. D. Cavalcanti, J. S. P. Filho, J. A. Soriano. Existence and exponential decay for a Kirchhoff-carrier model with viscosity[J]. J. Math. Anal. Appl., 1998(226):20-40.

[58] K. Ono. Global existence, decay, and blow up of solutions for some mildly degenerate nonlinear Kirchhoff strings[J]. J. Differential Equations, 1997(137):273-301.

[59] K. Ono. On global existence, asymptotic stability and blowing up of solutions for some degenerate non-linear wave equations of Kirchhoff type with a strong dissipation[J]. Math. Methods. Appl. Sci, 1997(20):151-177.

[60] Z. Yang, X. Li, Finite dimensional attractors for the Kirchhoff equation with a strong dissipation[J]. J. Math. Anal. Appl, 2011(375):579-593.

[61] Zhijian Yang, Pengyan Ding, Lei Li. Longtime dynamics of the Kirchhoff equations with fractional damping and supercritical nonlinearity[J]. J. Math. Aual. Appl., 2016(442): 485-510.

[62] Nakao M, Zhijian Y. D. Gobal attractors for some quasi-linear wave equations with a strong dissipation[J]. Advan Math Sci App, 2007(17):89-105.

[63] Xiaoming F, Shengfan Z. Kernel sections for non-autonomous strongly damped wave equation of non-degnerate Kirchhoff-type [J]. Applied Mathematics and Computation, 2004 (158): 253-266.

[64] Salim A, Messaoudi, Belkacem Said Houari. A blow-up result for ahigher-order nonlinear Kirchhoff-type hyperbolic equation[J]. Appiled Mathematics letters, 2007(20):866-871.

[65] Fucai Li. Global Existence and Blow-up of Solutions for a Higher-order Kirchhoff-type Equation with Nonlinear Dissipation[J]. Applied Mathematics letters,2004(17):1409-1414.

[66] Ghisi, M., Gobbino, M. Spectral Gap Global Solutions for Degenerate Kirchhoff Equations [J]. Nonlinear Analysis,2009(71):4115-4124.

[67] Li, Y. The Asymptotic Behavior of Solutions for a Nonlinear Higher Order Kirchhoff Type Equation[J]. Journal of Southwest China Normal University,2011(36):24-27.

[68] Varga, K., Sergey, Z. Finite-Dimensional Attractors for the Quasi-Linear Strongly-Damped Wave Equation[J]. Journal of Differential Equations,2009(247):1120-1155.

[69] Lin, X. L., Li, F. S. Global Existence and Decay Estimates for Nonlinear Kirchhoff-Type Equation with Boundary Dissipation[J]. Differential Equations and Applications,2013(5): 297-317.

[70] Li, F. C. Global Existence and Blow-Up of Solutions for a Higher-Order Kirchhoff-Type Equation with Nonlinear Dissipation [J]. Applied Mathematics Letters, 2004 (17): 1409-1414.

[71] Gao, Q. Y., Li, F., Wang, Y. G. Blow-Up of the Solution for Higher-Order Kirchhoff-Type Equations with Nonlinear Dissipation[J]. Central European Journal of Mathematics, 2010 (9):686-698.

[72] Yuting Sun, Yunlong Gao, Guoguang Lin. The global attractors for the Higher-order Kirchhoff-Type equation with nonlinear strongly damped term[J]. International Journal of Modern Nonlinear Theory and Application,2016(5):203-217.

[73] Yansheng Zhong, Chengkui Zhong. Exponential attractors for semigroups in Banach spaces [J]. Nonlinear Analysis,2012(75):1799-1809.

[74] Tomás Caraballo, Peter E. Kloeden and José Real, Pullback and Forward Attractor for a Damped Wave Equation with Delays[J]. Stochastics and Dynamicss,2004,4(3):405-423.

[75] Maria Anguiano. Pullback attractor for a non-autonomous reaction-diffusion equation insome unbounded domains[J]. Bol. Soc. Eso. Mat. Apl. ,2016(51):9-17.

[76] Yejuan Wang. Pullback attractors of nonautonomous dynamical systems, Discrete and Continuons dynamical systems[J]. 2006,16(3):587-614.

[77] M. J. Garrido-Atienza, José Real. Existence and Uniqueness of Solution for Delay Evoluyion Equations of Second Order in Time[J]. Journal of Mathematical Analysis and Applications, 2003,283(2):582-609.

[78] Tomàs Caraballo, P. Marin-Rubio, J. Valero. Autonomous and Non-Autonomous Attractors for Differential Equations with Delays[J]. Journal of Differential Equations,2005,208(1):9-41.

[79] D. Cheban, Peter E. Kloeden, B. Schmalfuss. The Relationship between Pullback, Forwards and Global Attractors of Nonautonomous Dynamical Systems[J]. Nonlinear Dynamics and Systems Theory,2002(2):9-28.

[80] Tomàs Caraballo, G. Lukaszewicz, José Real, Pullback Attractors for Non-Autonomous 2D-

Navier-Stokes Equations in Some Unbounded Domains[J]. Comptes Rendus del' Académie des Sciences,2006,342(4):263-268.

[81] Y. Q. Xie, C. K. Zhong. Asymptotic Behavior of a Class of Nonlinear Evolution Equations[J]. Nonlinear Analysis: Theory,Methods and Applications,2009,71(11):5095-5105.

[82] Xiaoming Fan,Han Yang. Exponential attractor and its fractal dimension for a second order lattice dynamical system[J]. Journal of Mathematical Analysis and Applications,2010,367(2):350-359.

[83] Guigui Xu,Libo Wang,Guoguang Lin. Inertial manifolds for a class of the retarded nonlinear wave equations[J]. Mathematica Applicata,2014,27(4):887-891.

[84] Songmu Zheng, A. Milani. Exponential attractors and Inertial manifolds for singular perturbations of the Cahn-Hilliard equations[J]. Nonlinear Analysis,2004(57):843-877.

[85] P. Fabrie, C. Galusinski, A. Miranville, S. Zelik. Uniform exponential attractors for a singularly perturbed damped wave equations[J]. Discrete and Continuous Dynamical systems, 2003(10):211-238.

[86] M. Marion. Inertial manifolds associated to partly dissipative reaction diffusion equations[J]. Journal of Mathematical Analysis and Applications,1989,143(2):295-326.

[87] Xiaojun Li,Kaijin Wei,Haiyun Zhang. Exponential attractors for Lattice Dynamical Systems in Weighted Spaces[J]. Acta Applicandae Mathematicae,2011,114(3):157-172.

[88] Nguyen Thieu Huy. Inertial manifolds for semi-linear parabolic equations in admissible space [J]. Journal of Mathematical Analysis and Applications,2012,386(2):894-909.

[89] Jingzhu Wu, Peng Zhao, Guoguang Lin. An inertial manifold of the damped Boussinesq equation[J]. Journal of Yunnan university,2010,32(S1):310-314.

[90] Jingzhu Wu, Guoguang Lin. An inertial manifold of the two-dimensional strongly damped Boussinesq equation[J]. Journal of Yunnan university,2010,32(S2):119-224.

[91] Yadong Shang,Boling Guo. Exponential attractor for the generalized symmetric regularized long wave equation with damping term[J]. Applied Mathematics and Mechanics,2003,26(3): 259-266.

[92] Meihua Yang,Chunyou Sun. Exponential attractor for the strongly damped wave equations[J]. Nonlinear Analysis,2010,11(2):913-919.

[93] Zhengde Dai, Boling Guo. Inertial fractal sets for dissipative zakharov system[J]. Acta Mathematicae Applicata Sinica,1997,13(3):279-288.

[94] J. K. Hale,G. Raugel. Upper semicontinuity of the attrator for a singularly perturbed hyperbolic equation[J]. Journal of Dynamics and Differential Equations,1990,2(1):19-67.

[95] A. Miranvilie. Exponential attractors for nonautonomous evolution equations[J]. Appl. Math. Lett. , 1998,11(2):19-22.

[96] Yansheng Zhong, Chengkui Zhong. Exponential attractors for semigroups in Banach spaces [J]. Nonlinear Analysis,2012(75):1799-1809.

[97] Grzegorz Lukaszewicz. On the existence of an exponential attractor for a planar shear flow with the Tresca friction condition[J]. Nonlinear Analysis: Real World Applications, 2013(14):

1585-1600.

[98] Ahmed Y. Abdallah, Exponential attractors for first-order lattice dynamical systems[J]. Math. Anal. Appl. ,2008(339):217-224.

[99] Shujuan Lv, Qishao Lu. Exponential attractor for the 3D Ginzburg-Landau type equation[J]. Nonlinear Analysis,2007(67):2116-3135.

[100] Ahmed Y. Abdallah, Uniform exponential attractors for first order non-autonmous lattice dynamical systems[J]. Differential Equation,2011(251):1489-1504.

[101] Min Zhao, Shengfan Zhou. Exponential attractor for lattice system of nonlinear Boussinesq equation[J]. Hindawi Publishing Corporation Discrete Dynamics in Nature and Society Volume 2013, Article ID 869621, 6 pages.

[102] R. Temam. Intertial manifolds[J]. The Mathematical Intelligencer, 1990, 12(4):36.

[103] Alexander V. Rezounenko, Inertial manifolds for retarded second order in time evolution equations[J]. Nonlinear Analysis,2002(51):1045-1054.

[104] Ciprian Foias. Inertial manifolds for nonlinear evolutionary equations [J]. Journal of Differential Equations,1998(73):309-353.

[105] Weijiu, George Haller. Inertial manifolds and completeness of eigenmodes for unsteady magnetic dynamos[J]. Physica D,2004(194):297-319.

[106] Bin Zhao, Guoguang Lin. Inertial manifolds for dual perturbations of the Cahn-Hilliard equations[J]. Far East J. Appl. Math. ,2013,77(2):113-136.

[107] Zhijian Yang, Pengyan Ding, Zhiming Liu. Global attractor for the Kirchhoff type equation with strong nonlinear damping and supercritical nonlinearity [J]. Applied Mathematics Letters,2014(33):12-17.

[108] G. Foias, G. R. Sell and R. Teman. Varieties inertilles des equations differentielles dissipatives [J]. CR Acad Sci Paris 1 Math,1985(301):139-142.

[109] L. G. Margolin, D. A. Jones. An approximate inertial manifold for computing Burgers equation [J]. Physica D. ,1992(60):175-184.

[110] I. D. Chueshov. On a Construction of Approximate Inertial Manifolds for second order in time evolution equations [J]. Nonlinear Analysis, Theory, Methods and Applications, 1996, 26 (5):1007-1021.

[111] M. S. Jolly, I. G. Kevrekidis, E. S. Titi. Approximate inertial manifolds for the Kuramoto-Sivashinsky equation[J]. Analysis and Computations. Physica D. ,1990(44):38-60.

[112] Dai Zhengde, Guo Boling. Inertial Manifold and Approximate Inertial Manifold[M]. Bei Jing: Science Press,2000.

[113] Fumihiko Hirosawa. A class of non-analytic functions for the global solvability of Kirchhoff equation[J]. Nonlinear Analysis,2015(116):37-63.

[114] Dai Zhengde, Guo Boling, Lin Guoguang. The Fractal Structure of Attractor for the Generalized Kuramoto-Sivashinsky equations [J]. Applied Mathematics and Mechanics, 1998, 19(3):243-256.

[115] Li Yongsheng, Zhang Weiguo. Regularity and Approximate of the Attractor for the Strongly

Damped Wave Equation[J]. Acta Mathematica Scientia,2000,20(3):342-350.

[116] Luo Hong,Pu Zhilin, Chen Guanggan. Regularity of the Attractor and Approximate Inertial Manifold for Strongly Damped Nonlinear Wave Equations[J]. Journal of Sichuan Normal University(Natural Science),2002,25(5):459-463.

[117] Wang Lei,Dang Jinbao, Lin Guoguang. The Approximate Inertial Manifolds of the Fractional Nonlinear Schrodinger Equation[J]. Journal of Yunnan University: Natural Science,2009(31):373-377.

[118] Sufang Zhang, Jianwen Zhang. Approximate Inertial Manifold of Strongly Damped Wave Equation[J]. Pure Mathematics, Published Online November 2015 in Hans, 2015(5): 278-283.

[119] Tian Lixin, Lin Yurui. Approximate Inertial Manifolds by spline wavelet basis in weakly damped forced KdV equation[J]. Acta Mathematica Scientia,1999,19(4):379-386.

[120] Shang Yadong, Guo Boling. Approximate Inertial Manifolds for the Nonlinear Sobolev-Galpern equations[J]. Acta Mathematica Scientia,1999,24(A1):105-115.

[121] A. Debussche,M. Marion. On the Construction of families of Approximate Inertial Manifolds [J]. Journal of Differential Equations,1992(100):173-201.

[122] Li Youwei,Wang Bixiang, Yang Bingshen. Regularity and Approximate Inertial Manifolds for a Class of Evolutionary Equations[J]. Journal of Lanzhou University: Natural Science,1997, 33(1):10-16.

[123] Showwalter R. E.. Regularization and approximation of second order evolution equations [J]. SIAM Journal of Math Anal.,1976(7):461-472.

[124] Li Hui,Pu Zhilin,Chen Guanggan. Approximate Inertial Manifolds for the Suspension Bridge Equations[J]. Journal of Sichuan Normal University: Natural Science,2008,31(1):25-30.

[125] Guo Boling, Lin Guoguang. Approximate Inertial Manifolds of Non-Newtonian Viscous Incompressible Fluids[J]. Journal of Mathematical Study,1999,32(4):328-340.

[126] Massat P. Limiting behavior for strongly damped nonlinear wave equations[J]. Journal of Differential Equations,1983(48):334-349.

[127] Pazy A. Semigroup of linear operators and applications to partial differential equations[M]. Berlin: Springer,1983.

[128] Ruijin Lou,Penghui Lv,Guoguang Lin. Exponential attractors and inertial manifolds for a class of generalized nonlinear Kirchhoff-Sine-Gordon equation[J]. Journal of Advances in Mathematics,2016,12(06):6361-6375.

[129] J. C. Robinson. Infinite dimensional dynamical systems[M]. London: Cambridge University Press,2001.

[130] Ling Chen,Wei Wang,Guoguang Lin. The global attractors and their Hausdorff and fractal dimensionsestimation for the higher-order nonlinear Kirchhoff-type equation with strong linear damping[J]. Journal of Advances in Mathematics. 2016,05(04):185-202.

[131] Babin A V,Vishik MI. Regular attractors of semi-group and evolution equations [J]. Journal of Mathematics pure and Applications,1983,62(5):441-491.

[132] A Eden, C Foias, B Nicolanenko, et al. Exponential Attractors for Dissipative Evolution Equations [M]. New York: Masson, Paris, Wiely, 1994.
[133] 文兰. 动力系统介绍[J]. 数学进展,2002,31(4):293-294.
[134] 郭柏灵. 无穷维动力系统[M]. 北京:国防工业出版社,2000.
[135] 郭柏灵. 非线性演化方程[M]. 上海:上海科技教育出版社,1995.
[136] S. Zhou, X. Fan. Kernel sections for non-autonomous strongly damped wave equations[J]. Journal of Mathematical Analysis and Applications,2002(275):850-869.
[137] Y. Zhang, C. Zhong. Existence of global attractors for a nonlinear wave equation[J]. Applied Mathematics Letters,2005(18):77-84.
[138] H. Li, S. Zhou. On non-autonomous strongly damped wave equations with a uniform attractor and some averaging[J]. Journal of Mathematical Analysis and Applications,2008,341(2):791-802.
[139] H. Li, S. Zhou. One-dimensional global attractor for strongly damped wave equations[J]. Communications in Nonlinear Science and Numerical Simulation,2007(12):784-793.
[140] 林国广. 非局部二维 Swift-Hohenberg 方程的惯性流形[J]. 云南大学学报,2009,31(4):334-340.
[141] Leszek Gawarecki. Stochastic Differetial Equations in Infinite Dimensions [M]. Springer Verlag Berlin Heidelberg,2011.
[142] Bernt Øksendal. Stochastic Differential Equations An Introduction with Applications (Sixth Edition) [M]. Springer Verlag Berlin Heidelberg,2003.
[143] Pardoux E. Equaytions aux dérivées partielles stochasticques non lineaires monotones: Etude de solutions fortes de typr Ito[M]. Thése Doct. Sci. Math. Univ. Paris Sud,1975.
[144] Pardoux E. Stochastic Partial differential equations and filtering of diffusion processes[J]. Stochastic,1979,3(1-4):127-169.
[145] Kai Liu. Stability of infinite dimensional stochastic differential equations with applications [M]. Taylor & Francis Group,2006.
[146] Crauel H, Debussche A, Flandoli F. Random attractors[J]. Dynam. Dff. eqns. ,1997,9(2):307-341.
[147] Crauel H, Flandoli F. Attractors for random dynamical systems[J]. Prob. Th. Rel. Fields, 1994(100):365-393.
[148] Ludwig Arnold. Random Dynamical Systems[M]. Springer-Verlag Berlin Heidelberg,1998.
[149] Shengfan Zhou, Fuqi Yin, Zigen Ouyang. Random attractor for Damped Nonlinear Wave Equations with White Noise[J]. Siamj. Applied Dynamical Systems, 2005,4(4):883-903.
[150] 郝红娟,周盛凡. 具强阻尼的随机 sine-Gordon 方程的随机吸引子存在性[J]. 上海师范大学学报:自然科学版,2010,39(2):121-127.
[151] B. Wang, X. Gao. Random Attractors for Wave Equations on Unbounded Domains [J]. Discrete & Continuous Dynamical Systems,2009:800-809.
[152] B. Wang. Random attractors for the stochastic FitzHugh-Nagumo system on unbounded domains[J]. Nonlinear Analysis,2009(71):2811-2828.

[153] 郭柏灵,蒲学科. 随机无穷维动力系统[M]. 北京:北京航空航天大学出版社,2009.
[154] Zhongwei Shen, Shengfan Zhou, Wenxian Shen. One-dimensional random attractor and rotation number of the stochastic damped sine-Gordon equation[J]. Differential Equations, 2010(248):1432-1457.
[155] P. W. Bates, K. Lu, B. Wang. Random attractors for stochastic reaction-diffusion equations on unbounded domains[J]. Journal of Differential Equations, 2009(246):845-869.
[156] B. Wang. Random attractors of the stochastic FitzHugh-Nagumo system on unbounded domains[J]. Nonlinear Analysis, 2009(71):2811-2828.
[157] 张恭庆,林源渠. 泛函分析讲义[M]. 北京:北京大学出版社,2008.
[158] A. Debussche. Hausdorff Dimension fo a Random Invariant Set[J]. J. Math. Pures Appl., 1998(77):967-988.
[159] 陆大金. 随机过程及其应用[M]. 北京:清华大学出版社,1986.
[160] 林元烈. 应用随机过程[M]. 北京:清华大学出版社,2002.
[161] 陈希孺. 概率论与数理统计[M]. 合肥:中国科学技术大学出版社,2002.
[162] X. Fan, Attractors for a Damped Stochastic Wave Equation of Sine-Gordon Type with Sublinear Multiplicative Noise[J]. Stochastic Analysis and Applications, 2010(24): 767-793.
[163] 秦闯亮,林国广. 弱阻尼随机 Kirchhoff 方程的随机吸引子[J]. 云南大学学报:自然科学版,2010,32(S2):101-108.
[164] PAZY A. Semigroups of linear operators and applications to partial differential equations [M]. New York:Springger-Verlag, 1983.
[165] P. Massatt. Limiting behaviour for a strong damped nonlinear wave equation[J]. Diff. Equ. 1988,48(3):334-349.
[166] Crauel H., Nualart. D.. Random nonlinear wave equations:Smoothness of the solutions[J]. Theory Related Fields, 1988(79):469-508.
[167] G. D. Prato, J. Zabczyk. Stochastic equations in infinite dimensions[M]. London:Cambridge University Press, 1992.
[168] S. F. Zhou. Global attractor for strongly damped nonlinear wane equations[J]. Functional differential equations, 1999,6(3-4):451-470.
[169] Caidi Zhao, Shengfan Zhou. Sufficient conditions for the existence of global random attractors for stochatic lattice dunamical systems and applications[J]. Math. Appl., 2009(354): 78-95.
[170] JüRGEN Jost. Partial Differential Equation[M]. New York:Springger-Verlag, 2001.
[171] J. Ball. Remarks. On blow-up and nonexistence theorems for nonlinear wave equation. [J]. Quart. T. Math, Oxford, 1977(28):473-486.
[172] V. K. Kalantarov, O. A. Ladyzhenskaya. The occurrence of collapse for quasilinear equations of parabolic and hyperbolic type [J]. Soviet Math, 1978(10):53-70.
[173] R. T. Glassey. Blow-up theorems for nonlinear wave equations[J]. Math. Z., 1973(132): 183-203.

[174] A. Haraux, E. Zuazua. Decay estimates for some semilinear damped hyperbolic problems [J]. Arch. Ration. Mech. Anal., 1988(100):191-206.

[175] M. Kopackova. Remarks on bounded solutions of a semilinear dissipative hyperbolic equation[J]. [Comment]. Math. Univ. Carolin, 1989(30):713-719.

[176] H. A. Levine. Instability and nonexistence of global solutions to nonlinear wave equation of the form $Du_{tt} = Au + F(u)$[J]. Trans. Amer. Math. Soc., 1974(192):1-21.

[177] M. R. Li, L. Y. Tsai. Existence and nonexistence of global solutions of some systems of semilinear wave equations[J]. Nonliner Anal, 2003(54):1397-1415.

[178] R. Ikehata. A note on the global solvability of solutions to some nonlinear wave equations with dissipative term[J]. Differential Integral equations, 1966(9):791-810.

[179] M. Nako. A difference inequality and its application to nonlinear evolution equations [J]. Math. Soc. Japan, 1978(30) :747-762.

[180] K. Nishihara, Y. Yamada. On global solutions of some degenerate quasilinear hyperbolic equations with dissipative terms[J]. Funkcial. Ekvac, 1990(33):151-159.

[181] K. Ono. On global solutions and blow-up solutions for some nonlinear Kirchhoff strings with nonlinear dissipation[J]. Math. Anal. Appl., 1997(216):321-342.

[182] Shun-Tang Wu, Long-Yi Tsai. Blow-up solutions for some nonlinear wave equations of Kirchhoff type with some dissipation[J]. Nonlinear Anal, 2006(65):243-264.

[183] M. M. Cavalcanti, V. N. Domingos. Cavlcanti, J. A. Soriano. Expontial decay for the solution of Semilinear viscoelastic wave equation with localized damping[J]. Differential Equation, 2002(2002):1-14.

[184] S. Jiang, J. E. Munoz Rivera. A global existence theorem for the Dirichlet problem in nonlinear n-dimensional viscoelastic[J]. Differential Integral Equations, 1996(9):791-810.

[185] R. M. Torrejon, J. Young. On a quasilinear wave equation with memory[J]. Nonlinear Anal, 1991(16):61-78.

[186] J. E. Munoz Rivera. Global solution on a quasilinear wave equation with memory[J]. Boll. Unione Mat. Ital. 1994, 7(2):289-303.

[187] Shun-Tang Wu, Long-Yi Tsai. On global existence and blow-up of solutions for an integro-differential equation with strong damping[J]. Taiwanese J. Math., 2006, 10(4):979-1014.

[188] Shun-Tang Wu. Exponential energy decay of solutions for an integro-differential equation with strong damping[J]. Math. Anal. Appl., 2010(364):609-617.

[189] Q. Ma, C. Zhong. Existence of strong global attractors for hyperbolic equation with linear memory[J]. Applied Mathematics and Computation, 2004(157):745-758.

[190] S. H. Wang, C. K. Zhong. Existence of strong global attractors for linearly damped wave equations, submitted for publication.

[191] C. Giorgi, J. E. Munoz Rivera, V. Pata, Global attractors for a semilinear hyperbolic equation in viscoelasticity[J]. Math. Anal. Appl., 2001(260):83-99.

[192] J. M. Ghidaglia, R. Temam. Attractors for damped nonlinear hyperbolic equations [J]. Math. Pures appl., 1987, 66(9):273-319.

[193] J. K. Hale, Asymptotic Behavior of Dissipative Systems[J]. American Mathematical Society, providence, RI, 1988.

[194] A. R. Bishop, K. Fesser, P. S. Lonmdahl, S. E. Trullinger, Influence of solutions in the state on chaos in the driven damped sine-Gordon system[J]. Physica, 1983(7): 259-279.

[195] S. A. Messaoudi, Blow-up of positive-initial-energy solution of a nonlinear viscoelastic hyperbolic equation[J]. Math. Appl., 2006(320): 902-915.

[196] H. A. Levine, Instability and nonexistence and global solutions and nonlinear wave equation of the form $Pu_{tt} = Au + F(u)$[J]. Trans, Amer. Math. Soc., 1974(192): 1-12.

[197] H. A. Levine, Some additional remarks on the nonexistence of global solutions to nonlinear wave equation[J]. Math. Anal., 1974(5): 138-146.

[198] V. Georgiev, G. Todorova. Existence of solutions of the wave equation with nonlinear damping and soure terms[J]. Differential Equations, 1944(109): 295-308.

[199] X. S. Han, M. X. Wang. Global existence and blow up of solutions for a system of nonlinear viscoelastic with damping and source [J]. Nonlinear Analysis, 2009 (71): 5427-5450.

[200] R. A. Adams. 索伯列夫空间[M]. 叶其孝,等,译. 北京: 人民教育出版社,1983.

[201] R. Temam. Infinite-Dimensional Dynamical Systems in mednanics and Physic[M]. Springer-Verlag, New York: Berlin Heideberg London Paris Tokyo, 1988.

[202] James C. Robinson. Infinite-Dimensional Dynamical Systems [M]. London: Cambridge University Press, 2001.

[203] J. H. Wells, L. R. Williams. Embeddings and Extensions in Analysis[M]. Springer-Verlag, New York, 1975.

[204] 林国广. 非线性演化方程[M]. 昆明:云南大学出版社,2011.

[205] 娄瑞金,吕鹏辉,林国广. Global Attractors for a Class of Generalized Nonlinear Kirchhoff-Sine-Gordon Equation [J]. International Journal of Modern Nonlinear Theory and Application, 2016(5): 73-81.

[206] 吕鹏辉,娄瑞金,林国广. Global attractor for a class of generalized Nonlinear Kirchhoff models[J]. Journal of Advances in Mathematics, 2016, 12(8): 6452-6462.

[207] 吕鹏辉,娄瑞金,林国广. Global attractor for a class of nonlinear generalized Kirchhoff-Boussinesq model[J]. International Journal of Modern Nonlinear Theory and Application, 2016(5): 82-92.

[208] 艾成飞,朱会仙,林国广. The global attractors and dimension estimation for the Kirchhoff type wave equations with nonlinear strongly damped terms[J]. Journal of Advances in Mathematics, 2016, 12(3): 6087-6102.

[209] 朱会仙,艾成飞,林国广. The global attractors and exponential attractors for a class of nonlanear damping Kirchhoff equation[J]. Journal of Advances in Mathematics, 2016, 12(10): 6686-6704.

[210] 陈玲,汪卫,林国广. The global attractors and their Housdoff and fractal dimensions estimation for the higher-order nonlinear Kirchhoff-type equation[J]. Journal of Advances in Mathematics, 2016, 12(09): 6608-6621.

[211] 汪卫,陈玲,林国广. The global attractors and their Housdoff and fractal dimensions estimation for the higher-order nonlinear Kirchhoff-type equation with nonlinear strongly damped terms[J]. Journal of Advances in Mathematics,2016,12(10):6655-6673.

[212] 高云龙,孙玉婷,林国广. The Global Attractors and Their Housdoff and Fractal Dimesions Estimation for the Higher-Order Nonlinear Kirchhoff-type equation with Strongly Linear Damping[J]. International Journal of Modern Nonlinear Theory and Application,2016(5):185-202.

[213] 孙玉婷,高云龙,林国广. The Global Attractors for the Higher-Order Kirchhoff-Type Equation with Nonlinear Strongly Damped Term[J]. International Journal of Modern Nonlinear Theory and Application,2016(5):203-217.

[214] 娄瑞金,吕鹏辉,林国广. Exponential attractors and inertial manifolds for a class of generalized nonlinear Kirchhoff-Sine-Gordon equation[J]. Journal of Advances in Mathematics,2016,12(06):6361-6375.

[215] 艾成飞,朱会仙,林国广. Approximate Inertial Manifold for a Class of the Kirchhoff Wave with Nonlinear Strongly Damped Terms[J]. International Journal of Modern Nonlinear Theory and Application,2016(5):218-234.

[216] 陈玲,汪卫,林国广. Exponential attractors and inertial manifolds for the higher-order nonlinear Kirchhoff-Type equation[J]. International Journal of Modern Communication Technologies & Research,2016(4):6-12.